SpringerWienNewYork

Herbert Jodlbauer

Produktionsoptimierung

Wertschaffende sowie kundenorientierte
Planung und Steuerung

Zweite, erweiterte Auflage

Springer Wien New York

Prof. (FH) DI Dr. Herbert Jodlbauer
Fachhochschule Steyr, Österreich

© 2007, 2008 Springer-Verlag/Wien
Printed in Austria

SpringerWienNewYork ist ein Unternehmen von
Springer Science+Business Media
springer.at

Satz: Reproduktionsfertige Vorlage des Autors
Druck: Theiss GmbH, 9431 St. Stefan, Österreich

Gedruckt auf säurefreiem, chlorfrei gebleichtem Papier
SPIN 12209248

Mit 122 Abbildungen

Bibliografische Information der Deutschen Nationalbibliothek
Die Deutsche Nationalbibliothek verzeichnet diese Publikation in der Deutschen
Nationalbibliografie; detaillierte bibliografische Daten sind im Internet über
http://dnb.d-nb.de abrufbar.

ISBN 978-3-211-78140-1 SpringerWienNewYork
ISBN 978-3-211-72752-2 1. Aufl. SpringerWienNewYork

Vorwort zur zweiten Auflage

Bereits drei Monaten nach Herausgabe des Buches hat mich der Verlag informiert, dass es demnächst vergriffen sein wird und bereits ein Nachdruck veranlasst worden ist. Vom Erfolg angetan, habe ich mich spontan dazu entschlossen, eine zweite Auflage vorzubereiten.

In die zweite Auflage habe ich neue Themen aufgenommen, zusätzliche Beispiele eingearbeitet sowie notwendige Korrekturen vorgenommen. Die wichtigsten Erweiterungen betreffen die Themen: Produkt-Prozessmatrix, Lagermodelle (mehrstufige sowie Mehrprodukt Modelle, Berücksichtigung von stochastischen Einflüssen und verderbliche Wirtschaftsgüter), OEE, Forecastmethoden, Steuerungsverfahren, Monitoring- und Analysemethoden sowie logistische Positionierung.

Ich möchte mich bei den vielen Lesern für die zahlreichen Rückmeldungen und für die konstruktive Kritik am Buch herzlich bedanken. Nur so gelingt es, ein noch besseres Werk zu verfassen.

So darf ich Ihnen, dem interessierten Leser, Studierenden, Anwendern, Umsetzern und Produktionsverantwortlichen Freude am Durcharbeiten der vorliegenden zweiten Auflage des Buches sowie Erfolg bei der Implementierung und am Betreiben eines möglichst einfachen kundenorientierten und auf Wertschaffung orientierten Produktionssystems wünschen.

St. Florian, Mai 2008   Herbert Jodlbauer

Vorwort zur ersten Auflage

Sowohl der Markt als auch die Eigentümer stellen hohe Anforderungen an ein Produktionsunternehmen. Mehr Flexibilität, kürzere Lieferzeiten, höhere Liefertreue und Lieferfähigkeit sowie ausgezeichnete Qualität sind die ständig steigenden Kundenanforderungen. Dagegen erwarten sich die Eigentümer eine immer höhere Rendite und kontinuierliche Wertsteigerung des Unternehmens.

Im vorliegenden Buch wird aufgezeigt, wie die Produktion, insbesondere die Planung und Steuerung der Produktion, kundenorientiert und Wert schaffend analysiert, ausgelegt, organisiert und optimiert werden kann.

Neben praktischen Methoden zur Analyse und Bewertung des Produktionssystems und entsprechenden Optimierungswerkzeugen werden im Buch zahlreiche betriebliche Beispiele sowie vier ausführliche Fallstudien, die auf erfolgreich durchgeführten Unternehmensprojekten basieren, präsentiert. Zusätzlich werden praxisorientierte Handlungs-empfehlungen zur optimalen Gestaltung der Produktion und Leitfäden zur Auswahl der am besten geeigneten Planungs- und Steuerungssysteme gegeben.

Die vorgestellten und diskutierten Methoden sowie Verfahren sind zum Teil bewährte Ansätze, die in Richtung Kundenorientierung und Wert-schaffung adaptiert worden sind und zum Teil vom Autor neu entwickelte Methoden zur Sicherstellung einer hohen Wertschaffung bei gleichzeitiger Kundenorientierung. Die vom Autor entwickelten Methoden sind bereits in international renomierten Journalen publiziert und in zahlreichen Unter-nehmen unterschiedlichster Branchen und Bereiche wie z.B. bei Automobillieferanten, Kunststoffverarbeitern, Stahlbauern, Maschinen-bauern, Lohnfertigern, Hightechunternehmen sowie Komponentenher-stellern erfolgreich eingesetzt worden.

Zielgruppe des vorliegenden Buches sind zum einen die Verant-wortlichen für die Produktion in den Unternehmen und zum anderen produktionsnahe Unternehmensberater sowie natürlich jeweils deren Nach-wuchs, sprich Studierende in höheren Semestern.

Beim ersten Lesen wie auch für das Verstehen der grundsätzlichen Ideen und Ansätze kann auf das Nachvollziehen der mathematischen Ableitungen verzichtet werden. Für den richtigen und zielführenden Einsatz der Methoden, insbesondere der optimalen Auslegung der Planung und Steuerung der Produktion, ist die detaillierte mathematische Modellierung Grundvoraussetzung und unabkömmlich.

Neben den durchgeführten Beratungsprojekten sind die wertvollen fachlichen Diskussionen mit Kollegen die Ideenbringer für das Buch und die neuen kundenorientierten wie auch Wert schaffenden Verfahren gewesen. Ich möchte deshalb den nachstehenden Kollegen für die zahlreichen Diskussionsbeiträge und Verbesserungsvorschläge danken: Altendorfer Klaus, Althaler Joachim, Kronberger Gabriel, Lindinger Jörg, Mayr Albert, Palmetshofer Karl, Reitner Sonja, Weidenhiller Andreas, Weger Christian und Zaiser Kurt.

Zum Schluss darf ich drei Damen danken, ohne deren Zutun kein lesbares Buch entstanden wäre. Herzlichen Dank liebe Gundi Stieninger, Susi Aschauer und Christiane Wunschheim für die zahlreichen notwendigen Korrekturen.

St. Florian, Mai 2007   Herbert Jodlbauer

Inhaltsverzeichnis

I	**Produktionssysteme**	**1**
	1 Auftrags- oder Lagerfertigung	1
	2 Fertigungsstruktur	3
	3 Produktstruktur	7
	4 Organisationsprinzip	9
	5 Ausbringungsmengen	12
	6 Produkt-Prozessmatrix	13
	7 Reduktion der Komplexität	14
II	**Logistische Grundgesetze**	**21**
	8 Produktionsrelevante Kennzahlen	21
	9 Wechselwirkungen der produktionsrelevanten Kennzahlen	47
	10 Beurteilung der Kennzahlen bezüglich Wertschaffung	60
III	**Lagermodelle und Bestandsmanagement**	**69**
	11 Economic Order Quantity Modell	69
	12 Economic Production Lot	75
	13 Mehrstufiges Lagermodell	79
	14 Mehrprodukt Lagermodell ELSP	83
	15 Stochastische Einprodukt Lagermodelle	84
	16 Stochastisches Mehrprodukt Lagermodell	92
	17 Newsboy Lagermodell	95
	18 Bedeutung der Losgröße	97
	19 Lagersystem	101
IV	**Planen und Steuern**	**103**
	20 Grundlagen	103
	20.1 Entitäten	103
	20.2 Rahmenbedingungen	104
	20.3 Ziele	105
	20.4 Einteilung	107
	20.5 Anforderungen an Planungs- und Steuerungssysteme	109
	21 Manufacturing Resource Planning (MRP II)	113

21.1 Absatzvorschau   115
21.2 Programmplanung und Ressourcenplanung   134
21.3 Masterplanung   150
21.4 Grobkapazitätscheck   156
21.5 Material Requirement Planning (MRP)   158
21.6 Kapazitätsplanung   182
21.7 Auftragsfreigabe   189
21.8 Abarbeitung   191
22 Toyota Production System (TPS)   201
22.1 TPS Prinzipien   202
22.2 Seven Zeros   203
22.3 Kontinuierliche Verbesserungen   207
22.4 Kapazitätsanpassung in einem TPS   208
22.5 Final assembly schedule (FAS)   209
22.6 KANBAN   212
23 Hybride Systeme   225
23.1 CONWIP   225
23.2 Theory of Constraints   232
24 Steuerungsmethoden   251
24.1 Gantt Diagramm   251
24.2 Kapazitätssteuerung   253
24.3 Bestands- und Terminsteuerung   257
24.4 Kombinierte Kapazität-, Bestands- und Terminsteuerung   258
V   **Monitoring, Analyse und Bewertung**   **263**
25 Analyse und Bewertung   263
25.1 ABC Analyse   263
25.2 TOC-Kapazitätsanalyse   269
25.3 Kundenorientierte Kapazitätsanalyse   271
25.4 Kundenbestellanalyse   275
25.5 Analyse des Bestell- und Stornierungsverhaltens   284
25.6 Analyse der Rückmeldedaten   287
26 Monitoring   288
26.1 Zeitlicher Verlauf einer Kennzahl   288
26.2 Schwankungen von Kennzahlen   291
26.3 Durchlaufdiagramm   294

VI Auswahl, Auslegung und Optimierung   **305**

27 Optimierung des Produktionssystems   306

28 Logistische Positionierung   309

29 Auswahl der Verfahren   312

    29.1 Auswahl der langfristigen Planungsverfahren   313

    29.2 Auswahl der mittelfristigen Planungsverfahren   314

    29.3 Auswahl der kurzfristigen Steuerungsverfahren   323

30 Parametereinstellung   323

    30.1 Parametereinstellung für MTO Systeme   324

    30.2 Parametereinstellung für nicht MTO-Systeme   330

VII Fallstudien   **333**

31 Kunststoffspritz GmbH   333

    31.1 Beschreibung Unternehmen   333

    31.2 Aufgabenstellung und Zielsetzung   334

    31.3 Lösungsansatz   334

    31.4 Erreichte Verbesserungen   338

32 HighTechProzessschritt AG   339

    32.1 Beschreibung Unternehmen   339

    32.2 Aufgabenstellung und Zielsetzung   339

    32.3 Lösungsansatz   339

    32.4 Erreichte Verbesserungen   343

33 OEMLieferant GmbH   343

    33.1 Beschreibung Unternehmen   343

    33.2 Aufgabenstellung und Zielsetzung   344

    33.3 Lösungsansatz   344

    33.4 Erreichte Verbesserungen   346

34 Maschinenbau GmbH   347

    34.1 Beschreibung Unternehmen   347

    34.2 Aufgabenstellung und Zielsetzung   348

    34.3 Lösungsansatz   348

    34.4 Erreichte Verbesserungen   348

VIII Anhang   **349**

  35 Grundlagen   349

      35.1 Grundlagen Rechnungswesen   349

      35.2 Grundlagen Mathematik   354

      35.3 Grundlagen Statistik   364

  Literaturverzeichnis   371

  Stichwortverzeichnis   379

  Zum Autor   391

Ich werde meine Scheunen abreißen und größere bauen; dort werde ich mein ganzes Getreide und meine Vorräte unterbringen. Dann kann ich zu mir selber sagen: Nun hast du einen großen Vorrat, der für viele Jahre reicht. Ruh dich aus, iss und trink und freu dich des Lebens! Da sprach Gott zu ihm: Du Narr!

Lukas 12,19

I   Produktionssysteme

Bevor wir über die Planung und Steuerung der Produktion diskutieren, werden wir zur Sicherstellung einer gemeinsamen Sprache die Begriffe der Produktion, die für unsere Belange relevant sind, zusammenstellen. Im Buch verwendete Grundlagen aus dem Rechnungswesen, der Statistik oder der Mathematik sind im Anhang zusammengefasst.

   In diesem Abschnitt wird keine umfassende Darstellung der Produktionssysteme und deren Klassifizierungsmöglichkeiten gegeben. Wir werden nur jene Aspekte und Unterscheidungsmerkmale von Produktionssystemen diskutieren, die für die Planung und Steuerung wesentlich sind. Die für die Produktionsplanung und -steuerung wesentlichen Unterscheidungsmerkmale der Produktionssysteme sind:

❑   Auftrags- oder Lagerfertigung
❑   Fertigungsstruktur
❑   Produktstruktur
❑   Organisationsprinzip
❑   Ausbringungsmengen

In Glaser et al. (1992), Adam (2001) oder auch in Günther/Tempelmeier (2005) sind eine sehr detaillierte Darstellung der Produktionssysteme und deren Arten und Unterteilungsmöglichkeiten dargestellt. Insbesondere geht aus diesen drei Quellen hervor, dass es keine einheitliche Systematik gibt.

1   Auftrags- oder Lagerfertigung

Eine der wesentlichsten Unterschiede für die Planung und Steuerung von Produktionssystemen ist, ob es sich um einen Auftragsfertiger (Kundenproduktion, engl. *Make to Order - MTO*), um einen Lagerfertiger (anonyme Produktion, engl. *Make to Stock - MTS*) oder um eine Mischform handelt. Auftragsfertigung bedeutet, dass bereits jeder Fertigungsauftrag einem Kundenauftrag zugeordnet ist. Insbesondere können damit Fertigungsaufträge auf jeder Stufe erst eingeplant werden, wenn der dazugehörige Kundenauftrag bzw. die dazugehörigen Kundenaufträge bekannt sind. Fertigungsaufträge können natürlich bei einem Auftragsfertiger aus mehreren Kundenaufträgen bestehen. Zusätzlich zur kundenauftragsbezogenen Produktion kann auch die Produktentwicklung bzw. die Konstruktion kundenauftragsbezogen vorgenommen werden. Falls die Produktentwicklung bzw. die Konstruktion ebenfalls kundenauftragsbezogen vorgenommen wird, spricht man von Engineer to Order (ETO). Im Anlagenbau findet man häufig kundenauftragsbezogene Konstruktion und Produktion vor.

Eine reine Lagerfertigung liegt vor, wenn alle Fertigungsaufträge nicht auf Kundenaufträgen sondern auf Absatzvorschauen oder anderen Planwerten beruhen. Der Kundenauftrag wird in diesem Fall vom Fertigteillager bedient. In der Regel findet man Mischsysteme vor. Zum einen kann eine Produktgruppe kundenauftragsorientiert und eine andere Produktgruppe anonym gefertigt werden. Zum anderen können die ersten Fertigungsschritte (z.B. Teilefertigung) eines Fertigproduktes anonym und die letzten Fertigungsschritte (z.B. Montage und Verpackung) kundenauftragsbezogen durchgeführt werden.

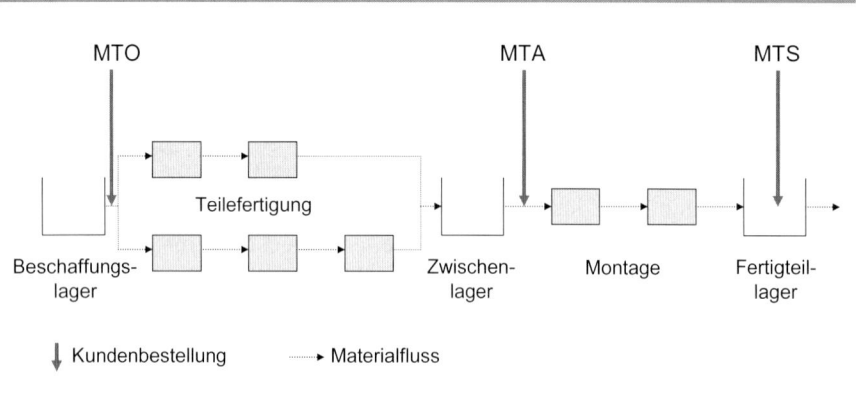

Abb. 1.1. MTO, MTA und MTS

Werden die Teilefertigung kundenanonym und die Montage kundenauftragsbezogen durchgeführt, spricht man von einem Make to Assembly System (MTA). Der Punkt entlang des Fertigungspfades, an dem die Lagerfertigung in eine Kundenproduktion übergeht, wird Kundenentkoppelungspunkt genannt.

Der reine Lagerfertiger kann, wenn die Planung auf zuverlässigen Absatzprognosen basiert und nicht zu viele Produktarten bzw. Produktvarianten vom Markt gefordert werden, eine hohe Liefertreue erreichen. Der Bestand im Fertigteilwarenlager wird entsprechend höher sein als bei Kundenauftragsfertigern. Wesentliche Voraussetzung für kundenauftragsorientierte Fertigung ist, dass die Produktionsdurchlaufzeit kürzer ist als die vom Markt geforderte Lieferzeit. Sollte diese Forderung nicht erfüllt sein, kann entweder versucht werden, die Produktionsdurchlaufzeit zu verkürzen oder eine Mischform anzustreben, in der die Restproduktionsdurchlaufzeit der kundenorientierten Fertigungsschritte ab dem Kundenentkoppelungspunkt kürzer ist als die vom Markt geforderte Lieferzeit. Gerade bei Vorliegen von vielen Produktarten und Produktvarianten weisen Kundenauftragsfertiger geringere Lagerbestände als Lagerfertiger auf. Ein weiterer Vorteil von Kundenauftragsfertigern ist die Flexibilität bezüglich gestellter Kundenanforderungen an die Produkte.

2 Fertigungsstruktur

Fertigungsstrukturen können ein- oder mehrstufig sein. Einstufig bedeutet, dass durch einen Produktionsschritt bereits die gesamte Produktion vollzogen ist. Bei mehrstufigen Systemen benötigt man mehrere Produktionsschritte zur Herstellung des Produktes. Fertigungspfade geben die Reihenfolge der Produktionsschritte und dazu notwendige Anlagen/Maschinen an. In Arbeitsplänen ist beschrieben, wie die Bearbeitung der Materialien an den Arbeitsstationen, Maschinen oder Anlagen und mit welchen Hilfsmitteln (Werkzeugen) sowie eventuellen Prüfvorschriften zu erfolgen hat. Insbesondere sind in Arbeitsplänen Sollzeiten für Bearbeiten und Rüsten vorgegeben. Wir werden Zeiten nach den zwei Kriterien

- ❑ Soll-Zeit bzw. Ist-Zeit
- ❑ Bearbeitungszeit/Stück, Rüstzeiten pro Rüstvorgang und Bearbeitungszeit pro Auftrag

unterscheiden. Soll-Zeiten werden auch Vorgabezeiten bzw. Planzeiten genannt. Ist-Zeiten sind real aufgewandte Zeiten für einen Vorgang. Die Bearbeitungszeit pro Auftrag ist gegeben durch die Bearbeitungszeit/Stück mal dem Losumfang zuzüglich der Rüstzeit. Diese Zeit wird auch Auftragszeit genannt. In Jodlbauer et al. (2005) wird eine Methode vorgestellt, mit deren Hilfe automatisch in einem ERP System die Ist-Zeiten bestimmt werden können.

Einstufige Fertigungssysteme sind leichter zu planen und zu steuern. Durch Reduktion der Fertigungstiefe und Outsourcingmaßnahmen wird die Anzahl der betriebsinternen Fertigungsstufen reduziert. Bei mehrstufigen Fertigungssystemen sind die Abstimmung und Synchronisation der einzelnen Stufen wichtig. Unterschiedliche Technologien und damit verbundene Rüstzeiten, Anlaufverluste oder Prozesssicherheiten der einzelnen Stufen können unterschiedliche Planungspolitiken (Losgröße, Fertigungsreihen-folge, Wartung, …) je Stufe erfordern. Diese erschweren die Koordination der einzelnen Stufen und ziehen in der Regel eine Verschlechterung von logistischen Kennzahlen wie Bestand, Durchlaufzeit, Lieferfähigkeit usw. nach sich.

Mehrstufige Fertigungssysteme können je nach Komplexität der Fertigungspfade weiter unterteilt werden:

- ❑ Sequentieller Fertigungspfad
- ❑ Konvergenter Fertigungspfad
- ❑ Divergenter Fertigungspfad
- ❑ Rekursiver Fertigungspfad
- ❑ Kombination von konvergentem, divergentem und rekursivem Fertigungspfad
- ❑ Flexibler oder alternativer Fertigungspfad

Ein **sequentieller Fertigungspfad** liegt vor, wenn unabhängig vom Fertigprodukt die einzelnen Arbeitsschritte und damit Arbeitsstationen zeitlich hintereinander immer in gleicher Reihenfolge durchlaufen werden. Kurbelwellen werden z.B. typischerweise in einem sequentiellen Fertigungspfad (Rohmaterial – Schneiden – Schmieden – Zerspanen – Härten - Schleifen) gefertigt. Wenn zwei oder mehrere Fertigungspfade bei einem Arbeitsschritt zusammengeführt werden, spricht man von einem **konvergenten Fertigungspfad**. Falls die einzelnen Komponenten Eigen-fertigungsteile sind, sind Montageoperationen durch einen konvergenten Fertigungspfad umgesetzt. Ein **divergenter Fertigungspfad** zeichnet sich dadurch aus, dass nach einem Fertigungsschritt - abhängig vom Fertigprodukt - der nächste Arbeitsschritt bzw. die nächste Arbeitsstation folgt. Das bedeutet z.B., dass nach Fertigungsschritt A für Produkt X

Fertigungsschritt B und für Produkt Y Fertigungsschritt C folgen. In der Blechbearbeitung treten häufig divergente Fertigungspfade auf: Gewisse Produkte gehen nach dem Schneiden auf die Tiefziehpresse, andere auf die Abkantmaschine. Ein **rekursiver Fertigungspfad** liegt vor, wenn die gleiche Arbeitsstation mehrmals entlang des Fertigungspfades angefahren wird. In der Elektronikfertigung (z.B. Waferproduktion) ist ein rekursiver Fertigungspfad häufig anzutreffen. Zusätzlich kann unterschieden werden, ob für ein Produkt ein möglicher Fertigungspfad oder grundsätzlich mehrere zur Verfügung stehen (**flexibler Fertigungspfad**).

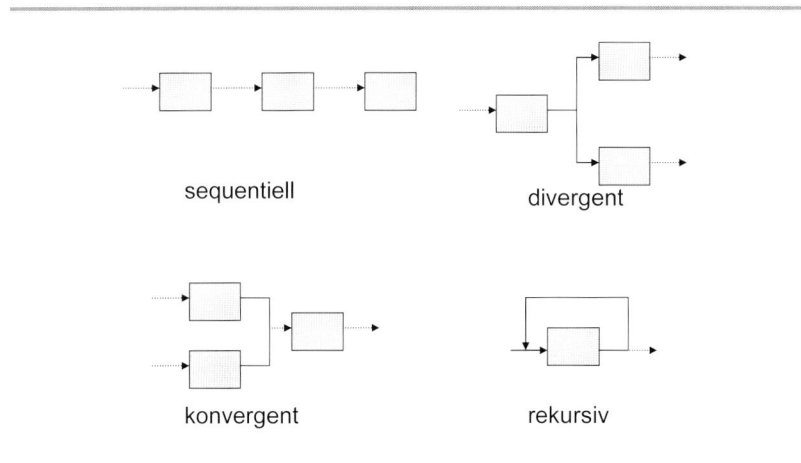

sequentiell   divergent

konvergent   rekursiv

Abb. 2.1. Sequentieller, konvergenter, divergenter und rekursiver Fertigungspfad

Ein sequentieller Fertigungspfad ist für die Planung und Steuerung am einfachsten. Bei konvergenten Fertigungspfaden ist die Synchronisation der Teile und Termine eine zusätzliche Planungs- und Steuerungsaufgabe. Mit wachsender Anzahl der zusammenzuführenden Fertigungspfade wächst exponentiell die Gefahr von Problemen auf Grund mangelnder Synchronisation. Für die Montage gilt unter der Annahme unabhängiger Materialbereitstellungspfade, dass die Termintreue des Montagebeginns dem Produkt der Termintreue der Einzelteile entspricht. Zur Illustration ein kurzes Beispiel: Fünf Einzelteile werden zusammenmontiert. Jedes Einzelteil hat eine Termintreue von 0,95% (d.h. in 5% der Fälle kommt ein Einzelteil später als geplant am Montageplatz an). Für die Termintreue des Montagebeginns ergibt sich somit $0,95^5 = 0,77\%$. Oder anders formuliert:

In 23% der Fälle kann die Montage wegen fehlendem Material nicht laut Zeitplan begonnen werden.

Divergente Fertigungspfade erfordern ebenfalls einen zusätzlichen Planungsaufwand, weil unterschiedliche Fertigungspfade um gleiche Kapazitäten konkurrieren. Bei rekursiven Fertigungspfaden wird die Steuerung wegen der Tatsache erschwert, dass eine Arbeitsstation mehrmals durchlaufen wird. Zusätzliche Planungs- und Steuerungsschritte sind für die Berücksichtigung flexibler Fertigungspfade nötig, da ja entschieden werden muss, an welcher Maschine konkret ein Auftrag gefertigt wird. Alternative Fertigungspfade bzw. Anlagen haben den Vorteil, dass eine Risiko-minimierung (wenn eine Maschine ausfällt, kann ohne Aufwand auf einer anderen Maschine gefertigt werden) erfolgt und dass eine Anpassung an Nachfrageschwankungen einfach durch Zu- oder Wegschalten von Maschinen bzw. Anlagen erfolgen kann. Bei temporären Engpässen kann das Nutzen flexibler Fertigungspfade die Erhöhung der Ausbringungsmenge bewirken.

Die höchste Komplexität in der Planung und Steuerung tritt auf, wenn eine Kombination von konvergenten, divergenten, rekursiven und flexiblen Fertigungspfaden (wie z.B. im Werkzeugbau) auftritt.

Die Fertigungspfadstruktur entscheidet wesentlich, welches Planungs- und Steuerungsverfahren sinnvoll einsetzbar ist und welche Bestände erforderlich sind, um eine geforderte Liefertreue zu erreichen. Grundsätzlich kann festgestellt werden, dass bei rein sequentiellen Fertigungspfaden geringe Lagerbestände bei gleichzeitig hoher Liefertreue möglich sind. Zu beachten ist, dass die Fertigungspfadstruktur über Produktgestaltung, Produktionsanlagen und deren Anordnung sowie weiterer Maßnahmen gestaltbar ist.

Eine wichtige Frage in der Planung und Steuerung ist, in welchem Detaillierungsgrad Maschinen, Arbeitssysteme oder Anlagen berücksichtigt werden. Wenn man gleichartige Maschinen in der Planung zu einem Arbeitssystem zusammenfasst, spricht man von Maschinen-Aggregation. Es kann sinnvoll sein, in einer langfristigen Planung wenige hoch aggregierte Arbeitssysteme zu planen und in einer kurzfristigen operativen Planung mehrere Arbeitssysteme zu betrachten. Grundsätzlich kann festgestellt werden, je weniger Arbeitssysteme geplant werden müssen, desto weniger komplex ist die Planung.

3   Produktstruktur

Die planungsrelevante Produktstruktur wird über Stücklisten beschrieben. Weitere für die Planung relevante Aspekte der Materialien, wie z.B. Beschaffungsart, Losgrößenverfahren, Planungsstrategie, Sicherheitsbestände, Wiederbeschaffungszeit bzw. Eigenfertigungszeit oder Lieferanten bei Beschaffungsteilen, werden im so genannten Materialstamm beschrieben.

Eine Stückliste beschreibt, aus welchen Materialien ein Teil besteht. Drei Formen, eine Stückliste zu visualisieren, haben sich etabliert.

❑   Stücklistenbaum (auch Gozintograph)

❑   Stücklistentabelle

❑   Stücklistenmatrix auch Übergangsmatrix

Beim **Stücklistenbaum** sind die einzelnen Materialien mit gewichteten Pfeilen verbunden. Das Gewicht eines Pfeils von Material A zu Mate-rial B gibt an, wie viel Material A nötig ist, um eine Einheit des Materials B fertigen zu können. Die **Stücklistentabelle** hat mindestens die drei Spalten Baugruppe, Teil und Anzahl. Die **Stücklistenmatrix** ist eine quadratische Matrix. In der i-ten Zeile und j-ten Spalte steht, wie viel des i-ten Materials zur Herstellung einer Einheit des j-ten Materials erforderlich ist. Zur Illustration wird eine einfache Stückliste in den drei gängigen Formen visualisiert.

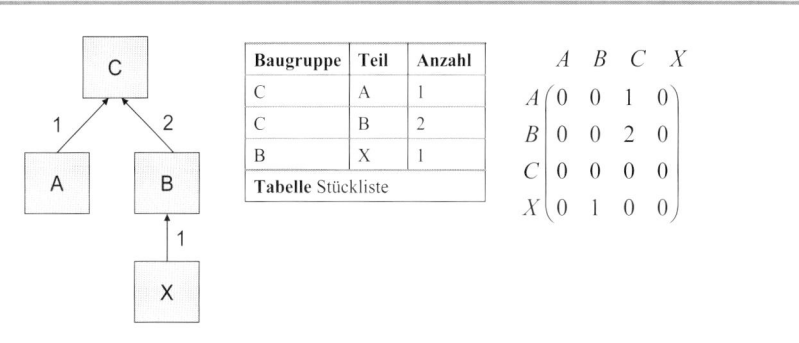

Abb. 3.1. Stückliste

Dabei ist die Anzahl der gesamten Materialien, die Anzahl der Stücklistenebenen und die Struktur der Stückliste entscheidend.

Die Komplexität der Planung steigt mit der Anzahl der zu planenden Materialien und Stücklistenebenen. Zusätzlich steigen mit wachsender Anzahl der Materialien die erforderlichen Lagerbestände zur Sicherstellung einer hohen Liefertreue. Wegen der Planungspolitiken (z.B. Losgrößenbildung) können sich konstante Bedarfe an Fertigprodukten über die Stücklistenebenen zu stark schwankendem Bedarf an Einzelteilen aufschaukeln. Je mehr geplante Stücklistenebenen vorhanden sind, desto stärker wird dieser Effekt.

Mehrstufige Stücklisten können ihrer Struktur nach eingeteilt werden in:

❑ sequentiell

❑ konvergent

❑ divergent

❑ konvergent und divergent

Sequentielle Stücklisten haben auf jeder Stufe ein Material. Sequentielle Stücklisten treten auf, wenn aus einem Rohmaterial das Fertigteil in mehreren Arbeitsschritten gefertigt wird und die Ergebnisse der einzelnen Arbeitsschritte in der Stückliste geführt werden.

Eine **konvergente Stückliste** liegt vor, wenn mehrere Teile zusammengefügt ein neues Teil ergeben. Bei Mischprozessen (in diesem Fall werden Stücklisten häufig Rezepturen genannt), bei Montageprozessen oder auch im Anlagenbau sind konvergente Stücklisten vorzufinden.

Divergente Stücklisten beschreiben, dass aus einem Ausgangsmaterial unterschiedliche Materialien gefertigt werden. Eine Raffinerie (aus dem Rohstoff Erdöl werden alle Fertigprodukte wie Benzin, Diesel usw. gewonnen) bzw. Sintern (aus einer Pulvermischung werden unterschiedlichste Teile gesintert) stellt Prozesse dar, die auf einer divergenten Stückliste basieren. Die meisten realen Stücklisten sind eine Kombination von konvergenten und divergenten Merkmalen. Wesentlich ist die Unterscheidung von Stücklistenstruktur und Fertigungspfadstruktur. So ist z.B. bei einem Blechverarbeiter mit den Fertigungsstufen Stanzen – Schneiden – Polieren ein sequentieller Fertigungspfad vorzufinden, aber weil aus einem Rohblech unterschiedliche Fertigteile gestanzt werden, liegt eine divergente Stückliste vor.

Die einstufige und die sequentielle Stückliste stellen die geringsten Anforderungen an ein Planungs- und Steuerungssystem. Die Planungs- und

Steuerungsverfahren reagieren unterschiedlich auf konvergente und divergente Stücklistenstrukturen. Ein bekanntes Beispiel ist der so genannte Stealing Effect, siehe z.B. Huber/Jodlbauer (2006), der bei divergenten Stücklisten in Kombination mit verbrauchsgesteuerten Planungslogiken verstärkt auftritt. Der Stealing Effect beschreibt das Phänomen, dass für einen nicht dringenden Auftrag das Vormaterial verwendet worden ist und deshalb (wegen fehlendem Vormaterial) ein dringender Auftrag nicht termingerecht fertig gestellt werden kann.

Eine spätere Variantenbildung (wir werden später sehen, dass dies vorteilhaft ist) drückt sich in der Stückliste durch den Übergang eines beinahe parallelen Stücklistenbaumes in einen divergenten Baum aus.

Stücklisten können unterschiedlichen Zwecken dienen. In der Konstruktion oder auch im Kunden- bzw. Ersatzteildienst sind detaillierte Stücklisten notwendig, für Planungs- und Steuerungsaufgaben können und sollten gewisse Materialien nicht oder vereinfacht in der Stückliste dargestellt werden. Erstens sollen nur jene Materialien in der Stückliste für Planungsaufgaben abgebildet werden, die tatsächlich zu planen sind (verbrauchsgesteuerte Materialien, Schüttgut usw. negieren) und zweitens sollten nach Möglichkeit mehrere Teile bzw. ganze Stücklistenäste als eine Komponente zusammengefasst dargestellt werden. Man spricht in diesem Zusammenhang auch von der Aggregation von Produkten. Die Komplexität der Planung kann dadurch wesentlich reduziert werden.

4 Organisationsprinzip

Die vier häufigsten Organisationsprinzipien bzw. Fertigungsprinzipien in der Fertigung sind:

- ❑ Fließfertigung (engl. *flow production*)
- ❑ Gruppenfertigung
- ❑ Werkstattfertigung (engl. *job-shop*)
- ❑ Baustellenfertigung

In der **Fließfertigung** sind die Arbeitsstationen sequentiell entsprechend der Bearbeitungsfolge für bestimmte Produktgruppen angeordnet. Die Materialien durchlaufen die Arbeitsstationen immer in der gleichen Reihenfolge und Richtung. Dieser Materialfluss wird technisch oder organisatorisch erzwungen. Endmontagen oder Papierproduktion sind häufig als Fließfertigungssysteme ausgelegt. Die einzelnen Arbeitsstationen sind in der Regel durch ein geeignetes Transportsystem (z.B. Förderbänder) verbunden. Die Arbeitsweise eines Fließfertigungssystems hängt wesentlich von der Abtaktung der Stationen ab. Unter Abtaktung versteht man, dass die durchschnittlich erforderliche Bearbeitungszeit bei jeder Arbeitsstation etwa gleich groß ist. Da Fließfertigungssysteme auf bestimmte Produktgruppen spezialisiert sind, treten in der Regel keine oder sehr kurze Rüstoperationen auf.

Wenn eine programmgesteuerte Planung zu Grunde liegt, wird nur die Einlastung zu Beginn der Fließfertigung geplant und innerhalb der Fließfertigung eine einfache Abarbeitungsregel wie z.B. FIFO (siehe Abschnitt *Abarbeitung*) verwendet. Verbrauchsgesteuerte Planungsverfahren lösen auf jeder Arbeitsstation die Fertigung auf Grund des Verbrauches aus.

Die wesentlichen Stärken der Fließfertigung sind:

- ❑ Hohe Transparenz des Fertigungsablaufes
- ❑ Hohes Potential an Lagerbestands- und Durchlaufzeitreduktion
- ❑ Einfache Planung und Steuerung wird ermöglicht

Eine spezielle Form der Fliessfertigung findet sich häufig in der Prozessindustrie z.B. Papier- oder Stahlerzeugung, weil dort das Fließen des Materialstromes über die Prozesstechnologie kontinuierlich erzwungen wird.

Die **Werkstattfertigung** zeichnet sich dadurch aus, dass nach dem Verrichtungsprinzip die Arbeitsstationen zusammengefasst sind. Das heißt, dass alle Arbeitssysteme, die eine bestimmte Aufgabe erfüllen, organisatorisch zusammengeführt werden. Zum Beispiel kann es eine Bohrerei, Fräserei, Schweißerei usw. geben. In einer Werkstattfertigung gehen in der Regel abhängig vom Produkt die Materialflüsse in unterschiedlicher Reihenfolge durch den Betrieb – es liegen divergente und konvergente Fertigungspfade vor. Dies ist ein wesentlicher Grund, warum die Planungs- und Steuerungsaufgaben in einer Werkstattfertigung sehr komplex sind. Die Stärke der Werkstattfertigung ist eine hohe Flexibilität in Bezug auf neue Produkte oder neue Kundenanforderungen. Nicht alle

Planungs- und Steuerungsprinzipien lassen sich auf die Werkstattfertigung vorteilhaft anwenden.

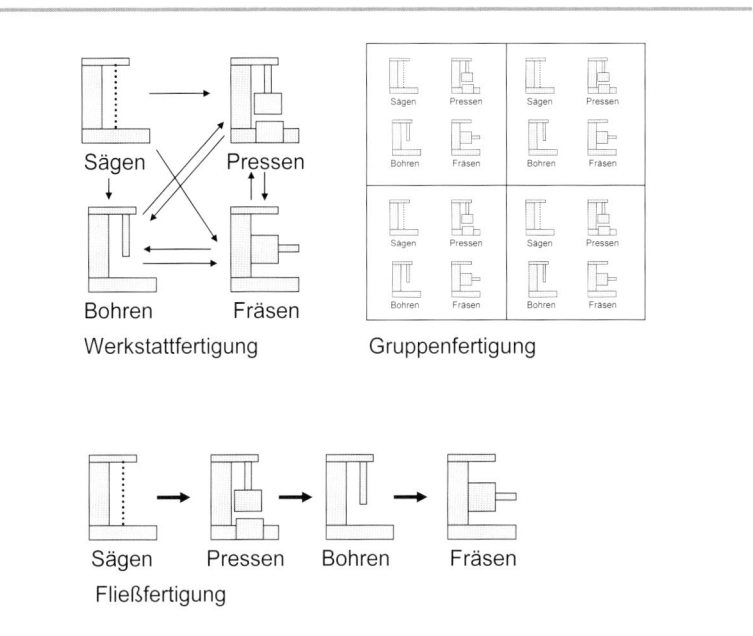

Abb. 4.1. Fertigungsprinzipien

In der Praxis gibt es Misch- bzw. Übergangsformen zwischen Fließ- und Werkstattfertigung. In diesen Formen wird versucht, die Vorteile der Werkstattfertigung, wie hohe Flexibilität und die Vorteile der Fließfertigung, wie geringen Transportaufwand, zu verbinden. Beispiele dafür sind die flexiblen Fertigungssysteme (FFS) oder auch die Gruppenfertigung. Ein flexibles Fertigungssystem ist gekennzeichnet durch hoch automatisierte Bearbeitungsschritte, automatische Verkettung einzelner Bearbeitungs-stationen und eine zentrale Steuerung aller Anlagen, die zum FFS gehören. Wenn alle Arbeitsstationen, Anlagen und Maschinen, die zur Fertigung eines Produktes erforderlich sind, räumlich wie auch organisatorisch zu einer Gruppe zusammengefasst sind, spricht man von einer **Gruppenfertigung**.

Die **Baustellenfertigung** ist jene Form der Fertigung, die vor Ort beim Kunden stattfindet. Das Aufstellen und die Inbetriebnahme von Anlagen bzw. die Errichtung von Gebäuden, Kraftwerken usw. wird durch

Baustellenfertigung bewerkstelligt. In der Regel ist für jeden Auftrag kundenorientiert Entwicklungsarbeit zu leisten und am auftragsspezifischen Ort die Fertigung einzurichten. Methoden des Projektmanagements, siehe z.B. Maylor (2003), sind für die Planung und Steuerung einer Baustellenfertigung am zweckmäßigsten.

5   Ausbringungsmengen

Eine weitere Möglichkeit der Unterteilung von Produktionssystemen ist die nach der Ausbringungsmenge. Demnach unterscheidet man

❑   Massenfertigung

❑   Serienfertigung

❑   Einzelfertigung

In der **Massenfertigung** werden sehr große Mengen von einem Produkt bzw. sehr ähnlichen Produkten gefertigt. Eine Massenfertigung ist hoch spezialisiert, verursacht deshalb hohe Investitionssummen und ist im Allgemeinen wenig flexibel. Typischerweise sind geringe Stückkosten durch die Massenfertigung erreichbar. Gerade die langfristigen Planungsaufgaben (besonders Investitionsentscheidungen) stellen die großen Herausforderungen der Massenfertigung dar. Typische Vertreter der Massenfertigung ist die Stromerzeugung oder auch die Glühbirnenerzeugung.

In der **Serienfertigung** werden in Losen gleiche oder ähnliche Produkte gefertigt. Zwischen zwei aufeinander folgenden Losen unterschiedlicher Produkte sind spezielle Vorbereitungsarbeiten wie Rüsten, Reinigen usw. der Arbeitsysteme auf das neue Produkt erforderlich. Von Kleinserien spricht man, wenn zwei bis etwa zehn Produkte in einem Los gefertigt werden. Bei einer Großserienfertigung sind die Lose größer, wobei bei sehr großen Losen der Übergang zur Massenfertigung fließend ist. Liegen sehr hohe Umrüstkosten oder Umrüstzeiten vor, spricht man auch von Kampagnenfertigung (z.B. in der Stahlindustrie). Typische Vertreter von Serienproduktion sind Kurbelwellen oder die Produktion für Möbelhäuser.

Eine **Einzelfertigung** liegt vor, wenn genau ein Stück eines Produktes gefertigt wird. Im Anlagenbau oder Maschinenbau ist häufig Einzelfertigung anzutreffen. An die Mitarbeiter werden in der Einzelfertigung hohe Qualifikationsanforderungen gestellt, und die Flexibilität der Anlagen ist besonders wichtig. Die Stückkosten sind naturgemäß bei der Einzelfertigung hoch. Typischerweise ist bei der Einzelfertigung kombiniert mit Kundenauftragsfertigung auch eine kundenauftragsbezogene Entwicklung, Konstruktion, Arbeitsvorbereitung und teilweise auch Beschaffung vorzufinden. Methoden des Projektmanagements, siehe z.B. Maylor (2003), kommen in der Einzelfertigung zur Planung und Steuerung zum Einsatz. Man spricht dann auch vom Projektgeschäft.

Die Planung und Steuerung der Produktion bei Massenfertigung sind eher einfach, bei der Serienfertigung ist bereits eine höhere Planungskomplexität wegen Rüstens und mehrerer Produktarten gegeben. Die Einzelfertigung stellt die höchste Herausforderung an die Planung, weil jeder Auftrag individuelle Anforderungen an das System stellt und auch nicht immer Erfahrungswerte wie z.B. Vorgabezeiten oder auch Machbarkeit vorliegen.

Der scheinbare Widerspruch zwischen geringen Stückkosten (erreichbar z.B. durch hohe Ausbringungsmengen, Massenfertigung, hohe Auslastung, Fließfertigung, …) und hoher Flexibilität (erreichbar z.B. durch Losgröße 1, freie Kapazitäten, Werkstattfertigung, ...) wird Dilemma der Rationalisierung genannt. Im nächsten Abschnitt werden wir uns näher mit diesem Dilemma und insbesondere mit der Entschärfung dieses scheinbaren Widerspruches beschäftigen.

6   Produkt-Prozessmatrix

Die Produkt-Prozessmatrix ist ein Werkzeug zur Zusammenführung marktbezogener und fertigungsbezogener Kriterien. Auf der horizontalen Achse werden die Marktanforderungen aufgetragen. Links ist dabei eine vom Markt hohe geforderte Flexibilität und geringe Ausbringungsmenge dargestellt. Wohingegen auf der rechten Seite kaum vom Markt Flexibilität gefordert wird und eine hohe Ausbringungsmenge anzutreffen ist. Die vertikale Achse beschreibt die Fertigungssicht. Oben sind komplexe diskrete Fertigungsprozesse dargestellt. Unten stehen Fertigungsprozesse, die durch Arbeitsteilung, Kontinuität und häufiges Wiederholen gekennzeichnet sind. In Slack et al. (2006) ist eine ausführliche Diskussion der Produkt-Prozessmatrix gegeben.

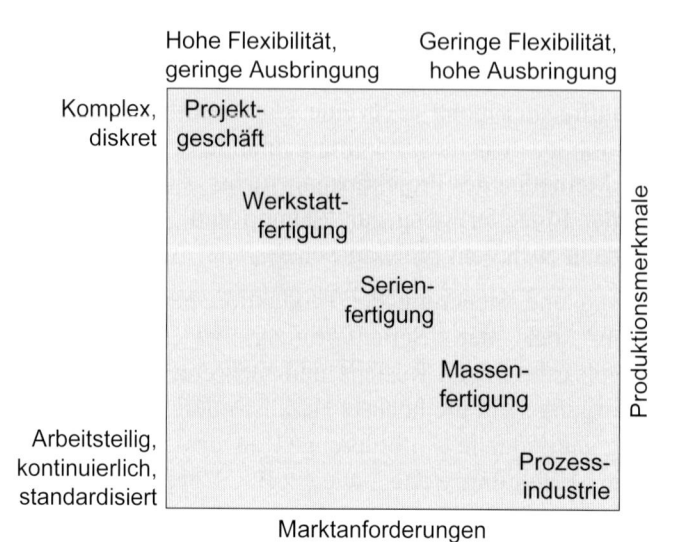

Abb. 6.1. Produkt-Prozessmatrix

In der Diagonale liegen beginnend links oben das Projektgeschäft, die Werkstattfertigung, die Serienfertigung, die Massenfertigung und die Prozessindustrie. Beim Durchlaufen der Diagonale ändern sich die Fertigungsprozesse von hoch flexibel und Losgröße eins auf hoch spezialisiert sowie kontinuierlicher Fertigung. Die Marktanforderungen gehen von kundenindividuellen hoch flexiblen Produkten bis hin zu standardisierter Massenware.

Die wesentliche Aussage der Produkt-Prozessmatrix ist, dass ein effizientes und effektives Produktionssystem an der Diagonale der Produkt-Prozessmatrix positioniert sein soll. Liegt ein Produktionssystem rechts oberhalb der Diagonale, so ist eine zu hohe (nicht vom Markt geforderte) Produktionsflexibilität mit zu hohen Kosten gegeben. Dahingegen bedeutet eine Position links unterhalb der Diagonale, dass das Produktionssystem zu wenig flexibel ist und dadurch Marktchancen nicht realisiert werden können.

7   Reduktion der Komplexität

Die Komplexität eines Produktionssystems und damit die Planungs- und Steuerungsaufgabe beeinflussen wesentlich nicht nur den Schwierigkeitsgrad der Planung, sondern auch, welche Performance erreichbar ist. Grundsätzlich lässt sich feststellen, dass die erreichbare Performance mit steigender Komplexität abnimmt. Bevor man also eine Planungs- und Steuerungsstrategie wählt, diese auslegt und implementiert, ist die zentrale Aufgabe das Produktionssystem kritisch im Hinblick auf Komplexität und Komplexitätsreduktion zu durchforsten. Bevor wir die Komplexität im Detail diskutieren, sei der Performancebegriff in diesem Zusammenhang definiert (siehe dazu auch Abschnitt *Kennzahlen*). Wegen der vorhandenen Zielkonflikte (z.B. zwischen hoher Liefertreue und niedrigen Beständen) kann nicht jede Kennzahl für sich isoliert optimiert werden. Abhängig von der Komplexität des Produktionssystems und vom gewählten Planungs- und Steuerungsinstrument kann eine Liefertreue von z.B. 99% bei unterschiedlichen Lagerbeständen erreicht werden. Der Quotient Liefertreue durch Lagerbestand kann somit als ein Maß für die Performance des Produktionssystems angesehen werden. Allgemein ist die Performance ein Maß für die Bewältigung des Zielkonflikts zwischen zwei Kennzahlen. Wir werden den Auflösungsgrad von zwei Zielkonflikten messen.

❑   Liefertreue – Fertigteillagerbestand - Performance

❑   Auslastung – Umlauflagerbestand – Performance

Je höher die Performance ist, desto besser hat man die Konfliktsituation bewältigt. Durch Reduktion der Komplexität, Wahl geeigneter Planungs- und Steuerungssysteme und optimaler Einstellung derselben, können die Performance erhöht und damit die Zielkonflikte besser aufgelöst werden. Die Berechnung der beiden verwendeten Performancewerte erfolgt durch

$$\pi_{s.Y_{FGI}} = \frac{s}{Y_{FGI}} \text{ bzw. } \pi_{\eta.Y_{WIP}} = \frac{\eta}{Y_{WIP}}$$

$\pi_{s.Y_{FGI}}$ …Liefertreue-Fertigteillagerbestand-Performance

$\pi_{\eta.Y_{WIP}}$ …Auslastung-Umlauflagerbestand-Performance

s …Liefertreue   (7.1)

Y_{FGI} …Durchschnittlicher Fertigteillagerbestand

η …Auslastung

Y_{WIP} …Durchschnittlicher Umlauflagerbestand

Die Komplexität eines Produktionssystems wird durch nachfolgende Kriterien beeinflusst. Die Komplexität der Planung steigt mit

❑ Kundenentkoppelungspunkt näher dem Fertigteillager

❑ Variantenbildungspunkt näher beim Rohmaterial

❑ Fertigungspfade näher der Kombination konvergent, divergent und rekursiv

❑ höherer Anzahl an zu planenden Arbeitssystemen

❑ höherer Anzahl an zu planenden Fertigungsstufen

❑ Stücklistenstruktur näher der Kombination konvergent und divergent

❑ höherer Anzahl an zu planenden Materialien

❑ höherer Anzahl an zu planenden Stücklistenebenen

❑ Fertigungsorganisation näher der Werkstattfertigung

❑ Ausbringungsmengen näher der Einzelfertigung

❑ höherer Umstellungsaufwand/Rüstaufwand

❑ höherer Ausschuss- und Nacharbeitsraten

❑ geringerer Verfügbarkeit der Arbeitssysteme

❑ höherer Schwankung der Auftragszeiten

Positiv formuliert sollte man versuchen, den Kundenentkoppelungspunkt beim Rohmateriallager oder sogar bei den Lieferanten anzusiedeln, die Variantenbildung kurz vor Auslieferung an den Kunden vorzunehmen, rein sequentielle Fertigungspfade zu implementieren, wenig Arbeitssysteme und Fertigungsstufen zu haben, sequentielle Stücklisten sicher zu stellen, wenig Materialien und Stücklistenebenen zu haben, eine Fließfertigung zu organisieren, möglichst hohe und gleichmäßige Ausbringungsmengen anzustreben, keinen Rüstaufwand, keinen Ausschuss, keine Nacharbeit zu haben, jederzeit verfügbare Arbeitssysteme vorzufinden und konstante Auftragszeiten sicherzustellen. Natürlich ist dieser Idealzustand wegen Restriktionen des Marktes, der Technologie und anderer Rahmen-bedingungen nicht zu erreichen. Aber je näher man diesem Idealzustand kommt, desto geringer wird der Planungsaufwand und desto höher kann die Performance des Produktionssystems sein. Im Nachfolgenden werden wir ein paar Möglichkeiten aufzeigen, mit deren Hilfe die Komplexität reduziert werden kann.

❑ Fertigungssegmentierung

❑ Variantenbildung

❑ Reduktion Teilevielfalt

❑ Stücklistenstruktur

❑ Aggregation von Produktion und Maschinen

❑ Rüstreduktion

❑ Reduktion Ausschuss und Nacharbeit

❑ Maschinenverfügbarkeit erhöhen

❑ Modularisierung

❑ Mass customization

Die **Fertigungssegmentierung** verfolgt das Ziel, Produkte, die in ähnlicher Art produziert werden können, zu einer Produktgruppe zusammen zu fassen. Für diese Produktgruppe wird ein eigener Produktionsbereich geschaffen, der ausschließlich für die zugeordneten Produkte zuständig ist. Der Geschäftsprozess wird beginnend von der Kundenbestellung bis zur Belieferung des Kunden durchgängig sowie ganzheitlich modelliert und umgesetzt. Ziel dabei ist die Verkürzung der Auftragsdurchlaufzeit und die Schaffung der Möglichkeit, flexibel und schnell auf neue Markt-anforderungen zu reagieren. Für den Produktionsbereich bedeutet dies insbesondere eine Erweiterung der Aufgaben Richtung autonomer Planung und Steuerung, Beschaffung, Qualitätsmanagement und Logistik. Die Fertigungssegmentierung kann als Instrument gesehen werden, das zum einen die Kostenvorteile der Fließfertigung, zum anderen die hohe Flexibilität der Werkstattfertigung aufweist. Die Fertigungssegmentierung versucht somit das Dilemma der Rationalisierung aufzulösen. In Wildemann (1994a) ist die Methode der Fertigungssegmentierung detailliert dargestellt. Ähnlich wie die Fertigungssegmentierung kann auch die Einführung der Gruppenfertigung bzw. die von flexiblen Fertigungssystemen beitragen, das Dilemma der Rationalisierung zu entschärfen.

Die **Variantenbildung** ist ein mächtiges Instrument zur Komplexitätsreduktion bei gleichzeitiger Sicherstellung der Markt-orientierung. In Wildemann (1994b) wird aufgezeigt, dass mit Verdoppelung der Variantenanzahl die Kosten um 20-30% ansteigen. Nach Helfrich (2001 bzw. 2002) sind folgende Punkte wichtig.

❑ Variantenbildung so spät wie möglich

❑ Konstruieren in Modulbauweise (Baukastensystem)

❑ „niedrigere" Variante durch „höhere" Variante ersetzen

Jener Punkt, an dem die Variantenbildung erfolgt, heißt Variantenbildungspunkt. Der Variantenbildungspunkt sollte demnach so nahe wie möglich beim Kunden liegen. Modulbauweise bedeutet, dass die Module untereinander je nach Kundenwunsch ausgetauscht und kombiniert werden können. Die Idee „niedrigere" Variante durch „höhere" Variante zu ersetzten bedeutet, dass es billiger und effizienter sein kann, eine höherwertigere Komponente als vom Kunden gefordert, einzubauen. In der Autoindustrie werden z.B. alle Autos für die Klimaanlage vorbereitet (leistungsfähiger Generator, komplexerer Kabelbaum) unabhängig davon, ob konkret eine Klimaanlage eingebaut werden soll oder nicht.

Die **Reduktion der Teilevielfalt** bedeutet, dass die Anzahl der zu planenden, zu beschaffenden oder zu produzierenden Materialien reduziert wird. Dies vereinfacht sowohl die Planung wie auch die Durchführung der Beschaffung und Produktion. Da die Materialien in der Produktentwicklung bzw. Konstruktion generiert werden, ist auch in diesem Bereich der Hebel zur Reduktion der Anzahl der Teile (Sachnummern-Reduktion) anzusetzen.

Verkürzt nach Helfrich (2001 bzw. 2002) können dies sein:

❑ Standardisierung der Konstruktion

❑ Förderung der Verwendung von Gleichteilen

❑ Erzeugen von Interesse der Konstrukteure an der Sachnummern-Reduktion (z.B. Prämien)

❑ Vergabe von neuen Sachnummern erschweren

❑ Technische Unterstützung zur Wiederauffindung bestehender Teile (Sachmerkmalsleisten)

❑ Parametrieren der Konstruktion

❑ Begünstigung von Normen und Standards

Für die Planung und Steuerung ist die so genannte **Dispositions-stückliste** die Grundlage. Die Dispositionsstückliste enthält die zu planenden Materialien und ist in der Regel nicht so detailliert wie die Konstruktionsstückliste. In der Regel werden für unterschiedliche

Planungsaufgaben (hierarchische Planung) die Dispositionsstücklisten in unterschiedlichem **Aggregationsniveau** verwendet. In der Programm-planung enthält die Dispositionsstückliste z.B. Produktgruppen und in der Terminierung die konkreten Produkte.

Eine einfache und mächtige Regel ist, dass bei der Überführung der Konstruktionsstückliste in die Dispositionsstückliste alle Schüttgut-Materialien (Schrauben, Lacke, …) und alle Materialien, die verbrauchs-gesteuert sind, negiert werden können.

Eine weitere Möglichkeit der Reduktion ist die Auslagerung eines Stücklistenastes (Komponente oder Baugruppe) von der zentralen Planung in eine dezentrale Planung, d.h. in der Dispositionsstückliste der zentralen Planung wird der gesamte Stücklistenast zu einer Komponente zusammen-gefasst und wird ausschließlich in der dezentralen Planung aufgelöst.

Weiters sollte eine Dispositionsstückliste möglichst wenig Stufen haben, da jede zusätzliche Stufe das Aufschaukeln von Bedarfen fördert (siehe feast and famine sowie bullwhip effect).

In Planungen, die langfristigen Charakter haben, sollten die Produkte zu Produktgruppen und die Maschinen zu Maschinengruppen zur Reduktion der Planungskomplexität zusammengefasst werden.

Für die drei Punkte **Rüstreduktion, Reduktion von Ausschuss und Nacharbeit** und **Erhöhung der Anlagenverfügbarkeit** sei auf die ein-schlägige Literatur wie z.B. Single Minute Exchange of Die (SMED) Shingo (1985), Total Quality Management (TQM) Deming (2000), Total Productive Maintenance (TPM) Nakajima (1988) oder Kombination von JIT, TPM und TQM zu World Class Manufacturing (WCM) Schonberger (1986) verwiesen. Wenn keine Rüstzeiten, keine Qualitätsprobleme und Maschinenstörungen auftreten, ist die Planung einfacher und zuverlässiger, weil keine unerwarteten Probleme auftreten.

Die **Modularisierung** ist nach Piller (2001) eine vielversprechende Methode zur Komplexitätsbewältigung. Grundidee der Modularisierung ist die Schaffung selbständiger Module, die austauschbar mit anderen Modulen kombiniert werden können und deren Schnittstellen klar definiert sind. Die Modularisierung kann auf unterschiedlichsten Ebenen, siehe Wiendahl/Klepsch (2006), stattfinden.

❑   Modulare Produktgestaltung
- ➢ Mehrfachverwendung von Bauteilen
- ➢ Montagegerechte Konstruktion

❑   Modulare Beschaffung
- ➢ Optimierung der Leistungstiefe (Fertigungstiefe)
- ➢ Reduzierung der Lieferantenanzahl

❑   Modulare Fabrikorganisation
- ➢ Fertigungssegmentierung
- ➢ Modulare Betriebsmittel und Gebäude

Grundidee von **Mass Customization** ist die Kombination der Vorteile der Massenproduktion insbesondere niedrige Stückkosten und einer hohen Kundenorientierung durch flexible Anpassung der Produkte an die Kundenwünsche. Mass Customization geht auf Pine (1993) zurück. Dabei setzt Mass Customization bereits in der Produktgestaltung an. Die Produkte werden so konzipiert, dass eine überschaubare Anzahl von Einzelteilen flexibel nach Kundenanforderungen kombiniert werden kann. Die Fertigung der Einzelteile kann als Massenfertigung organsiert werden. Die kundenindividuelle Anpassung sollte so nahe wie möglich am Point of Sales stattfinden. Beispiel für Mass Customizing ist Dell Computer. Dell erzeugt die einzelnen Komponenten in Massenfertigung, wobei der Kunde sich selber „seinen" Computer konfigurieren kann.

Die in diesem Abschnitt diskutierte Komplexitätsreduktion hat Parallelen zu den Forderungen und Grundsätzen des Toyota Production Systems TPS bzw. der JIT Prinzipien (siehe Kapitel *TPS*). Darüber hinaus sind die Methoden, die in Eversheim et al. (1998), Wildemann (1994b, 1997) oder Wassermann (2001) beschrieben werden, auch Methoden, die zur Reduktion der Komplexität eingesetzt werden können. Insbesondere unterscheidet Wildemann (1994b) Komplexitätsreduktion, Komplexitätsbeherrschung und Komplexitätsvermeidung.

II   Logistische Grundgesetze

8   Produktionsrelevante Kennzahlen

In diesem Abschnitt werden die wichtigsten produktionsrelevanten Kenngrößen zusammengestellt, definiert und diskutiert. Die Kennzahlen lassen sich grundsätzlich nach innengerichteten und außengerichteten Kennzahlen unterteilen. Innengerichtete Kennzahlen beschreiben die Struktur des Unternehmens, dahingegen geben die außengerichteten Auskunft über die Marktchancen. Die innengerichteten Kennzahlen sind als Kostentreiber zu sehen. Außengerichtete Kennzahlen wirken vor allem auf zukünftige Umsatzpotenziale. Folgende produktionsrelevante Kennzahlen werden behandelt:

- ❑ Innengerichtete Kennzahlen
    - ➢ Auslastung
    - ➢ Lagerbestand
    - ➢ Durchlaufzeit
    - ➢ Ausbringungsmenge
    - ➢ Ausschuss- und Nacharbeitsrate
    - ➢ Kosten für Zusatzkapazität
    - ➢ Kosten für Normalkapazität
- ❑ Außengerichtete Kennzahlen
    - ➢ Lieferzeit
    - ➢ Liefertreue
    - ➢ Verspätung
    - ➢ Lieferfähigkeit
    - ➢ Throughput
    - ➢ Reklamationsrate
    - ➢ Flexibilität

Eine weitere oft verwendete Unterteilung von Kennzahlen ist durch Zeit, Qualität und Kosten bzw. laut Slack et al. (2006) durch Qualität, Zeit, Zuverlässigkeit, Flexibilität und Kosten gegeben.

Auslastung

Die Auslastung (engl. *utilization*) einer Anlage oder Maschine ist der Quotient genutzte Zeit durch verfügbare Zeit. Die Auslastung ist also ein Maß für die Nutzung der Maschine zur Herstellung von Produkten inkl. notwendiger Vorbereitungsarbeiten wie Rüsten. Ob die Produkte für Kundenaufträge oder Lageraufträge gefertigt werden oder ob es sich um fehlerhafte Produkte oder nicht handelt, spielt für die Berechnung der Auslastung keine Rolle. Geplante Stillstandszeiten wie Wartungsarbeiten reduzieren hingegen die verfügbare Zeit der Maschine. Demzufolge kann die Auslastung durch

$$\eta = \frac{\text{Zeit für Fertigung und Rüsten}}{\text{geplante Betriebszeit}} = \frac{\sum_{i=1}^{k} t_{p,i}\left(n_{K,i} + n_{L,i} + n_{Q,i}\right) + t_{R,i}n_{R,i}}{T - t_{S,P}}$$

η ... Auslastung der Maschine

$t_{p,i}$ ... Mittlere Bearbeitungszeit des i-ten Produktes

$t_{R,i}$ ... Mittlere Rüstzeit für das i-te Produkt

T ... Geplante Verfügbarkeitszeit der Maschine   (8.1)

$t_{S,P}$ ... geplante Stillstandszeit der Maschine

$n_{K,i}$ ... Anzahl der i-ten Produkte für Kundenbestellungen

$n_{L,i}$ ... Anzahl der i-ten Produkte für Lageraufträge

$n_{Q,i}$ ... Anzahl der i-ten Produkte mit Nacharbeit/Ausschuss

$n_{R,i}$ ... Anzahl der Fertigungslose für das i-te Produkt

k ... Anzahl der Produkte, die auf Maschine gefertigt werden

definiert werden. Die geplante Verfügbarkeitszeit T der Maschine wird durch rechtliche Vorgaben und den Schichtkalender determiniert. Zu den geplanten Stillstandszeiten gehören Wartungszeiten und Instand-haltungszeiten, wohingegen Werkzeugbrüche, Nichtverfügbarkeit von Material, Werkzeug, Betriebsmittel, Betriebsstoffen, Personal oder Arbeits-papieren zu den ungeplanten Stillständen zählen. Die Anzahl der Produkte für Kundenbestellungen meint jene Anzahl, die kundenauftragsbezogen und fehlerfrei gefertigt worden ist. Die Anzahl der Produkte für Lageraufträge sind demzufolge die Teile, die nicht kundenauftragsbezogen aber fehlerfrei gefertigt worden sind.

Lagergefertigte Aufträge haben gegenüber kundenauftragsbezogenen mehrere Nachteile:

❑   Lageraufträge sind später umsatzwirksam

❑   Lageraufträge verursachen mehr Kosten (Kapitalbindung)

❑   Gelagerte Ware kann verderben, altern bzw. beschädigt werden

❑   Gelagerte Ware kann zum Obsoletbestand (wird von keinem Kunden nachgefragt) werden

Alle fehlerhaften Teile werden durch die Anzahl der Produkte mit Nacharbeit/Ausschuss gezählt. Die Anzahl der Fertigungslose gibt ebenfalls die Anzahl der durchgeführten Rüstungen an.

Die Differenz der Auslastung zu Eins beschreibt die durchschnittlich freie Kapazität. Das ist prozentuell jene verfügbare Zeit, die wegen fehlender Fertigungsaufträge nicht genutzt worden ist bzw. wegen ungeplanter Maschinenstillstände nicht genutzt werden konnte.

Eine hohe Auslastung bedeutet, dass die Maschine viel genützt wird und damit die der Maschine zurechenbaren Fixkosten (Abschreibung, Raumbereitstellungskosten, …) im Sinne der Fixkostendegression auf eine hohe Produktionsmenge aufgeteilt werden können. Diese Argumentationskette ist stark verbreitet und bewirkt, dass klassisch eine Maximierung der Auslastung von der Produktion angestrebt wird. Wir werden nun einige Argumente anführen, die zeigen, dass die Maximierung der Auslastung negative Effekte hat bzw. durch Maßnahmen, die negativ auf Durchlaufzeit, Lagerbestand und Umsatzpotential wirken, eine Erhöhung der Auslastung herbeigeführt werden kann.

Das Produzieren von fehlerhaften Teilen (Ausschuss oder Nacharbeit) verursacht Kosten und bringt keinen Umsatz. Aber: Mehr produzierte fehlerhafte Teile erhöhen die Auslastung – oder umgekehrt durch Reduktion der Ausschuss- und Nacharbeitsrate wird die Auslastung reduziert.

Die Reduktion der Bearbeitungszeit bzw. der Rüstzeit schafft die Möglichkeit in kürzerer Zeit mehr zu produzieren. Eine Reduktion der Bearbeitungszeit bzw. Rüstzeit bewirkt ebenfalls eine Reduktion der Auslastung. Provokant formuliert: Langsameres Arbeiten erhöht die Auslastung.

Laut obiger Formel (8.1) erhöht sich die Auslastung, wenn längere geplante Stillstandszeiten, die zu einer Reduktion der verfügbaren Zeit führen, vorliegen. Auch hier kann wieder pointiert festgestellt werden: Mehr geplanter Stillstand erhöht die Auslastung.

Ein weiteres Argument für geringe Auslastung, das sich nicht aus obiger Formel ableiten lässt, aber nicht minder wichtig ist, basiert auf der Flexibilität. Eine gering ausgelastete Maschine ermöglicht ein schnelles Reagieren auf kurzfristige Marktanforderungen oder Marktänderungen in Bezug auf Mengen und Produktmix. Eine geringe Auslastung kann somit in einem Markt, der kurze Lieferzeiten sowie hohe Flexibilität verlangt, hohe Absatzpotentiale erschließen.

Um nun diesen Zielkonflikt aufzulösen, sollte man zwischen langfristig und kurzfristig auf der einen Seite und zwischen Vertriebsverantwortung und Produktionsverantwortung auf der anderen Seite unterscheiden. In der Langfristbetrachtung ist die Investitionsentscheidung zu treffen. Neben den klassischen Investitionsrechnungen, aufbauend auf Langfristprognosen und einer möglichst hohen Auslastung, sollte die Beziehung zwischen verfügbarer Kapazität, Absatzschwankungen und minimal notwendigem Lagerbestand berücksichtigt werden. Geringere verfügbare Kapazität (geringere Investitionssumme, geringere Abschreibung) verlangt einen höheren Umlauflagerbestand (höhere Kapitalbindungskosten) um eine hohe Liefertreue sicherstellen zu können, siehe z.B. Bradley/Glynn (2002). Jodlbauer (2008c) zeigt zusätzlich, je größer die Absatzschwankungen sind, desto mehr Umlauflagerbestand ist erforderlich. Weiters wird in Jodlbauer (2008a) gezeigt, dass zur Erreichung minimaler Kapitalbindungskosten für Bestand und Anlageninvestition sich ein Gleichgewicht zwischen den zweifachen Überlagerbestandskosten und den Überkapazitätskosten einstellt. Wobei die Überkapazität die Differenz zwischen investierter Kapazität und durchschnittlich nachgefragten Kapazität ist und der Über-lagerbestand durch den durchschnittlichen Bestand mal Liegezeit durch Durchlaufzeit gegeben ist.

Zusammenfassend sollte die Produktion die Auslastung minimieren um geringen Ausschuss bzw. Nacharbeit, kurze Rüst- und Bearbeitungszeiten, wenig Stillstandszeiten und eine hohe Flexibilität zu gewährleisten. Die theoretische optimale Auslastung ist gegeben durch:

$$\eta_{opt} = \frac{\sum_{i=1}^{k} t_{p,i} n_{K,i}}{T} \tag{8.2}$$

Diese optimale und gleichzeitig minimal mögliche Auslastung wird erreicht, wenn ausschließlich kundenauftragsbezogen ohne Rüstaufwendungen, ohne Stillstände und ohne Qualitätsprobleme produziert wird. In der Formel für die optimale Auslastung ist zu beachten, dass für die Planung der Auslastung die mittleren Bearbeitungszeiten realistisch aber ehrgeizig angesetzt werden. In der Praxis kann der optimale Wert nicht erreicht werden, aber ein ständiges Bemühen, diesem optimalen Auslastungswert immer näher zu kommen, ist Aufgabe der Produktion.

Der Vertrieb ist zuständig, einen hohen Absatz (große Werte $n_{K,i}$) sicherzustellen oder in anderen Worten: der Vertrieb ist zuständig, sicherzustellen, dass die Produktion wegen fehlender Aufträge nicht still steht. Somit ist der Vertrieb verantwortlich, dass die reale Auslastung wie auch die theoretische optimale Auslastung hoch sind. In Jodlbauer (2006b) bzw. Jodlbauer et al. (2006) ist eine ausführliche Diskussion der Kennzahl Auslastung gegeben.

Eine hohe Auslastung sollte tendenziell angestrebt werden, wenn

❑ hohe Anlagenfixkosten gegeben sind
❑ Fertigteile gelagert werden können oder
❑ geringer Lagerkostensatz gegeben ist

Dahingegen sollen die Anlagen mit geringer Auslastung betrieben werden, wenn

❑ geringe Anlagenfixkosten gegeben sind
❑ hohe Liefertreue vom Markt gefordert wird
❑ Fertigteile schwer lagerbar sind (z. B weil Produkte verderblich sind) oder
❑ hoher Lagerkostensatz gegeben ist

Die Auslastung einer Anlage sollte nicht mit Overall Equipment Efficiency (OEE) und Total Effective Equipment Productivity (TEEP) verwechselt werden. Der OEE Wert misst das Verhältnis der genutzten Zeit für Gutausbringung (ohne Taktzeitverluste, ohne Rüstzeit) zur Planbelegungszeit, wohingegen der TEEP Wert das Verhältnis der genutzten Zeit für Gutausbringung (ohne Taktzeitverluste, ohne Rüstzeit) zur Kalenderzeit beschreibt.

$$OEE = \frac{\text{Nettoproduktivzeit}}{\text{Planbelegungszeit}}$$

$$TEEP = \frac{\text{Nettoproduktivzeit}}{\text{Kalenderzeit}}$$

(8.3)

Damit gilt immer, dass der TEEP Wert kleiner gleich dem OEE Wert sein muss. Die Auslastung hingegen entspricht dem Verhältnis genutzte Zeit für Fertigung und Rüsten (inkl. Taktverluste) zur geplanten Betriebszeit. Im Einzelnen gelten nachfolgende Relationen:

❑ Planbelegungszeit = Kalenderzeit abzüglich fehlende Besetzung (Nacht, Wochenende, Feiertage)

❑ Geplante Betriebszeit = Planbelegungszeit abzüglich geplante Stillstände (Wartung, Reinigung)

❑ Nettobetriebszeit = Geplante Betriebszeit abzüglich Rüstzeit und technische Störungen

❑ Nutzbare Betriebszeit = Nettobetriebszeit abzüglich Leerlauf und verringerte Prozessgeschwindigkeiten

❑ Nettoproduktivzeit = Nutzbare Betriebszeit abzüglich Zeiten für Schlechtteile

❑ TEEP < OEE < Auslastung

Abb. 8.1. Verlustzeiten nach OEE

Durch Minimierung der Verluste sollte die Anlagenverfügbarkeit gemessen durch OEE oder TEEP möglichst nahe 100% sein. In Weger/Schöffer (2006) ist eine ausführliche Diskussion des OEE und TEEP Wertes gegeben und das Ergebnis einer Marktuntersuchung zum Thema

OEE und TEEP dargestellt. Der OEE Wert kann auch als Produkt, siehe z.B. Slack et al. 2006, von Zeitgrad (Nettobetriebszeit/Planbelegungszeit) mit Geschwindigkeitsgrad (Nutzbare Betriebszeit/Nettobetriebszeit) und Qualitätsgrad (Nettoproduktivzeit/Nutzbare Betriebszeit) aufgefasst werden.

Lagerbestand

Der Lagerbestand (engl. *inventory*) kann nach dem Ort und nach dem Bewertungskriterium unterschieden werden. Wir betrachten bezüglich Ort die drei Lagerbestände

- Beschaffungslagerbestand
- Umlauflagerbestand
- Fertigteillagerbestand

und bezüglich Bewertungskriterium

- Menge
- Bearbeitungszeit
- Reichweite
- Kosten

Der **Beschaffungslagerbestand** bezieht sich auf die Beschaffungsteile. Das sind in der Regel Rohmaterialien und alle verbauten, verwendeten, verpackten bzw. montierten Teile, die nicht selbst gefertigt werden. Die organisatorische Verantwortung für das Beschaffungslager liegt abhängig von der Firmenstruktur beim Einkauf oder bei der Produktion.

Der **Umlauflagerbestand** (engl. *Work In Process – WIP*) bezieht sich auf alle Zwischenprodukte und Materialien, die im Betrieb entweder gerade bearbeitet bzw. innerbetrieblich transportiert werden oder auf Bearbeitung in einem Zwischenlager oder vor bzw. nach einer Maschine warten.

Der **Fertigteillagerbestand** (engl. *Finished Good Inventory – FGI*) besteht aus allen bereits fertig gestellten Endprodukten. Diese Endprodukte sind entweder bereits für einen Kunden reserviert oder sind auf Lager gefertigt worden.

Die klassische Bewertung des Lagerbestands erfolgt über **Mengeneinheiten**, z.B. Stück, Tonnen, Liter oder auch Paletten, Transportbehälter oder Verpackungseinheit. Für die Planung des Lagerraumes bzw. des technischen Transportes ist die Bewertung in Mengeneinheiten die Basis.

Aus logistischen Gesichtspunkten ist die Bewertung des Lagerbestandes mit der **Bearbeitungszeit** wichtig. Abhängig von Aufgabenstellung bzw. Zweck wird das Arbeitssystem, auf das sich die erforderliche Bearbeitungszeit bezieht, unterschiedlich gewählt. So werden wir später sehen, dass z.B. Nyhuis/Wiendahl (1999) bei der Betrachtung eines Arbeitssystems der Umlauflagerbestand vor diesem Arbeitssystem mit der Auftrags-Bearbeitungszeit an diesem Arbeitssystem bewertet wird oder dass bei der Auslegung eines CONWIP Systems nach Jodlbauer (2008c) für die Bewertung des Umlauflagerbestandes die Bearbeitungszeit des Engpasses herangezogen werden sollte.

Die **Reichweite** des Bestandes ist jene Zeit, wie lange der dem Lager nachfolgende Prozess aufrechterhalten werden kann. Dabei ist zu beachten, dass die Nachfrage bzw. der Verbrauch durch den nachgelagerten Kunden bzw. Prozess gegeben ist und keine neuen Lagerzugänge berücksichtigt werden. Im Falle einer vollen Auslastung entspricht der Lagerbestand, bewertet mit Bearbeitungszeit der Reichweite. Im Allgemeinen ist jedoch die Reichweite größer gleich dem Lagerbestand, bewertet mit der Bearbeitungszeit.

Die **Kapitalbindungskosten** des Lagerbestandes werden durch die finanzielle Bewertung des Lagerbestandes bestimmt. In der Regel wird der Lagerbestand mit den angefallenen Herstellkosten und einem kalkulatorischen Zinssatz bewertet. Der kalkulatorische Zinssatz sollte mindestens so hoch sein wie die erwartete bzw. angepeilte Rendite des eingesetzten Kapitals. Die angefallenen Herstellkosten beziehen sich auf alle Herstellkosten, die für das betrachtete Teil angefallen sind. Da Fixkosten nicht durch kurzfristige Entscheidungen beeinflusst werden können, gibt es auch Ansätze, siehe z.B. Schragenheim/Dettmer (2001), in denen lediglich die variablen angefallenen Herstellkosten als Basis für die finanzielle Bewertung des Lagerbestandes herangezogen werden (nach HGB ist diese Bewertung nicht zulässig). Kosten des Lagerraumes, der Ein- und Auslagerung und des Lagerpersonals sind nicht den Lagerbestandskosten zuzurechnen. Wenn erforderlich, können diese Kosten als Fixlagerkosten bzw. Lagerhandlingskosten ausgewiesen werden. Dahingegen sollte eine etwaige Verderbungsrate bzw. Schwund des

Materials analog zum Ausschuss in die Betrachtungen mit einbezogen werden.

Der Lagerbestand kann durch nachfolgende diskrete Lager-bilanzgleichung modelliert werden:

$$y_t = y_{t-1} + x_t - z_t - v_t$$

y_t ... Lagerbestand am Ende der Periode t

x_t ... Lagerzugang während Periode t   (8.4)

z_t ... Lagerabgang während Periode t

v_t ... Lagerschwund während Periode t

Der Lagerschwund bezieht sich auf verdorbene bzw. fehlerhafte Ware, aber auch auf nicht protokollierte Entnahme der Ware. Über die Beziehung

$$y_t > 0$$ (8.5)

kann Lieferfähigkeit am Ende der Periode abgebildet werden. Fordert man für jede Zeitperiode die Lieferfähigkeit am Ende der Periode, ist diese während der Periode nicht zwingend garantiert. In der Regel fordert man in der Planung, dass die Lagerbestände am Ende der Periode über dem so genannten Sicherheitsbestand liegen. Der Sicherheitsbestand sollte dabei sicherstellen, dass sowohl während der Periode Lieferfähigkeit gegeben ist und auch unvorhergesehene Schwankungen des Absatzes oder der tatsächlichen Ausbringungsmengen an Gutteilen durch den Sicherheits-bestand kompensiert werden können. Ein rechnerischer Lagerbestand kleiner null bedeutet entweder, dass Rückstand (engl. backorder) entsteht (das Produkt kann später an den Kunden geliefert werden) oder dass der Kundenauftrag verloren (engl. lost sales) gegangen ist (der Kunde will das Produkt auch zu einem späteren Zeitpunkt nicht).

Der Lagerbestand kann wesentlich durch die Losgrößen (Bestellmengen, Transportlosgrößen, Produktionslosgrößen) bestimmt werden. Kleinere Lose reduzieren den Lagerbestand, siehe dazu Kapitel *Lagermodelle und Bestandsmanagement*.

Nach Slack et al. (2006) sind die wichtigsten Gründe, warum ein hoher Lagerbestand vermieden werden soll:

❏   Hohe Kapitalbindung

❏   Verlängerung der Durchlaufzeiten und Verlangsamung der Prozesse

- ❑ Hohe Bestände verdecken Probleme, da diese erst später sichtbar werden
- ❑ Gefahr des Obsoletbestandes
- ❑ Gefahr des Verderbens bzw. der Beschädigung
- ❑ Handlingsaufwand (suchen, wegräumen, bevor man Zugriff hat, … wächst exponentiell mit Lagerbestand)
- ❑ Kosten für Lagerplatz und Lagereinrichtung
- ❑ Versicherungskosten

In Silver et al. (1998) ist eine gute Darstellung gegeben, warum ein Lagerbestand entsteht bzw. warum man einen Lagerbestand vorhält. Sie unterscheiden demnach folgende Lagerbestandsarten:

- ❑ Losbestand
- ❑ Staubestand
- ❑ Sicherheitsbestand
- ❑ Antizipationsbestand
- ❑ Transportbestand und
- ❑ Entkoppelungsbestand

Der **Losbestand** entsteht durch die Produktions- bzw. Bestelllose. Ursache für diesen Losbestand ist der Versuch Jahreskosten, die durch losfixe Kosten wie Rüstkosten, Reinigungskosten oder Bestellkosten verursacht werden, zu reduzieren. Darüber hinaus können auch technologische Mindestlosgrößen oder Mengenrabatte ein Grund für die applizierte Lospolitik sein. Die Lagermodelle EOQ und EPL berücksichtigen schwerpunktmäßig den Losbestand.

Der Lagerbestand, der vor Anlagen entsteht, weil zuwenig Anlagenkapazität vorhanden ist, heißt **Staubestand**. Handelt es sich um einen echten Engpass, kann nur eine Erhöhung der Anlagenkapazität zum Abbau des Staubestandes führen. Bestandssteuernde Verfahren wie z.B. CONWIP und die im Abschnitt *Theory of Constraints* beschriebenen Maßnahmen unterstützen die Reduktion des Staubestandes.

Der **Sicherheitsbestand** wird vorgehalten um Unwägbarkeiten wie z.B. Verkaufsschwankungen, Ausschuss, Werkzeugbruch oder Nichtver-

fügbarkeit von Beschaffungsteilen abzufedern. Bevor diese Sicherheitsbestände angelegt werden, sollte kritisch überprüft werden, ob nicht die
Unwägbarkeiten (siehe Abschnitt *Toyota Production System*) reduziert
werden können.

Saisonale Verkaufsschwankungen können durch einen **Antizipationsbestand** abgefedert werden. In Zeiten geringer Nachfrage wird auf Lager
vorproduziert, um dann Nachfragehochs erfüllen zu können. Modelle des
Kapazitätsabgleichs (siehe Abschnitt *Programmplanung*) unterstützen den
optimalen Ausgleich zwischen Lagerkosten und Kosten für die Bereitstellung von Zusatzkapazität (Überstunden, Leasingpersonal, Zusatzschicht,
Fremdvergabe/Lohnfertigung).

Materialien, die gerade transportiert werden, werden durch den so
genannten **Transportbestand** erfasst. Durch Verkürzung der Wege (siehe
Abschnitt *Toyota Production System*) können der Transportbestand wie
auch die Transportkosten reduziert werden. Eine Verkleinerung der
Transportlosgrößen führt ebenfalls zu einer Reduktion des Transport-
bestandes aber gleichzeitig zu einer Erhöhung der Transportkosten.

Ein **Entkoppelungsbestand** ist erforderlich, wenn zwei Systeme
getrennt bzw. nicht synchron geplant werden. Typischerweise ist am
Kundenentkoppelungspunkt (siehe Abschnitt *Auftrags- oder Lagerfertigung*) ein Entkoppelungsbestand festzustellen. Im Abschnitt *Kundenbestellanalyse* wird die Bestimmung des Entkoppelungsbestandes am
Kundenentkoppelungspunkt dargestellt.

Durchlaufzeit

Die Durchlaufzeit (engl. *lead time* oder auch *cycle time*) eines Auftrages
ist die Zeit vom Start des Auftrages bis zu seiner Fertigstellung. Wenn man
von der Produktionsdurchlaufzeit spricht, meint man die Zeit vom Einlasten
des Fertigungsauftrages (erste Fertigungsstufe wird frei gegeben) in die
Produktion bis zur Fertigstellung (Material geht zum Kunden oder in das
Fertigteillager). Die Kundenauftragsdurchlaufzeit ist hingegen die Zeit
zwischen Kundenbestellungszeitpunkt und Belieferungszeitpunkt an den
Kunden. Für einen reinen Kundenauftragsfertiger ist die Kundenauftragsdurchlaufzeit größer als die Produktionsdurchlaufzeit. Die drei
wesentlichen additiven Bestandteile der Kundenauftragsdurchlaufzeit bei
Kundenauftragsfertigung sind

❑   Zeit zwischen Kundenbestellung und Start des Fertigungsauftrages
❑   Produktionsdurchlaufzeit
❑   Zeit zwischen Fertigstellung und Kundenbelieferung

Bei einer reinen Lagerfertigung besteht die Kundenauftragsdurchlaufzeit ebenfalls aus drei Teilen, wobei der mittlere Bestandteil sich auf die in der Regel kurze Lagerentnahme bezieht. Für reine Lagerfertigung besteht also die Kundenauftragsdurchlaufzeit aus den drei Bestandteilen

❑   Zeit zwischen Kundenbestellung und Start Lagerentnahme
❑   Lagerentnahme
❑   Zeit zwischen Beendigung Lagerentnahme und Kundenbelieferung

Bei der Reduktion der Kundenauftragsdurchlaufzeit sollte man alle drei Bestandteile der Kundenauftragsdurchlaufzeit analysieren und auf Reduktionspotentiale überprüfen.

Für die Diskussion der logistischen Zusammenhänge ist nicht die einzelne Durchlaufzeit eines Materials bzw. eines Auftrages sondern die gewichtete mittlere Durchlaufzeit aller Aufträge interessant. Diese ist für eine zu definierende Periode gegeben durch:

$$L = \frac{\sum_{i=1}^{k} t_i l_i}{\sum_{i=1}^{k} t_i}$$

(8.6)

L … mittlere gewichtete Durchlaufzeit

t_i … Bearbeitungszeit des i-ten Auftrages

l_i … Durchlaufzeit des i-ten Auftrages

k … Anzahl der Aufträge der betrachteten Periode

Besonders zu beachten ist, dass die Durchlaufzeit keine Konstante darstellt. Vielmehr kann die Schwankungsbreite der Durchlaufzeit, abhängig vom Lagerbestand, um ein Vielfaches größer sein als die mittlere gewichtete Durchlaufzeit.

$$\sigma_L^2 = \frac{\sum_{i=1}^{k} t_i \left(l_i - L \right)^2}{\sum_{i=1}^{k} t_i}$$

σ_L^2 ... Varianz der Durchlaufzeit   (8.7)

L ... mittlere gewichtete Durchlaufzeit

t_i ... Bearbeitungszeit des i-ten Auftrages

l_i ... Durchlaufzeit des i-ten Auftrages

k ... Anzahl der Aufträge der betrachteten Periode

Eine große Varianz deutet auf eine hohe Schwankung der Durchlaufzeit hin. Ein weiteres Maß für die Schwankung ist der so genannte Variationskoeffizient

$$\alpha_L = \frac{\sigma_L}{L}$$

α_L ... Variationskoeffizient der Durchlaufzeit   (8.8)

σ_L ... Streuung der Durchlaufzeit $\left(\sigma_L = \sqrt{\sigma^2_L} \right)$

L ... mittlere gewichtete Durchlaufzeit

In der Praxis findet man Variationskoeffizienten der Durchlaufzeit von über zwei. Die Zusage von Lieferterminen und die Planung sind wesentlich einfacher, wenn ein kleiner Variationskoeffizient, z.B. unter 0.5, vorliegt.

Die Produktionsdurchlaufzeit hat drei wesentliche Bestandteile

❑ Bearbeitungszeit

❑ Transportzeit

❑ Liegezeit

Laut Helfrich (1999) liegt der Wert schöpfende Anteil der Produktionsdurchlaufzeit, das ist die Bearbeitungszeit, lediglich bei etwa 3%. Der Großteil der Produktionsdurchlaufzeit ist Liegezeit vor und nach den Maschinen bzw. in diversen Lagerbereichen. Hohe Lagerbestände sind dadurch eng mit langen Produktionsdurchlaufzeiten verbunden. Das Verhältnis zwischen der Liegezeit und den Wert schöpfenden Anteilen der Produktionsdurchlaufzeit wird als Flussgrad bezeichnet.

$$f = \frac{t_{Warten}}{t_{Bearbeitung} + t_{Transport}}$$

f …Flussgrad

t_{Warten} …Mittlere Warte- bzw. Liegezeit im System   (8.9)

$t_{Bearbeitung\,i}$ …Mittlere Bearbeitungszeit

$t_{Transport}$ …Mittlere Transportzeit

In obiger Definition des Flussgrades wird Transport als Wert schöpfende Tätigkeit angesehen, weil durch den Transport das Produkt näher zum Kunden kommt.

Die Produktionsdurchlaufzeit wird wesentlich durch folgende Parameter beeinflusst:

❑   Planungsrhythmus (Erhöhung der Produktionsdurchlaufzeit, wenn die Planungsabstände länger sind)

❑   Losgröße (Erhöhung der Produktionsdurchlaufzeit, wenn Losgröße erhöht wird)

❑   Auslastung (Erhöhung der Produktionsdurchlaufzeit, wenn Auslastung höher ist)

❑   Parametereinstellungen (Erhöhung der Produktionsdurchlaufzeit, wenn z.B. die Planübergangszeit bei MRP, der WIP-Grenzwert bei CONWIP oder die Anzahl der KANBAN Behälter bei KANBAN erhöht wird)

Ausbringungsmenge

Die Ausbringungsmenge (engl. *output*) bezieht sich auf alle Teile, die von einem Arbeitssystem ausgebracht werden. Das betrachtete Arbeitssystem kann eine Maschine sein oder auch ein ganzer Betrieb. Im Falle des Betriebes bezieht sich die Ausbringungsmenge auf die fertig gestellten Fertigprodukte. Die Ausbringungsmenge kann sowohl Gut- als auch Schlechtteile beinhalten. Die Ausbringungsmenge enthält keine Information, ob die Teile umsatzwirksam sind oder nicht. Die Ausbringungsmenge bezogen auf eine bestimmte Periode berechnet sich durch

$$Z = \sum_{i=1}^{k} n_{K,i} + n_{L,i} + n_{Q,i}$$

Z …Ausbringungsmenge

$n_{K,i}$ …Anzahl gefertigter Produkte i für Kundenbestellungen   (8.10)

$n_{L,i}$ …Anzahl gefertigter Produkte i für Lageraufträge

$n_{Q,i}$ …Anzahl gefertigter Produkte i mit Nacharbeit/Ausschuss

Ähnlich wie bei den Lagerbeständen kann die Ausbringung nicht nur mengenmäßig, sondern auch finanziell bzw. zeitlich bewertet werden. Bei der finanziellen Bewertung verwendet man je nach Zielsetzung entweder den Verkaufspreis (Umsatzorientierung), den Deckungsbeitrag oder die Herstellkosten. Die zeitliche Bewertung zieht die Bearbeitungszeit des betrachteten Arbeitssystems heran oder bei Betrachtung des ganzen Betriebes die Bearbeitungszeit des Engpasses bzw. die Summe aller Bearbeitungszeiten über alle Teilarbeitssysteme.

Besonders interessant ist der Zusammenhang zwischen Auslastung einer Anlage und der Ausbringungsmenge einer Anlage. Gewichtet man die Ausbringung pro Periode einer Anlage mit der Bearbeitungszeit inkl. anteiliger Rüstzeit und berechnet anschließend die mittlere Ausbringung dieser Periode durch

$$mittlere\ Ausbringung = \frac{Ausbringung\ in\ Zeit\ pro\ Periode}{verfügbare\ Arbeitszeit\ pro\ Periode} \quad (8.11)$$

so stellt man fest, dass der Zähler des Bruches auf der rechten Seite die genützte Zeit für Produktion und Rüsten sowohl für Gutteile als auch für Schlechtteile darstellt. Es gilt also:

Die Auslastung einer Anlage entspricht der mittleren Ausbringung bewertet mit der Bearbeitungszeit inkl. anteiliger Rüstzeit einer Anlage.

Die Produktionskapazität bezeichnet, wie viel Stück pro Zeiteinheit ausgebracht werden können. Damit entspricht die maximal mögliche Ausbringungsrate in Stück pro Zeiteinheit der Produktionskapazität. Definiert man weiters die Taktzeit als die Zeit zwischen zwei Fertigstellungszeitpunkten bei maximaler Ausbringungsrate, so gilt:

$$max.\ Ausbringungsrate = Produktionskapazität = \frac{1}{Taktzeit} \quad (8.12)$$

Die Auslastung kann damit auch als Verhältnis durchschnittliche Ausbringungsrate zu maximal möglicher Ausbringungsrate gesehen werden.

Ausschuss- und Nacharbeitsrate

Die Ausschussrate (engl. *scrap rate*) gibt das Verhältnis zwischen Anzahl der Ausschussteile und Ausbringungsmenge bezogen auf eine bestimmte Periode an. Wobei unter Ausschuss alle fehlerhaften Teile, die nicht wirtschaftlich repariert werden können, gemeint sind.

$$p_{Ausschuss} = \frac{Z_{Ausschuss}}{Z}$$

$p_{Ausschuss}$ ...Ausschussrate

Z ...Ausbringungsmenge   (8.13)

$Z_{Ausschuss}$ ...Anzahl Ausschussteile

Ausschussteile verursachen folgende Zusatzkosten

- ❑ Kosten für die erneute Produktion (Kosten für die Produktion des Ausschussteils)
- ❑ Strafkosten für eventuell nicht eingehaltene Liefertermine
- ❑ Strafkosten für verminderte Ausbringung (relevant für Engpass)
- ❑ Kosten für Qualitätskontrolle, Aussortierung und zusätzliche Logistikaufwendungen
- ❑ Kosten für die Entsorgung

Die Nacharbeitsrate (engl. *rework rate*) gibt das Verhältnis zwischen Anzahl von Nacharbeitsteilen und Ausbringungsmenge an. Ein Nacharbeitsteil liegt vor, falls ein Teil fehlerhaft ist und wirtschaftlich die Fehler behoben werden können.

$$p_{Nacharbeit} = \frac{Z_{Nacharbeit}}{Z}$$

$p_{Nacharbeit}$ ...Nacharbeitsrate

Z ...Ausbringungsmenge   (8.14)

$Z_{Nacharbeit}$ ...Anzahl Nacharbeitsteile

Nacharbeitsteile verursachen folgende Zusatzkosten

❑ Kosten für die Nacharbeit

❑ Strafkosten für eventuell nicht eingehaltene Liefertermine

❑ Strafkosten für verminderte Ausbringung (relevant für Engpass)

❑ Kosten für Qualitätskontrolle, Aussortierung und zusätzliche Logistikaufwendungen

Unter den zusätzlichen Logistikaufwendungen sind vor allem die erhöhten Lagerbestände bei hohen Ausschuss- bzw. Nacharbeitsraten anzuführen, siehe dazu z.B. Flynn et al. (1995).

Zwei Sonderfälle zur Behandlung von fehlerhaften Teilen seien noch erwähnt:

❑ Recycling von fehlerhaften Teilen

❑ Qualitätsumstufung von fehlerhaften Teilen

Das **Recycling** von fehlerhaften Teilen kann als eine Mischform von Ausschuss und Nacharbeit angesehen werden. Ein fehlerhaftes Teil, in der Regel mit hohem Materialwert, ist nicht wirtschaftlich reparierbar, aber das Material kann nach entsprechender Aufbereitung dem Produktionsprozess wieder zugeführt werden. Typisches Beispiel dafür ist das Sintern (Recycling von Metallpulver) oder das Gießen (erneutes Einschmelzen des Metalls von Schlechtteilen).

Die **Qualitätsumstufung** von fehlerhaften Teilen bedeutet, dass die Produktspezifikationen abgeändert werden oder der Mangel für den Kunden ersichtlich gekennzeichnet wird. Eine Qualitätsumstufung zieht eine Preisminderung nach sich und wirkt somit in der Regel umsatzreduzierend.

Das frühe Erkennen von fehlerhaften Teilen in der Produktion ist wichtig, weil ansonsten

❑ fehlerhafte Teile, die weiterbearbeitet werden, zusätzliche Kosten verursachen

❑ Kapazitäten für fehlerhafte Teile benutzt werden

❑ Lagerbestände und Durchlaufzeiten erhöht sind

Besonders bei einem Engpass führt die Nutzung der Engpasskapazität für Schlechtteile zu einer Reduktion der Ausbringungsmenge an Gutteilen und beschränkt somit den möglichen Absatz bzw. führt zu Lieferverzögerungen, siehe dazu Goldratt (1990). In Hopp/Spearman (1996) wird aufgezeigt, dass, je früher Fehlteile entdeckt werden, desto geringer sind die Lagerbestände und Produktionsdurchlaufzeiten.

Kosten für Zusatzkapazität

Mit Hilfe von bereitgestellten Zusatzkapazitäten können Absatzschwankungen und Produktionsstörungen kompensiert werden. Gängige Formen von Zusatzkapazitäten sind

- ❑ Überstunden
- ❑ Zeitausgleich
- ❑ Zusatzschicht
- ❑ Leasingpersonal
- ❑ Fremdvergabe

Alle Formen der Zusatzkapazität haben gemeinsam, dass sie in der Regel mehr kosten als die Normalkapazität, temporär eingesetzt werden können, Beschränkungen technischer, rechtlicher und/oder organisatorischer Art unterliegen und wenn sie rechtzeitig und ausreichend bereitgestellt werden, eine hohe Lieferfähigkeit dadurch sichergestellt werden kann.

Die **Kosten von Überstunden** je nach gesetzlicher bzw. kollektivvertraglicher Lage und Zeit der Erbringung der Überstunden sind mit einem Faktor von 1,5 bzw. 2 höher als die Kosten einer Normalstunde anzusetzen. Pro Mitarbeiter ist die Anzahl möglicher Überstunden gesetzlich pro Tag wie auch pro Woche beschränkt.

Zeitausgleichsmodelle sind geeignete Arbeitszeitmodelle um erstens weniger Mitarbeiterkapazität bereitzustellen, wenn weniger Arbeit vorhanden ist und zweitens mehr Mitarbeiterkapazität bereitzustellen, wenn mehr Arbeit vorhanden ist. In Betriebsvereinbarungen oder auch Kollektivverträgen ist die mögliche Bandbreite der wöchentlichen bzw. täglichen Arbeitszeit wie auch die Gesamtjahresarbeitszeit und finanzielle Entgeltung definiert. So kann z.B. eine Bandbreite der Arbeitszeit von 30 bis 45 Stunden pro Woche bei gleichen Löhnen aber einer um 5% reduzierten Jahresarbeitszeit durch eine Betriebsvereinbarung firmenindividuell durch die Geschäftsführung mit dem Betriebsrat fixiert werden.

Zusatzschichten ermöglichen ebenfalls eine Erweiterung der bereitgestellten Kapazität. In der Regel sind Zusatzschichten mit Überstunden, Zeitausgleichsmodellen oder Einsatz von Leasingarbeitern verbunden.

Leasingpersonal hat den Vorteil, dass die Reduktion bzw. Erhöhung der Anzahl des Leasingpersonals mit wesentlich geringeren Kosten verbunden ist als die Anstellung oder Freisetzung eines beim eigenen Unternehmen fest angestellten Mitarbeiters.

Die **Fremdvergabe** bedeutet, dass durch einen Lieferanten bzw. Partner gewisse Teile produziert werden. Fremdvergabe ist damit ein Beschaffungsthema und wird in der Literatur auch unter Make or Buy diskutiert, siehe dazu z.B. Hahn/Kaufmann (2002).

Kosten für Normalkapazität

Die bereitgestellte Normalkapazität wird durch die Anzahl der im Unternehmen fest angestellten Mitarbeiter, durch legistische Restriktionen (z.B. Arbeitszeitgesetz, Betriebsanlagengenehmigung) und die vorhandenen Anlagen, Maschinen und Arbeitssysteme bestimmt. Die bereitgestellten Normalkapazitäten verursachen Kosten unabhängig von ihrer Nutzung. Bezüglich kurzfristiger Entscheidungen sind diese Kosten als Fixkosten anzusehen. Durch langfristige Entscheidungen können die Fixkosten beeinflusst werden. So werden z.B. durch Investitionsentscheidungen die Abschreibungskosten bzw. durch das Anstellen von Mitarbeitern Personalfixkosten bestimmt.

Die erforderliche Zusatzkapazität steht in enger Verbindung mit der bereitgestellten Normalkapazität bzw. mit der Auslastung. Stellt man eine hohe Normalkapazität bereit, bedeutet dies, dass die durchschnittliche Auslastung geringer ist. In diesem Fall kann aber die freie Normalkapazität ohne Zusatzkosten genutzt werden, um höhere Absatzmengen im Bedarfsfall zu fertigen. Da die Kosten für Normalkapazität geringer sind als für Zusatzkapazität, gibt es ein kostenmäßiges Optimum zwischen durchschnittlich nicht genutzter aber bereitgestellter Normalkapazität und der erforderlichen Zusatzkapazität. Je größer die Schwankungen (Absatzschwankungen, Produktionsstörungen, Q-Probleme) im System sind, desto höhere freie durchschnittliche Normalkapazitäten (geringere Auslastung) sind kostenoptimal, siehe z.B. Jodlbauer (2006 b).

Lieferzeit

Die Lieferzeit (engl. *delivery lead time*) gibt die Zeit zwischen Kundenbestellung und Kundenbelieferung an. Sie ist somit die Zeitdauer, die der Kunde wartet bis sein Kundenwunsch erfüllt ist. Für logistische Analysen sind die mittlere Lieferzeit und die Streuung der Lieferzeit interessant. Ähnlich wie bei der Durchlaufzeit werden die Kundenaufträge mit ihrem Arbeitsinhalt gewichtet. Für eine festgelegte Periode ergibt sich die mittlere gewichtete Lieferzeit durch:

$$D = \frac{\sum_{i=1}^{k} t_i d_i}{\sum_{i=1}^{k} t_i}$$

D…mittlere gewichtete Lieferzeit   (8.15)

t_i…Bearbeitungzeit des i-ten Kundenauftrages

d_i…Lieferzeit des i-ten Auftrages

k…Anzahl der Kundenaufträge der betrachteten Periode

Die Varianz der Lieferzeit ist gegeben durch:

$$\sigma_D^{\;2} = \frac{\sum_{i=1}^{k} t_i \left(d_i - D\right)^2}{\sum_{i=1}^{k} t_i}$$

$\sigma_D^{\;2}$…Varianz der Lieferzeit   (8.16)

D …mittlere gewichtete Lieferzeit

t_i …Bearbeitungzeit des i-ten Auftrages

d_i …Lieferzeit des i-ten Kundenauftrages

k …Anzahl der Kundenaufträge der betrachteten Periode

In vielen Branchen und Märkten ist ein ständiger Druck gegeben, die Lieferzeiten zu reduzieren. Durch eine Senkung der Kundenauftragsdurchlaufzeit wird die Reduktion der Lieferzeit ermöglicht.

Liefertreue

Die Liefertreue (engl. *service level* oder *delivery reliability*) gibt an, wie viele Kundenaufträge termingerecht durchgeführt worden sind. Die Liefertreue bezogen auf eine bestimmte Periode kann durch

$$s = \frac{N_{termingerecht}}{N}$$

s ... Liefertreue

$N_{termingerecht}$ ... Anzahl der termingerechten Kundenaufträge   (8.17)

N ... Anzahl aller Kundenaufträge

berechnet werden. Ein termingerecht durchgeführter Kundenauftrag liegt vor, wenn spätestens bis zum vereinbarten Liefertermin das bestellte Material am vereinbarten Ort dem Kunden übergeben worden ist. Für reine Kundenauftragsfertiger kann die Liefertreue auch über die statistischen Verteilungen der Auftragsdurchlaufzeit und der Lieferzeit berechnet werden.

$$s = p(d < l) = \int_0^\infty \int_d^\infty f_{d,l}(d,l)\,\partial l\,\partial d$$

s ... Liefertreue

p ... Wahrscheinlichkeit

d ... Auftragsdurchlaufzeit   (8.18)

l ... Lieferzeit

$f_{d,l}(d,l)$ ... gemeinsame Verteilungsdichte

$$\left(\text{für unkorreliert: } f_{d,l}(d,l) = f_d(d)f_l(l)\right)$$

Unter der Annahme einer konstanten Lieferzeit vereinfacht sich die obige Formel zu

$$s = p(d < l) = \int_0^l f_d(d)\,\partial d$$ (8.19)

$f_d(d)$ ... Verteilungsdichte der Auftragsdurchlaufzeit

Beide Berechnungen werden in der nachstehenden Grafik illustriert.

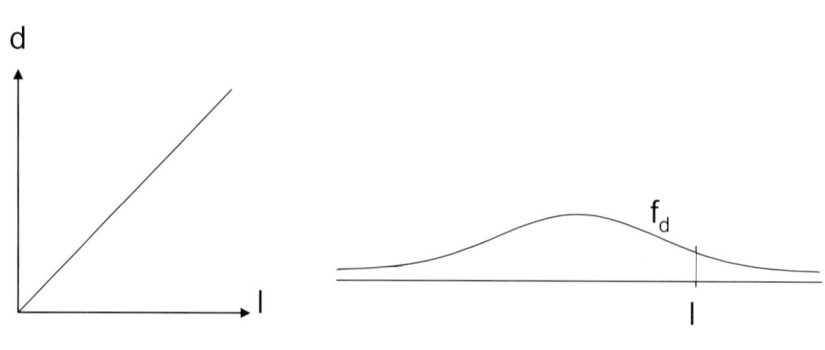

Abb. 8.2. Illustration der Berechnung der Liefertreue

In der linken Grafik ist in der horizontalen Achse die Lieferzeit und in der vertikalen Achse die Durchlaufzeit aufgetragen. Der ausgemalte Bereich gibt jene Kombinationen Lieferzeit-Durchlaufzeit an, die zu einer rechtzeitigen Lieferung an den Kunden führen. In der rechten Grafik ist die Verteilungsdichte der Durchlaufzeit dargestellt. Die Fläche unterhalb der Verteilungsdichte bis zur konstant angenommenen Lieferzeit ist demnach die Liefertreue.

Die Liefertreue für Auftragsfertiger ist also die Wahrscheinlichkeit, dass die Kundenauftragsdurchlaufzeit kürzer ist als die dem Kunden zugesagte Lieferzeit.

Eine hohe Liefertreue ist wesentliche Voraussetzung, um das Vertrauen der Kunden zu halten. In einigen Branchen ist es üblich, bei Vorliegen einer Lieferterminüberschreitung Strafzahlungen leisten zu müssen. Zusätzlich wird in der Regel eine niedrige Liefertreue zu zukünftigen Umsatzeinbußen führen.

Verspätung

Die Verspätung von Kundenaufträgen gibt die Zeitspanne an, wie lange das tatsächliche Lieferdatum vom vereinbarten Lieferdatum entfernt ist. Die Verspätung ist eng mit der Liefertreue verbunden. Eine negative Verspätung ist als zu früh geliefert zu interpretieren.

Man unterscheidet zwei verschiedene Möglichkeiten einen Mittelwert zu bestimmen:

❑   tardiness

❑   lateness

Bei der **tardiness** werden nur die nach dem vereinbarten Lieferdatum gelieferten Kundenaufträge für die Mittelung herangezogen, wohingegen bei der **lateness** alle Kundenaufträge für die Mittelung herangezogen werden.

$$tardiness = \frac{\sum_{i=1}^{k} max(0, t_{i,tatsächlich} - t_{i,vereinbart})}{k_{zuspät}}$$

$$lateness = \frac{\sum_{i=1}^{k} t_{i,tatsächlich} - t_{i,vereinbart}}{k} \qquad (8.20)$$

$t_{i,tatsächlich}$ …tatsächliches Lieferdatum

$t_{i,vereinbart}$ …vereinbartes Lieferdatum

k …Anzahl aller Kundenaufträge

$k_{zuspät}$ …Anzahl der zu spät gelieferten Kundenaufträge

Die lateness kann praktisch null sein, obwohl ein hoher tardiness Wert bzw. eine schlechte Liefertreue vorliegt, da zu spät gelieferte Kundenaufträge durch zu früh gelieferte in Bezug auf die lateness kompensiert werden können. Die tardiness hat gegenüber der Liefertreue den Vorteil, dass eine Aussage über die Höhe der Verspätung gemacht wird und so nicht nur die Anzahl der zu späten Lieferungen sondern auch die durchschnittliche Verspätung erfasst ist. Insbesondere ist zu beachten, dass der tardiness Wert bei schlechter Liefertreue sehr klein sein kann (viele Aufträge werden nur ein wenig zu spät fertig gestellt) bzw. der tardiness Wert bei sehr guter Liefertreue sehr groß sein kann (wenige Aufträge werden sehr viel zu spät fertig gestellt).

Neben den beiden Mittelwerten tardiness und lateness wird auch die maximale Verspätung als Kennzahl verwendet. Die maximale Verspätung gibt jene Verspätung an, die am höchsten im betrachteten Zeitraum über alle Aufträge ist.

Lieferfähigkeit

Die Lieferfähigkeit (engl. *delivery capacity* oder *fill rate*) gibt an, wie viele angefragte Kundenaufträge nach Kundenwunsch zugesagt werden können. Die Lieferfähigkeit bezogen auf eine bestimmte Periode kann durch

$$f = \frac{N_{zugesagt}}{N}$$

f ...Lieferfähigkeit   (8.21)

$N_{zugesagt}$ ...Anzahl der zugesagten Kundenaufträge zum Wunschtermin

N ...Anzahl aller angefragten Kundenaufträge

berechnet werden. Die Lieferfähigkeit sollte nicht mit der Liefertreue verwechselt werden. Durch die so genannten Available To Promise (ATP) Funktionen können Lieferzusagen gemacht werden. Einige ATP-Verfahren werden in späteren Abschnitten vorgestellt und diskutiert.

Lieferfähigkeit und Liefertreue stehen in einem engen Zusammenhang: Eine pessimistisch eingestellte ATP-Funktion (im Zweifelsfall wird Liefertermin nicht zugesagt) erhöht die Liefertreue und umgekehrt wird mit einer zu optimistisch eingestellten ATP-Funktion (im Zweifelsfall wird Liefertermin zugesagt) zwar die Lieferfähigkeit erhöht aber die Liefertreue reduziert. In der Praxis sind somit beide Kennzahlen Liefertreue und Lieferfähigkeit gemeinsam zu beachten.

Throughput

Der Throughput ist eine zentrale Größe im Theory of Constraint Ansatz, siehe z.B. Goldratt (1990). Der Throughput basiert auf der umsatzwirksamen Ausbringungsmenge. Demzufolge sind nicht verkaufte (z.B. Schlechtteile, Obsoletbestand) aber produzierte Teile im Throughput nicht enthalten. Auf der anderen Seite besteht der Umsatz aus dem Throughput und dem Umsatz, der mit Handelsware erzielt wird. Nach Goldratt wird Throughput mit dem Verkaufspreis abzüglich der echt variablen Kosten bewertet. Unter echt variablen Kosten werden in diesem Zusammenhang jene variablen Kosten verstanden, die sich tatsächlich bei einer bereits kleinen Änderung der Ausbringungsmenge ändern. So sind z.B. Lohnkosten für die bereitgestellte Normalkapazität nicht als variable Kosten zu rechnen. Im Bereich der Kostenrechnung spricht man auch von Throughput

Accounting, siehe z.B. Corbett (1998). Wie wir später im Abschnitt *Theory of Constraints* sehen werden, verfolgt Goldratt den Ansatz, als erstes den Throughput zu erhöhen, indem der Engpass voll genutzt wird, zweitens die Kapitalbindung z.B. durch überhöhte Bestände zu reduzieren und erst drittens die laufenden Kosten zu senken. Dieser Ansatz ist durchaus zu der weit verbreiteten Kostensenkungsorientierung gegenläufig. Der Perioden-deckungsbeitrag hat mit dem Throughput Ähnlichkeiten, wobei aber in der Definition der variablen Kosten und des Umsatzes Unterschiede bestehen.

Reklamationsrate

Die Reklamationsrate ist ein Maß über die Anzahl an Kunden aus-gelieferte fehlerhafte Produkte, deren Fehler vom Kunden entdeckt bzw. erkannt wurden und anschließend beanstandet worden sind.

$$r = \frac{n_{fehlerhaft}}{n}$$

r ...Reklamationsrate

$n_{fehlerhaft}$ ...Anzahl aller gelieferten fehlerhaften (8.22)

und beanstandeten Produkte

n ...Anzahl aller gelieferten Produkte

Reklamierte Produkte können zu einem Imageverlust führen, wobei es auch sein könnte, dass eine schnelle, kompetente und den Erwartungen des Kunden entsprechende Reklamationsbearbeitung zu einer besseren Kunden-bindung führen kann. Reklamationen führen zu erhöhten Kosten wegen der Reklamationsbearbeitung und wegen der Fehlerbehebung. Ein gutes Qualitätsmanagementsystem wie TQM, siehe Deming (2000), sollte unterstützen, dass die Reklamationsrate gegen null geht.

Flexibilität

Der Begriff der Flexibilität ist sehr umfassend und facettenreich. Wir werden in dem vorliegenden Buch folgende Arten von Flexibilität behandeln.

- ❏ Mengenmäßige Flexibilität
- ❏ Flexibilität bezüglich Produktmix

❑ Flexibilität bezüglich neuer Produkte bzw. neuer Kundenanforderungen

❑ Flexibilität bezüglich Lieferzeit

Die **mengenmäßige Flexibilität** ist hoch, wenn kurzfristig und ohne
wesentliche Mehrkosten Mehrabsätze mit hoher Liefertreue bewerkstelligt
werden können. Eine hohe mengenmäßige Flexibilität kann entweder durch
vorgehaltene   freie   Kapazität   oder   durch   kurzfristig   verfügbare
Zusatzkapazität gewährleistet werden.

Die **Flexibilität bezüglich Produktmix** ist hoch, wenn kurzfristig und
ohne wesentliche Mehrkosten Änderungen bezüglich Produktspektrum in
den Absatzmengen durch die Ausbringungsmengen der Produktion
bewerkstelligt werden können. Eine hohe Flexibilität bezüglich Produktmix
kann durch geringe Rüstaufwendungen und entsprechenden freien
Kapazitäten oder der Möglichkeit von Zusatzkapazitäten sichergestellt
werden.

Eine hohe **Flexibilität bezüglich neuer Produkte bzw. neuer
Kundenforderungen** bedeutet, dass ohne wesentliche Mehrkosten in kurzer
Zeit neue Produkte bzw. neue Produktvarianten gefertigt werden können.
Eine hohe Flexibilität bezüglich neuer Produkte bzw. neuer
Kundenanforderungen kann über flexible Arbeitssysteme, hoch
qualifiziertes Personal und kurze Entwicklungszeiten für neue Produkte,
Produktvarianten, neue Fertigungspfade, neue Bearbeitungsschritte, neue
Lieferanten usw. sichergestellt werden.

Eng mit der mengenmäßigen Flexibilität hängt die **Flexibilität
bezüglich der Lieferzeit** zusammen. Diese ist hoch, wenn entsprechend
dem Kundenwunsch auch ganz kurze Lieferzeiten mit hoher Liefertreue
wirtschaftlich angeboten werden können.

In vielen Märkten und Branchen ist eine hohe Flexibilität gefordert.
Wichtig erscheint in diesem Zusammenhang, dass durch den Einsatz von
Marketinginstrumenten die vom Markt geforderte Flexibilität gestaltet
werden kann. So kann z.B. über eine kurzfristige Preiserhöhung der Absatz
bei hoher Nachfrage gesenkt werden, und gleichzeitig bei geringer
Nachfrage kann über eine Preisreduktion der Absatz erhöht werden.

Laut Slack et al. (2006) sollten bei hoher Unsicherheit flexible Strukturen und Prozesse aufgebaut werden, um den zu erwartenden, aber erst kurzfristig bekannten Änderungen entsprechend begegnen zu können.

9 Wechselwirkungen der produktions-relevanten Kennzahlen

Die produktionslogistischen Zusammenhänge der im vorhergehenden Abschnitt definierten Kennzahlen lassen sich durch fünf Ansätze entwickeln. Diese sind

- ❑ Warteschlangenmodell, siehe z.B. Little (1961), Hopp/Spearman (1996) oder Danglmaier (2001)
- ❑ Trichtermodell, siehe z.B. Wiendahl (1997) oder Nyhuis/Wiendahl (1999)
- ❑ Empirische Studien, siehe z.B. Wiendahl (1997)
- ❑ Simulationsstudien, siehe z.B. Lödding et al. (2003) oder Huber/Jodlbauer (2006)
- ❑ Zeitkontinuierliches Modell, siehe z.B. Jodlbauer (2005a) oder Jodlbauer (2008b)

Wir werden in diesem Abschnitt die Aussagen und Ergebnisse aller fünf Ansätze verarbeiten und zusammenfassend darstellen. In Jodlbauer/Altendorfer (2008) ist eine gute Gegenüberstellung der drei Ansätze Warteschlangenmodell, Trichtermodell nach Wiendahl und zeitkontinuierliches Modell nach Jodlbauer gegeben.

Grundlage der logistischen Grundgesetze ist der allgemeingültige Zusammenhang für jedes System zwischen Durchlaufzeit, Lagerbestand und Ausbringungsmenge.

In den Warteschlangemodellen besagt dieses Grundgesetz, dass die im System befindliche Anzahl von Teilen gleich dem Produkt aus der durchschnittlichen Verweildauer im System mit der durchschnittlichen Inputrate gegeben ist. Dieses Gesetz ist als Little's Law bekannt und geht auf Little (1961) zurück. Wiendahl (1997) entwickelte das so genannte Trichtermodell mit der Aussage: mittlere Reichweite eines Arbeitssystems ist gleich dem Quotienten mittlerer Umlauflagerbestand vor dem

Arbeitssystem durch mittlere Leistung des Arbeitssystems. Die mittlere Leistung ist die mittlere Ausbringung bewertet mit der Bearbeitungszeit. Die mittlere Reichweite entspricht nach Wiendahl etwa der mittleren gewichteten Durchlaufzeit des Arbeitssystems. Jodlbauer (2005b) oder Jodlbauer/Stöcher (2006) zeigen, dass unabhängig von der Planung und Steuerung für jedes System

$$L = \frac{Y}{Z}$$

L...mittlere gewichtete Durchlaufzeit in ZE   (9.1)

Y...mittlerer Bestand in ZE oder ME

Z...mittlere Ausbringung in 1 oder ME/ZE

gilt. Dieses Grundgesetz gilt sowohl, wenn die Kennzahlen durch die Mengeneinheit (ME) als auch durch die Vorgabezeit (ZE) bewertet werden. Die Vorgabezeit eines Auftrages ist die im Mittel notwendige Zeit für Bearbeitung und Rüsten des Auftrages.

Die gesamte Ausbringung in Vorgabezeit entspricht der in Summe genutzten Zeit. Die mittlere Ausbringung ist demnach genutzte Zeit durch verfügbare Zeit. Wir sehen, dass die mittlere Ausbringung bewertet in Vorgabezeit der Auslastung des Systems entspricht. Wir können zusätzlich folgern:

$$L = \frac{Y}{U}$$

L...mittlere gewichtete Durchlaufzeit   (9.2)

Y...mittlerer Bestand in Vorgabezeit

U...Auslastung

Da die Auslastung nach oben mit Eins und die Durchlaufzeit nach unten durch die mittlere gewichtete Vorgabezeit beschränkt sind, können folgende funktionale Grenzen für Auslastung und mittlere gewichtete Durchlaufzeit in Abhängigkeit des mittleren Bestandes bestimmt werden.

$$\underline{L} = max(Y,P)$$

$$\bar{U} = min\left(\frac{Y}{P},1\right)$$ (9.3)

L…untere Schranke für die mittlere gewichtete Durchlaufzeit

$\bar{U}$…obere Schranke für die Auslastung

Y…mittlerer Umlaufbestand in Vorgabezeit

P…mittlere gewichtete Vorgabezeit

Im nachfolgenden Bild werden die beiden Schranken visualisiert.

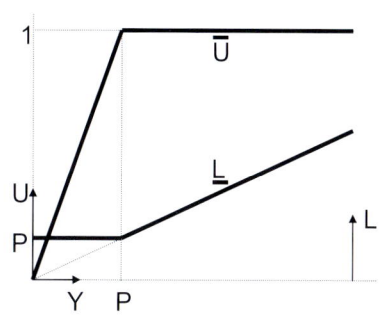

Abb. 9.1. Schranken der Auslastung und Durchlaufzeit in Abhängigkeit des mittleren Umlauflagerbestandes

Eine Grafik, die den Zusammenhang zwischen Auslastung, Umlauflagerbestand und Durchlaufzeit darstellt, heißt logistische Kennlinie. Zu beachten ist, dass in den Grafiken zur Visualisierung der logistischen Kennlinien zwei unterschiedliche y-Achsen verwendet werden. Die linke y-Achse bezieht sich auf die Auslastung, deren Werte zwischen null und eins liegen. Die rechte y-Achse beschreibt die Durchlaufzeit, die für positive Werte definiert ist. Die Schranken weisen, wenn der Umlauflagerbestand gleich der mittleren gewichteten Vorgabezeit ist, einen Abknickpunkt auf. Bis zu diesem Abknickpunkt ist die Auslastungsschranke eine Gerade mit Steigung eins dividiert durch mittlere gewichtete Vorgabezeit, und die Durchlaufzeitschranke ist konstant und gleich der mittleren gewichteten Vorgabezeit. Ab dem Abknickpunkt ist die Auslastungsschranke konstant eins und die Durchlaufzeitschranke eine Gerade mit Steigung eins, deren Verlängerung durch den Nullpunkt geht.

Würden keine Schwankungen in einem System sein, würden die funktionalen Verläufe der Auslastung und der mittleren gewichteten

Durchlaufzeit in Abhängigkeit des mittleren Bestandes identisch mit den Schranken sein. Systemschwankungen, wie Ausschuss und Nacharbeit, Maschinenstillstände, variierende Bearbeitungszeiten und Rüstzeiten usw. lassen aber in realen Systemen die tatsächliche Auslastung und mittlere gewichtete Durchlaufzeit von den Schranken abweichen. Allgemein gilt, je größer die Systemschwankungen, desto größer ist die Abweichung von den Schranken. Systemschwankungen drücken sich im schwankenden Bestand aus. In Jodlbauer (2008b) werden analytisch der funktionale Zusammenhang zwischen Auslastung und mittlerer gewichteter Durchlaufzeit in Abhängigkeit des mittleren Umlauflagerbestandes und der Streuung des Umlauflagerbestandes entwickelt.

$$U = 1 - \frac{1}{P} \int_0^P F_{(Y,\sigma_Y^2)}(y)\,dy$$

$$L = \frac{Y}{1 - \frac{1}{P} \int_0^P F_{(Y,\sigma_Y^2)}(y)\,dy}$$

U …Auslastung   (9.4)

L …mittlere gewichtete Durchlaufzeit

P …mittlere gewichtete Vorgabezeit

Y …mittlerer Umlaufbestand

$F_{(Y,\sigma_Y^2)}$ …Verteilungsfunktion des Umlaufbestandes mit mittlerem

Bestand Y und Varianz σ_Y^2

In Jodlbauer/Altendorfer (2008) ist eine Verallgemeinerung, die insbesondere die statistische Verteilung des Lagerbestandes sowie der Bearbeitungszeiten berücksichtigt, dargestellt.

Die durchgezogene Auslastungskurve sowie die durchgezogene Durchlaufzeitkurve in Abbildung 9.2. sind mit einem kleineren Variationskoeffizienten des Umlauflagerbestandes erzeugt worden als die punktierten Funktionsgrafen. Je kleiner also die Schwankungen im System sind, desto näher liegt die reale logistische Kennlinie an den Schranken. Kleine Systemschwankungen ermöglichen damit bei gleichem mittleren Umlauflagerbestand eine höhere Auslastung und eine kürzere mittlere Durchlaufzeit. Durch Reduktion der Komplexität werden die Systemschwankungen reduziert und damit die Performance erhöht.

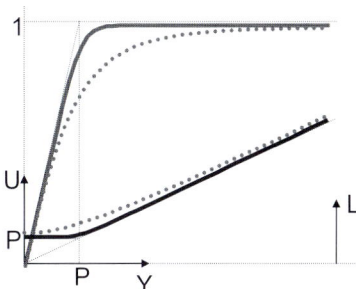

Abb. 9.2. Zusammenhang zwischen Auslastung und mittlerer gewichteter Durchlaufzeit in Abhängigkeit des mittleren Umlauflagerbestandes

In der amerikanischen Literatur, aufbauend auf den Warteschlangen-modellen, verwendet man zur Darstellung der logistischen Kennkurven häufig als horizontale Achse die Auslastung bzw. die Ausbringung. Für das Warteschlangenmodell (G/G/1) mit allgemein verteilten Ankunftszeiten, allgemein verteilten Auftragszeiten und einer Maschine kann die mittlere Durchlaufzeit in Abhängigkeit der Auslastung angenähert werden (siehe z.B. Hopp/Spearmann 2002):

$$L = \left(\frac{\alpha U}{1-U} + 1 \right) P$$

$$Y = LU$$

$$\alpha = \frac{\dfrac{\sigma^2_{Ankunftszeiten}}{\mu_{Ankunftszeiten}} + \dfrac{\sigma^2_{Auftragszeiten}}{\mu_{Auftragszeiten}}}{2} \qquad (9.5)$$

U …Auslastung

L …mittlere gewichtete Durchlaufzeit

Y …mittlerer Lagerbestand

P …mittlere gewichtete Vorgabezeit

α …Variabilitätsterm

Der Variabilitätsterm ist die Hälfte der Summe der beiden Variationskoeffizienten der Ankunftszeiten sowie der Auftragszeiten und stellt ein Maß für die Unwägbarkeiten im System dar. Da für eine (M/M/1)

Warteschlange (Ankunftsprozess ist ein Poissonstrom sowie exponentiell verteilte Auftragszeiten) der Variabilitätsterm gleich eins ist, vereinfacht sich die Formel zu:

$$L = \frac{P}{1-U}$$
$$Y = LU$$

U …Auslastung   (9.6)

L …mittlere gewichtete Durchlaufzeit

Y …mittlerer Lagerbestand

P …mittlere gewichtete Vorgabezeit

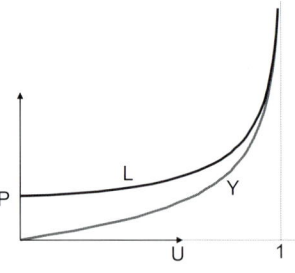

Abb. 9.3. Logistische Kennlinien mit Auslastung als horizontale Achse

Je kleiner der Variabilitätsterm ist, desto enger schmiegt sich die Kennlinie an die theoretisch ideale Kennlinie ($L = P$ und $Y = 0$ für $U < 1$) an.

Die mittlere gewichtete Vorgabezeit besitzt eine interessante und für die Anwendung wichtige Eigenschaft. In Jodlbauer (2004) wird gezeigt, dass die mittlere gewichtete Vorgabezeit eine konvexe Funktion der einzelnen Vorgabezeiten ist. Im Detail lässt sich zeigen, dass die Reduktion einer einzelnen Vorgabezeit, die kleiner ist als die Hälfte der mittleren gewichteten Vorgabezeit, zu einer Erhöhung der mittleren gewichteten Vorgabezeit führt und zweitens, dass der Einfluss der einzelnen Vorgabezeit auf die mittlere gewichtete mit zunehmender Nachfrage zunimmt. Für die Praxis bedeutet dies, dass ausschließlich die Vorgabezeiten jener Materialien durch verbesserte Technologien oder organisatorische

Bedingungen verkürzt werden sollen, deren Vorgabezeit deutlich über der mittleren gewichteten liegt und einer hohen Nachfrage unterliegen.

Eine Reduktion der mittleren gewichteten Vorgabezeit bewirkt, dass besonders für kleinere Bestände die mittlere gewichtete Durchlaufzeit kürzer und die Auslastung höher ist, da sich der Knickpunkt der Schranken nach links verschiebt. Zu beachten ist weiters, dass für gleiche Ausbringungsmenge aber kürzere Vorgabezeiten die Auslastung sinkt. Sind nun die Vorgabezeiten so reduziert worden, dass sich auch die mittlere gewichtete Vorgabezeit verkleinert hat, sind folgende positive Effekte feststellbar:

❑ Reduktion der Auslastung (und dadurch freie Kapazität für Mehrabsatz)

❑ Überproportionale Reduktion des mittleren Umlauflagerbestandes wegen geringer Auslastung und wegen neuer logistischer Kennlinien

❑ Überproportionale Reduktion der mittleren gewichteten Durchlaufzeit wegen geringer Auslastung und wegen neuer logistischer Kennlinien

Abbildung 9.4. visualisiert den Effekt der Reduktion der Vorgabezeiten und der mittleren gewichteten Vorgabezeit bei gleichzeitig gleicher Ausbringungsmenge. Die punktierten logistischen Kennlinien basieren auf den längeren Vorgabezeiten und auf der größeren mittleren gewichteten Vorgabezeit. Die beiden kleinen Kreise zeigen die entsprechenden Auslastungs- bzw. mittleren gewichteten Durchlaufzeitwerte für einen angenommenen mittleren Umlauflagerbestand von Y_1 an. Wegen der Reduktion der Vorgabezeiten und unter der Annahme der gleichen Ausbringungsmenge reduziert sich die Auslastung von U_1 auf U_2, damit ergibt sich der Auslastungspunkt (siehe kleines oberes Quadrat) auf der Auslastungslinie (siehe durchgezogene logistische Kennlinien) basierend auf der reduzierten mittleren gewichteten Vorgabezeit. Durch Ziehen einer vertikalen Geraden durch den Auslastungspunkt (oberes kleines Quadrat) erhält man am Schnittpunkt mit der mittleren gewichteten Durchlaufzeitlinie die mittlere gewichtete Durchlaufzeit (unteres kleines Quadrat) und am Schnittpunkt mit der x-Achse den mittleren Umlauflagerbestand Y_2 des neuen Systems mit reduzierter mittlerer gewichteter Vorgabezeit.

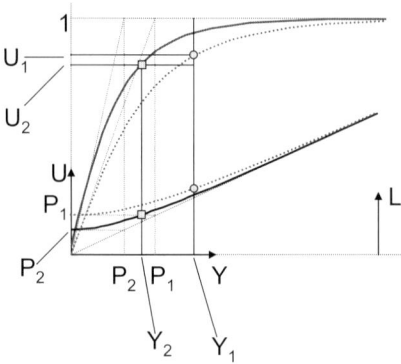

Abb. 9.4. Visualisierung der Effekte der Reduktion der mittleren gewichteten Vorgabezeit bei gleicher Ausbringungsmenge

In der nächsten Abbildung diskutieren wir die aus mittlerer gewichteten Produktionsdurchlaufzeit und der mittleren gewichteten Liegezeit resultierende mittlere Durchlaufzeit im Fertigteillager. Die obere Durchlaufzeitlinie bezieht sich auf ein System mit größeren Schwankungen. Der qualitative Verlauf ist ähnlich der mittleren gewichteten Durchlaufzeit in Abhängigkeit des mittleren Umlauflagerbestandes, wobei nun die kürzeste mögliche Gesamtdurchlaufzeit durch die mittlere gewichtete Vorgabezeit mal dem Ausdruck eins plus Fertigteillagerbestand durch Umlauflagerbestand gegeben ist.

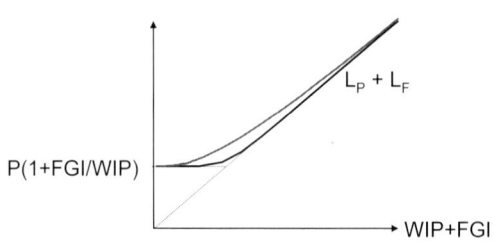

Abb. 9.5. Produktionsdurchlaufzeit + Liegezeit Fertigteillager in Abhängigkeit des Umlauflagerbestandes und des Fertigteillagerbestandes für konstantes Verhältnis WIP zu FGI

In Jodlbauer (2008b) ist die nachfolgende formelmäßige Beziehung zwischen den Werten in obiger Abbildung in Abhängigkeit der Schwankungen des Umlauflagerbestandes abgeleitet und angegeben. Interessant dabei erscheint, dass zwar die Streuung des Umlauflagerbestandes aber nicht die Streuung des Fertigteillagerbestandes einen Einfluss auf die mittlere gewichtete Gesamtdurchlaufzeit hat.

$$L_{Produktion} + L_{Fertigteil} = \frac{Y_{WIP} + Y_{FGI}}{1 - \frac{1}{P}\int\limits_0^P F_{\left(Y_{WIP},\sigma_{Y_{WIP}}^2\right)}(y)dy}$$

$L_{Produktion}$ ...mittlere gewichtete Produktionsdurchlaufzeit

$L_{Fertigteil}$ ...mittlere gewichtete Liegezeit im Fertigwarenlager

P ...mittlere gewichtete Vorgabezeit   (9.7)

Y_{WIP} ...mittlerer Umlauflagerbestand

Y_{FGI} ...mittlerer Fertigteillagerbestand

$F_{\left(Y_{WIP},\sigma_{Y_{WIP}}^2\right)}$ ...Verteilungsfunktion des Umlauflagerbestandes mit

mittlerem Umlauflagerbestand Y_{WIP} und Varianz $\sigma_{Y_{WIP}}^2$

Die Liefertreue hängt wesentlich vom Fertigteillagerbestand ab. Nachfolgende Grafik zeigt diesen qualitativen Verlauf.

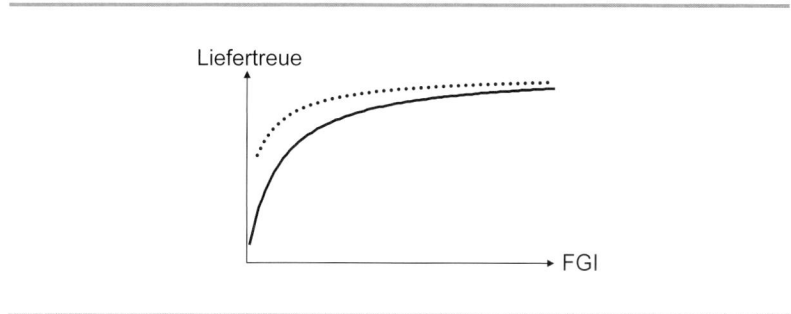

Abb. 9.6. Liefertreue in Abhängigkeit des Fertigteillagerbestandes

Die Liefertreue ist eine monoton wachsende Funktion in Abhängigkeit des mittleren Fertigteillagerbestandes. Die punktierte Liefertreuekurve basiert auf einem System mit kleineren Schwankungen, das heißt einem System mit einer besseren Abstimmung zwischen Absatz und Produktion gemessen in Streuung des Fertigteillagerbestandes. Simulationsstudien zeigen, dass durch geeignete Wahl der Planung und Steuerung die Liefertreuekurve nach links oben verschoben werden kann. Dieses Verschieben nach links oben der Liefertreuekurve geht einher mit der Schaffung des Potentials, bei geringeren Fertigteillagerbeständen eine höhere Liefertreue vorweisen zu können (Erhöhung der Liefertreue-Fertigteillagerbestand-Performance), siehe dazu Huber/Jodlbauer (2006) oder auch Kapitel *Auswahl, Auslegung, Analyse, Bewertung und Optimierung.*

Wir werden nun die diskutierten Zusammenhänge und Eigenschaften der logistischen Kenngrößen in praxisbezogene produktions-logistische Grund-gesetze und Handlungsempfehlungen zusammenfassen. Für Details siehe Hopp/Spearman (1996), Nyhuis/Wiendahl (1999) und Jodlbauer (2005a).

Minimierung der Auslastung bei vorgegebenem Throughput

Grundgesetz 1

Der Vertrieb ist für die Steigerung der Auslastung (nur verkaufte Kapazität ist umsatzwirksam) zuständig. Die Produktion ist für die Reduktion der Auslastung (möglichst schnell ohne Störungen zu fertigen) verantwortlich.

Handlungsempfehlung 1

Stelle sicher, dass möglichst schnell gerüstet wird, die Bearbeitungszeiten möglichst kurz sind, ausschließlich kundenauftragsorientiert gefertigt wird, kein Ausschuss oder Nacharbeit anfällt und die Maschinen möglichst immer verfügbar sind.

Gleichgewicht zwischen Input und Output

Grundgesetz 2

In einem stabilen Produktionssystem ist auf Dauer der kumulierte Input gleich dem kumulierten Output. Eine überhöhte Einlastung bewirkt eine Erhöhung des Bestandes, eine Erhöhung der Durchlaufzeit, eine Reduktion der Transparenz, erhöht den Handlingsaufwand/Sortieraufwand und bewirkt weder eine Verbesserung der Auslastung noch der Termin- bzw. Liefertreue.

Handlungsempfehlung 2

Laste in ein Arbeitssystem (auf Dauer) nicht mehr ein als abgearbeitet werden kann. Betreibe ein Arbeitssystem auf Dauer nicht an der Kapazitätsgrenze. Kurzfristig kann der Bestand über Reduktion des Inputs oder Erhöhung der Kapazität reduziert werden.

Little's Law

Grundgesetz 3

Mittlere Durchlaufzeit ist gleich dem mittleren Bestand durch mittlere Ausbringung bzw. Auslastung. Bei gleicher mittlerer Ausbringung bzw. Auslastung (bei keiner Änderung der Vorgabezeiten) geht eine Reduktion des Bestandes einher mit einer Reduktion der Durchlaufzeit und umgekehrt.

Handlungsempfehlung 3

Senke den Bestand, wenn die Durchlaufzeit verkürzt werden soll. Senke die Auslastung (keinen Ausschuss, keine Nacharbeit, schnelles Rüsten, kurze Bearbeitungszeit, keine Lagerproduktion, keine Nichtverfügbarkeiten von Material/Werkzeug), wenn der Bestand reduziert werden soll.

Flache Auslastungskurve und steile Durchlaufzeitkurve für reale Bestandssituationen

Grundgesetz 4

Das Vorhalten von etwas mehr mittlerer freier Kapazität (leichte Reduktion der Auslastung) ermöglicht sowohl einen überproportional hohen Abbau des mittleren Umlauflagerbestands als auch der mittleren Durchlaufzeit.

Handlungsempfehlung 4

Halte freie Kapazität vor, um geringe Bestände, kurze Durchlaufzeiten und hohe Flexibilität sicherzustellen. Noch besser ist es, Kapazitäten entsprechend der Nachfrage variabel bereitzustellen.

Konvexes Verhalten der mittleren gewichteten Bearbeitungszeit

Grundgesetz 5

Die mittlere gewichtete Bearbeitungszeit kann nur durch die Reduktion der Bearbeitungszeit jener Materialien, die eine Bearbeitungszeit höher als die

Hälfte der mittleren gewichteten Bearbeitungszeit haben, verkleinert werden. Bei Materialien mit hohen Ausbringungsmengen verstärkt sich der Einfluss der Bearbeitungszeit für ein Material auf die mittlere gewichtete Bearbeitungszeit.

Handlungsempfehlung 5

Bei Investitionen oder Anlagenoptimierungen verbessere nur die langen Bearbeitungs- und Rüstzeiten.

Erhöhung des logistischen Potentials durch Reduktion der mittleren gewichteten Bearbeitungszeit

Grundgesetz 6

Eine Reduktion der mittleren gewichteten Bearbeitungszeit ermöglicht bei gleicher Ausbringungsmenge eine überproportional kürzere mittlere Durchlaufzeit, einen überproportional kleineren mittleren Umlauflagerbestand und eine geringere Auslastung.

Handlungsempfehlung 6

Reduziere die mittlere gewichtete Bearbeitungszeit unter Beachtung des Grundgesetzes 5.

Erhöhung des logistischen Potentials durch Reduktion der Systemschwankungen in der Produktion

Grundgesetz 7

Die Reduktion von Ausschuss, Nacharbeit, Maschinenstillständen, Schwankungen der Bearbeitungszeiten oder Rüstzeiten ermöglicht bei geringeren Umlauflagerbeständen eine höhere Auslastung bzw. Ausbringung.

Handlungsempfehlung 7

Strebe keinen Ausschuss, keine Nacharbeit, keine Maschinenstillstände auf Grund von Nichtverfügbarkeiten von Werkzeug, Material oder Personal, möglichst konstante und kurze Bearbeitungszeiten und Rüstzeiten an. Langfristig kann der Lagerbestand durch Sicherstellung geringer Systemschwankungen gesenkt werden.

Erhöhung des logistischen Potentials durch Konzentration auf den Beginn des Fertigungspfades

Grundgesetz 8

Systemschwankungen (Ausschuss, Nacharbeit, Maschinenstillstände, Schwankungen der Bearbeitungszeiten oder Rüstzeiten) zu Beginn des Fertigungspfades haben eine größere Auswirkung auf die gesamte Durchlaufzeit und den gesamten Umlauflagerbestand als gleiche Systemschwankungen gegen Ende des Fertigungspfades.

Handlungsempfehlung 8

Stelle vor allem zu Beginn des Fertigungspfades sicher, dass keine Störungen auftreten und stelle sicher, dass Störungen sofort erkannt und behoben werden.

Erhöhung des logistischen Potentials durch Reduktion der Losgröße
Grundgesetz 9

Kleine Produktionslose oder Transportlose, die kleiner sind als die Produktionslose, können drastisch die Durchlaufzeit wie auch den Lagerbestand reduzieren. Reduktion der Rüstzeiten und Reduktion der Transportkosten sind damit Befähiger für kürzere Durchlaufzeiten und geringere Bestände.

Handlungsempfehlung 9

Reduziere ständig die Rüst- und Transportaufwendungen. Reduziere anschließend die Losgröße bis Kundenauftragslosgröße erreicht ist.

Verbesserung der Liefertreue

Grundgesetz 10

Die Reduktion von Absatzschwankungen und die bessere Abstimmung der Produktion mit dem Vertrieb ermöglicht bei geringerem Fertigteillagerbestand eine höhere Liefertreue.

Handlungsempfehlung 10

Stelle flexible möglichst kostenneutral einsetzbare Kapazitäten zur Verfügung. Halte genügend freie Kapazitäten vor. Stelle von Lagerfertigung auf Kundenauftragsfertigung um. Setze Marketinginstrumente ein, um den Absatz zu glätten bei gleichzeitiger Sicherstellung, dass die daraus resultierenden Umsatz- und Kostenänderungen sich positiv auf die Erhöhung des Unternehmenswertes (siehe dazu nächsten Abschnitt) auswirken.

10 Beurteilung der Kennzahlen bezüglich Wertschaffung

Eine anerkannte Kennzahl, um die Wertschaffung eines Unternehmens sowohl Richtung Shareholders wie auch Stakeholders zu messen, ist die Unternehmenskennzahl Economic Value Added (EVA), siehe Stern/Stewart (1995). Der EVA ist dabei durch das Periodenergebnis vor Zinsen und nach Steuern (NOPAT), abzüglich der Kapitalkosten eingesetzt für die Erwirtschaftung des Periodenergebnisses definiert. Die Kapitalkosten berechnen sich aus dem Produkt betriebsnotwendiges Vermögen mal der durchschnittlich erwarteten Kapitalrendite (WACC). In Keller/Plack (2001) ist die Berechnung des EVA detailliert dargestellt und dessen Anwendung zur Bewertung und Steuerung eines Unternehmens ausführlich diskutiert. In der betriebswirtschaftlichen Literatur gibt es einige Ansätze, die Treiber für die Wertschaffung zu identifizieren, siehe z.B. Pfaff/Bärtl (1999) oder Weber/Schäffer (1999). In Zäpfel/Piekarz (1996) ist der Einfluss logistischer Kenngrößen insbesondere lenkbarer Größen auf Kapitaleinsatz und Rentabilität diskutiert. In Altendorfer/Jodlbauer (2008) ist ein EVA-Treiberbaum sowie die gegenseitigen Einflüsse zwischen den Treibern ausführlich dargestellt. Wir werden nun durch die Produktion und insbesondere durch die Planung und Steuerung der Produktion beeinflussbare Treiber des EVA darstellen und deren Zusammenhänge und teils konfliktären Wirkungen aufzeigen.

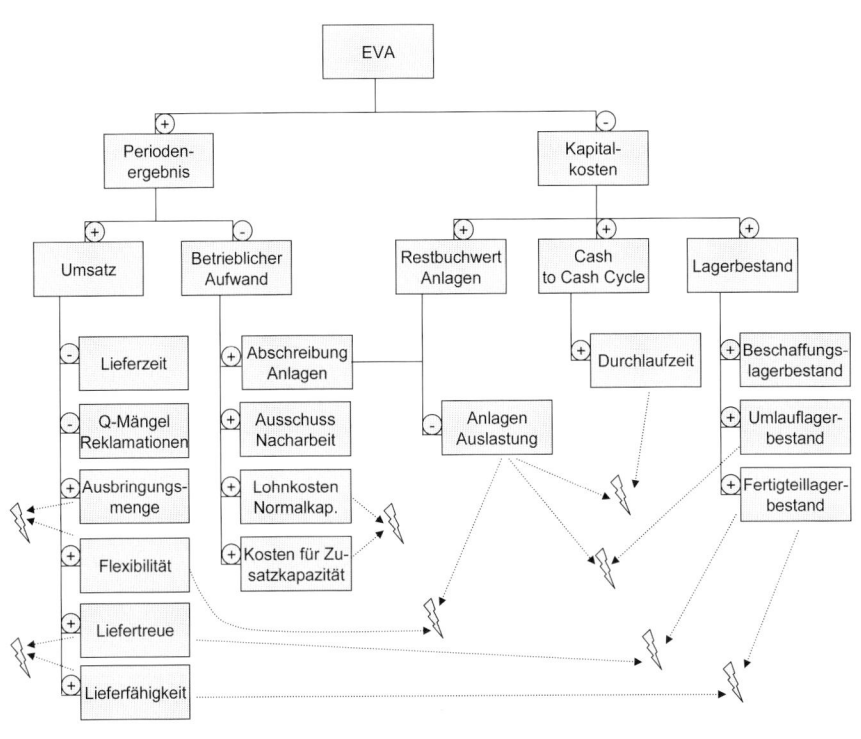

Abb. 10.1. Durch die Produktion beeinflussbare Treiber des Economic Value Added

Das Periodenergebnis kann sowohl durch den Umsatz als auch durch die ergebniswirksamen Kosten beeinflusst werden. Der Umsatz kann über marktorientierte Kennzahlen wie Lieferzeit oder Liefertreue beeinflusst werden. Bei den ergebniswirksamen Kosten betrachten wir nur die Abschreibung, die Kosten, die durch Ausschuss bzw. Nacharbeit verursacht werden und die Kosten, die durch die Bereitstellung von Personal-Kapazitäten anfallen. Kosten, die durch die Planung und Steuerung nicht und nur untergeordnet beeinflusst werden können, wie z.B. Materialkosten, Raumkosten, werden negiert. Die Kapitalkosten werden aus Sicht der Produktion im Wesentlichen durch die Anlagenauslastung (Restbuchwert der Anlagen), der Auftragsdurchlaufzeit und den Lagerbestand bestimmt.

Flexibilität meint hier die Fähigkeit des Unternehmens auf neue bzw. spontane Marktanforderungen in Bezug auf Produkttyp, Ausbringungs-menge, Produktmix und Liefertermine schnell kundenorientiert reagieren zu können. Diese Flexibilität kann durch flexible Fertigungsstrukturen, geringe

Rüstaufwendungen und freie Kapazitäten erreicht werden. Unter Kosten für Zusatzkapazität sind die Kosten für Überstunden, Zusatzschichten, Leasingarbeiter oder auch Fremdvergabe gemeint. In obiger Grafik sind die wesentlichen EVA-Treiber, die durch die Produktion beeinflussbar sind, jeweils mit dem Vorzeichen ihrer Wirkung auf die nächste Ebene dargestellt. Einflussgrößen, die nicht durch die Planung und Steuerung der Produktion wesentlich beeinflusst werden können, wie z.B. Materialkosten, werden vernachlässigt. Das positive Vorzeichen weist auf eine positive Korrelation und das negative Vorzeichen auf eine negative Korrelation zwischen den beiden verbundenen Kenngrößen hin. Neben der positiven und negativen Korrelation ist auch nach Art der Beeinflussung zu unterscheiden. Gewisse Zusammenhänge sind rechnerisch determiniert und formelmäßig bekannt. Folgende formelgebundene Treiber sind in obiger Grafik dargestellt:

- ❑   Ausschuss, Nacharbeit
- ❑   Lohnkosten für Normalkapazität
- ❑   Kosten für Zusatzkapazität
- ❑   Anlagenauslastung
- ❑   Durchlaufzeit
- ❑   Beschaffungslagerbestand
- ❑   Umlauflagerbestand
- ❑   Fertigteillagerbestand

Die formelgebundenen Treiber wirken auf Kosten. Wenn also z.B. der Ausschuss reduziert wird, reduzieren sich automatisch die variablen Herstellkosten, und damit erhöhen sich sowohl das Periodenergebnis als auch der EVA-Wert. Interessant ist die Anlagenauslastung in diesem Zusammenhang. Eine geringe Auslastung bedeutet freie Anlagenkapazität. Freie Anlagenkapazität ermöglicht die Veräußerung freier Anlagenkapazität. Durch die Deinvestition von Anlagen werden die Abschreibung (erhöht den Gewinn) wie auch der Restbuchwert (senkt die Kapitalkosten) reduziert und damit der EVA erhöht. Zu beachten ist, dass nach der Veräußerung die Anlagenauslastung entsprechend höher ist. Zusätzlich wirkt sich der Veräußerungserlös positiv auf das Periodenergebnis aus.

Die restlichen Treiber sind intuitiver Art. Empirische Untersuchungen (siehe z.B. Gmainer/Jodlbauer 2006b) wie auch die betriebswirtschaftliche Vorstellung deuten auf eine Korrelation bzw. Beeinflussung zwischen dem intuitiven Treiber und EVA bzw. Umsatz hin ohne jedoch dies formelmäßig ausdrücken zu können. In diese Gruppe fallen alle Treiber, die auf den Umsatz wirken.

❑ Lieferzeit

❑ Ausbringungsmenge

❑ Q-Mängel, Reklamation

❑ Flexibilität

❑ Liefertreue

❑ Lieferfähigkeit

Intuitiv ist klar, dass kurze Lieferzeiten, hohe mögliche Ausbringungsmengen, wenig Q-Mängel, hohe Flexibilität und hohe Liefertreue bzw. Liefer-fähigkeit umsatzfördernd (höherer Preis ist erzielbar oder höherer Absatz wird erreicht) wirken können. Slack et al. (2006) unterteilt die umsatzwirksamen Treiber in „Order-winners" und „Qualifier" ein. Unter „Order-winners" werden Treiber verstanden, die, wenn sie verbessert werden, das Umsatzpotential erhöhen. Qualifiers sind dagegen Treiber, die über bzw. unter einem bestimmten Grenzwert liegen müssen, damit man am Markt agieren kann. Ein wesentlich besserer Wert als der Grenzwert verbessert aber nicht die Wettbewerbschancen.

Einige dieser Treiber ergänzen sich bzw. beeinflussen sich positiv. So geht z.B. eine Reduktion der Lagerbestände einher mit der Reduktion der Durchlaufzeit, siehe z.B. Jodlbauer (2008b). Oder für einen Kunden-auftragsfertiger wird die Reduktion der Lieferzeit durch kürzere Durchlaufzeiten begünstigt. Nach Flynn et al. (1995) besteht eine positive Beeinflussung zwischen geringen Lagerbeständen und höherer Qualität. In Jodlbauer/Schaumberger (2005) wird durch eine empirische Studie gezeigt, dass hohe Liefertreue mit hoher Flexibilität positiv korreliert bzw. in Gmainer/Jodlbauer (2006b), dass jeweils geringe Lagerbestände, hohe Liefertreue sowie geringe Durchlaufzeiten mit hoher Umsatzrentabilität positiv korrelieren.

Für die Praxis und für das Treffen der richtigen Entscheidungen ist die Kenntnis von gegenläufigen Treibern von entscheidender Bedeutung. Die drei Konfliktsituationen, die in obiger Grafik illustriert sind, werden kurz dargestellt und diskutiert.

Die Lohnkosten für die Normalkapazität, verursacht in der Regel von den fix angestellten Mitarbeitern, konkurrieren mit den Kosten für zusätzlich bereitgestellte Kapazität zur Abdeckung von Spitzenbedarfen. Eine zu niedrig gewählte Anzahl von fix angestellten Mitarbeitern wird neben der hohen (vielleicht zu hohen) Dauerauslastung der Mitarbeiter häufig zu Engpässen führen und damit häufig zur Notwendigkeit von Überstunden oder anderen kurzfristig teuer erkauften Zusatzkapazitäten. Dahingegen bewirkt eine zu hohe Anzahl von fix angestellten Mitarbeitern eine Unterauslastung der Mitarbeiter, die aber kostenmäßig voll zu Buche schlägt. Konstante Nachfrage oder die kostenneutrale flexible Bereitstellung von Kapazität würden zwei Wege sein, diesen Konflikt aufzulösen.

Wegen der gering anzustrebenden Abschreibung sollte die Anlagenauslastung hoch sein. Auf Grund der logistischen Grundgesetze, siehe z.B. Jodlbauer (2008b), bewirkt eine hohe Auslastung eine lange Durchlaufzeit wie auch einen hohen Umlauflagerbestand. Beides bewirkt eine Erhöhung der Kapitalbindungskosten. Zusätzlich engt eine hohe Auslastung die Flexibilität in Bezug auf Mehrmengen ein, was wiederum das Umsatzpotential negativ beeinflusst. Es muss also festgestellt werden, dass eine hohe Auslastung die Abschreibungskosten reduziert, aber gleichzeitig die Lagerbestands-Kapitalbindungskosten erhöht und auf den Umsatz hemmend wirken kann. In Bradley/Glynn (2002) wird eine Methode präsentiert, um das kostenbezogene Optimum zwischen bereitgestellter Anlagenkapazität und notwendigem Lagerbestand zu bestimmen. Eine Erhöhung der Auslastung-Umlauflagerbestand-Performance durch Anwendung der produktions-logistischen Grundgesetze und der optimal abgestimmten Planungs- und Steuerungsverfahren bewirkt eine Entschärfung dieses Konfliktes.

Ebenfalls konfliktär ist die Forderung nach möglichst geringem Fertigteillagerbestand und hoher Liefertreue. In Huber/Jodlbauer (2006) wird gezeigt, dass durch Einsatz von CONWIP mit optimaler Parametereinstellung dieser Konflikt etwas entschärft werden kann. Eine Erhöhung der Liefertreue-Fertigteillagerbestand-Performance durch Anwendung der produktionslogistischen Grundgesetze und der optimal abgestimmten Planungs- und Steuerungsverfahren, z.B. CONWIP, bewirkt eine Entschärfung dieses Konfliktes.

In Altendorfer/Jodlbauer (2008) wird durch eine Simulationsstudie der Einfluss der Auslastung sowie der Liefertreue auf den EVA bestimmt. In diesem Simulationsmodell werden der EVA Treiberbaum und die logistischen Kennlinien verwendet, um die synergetischen sowie konfliktären Wirkungen zu modellieren. Der Zusammenhang zwischen Liefertreue und Lieferzeit auf die zukünftigen Umsatzpotentiale wird durch das Multilogit Marktmodell nach Cooper (1993) modelliert. Die beiden nachstehenden Grafiken zeigen die EVA als Funktion der Auslastung bzw. Liefertreue.

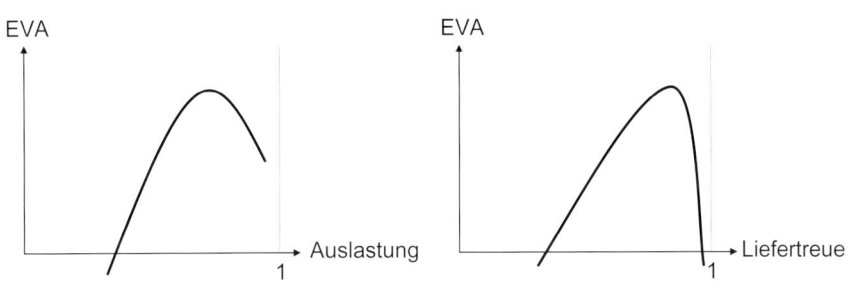

Abb. 10.2. EVA in Abhängigkeit der Auslastung bzw. der Liefertreue

Es ist deutlich zu sehen, dass sowohl eine Auslastung sehr nahe 100% als auch eine Liefertreue von fast 100% zu einer schlechten EVA führt. Laut Altendorfer/Jodlbauer (2008) kann der maximal erreichbare Wert für die EVA durch

❑ flexible Anpassung der Personalkapazität an die Nachfrage und

❑ Reduktion der Absatzschwankungen

wesentlich verbessert werden. Dabei steigt auch die Auslastung bzw. die Liefertreue, die zur maximalen EVA führt.

Zusammenfassend ist festzustellen, dass erst nach Kenntnis

❑ der Wirkung der Treiber auf den EVA

❑ der gegenseitigen Beeinflussung der Treiber und

❑ der logistischen Grundgesetze

eine unternehmensindividuelle Positionierung innerhalb der konfliktären Ziele vorgenommen werden kann. Diese Positionierung sollte sich nach den strategischen Unternehmenszielen und den Marktanforderungen orientieren. In Wiendahl et al. (2005) wird bezüglich der logistischen Kennzahlen Durchlaufzeit, Lagerbestand, Liefertreue und Auslastung die Positionierung diskutiert. Durch Reduktion der Komplexität, Reduktion der System-schwankungen, wie auch Erhöhung der Performance können die Konflikte entschärft werden. Nach erfolgter Positionierung kann die richtige Methodik für Planung und Steuerung gewählt und optimal eingestellt werden. Im Kapitel *Auswahl, Auslegung, Analyse, Bewertung und Optimierung* wird dazu ein Empfehlungsrahmen beschrieben.

Laut Jodlbauer (2007) kann das logistische Potential vor allem durch nachfolgende Maßnahmen erhöht werden:

- ❑ Bereitgestellte Kapazität der Nachfrage anpassen
- ❑ Strikte Einhaltung der FIFO (siehe Abschnitt *Abarbeitung*) Abarbeitungsregel
- ❑ Bestandssteuernde Planungsmethodiken (siehe z.B. Abschnitt *CONWIP*) verwenden
- ❑ Streuung des Lagerbestandes und der Durchlaufzeiten reduzieren
- ❑ Streuung der Auftragsbearbeitungszeiten, Bearbeitungszeiten sowie Rüstzeiten reduzieren
- ❑ Streuung des Absatzes reduzieren

In vielen Ansätzen zur Bestimmung kostenoptimaler Alternativen (z.B. Losgrößenbestimmung) werden Kosten verwendet, die nicht als Treiber oder Kennzahl in diesem Kapitel verwendet wurden. Der Grund dafür ist, dass diese Kosten zwar auf den ersten Blick gegeben sind, aber bei ge-nauerer Betrachtung nur dann anfallen bzw. nicht anfallen, wenn zusätzliche Entscheidungen bzw. Maßnahmen wie Änderung der Anzahl der Mitarbei-ter, Anordnung von Überstunden usw. gesetzt werden. Dazu zwei Beispiele:

- ❑ Weniger Rüstaufwand durch große Lose reduziert erst dann die Lohnkosten, wenn zusätzlich entweder die Überstunden reduziert werden oder Personal abgebaut wird.
- ❑ Geringe Stückkosten können durch höhere Ausbringungsmengen erreicht werden, da laut Fixkostendegression die Anlagenab-schreibung auf mehr Produkte verteilt wird. Die Kapitalbindungs-

kosten bleiben dadurch aber unverändert. Höhere Ausbringungsmengen können einen höheren Absatz ermöglichen (aber nicht
automatisch), der dann einen höheren Umsatz bewirken kann (wenn
nicht zuviel Preisreduktion einhergeht).

Zusammenfassend ist es wichtig, nicht einzelne Kennzahlen isoliert zu
betrachten und zu optimieren. Vielmehr sollte das Zusammenwirken der
Kennzahlen und deren Einfluss auf die Wertschaffung bei der Optimierung
der Spitzenkennzahl EVA berücksichtigt werden.

III Lagermodelle und Bestandsmanagement

11 Economic Order Quantity Modell

Eines der ersten diskutierten Lager- wie auch Produktionsmodelle ist das von Harris (1913) publizierte Modell zur Berechnung optimaler Losgrößen für ein Produkt und eine Maschine unter der Annahme einer konstanten Nachfrage. Das heute noch verwendete Verfahren von Harris wird Economic Order Quantity Modell (EOQ) genannt und entspricht der Andlerformel, siehe Andler (1929). Dynamische Losgrößenverfahren wie das Verfahren nach Groff oder das Periodenausgleichsverfahren basieren auf Eigenschaften der optimalen Lösung des EOQ-Modells. Das EOQ-Modell modelliert die Lagerbestandskosten zuzüglich den Bestell- bzw. Rüstkosten in Abhängigkeit der Losgröße für ein Produkt mit konstantem Verbrauch des Produktes und einer augenblicklichen Befüllung des Lagers durch die Bestellmenge bzw. die Losgröße. Der zeitliche Verlauf des Lagerbestandes stellt sich somit dar wie in nachfolgender Grafik visualisiert.

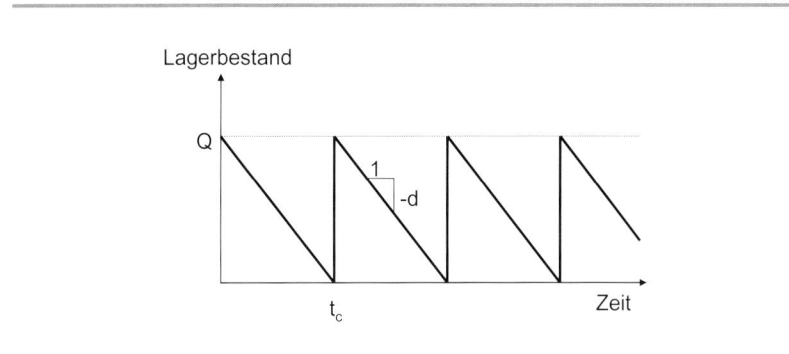

Abb. 11.1. Zeitlicher Verlauf des Lagerbestandes beim EOQ-Modell

Die Nachfüllung des Lagers mit der Bestellmenge bzw. Losgröße Q erfolgt in einem Moment, wenn der Lagerbestand null erreicht hat. Zwischen zwei Lagerbefüllzeitpunkten ist die Steigung der Lagerbestandskurve durch die negative Verbrauchsrate d gegeben. Die Zeitperiode zwischen zwei Lagerbefüllungspunkten heißt Zykluszeit t_c. Die gesamten Lagerbestands- und Rüstkosten für eine Zeitperiode T lassen sich nun wie folgt modellieren:

$$k(Q) = c_h \frac{Q}{2} T + c_s \frac{Td}{Q}$$

$k(Q)$ …Gesamtkosten in der Periode T

   in Abhängigkeit der Losgröße Q in €

Q …Losgröße bzw. Bestellmenge in ME

c_h …Lagerbestandskosten pro Mengeneinheit   (11.1)

   und Zeiteinheit (Lagerkostensatz) in €/ZE.ME

c_s …Einmalige Bestellkosten bzw. Rüstkosten in €

T …Betrachtete Zeitperiode in ZE

d …Verbrauchsrate in ME/ZE

Die Lagerbestandskosten ergeben sich durch Multiplikation des mittleren Bestandes mal der Zeitdauer und mal dem Lagerkostensatz. Der Lagerkostensatz berechnet sich durch Multiplikation des Wertes des eingelagerten Materials (Einstandspreis beim Beschaffungslager oder Herstellkosten bei Halbfabrikaten bzw. Fertigprodukten) pro Stück mal einem kalkulatorischen Zinssatz. Die gesamten Rüstkosten ergeben sich durch das Produkt Rüstkosten pro Rüstung bzw. Bestellkosten pro Bestellung mal Anzahl der Lose bzw. Bestellungen. Die Anzahl der notwendigen Lose bzw. Bestellungen ergibt sich durch den gesamten Verbrauch während der Periode dividiert durch die Losgröße. Die optimale Losgröße ergibt sich nun durch Differenzieren der gesamten Kosten nach der Losgröße und Nullsetzung.

$$k'(Q) = c_h \frac{T}{2} - c_s \frac{Td}{Q^2} = 0$$

$$\Rightarrow$$ (11.2)

$$Q_{EOQ} = \sqrt{\frac{2dc_s}{c_h}}$$

Die optimale Losgröße nach dem EOQ-Verfahren hängt nicht von der betrachteten Zeitperiode T ab. Die optimale Losgröße wächst, wenn die Verbrauchsrate, die einmaligen Bestell- bzw. Rüstkosten oder der Quotient

$$\frac{c_s}{c_h} \qquad\qquad\qquad (11.3)$$

steigen. Mit steigendem Lagerkostensatz nimmt die optimale Losgröße ab. Wesentlich ist, dass es sich um keine proportionale Abhängigkeit sondern um eine Abhängigkeit gemäß der Wurzelfunktion handelt. Also bei einer Vervierfachung der Verbrauchsrate oder bei einer Vervierfachung der einmaligen Rüstkosten verdoppelt sich die optimale Losgröße. Oder bei einer Vervierfachung des Lagerkostensatzes halbiert sich die optimale Losgröße. Dieser Zusammenhang kann in komplexen Systemen näherungsweise verwendet werden.

Weiters können die erste Ableitung der Lagerkosten als Grenzbestandskostenerhöhung und die Ableitung der Rüstkosten als Grenzrüstkostenerhöhung interpretiert werden. Demzufolge erfüllt die optimale EOQ-Losgröße die Beziehung, dass die Grenzbestandskostenerhöhung gleich der Grenzrüstkostenreduktion ist. Diese Beziehung ist Grundlage für das dynamische Losgrößenverfahren nach Groff.

Die resultierende optimale Zykluszeit ergibt sich durch den Satz über ähnliche Dreiecke (siehe Abb. 11.1.).

$$\frac{Q_{EOQ}}{t_{c,EOQ}} = \frac{d}{1}$$

$$\Rightarrow \qquad\qquad\qquad (11.4)$$

$$t_{c,EOQ} = \sqrt{\frac{2c_s}{dc_h}}$$

Die Zykluszeit vergrößert sich mit wachsenden Rüstkosten und verkleinert sich mit größerer Verbrauchsrate bzw. höherem Lagerkostensatz.

Die gesamten Lagerkosten entsprechen den gesamten Rüstkosten ausgewertet an der optimalen Losgröße. Diese Gleichgewichtskosten sind gegeben durch:

$$k_{Lager}(Q_{EOQ}) = c_h \frac{\sqrt{\frac{2dc_s}{c_h}}\,T}{2} = T\sqrt{\frac{c_s c_h d}{2}}$$

$$k_{Rüst}(Q_{EOQ}) = c_s \frac{Td}{\sqrt{\frac{2dc_s}{c_h}}} = T\sqrt{\frac{c_h c_s d}{2}} \tag{11.5}$$

$$k(Q_{EOQ}) = T\sqrt{2c_h c_s d}$$

Die Gleichgewichtsbeziehung ist Grundlage des dynamischen Losgrößenverfahrens Periodenausgleich.

Die gesamten Lager- und Rüstkosten steigen mit der Wurzel der Verbrauchsrate, mit der Wurzel des Lagerkostensatzes und der Wurzel der einmaligen Rüstkosten. Nachstehende Grafik visualisiert die Kosten in Abhängigkeit der Losgröße und die Gleichgewichtsbeziehung.

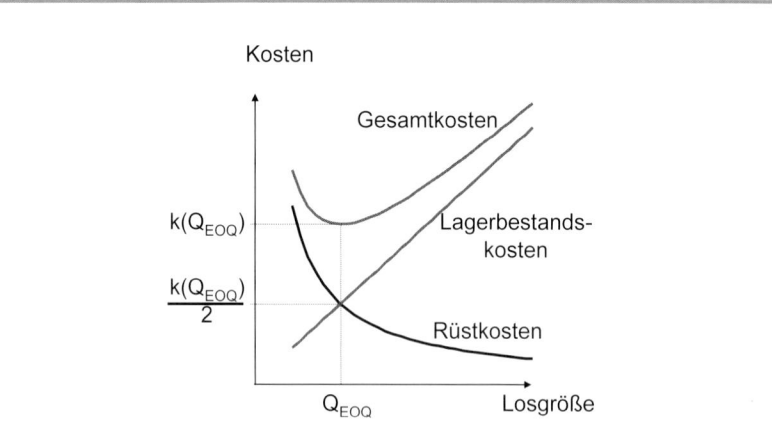

Abb. 11.2. Kosten in Abhängigkeit der Losgröße beim EOQ-Modell

In vielen Firmen wird das bereits hundert Jahre alte Modell zur Bestimmung der optimalen Losgröße angewandt. Wobei das EOQ-Modell für praktische Anwendungen häufig eine zu große Losgröße liefert und in der Regel in der betrieblichen Anwendung die EOQ-Voraussetzungen wie konstante Nachfrage, ein Produkt, eine Maschine, keine Rüstzeiten usw. nicht gegeben sind. Für die Anwendung viel wichtiger als die konkrete

Berechnung der optimalen Losgröße mit der EOQ-Formel sind die Eigenschaften der optimalen Losgröße des EOQ-Modells. So ist die Gleichgewichtseigenschaft der Rüstkosten und Lagerbestandskosten auch für komplexe und dynamische Systeme ein geeignetes Kriterium um eine gute Losgröße zu finden (siehe z.B. Periodenausgleichsverfahren oder Groff). Andere dynamische Losgrößenverfahren, wie das Silver-Meal-Verfahren oder das minimale Stückkostenverfahren basieren auf der Konvexität der Gesamtkosten in Abhängigkeit der Losgröße. Weiters ist der funktionale Zusammenhang zwischen Losgröße und den Kostensätzen für Anwendungen relevant. Wir betrachten dazu eine Situation, in der bereits eine gute Losgrößenpolitik im Sinne minimaler Lagerbestands- und Rüstkosten implementiert ist. Weil weitere Verbesserungen angestrebt werden, wurde ein Rüstprojekt gestartet. Das Ergebnis des Rüstprojektes ist eine Halbierung der Rüstkosten. Wie viel sollten nun die Losgrößen reduziert werden? Eine gute Antwort dazu gibt uns die Formel für die optimale Losgröße des EOQ-Modells, die insbesondere sagt, dass eine Halbierung der Rüstkosten zu einer Reduktion der optimalen Losgröße um den Faktor $0,7 \approx \sqrt{0,5}$ führt.

Nach Stadtler (2007) wirkt sich eine starke Abweichung der implementierten Losgröße von der optimalen Losgröße nach dem EOQ-Modell nur geringfügig auf die Gesamtkosten aus.

Im EOQ-Modell können leicht Rabatte berücksichtigt werden. Rabatte beeinflussen die Einstandspreise sowie die Lagerkapitalbindungskosten. Das Grundmodell wird deshalb um die Einstandspreise erweitert.

$$
k(Q) = \begin{cases} k_p(Q) = c_{Zins}\, p\, \dfrac{Q}{2}T + c_s \dfrac{Td}{Q} + Tdp & \text{für } Q < R \\[3em] k_R(Q) = c_{Zins}\, p_R \dfrac{Q}{2}T + c_s \dfrac{Td}{Q} + Tdp_R & \text{für } Q \geq R \end{cases}
$$

(11.6)

$k(Q)$…Gesamtkosten in der Periode T in Abhängigkeit

der Losgröße Q und der Rabattgrenze R

Q …Losgröße bzw. Bestellmenge

R …Rabattgrenze

c_{Zins} …kalkulatorischer Lagerzinssatz $(c_h = c_{Zins} p)$

p …Einstandspreis

p_R …Rabatt-Einstandspreis $(p_R < p)$

c_s …Einmalige Bestellkosten

T …Betrachtete Zeitperiode

d …Verbrauchsrate

Im ersten Schritt wird für den normalen sowie für den Rabatt-Einstandspreis die EOQ-Losgröße bestimmt.

$$Q_{EOQ} = \sqrt{\frac{2dc_s}{c_{Zins} p}}$$

(11.7)

$$Q_{EOQ.R} = \sqrt{\frac{2dc_s}{c_{Zins} p_R}}$$

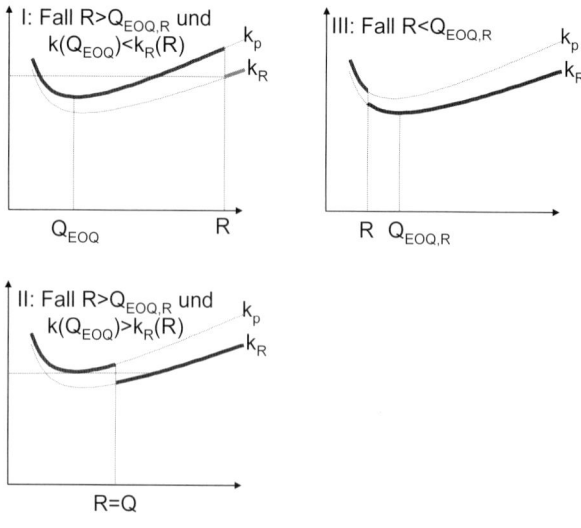

Abb. 11.3. EOQ-Modell mit Rabatt

Anschließend sind folgende Fälle zu unterscheiden (siehe auch Abb. 11.3.).

❑ Fall Rabattgrenze ist größer als die EOQ-Losgröße mit Rabattpreis

➢ Subfall Normalkosten an der EOQ-Losgröße sind geringer als die Kosten mit Rabatt an der Rabattgrenze: Optimale Losgröße $= Q_{EOQ}$

➢ Subfall Normalkosten an der EOQ-Losgröße sind höher als die Kosten mit Rabatt an der Rabattgrenze: Optimale Losgröße $= R$

❑ Fall Rabattgrenze ist kleiner als die EOQ-Losgröße mit Rabattpreis: Optimale Losgröße $= Q_{EOQ.R}$

12 Economic Production Lot

Die erste historische Erweiterung des EOQ-Modells ist die Überführung des Fokus Beschaffungslager (augenblickliche Befüllung des Lagers und konstante Entnahme) auf den Umlauflagerbestand, siehe Taft (1918). Dieses produktionsbezogene Modell heißt Economic Production Lot (EPL) und ersetzt die Annahme der augenblicklichen Lagerbefüllung durch eine konstante Produktionsrate. Der Lagerbestandsverlauf ist beim EPL-Modell durch nachfolgende Grafik visualisiert.

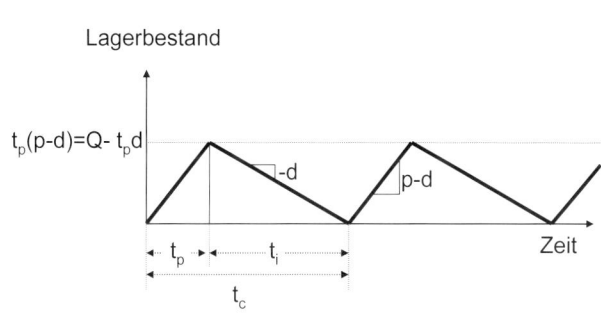

Abb. 12.1. Zeitlicher Verlauf des Lagerbestandes beim EPL-Modell

Die Nachfüllung des Lagers erfolgt während der Produktionszeit t_p. Während der Produktionszeit ändert sich der Lagerbestand mit der Produktionsrate p abzüglich der Verbrauchsrate d. Nach Beendigung des Produktionsloses fällt der Lagerbestand entsprechend der Verbrauchsrate d. Die Produktionslosgröße ist dabei gegeben durch

$$Q = pt_p$$

$Q \cdots$ Produktionslosgröße

$p \cdots$ Produktionsrate   (12.1)

$t_p \cdots$ Produktionszeit

Die Zeitperiode zwischen zwei Losstartzeitpunkten heißt Zykluszeit t_c, die Zwischenzeit zwischen Losende und nächstem Losstart wird Stillstandszeit t_i genannt. Die gesamten Lagerbestands- und Rüstkosten für eine Zeitperiode T lassen sich nun wie folgt modellieren:

$$k(t_p) = c_h \frac{t_p(p-d)}{2}T + c_s \frac{Td}{t_p p}$$

$k(t_p) \ldots$ Gesamtkosten in der Periode T

in Abhängigkeit der Produktionszeit t_p

$t_p \quad \ldots$ Produktionszeit (Dauer eines Produktionsloses)

$c_h \quad \ldots$ Lagerbestandskosten pro Mengeneinheit   (12.2)

und Zeiteinheit (Lagerkostensatz)

$c_s \quad \ldots$ Einmalige Rüstkosten

$T \quad \ldots$ Betrachtete Zeitperiode

$p \quad \ldots$ Produktionsrate $(p > d)$

$d \quad \ldots$ Verbrauchsrate

Die Lagerbestandskosten ergeben sich durch Multiplikation des mittleren Bestandes mal der Zeitdauer und mal dem Lagerkostensatz. Die gesamten Rüstkosten ergeben sich durch das Produkt Rüstkosten pro Rüstung mal Anzahl der Lose. Die Anzahl der notwendigen Lose ergibt sich durch den gesamten Verbrauch während der Periode dividiert durch die Losgröße. Die optimale Produktionszeit ergibt sich nun durch Differenzieren der gesamten Kosten nach der Produktionszeit und Nullsetzung.

$$k'(t_p) = c_h \frac{p-d}{2} T - c_s \frac{Td}{t_p^2 p} = 0$$

$$\Rightarrow \qquad\qquad\qquad\qquad\qquad\qquad\qquad (12.3)$$

$$t_{p,EPL} = \sqrt{\frac{2dc_s}{p(p-d)c_h}}$$

Für die optimale Losgröße ergibt sich

$$Q_{EPL} = pt_{p,EPL} = \sqrt{\frac{2dc_s}{\left(1 - \dfrac{d}{p}\right)c_h}} \qquad\qquad (12.4)$$

Die optimale Losgröße nach dem EPL-Verfahren hängt nicht von der betrachteten Zeitperiode T ab. Die optimale Losgröße wächst, wenn die einmaligen Rüstkosten bzw. der Quotient

$$\frac{c_s}{c_h} \qquad\qquad\qquad\qquad\qquad\qquad (12.5)$$

zunehmen. Mit steigendem Lagerkostensatz nimmt die optimale Losgröße ab. Wesentlich ist, dass es sich um keine proportionale Abhängigkeit sondern um eine Abhängigkeit gemäß der Wurzelfunktion handelt. Also bei einer Viertelung des Quotienten

$$\frac{c_s}{c_h} \qquad\qquad\qquad\qquad\qquad\qquad (12.6)$$

halbiert sich die optimale Losgröße. Die Abhängigkeit der optimalen Losgröße des EPL-Modells von der Verbrauchsrate und der Produktionsrate ist durch Abbildung 12.2. visualisiert.

Die vertikale Asymptote ist wegen der Beziehung $d < p$ gegeben. Für Verbrauchsraten sehr nahe der Produktionsrate werden die Losgrößen nahezu unendlich groß. Wenn die Produktionsrate sehr viel größer ist als die Verbrauchsrate, nähert sich die optimale Losgröße des EPL-Modells der optimalen Losgröße des EOQ-Modells, wobei die EOQ-Losgröße immer kleiner ist als die EPL-Losgröße.

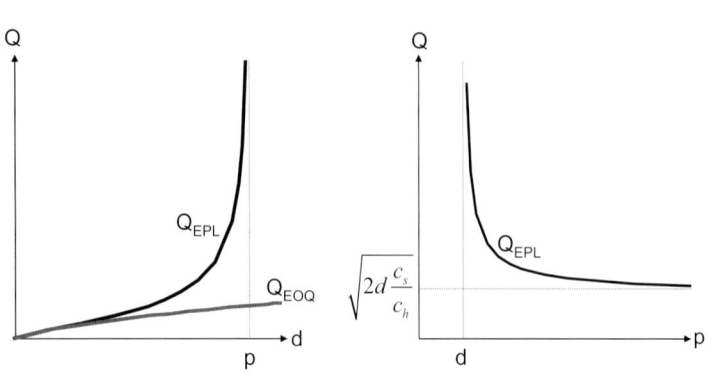

Abb. 12.2. Abhängigkeit der Losgröße von der Verbrauchs- und Produktionsrate beim EPL-Modell

Die resultierende optimale Zykluszeit wie auch die Stillstandszeit ergeben sich durch den Satz über ähnliche Dreiecke (siehe Abb. 12.1.).

$$\frac{t_{p,EPL}\left(p-d\right)}{t_{i,EPL}} = \frac{d}{1}$$

$$\Rightarrow$$

$$t_{i,EPL} = \frac{t_{p,EPL}\left(p-d\right)}{d} = \sqrt{\frac{2\left(p-d\right)c_s}{dpc_h}} \tag{12.7}$$

$$t_{c,EPL} = t_{p,EPL} + t_{i,EPL} = \sqrt{\frac{2pc_s}{\left(p-d\right)dc_h}}$$

Die Zykluszeit vergrößert sich mit wachsenden Rüstkosten und verkleinert sich mit höherem Lagerkostensatz.

Die gesamten Lagerkosten entsprechen den gesamten Rüstkosten ausgewertet an der optimalen Losgröße. Die gesamten Lager- und Rüstkosten steigen mit der Wurzel des Lagerkostensatzes und der Wurzel der einmaligen Rüstkosten. Diese Gleichgewichtskosten sind im Detail durch

$$k_{Lager}\left(t_{p,EPL}\right) = c_h \frac{\sqrt{\dfrac{2dc_s}{p(p-d)c_h}}(p-d)}{2} \quad T = T\sqrt{\frac{d(p-d)c_s c_h}{2p}}$$

$$k_{R\ddot{u}st}\left(t_{p,EPL}\right) = c_s \frac{Td}{\sqrt{\dfrac{2dc_s}{p(p-d)c_h}}p} = T\sqrt{\frac{d(p-d)c_s c_h}{2p}} \qquad (12.8)$$

$$k(t_{p,EPL}) = T\sqrt{2d\left(1-\frac{d}{p}\right)c_s c_h}$$

gegeben.

13   Mehrstufiges Lagermodell

Mehrstufige Lagermodelle (engl. *multiechelon inventory*) beschreiben für einen sequentiellen Prozess über mehrere Stufen den Lagerbestand zwischen den einzelnen Stufen. Gerade im Hinblick auf die Supply Chain aber auch für die Abbildung der innerbetrieblichen Fertigungsstufen sind mehrstufige Lagermodelle von hoher Bedeutung. Zur Vereinfachung wird in diesem Abschnitt ein zweistufiges Lagermodell diskutiert. Für weiterführende Modelle siehe Silver et al. (1998).

Für das zweistufige deterministische Lagermodell treffen wir folgende Annahmen:

❑ Serielle Anreihung der zwei Stufen (z.B. Fertigteillager Produzent und Verkaufslager)

❑ Ein Produkt auf jeder Stufe

❑ Ein Produkt von der Vorstufe (z.B. Fertigteillager) wird benötigt, um ein Produkt der nachgelagerten Stufe (z.B. Verkaufslager) zu erhalten

❑ Konstante Bedarfs- bzw. Verbrauchsrate

❑ Losgröße der vorgelagerten Stufe ist ein ganzzahliges Vielfaches der Losgröße der nachgelagerten Stufe

❑ Bei einer Befüllung der vorgelagerten Stufe erfolgt auch eine Befüllung der nachgelagerten Stufe

Im deterministischen Fall würde eine Verletzung der beiden letzten
Forderungen nur unnötige Lagerkosten verursachen. Ein Los in der
Vorstufe, das nicht ein ganzzahliges Vielfaches vom Los der nachgelagerten
Stufe ist, bzw. eine zeitliche Verzögerung der Befüllung der nachgelagerten
Stufe bei Auffüllung der vorgelagerten Stufe würden unnötig Bestand
verursachen.

Unter obigen Annahmen wird sich nachfolgender Verlauf des Lagerbestandes ergeben:

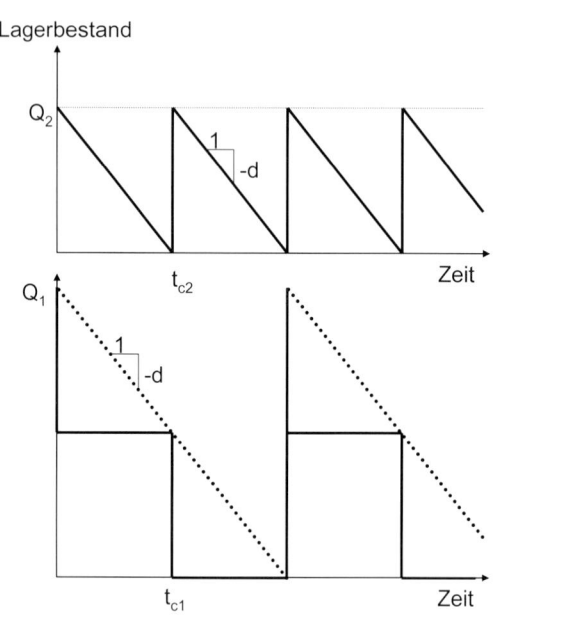

Abb. 13.1. Zeitlicher Verlauf des Lagerbestandes beim
zweistufigen multiechelon Modell

Für die nachgelagerte Stufe ergibt sich ein Lagerbestandsverlauf wie für
das EOQ Modell. In einem Augenblick findet die Befüllung des Lagers mit
der Losgröße Q_2 statt. Danach ist eine kontinuierliche Materialentnahme
entsprechend der Bedarfsrate d festzustellen. Die vorgelagerte Stufe ist mit
der nachgelagerten Stufe synchronisiert, d.h., dass zum Zeitpunkt einer
Lagerbefüllung in der vorgelagerten Stufe findet gleichzeitig (wegen
Reduktion der Lagerbestandskosten) eine Lagerentnahme mit der Losgröße
der nachgelagerten Stufe statt um die nachgelagerte Stufe zu befüllen. In

obiger Abbildung ist ein System, in dem die Losgröße der vorgelagerten Stufe der zweifachen Losgröße der nachgelagerten Stufe entspricht, dargestellt. Der gleiche Faktor ist natürlich zwischen den beiden Zykluszeiten gegeben. Die punktierte Linie in der Grafik hat eine interessante Interpretation. Die punktierte Linie stellt die Bestandsmenge des Produktes der ersten Stufe auf beiden Stufen dar (als Produkt der ersten Stufe in der ersten Stufe oder als verwendeter Teil im Produkt der zweiten Stufe in der zweiten Stufe). Die durchgezogene treppenförmige Bestandskurve stellt somit den Lagerbestand in der vorgelagerten Stufe dar, wohingegen die punktierte Linie den Lagerbestand des Produktes der Vorstufe in beiden Stufen darstellt. Die punktierte Bestandskurve wird echelon Lagerbestand genannt und sie entspricht qualitativ dem EOQ Modell. Damit nun auf die Ideen des EOQ Modell zurückgegriffen werden kann, muss anstatt des Lagerkostensatzes der einzelnen Stufen der Differenzlagerkostensatz, dieser heißt auch echelon Lagerkostensatz, verwendet werden. Für die erste Stufe setzen wir als echelon Lagerkostensatz den normalen Lagerkostensatz an. Für den echelon Lagersatz der zweiten Stufe ergibt sich die Differenz aus dem Lagerkostensatz der zweiten Stufe abzüglich dem Lagerkostensatz der ersten Stufe.

$$\tilde{c}_{h2} = c_{h2} - c_{h1}$$

$\tilde{c}_{h2}$ …echelon Lagerkostensatz der Stufe 2

c_{hi} …Lagerkostensatz der Stufe i

(13.1)

Für die Kosten des zweistufigen echelon Lagermodells ergeben sich

$$k(Q_1, Q_2) = c_{h1} \frac{Q_1}{2} T + c_{s1} \frac{Td}{Q_1} + \tilde{c}_{h2} \frac{Q_2}{2} T + c_{s2} \frac{Td}{Q_2}$$

Q_i …Losgröße bzw. Bestellmenge der Stufe i

c_{h1} …Lagerkostensatz der Stufe 1

$\tilde{c}_{h2}$ …echelon Lagerkostensatz der Stufe 2

c_{si} …Einmalige Bestellkosten bzw. Rüstkosten

T …Betrachtete Zeitperiode

d …Verbrauchsrate

(13.2)

Da die Losgröße Q_1 ein Vielfaches von Q_2 sein muss, ersetzen wir die unbekannte Q_1 mit dem unbekannten Teiler n.

$$Q_1 = nQ_2 \tag{13.3}$$

Nach Substitution, partiellem Ableiten und einiger Detailrechnungen erhält man folgende optimale Lösung des zweistufigen echelon Lagermodells:

$$
\begin{aligned}
n_{opt} &= \sqrt{\frac{\tilde{c}_{h2}c_{s1}}{c_{h1}c_{s2}}} \\[2ex]
Q_{2opt} &= \sqrt{\frac{2d\left(\dfrac{c_{s1}}{n} + c_{s2}\right)}{c_{h1}n + \tilde{c}_{h2}}} \\[2ex]
Q_{1opt} &= n_{opt}Q_{2opt} = \sqrt{\frac{2d\left(c_{s1} + nc_{s2}\right)}{c_{h1}n + \tilde{c}_{h2}}} \\[2ex]
k_{opt} &= T\sqrt{2dc_{h1}c_{s1}} + T\sqrt{2d\tilde{c}_{h2}c_{s2}}
\end{aligned} \tag{13.4}
$$

Da in der Regel der berechnete Teiler n nicht ganzzahlig sein wird, wählt man entweder die ab- oder aufgerundete ganze Zahl, die zu den geringsten Kosten führt. Sollte der optimale Teiler rechnerisch kleiner als eins sein, sind beide Losgrößen gleich zu wählen ($n=1$). Die Losgröße der vorgelagerten Stufe wird umso größer (im Vergleich zur nachgelagerten Losgröße) je höher der echelon Lagerkostensatz der nachgelagerten Stufe sowie der Rüstkostensatz der vorgelagerten Stufe ist bzw. je kleiner der Lagerkostensatz der vorgelagerten Stufe sowie die Bestellkosten der nachgelagerten Stufe ist. Die Struktur der resultierenden Formeln ist dem EOQ Modell sehr ähnlich. Insbesondere sind die Gesamtkosten durch die Summe der EOQ-Kosten bezogen auf die vorgelagerte Lagerstufe und der nachgelagerten echelon Lagerstufe gegeben.

Ähnlich wie beim EOQ-Modell sind die funktionellen Zusammenhänge über die Wurzel-Funktion gegeben. So führt z.B. eine Viertelung beider Rüstkostensätze zu einer Halbierung beider Losgrößen sowie der Gesamtkosten. Viertelt man dahingegen nur auf der nachgelagerten Stufe den Rüstkostensatz, so verdoppelt sich der Teiler n und halbieren sich die echelon Kosten der nachgelagerten Stufe. Die Änderung der Losgrößen ist nicht mehr einfach zu charakterisieren (aber natürlich über obige Formel definiert).

14   Mehrprodukt Lagermodell ELSP

Die Erweiterung des EOQ- bzw. EPL-Modells auf mehrere Produkte, auf beliebige Verbrauchsrate oder die Berücksichtigung von Rüstzeiten führt auf Modelle, die nur mit sehr hohem Rechenaufwand zu lösen sind. Eine Erweiterung Richtung Mehrprodukte ist das so genannte Economic Lotsizing and Scheduling Problem (ELSP). Unter der Annahme, dass für jedes Produkt die gleiche Zykluszeit vorliegt, kann analytisch die Lösung angegeben werden, siehe Hanssmann (1962).

$$Q_i = t_c d_i$$

$$t_c = \sqrt{\frac{2\sum_{i=1}^{m} c_{s,i}}{\sum_{i=1}^{m} c_{h,i} d_i \left(1 - \frac{d_i}{p_i}\right)}}$$

Q_i …optimale Losgröße des i-ten Produktes

t_c …Zykluszeit   (14.1)

d_i …Verbrauchsrate des i-ten Produktes

p_i …Produktionsrate des i-ten Produktes

$c_{s,i}$ …Rüstkosten für das i-te Produkt

$c_{h,i}$ …Lagerkostensatz für das i-te Produkt

m …Anzahl der Produkte

Für $m = 1$ entspricht die Lösung nach Hanssmann der EPL-Lösung.

Eine weitere Erweiterung des zeitkontinuierlichen EPL-Modells ist, dass dynamischer Verbrauch berücksichtigt wird. Dies führt auf das so genannte zeitdiskrete Wagner-Whitin Modell, siehe Wagner Whitin (1958). Die ursprüngliche Lösung des Wagner-Whitin Modells basiert auf der Wagner-Whitin Property, die besagt, dass das Produkt Lagerbestand am Anfang einer Periode mit der Produktionsmenge in der Periode immer null sein muss. Anders formuliert, produziert in einer Periode kann nur dann werden, wenn am Anfang dieser Periode der Lagerbestand null ist. Die Wagner-

Whitin Property ist für das Wagner-Whitin Modell richtig, sobald aber das Modell Richtung mehrerer Produkte erweitert wird, ist die Wagner-Whitin Property nicht mehr allgemein gültig. Die dynamischen Losgrößenverfahren im Abschnitt *MRP* sind gute Heuristiken zur näherungsweisen Lösung des Wagner-Whitin Modells.

Berücksichtigt man Rüstzeiten, dynamischen Verbrauch und mehrere Produkte bzw. Maschinen, spricht man vom Scheduling Modell. Das Ergebnis von Scheduling ist der so genannte Schedule, der angibt, wann welches Produkt in welcher Losgröße bei welcher Maschine eingelastet werden soll. Die effiziente Lösung von Scheduling Modellen ist Gegenstand aktueller Forschung. Grundsätzlich unterscheidet man zeitdiskrete (siehe z.B. Suerie/Stadtler 2003, Gupta/Magnusson 2005 oder Domschke et al. 1997) und zeitkontinuierliche (siehe z.B. Jodlbauer 2006a oder Jodlbauer et al. 2006) Modelle. In Pochet/Wolsey (2000) werden mächtige Solver auf Basis von Mixed Integer Programming und in Zäpfel/Braune (2005) heuristische Ansätze wie Genetische Algorithmen, Simulated Annealing, Tabu Search oder Ant Colony Optimization zur Lösung von Scheduling Problemen präsentiert. In Advanced Planning Systemen (APS) werden teilweise bereits Algorithmen zu komplexen Scheduling Modellen für betriebliche Anwendungen bereitgestellt. Wobei für den praktischen Einsatz dieser Verfahren zwei Hauptprobleme bestehen:

❑ Sehr lange Rechenzeiten (oft länger als überhaupt an Zeit zur Verfügung steht) oder

❑ Modellannahmen sind für den praktischen Einsatz zu restriktiv (kein reihenfolgeabhängiges Rüsten, keine Überstunden, …)

Die Entwicklung geeigneter Scheduling Modelle und Verfahren ist deshalb ein Gebiet intensiver Forschung. In den beiden nächsten Abschnitten werden zwei noch relativ einfache Erweiterungen in Bezug auf zwei in Serie geschaltete Maschinen bzw. mehrere Produkte mit gleicher Planlosreichweite an einer Maschine besprochen.

15   Stochastische Einprodukt Lagermodelle

Neben den diskutierten deterministischen Erweiterungen des EOQ-Modells gibt es für die Praxis wichtige stochastische Erweiterungen des EOQ-Modells. Diese Modelle berücksichtigen eine stochastische Nachfrage, wobei Annahmen über das statistische Verhalten der Nachfrage getroffen werden. Neben den Lagerbestands- und Rüstkosten werden in den stochastischen Modellen Strafkosten für Lieferverzug berücksichtigt. In Gudehus (2006) werden 9 stochastische Verfahren jeweils unterteilt nach der Bestimmung des Bestellzeitpunktes (Bereitstellungsverfahren, Meldebestandsverfahren, Zykluszeitverfahren) und der Berechnung der Nachschubmenge (fester Nachschub, kostenoptimaler Nachschub, Auffüllung auf Sollbestand) diskutiert.

Die in der Praxis häufigsten Kombinationen sind:

❑ (s,Q)-Politik (Meldebestand s, optimale Losgröße Q): nach jeder Unterschreitung des Meldebestandes wird die Losgröße Q bestellt

❑ (r,S)-Politik (Bestellzyklus r, Bestellniveau S): jeweils nach einer Zeitdauer r wird die Losgröße = Bestellniveau – aktueller Lagerbestand bestellt

❑ (s,S)-Politik (Meldebestand s, Bestellniveau S): jeweils nach Unterschreitung des Meldebestandes wird die Losgröße = Bestellniveau – aktueller Lagerbestand bestellt

Da bei diesen Verfahren durch den Verbrauch ein Auftrag ausgelöst wird, spricht man auch von verbrauchsgesteuerten Verfahren. Aus mathematischen Überlegungen wie auch aus Simulationsstudien geht hervor, dass das Meldebestandsverfahren (s,Q) (Meldebestandsverfahren, kostenoptimaler Nachschub) jenes Verfahren ist, das jede geforderte Lieferfähigkeit kostenoptimal ermöglicht. Wir werden deshalb nur das (s,Q)-Verfahren genauer diskutieren. Der Vollständigkeit halber sei erwähnt, dass die KANBAN Steuerung ebenfalls einem stochastischen verbrauchsgesteuerten Lagermodell entspricht. Nach Silver et al. (1998) kann z. B. KANBAN über ein (s,Q) Verfahren nachgebildet werden.

Die Idee des (s,Q)-Verfahrens (engl. *(Q,r)*) ist, dass kontinuierlich der Lagerbestand beobachtet wird. Wenn nun der Lagerbestand unter den so genannten Meldebestand *s* (engl. *reorder point*) fällt, wird eine neue Bestellung bzw. ein neuer Fertigungsauftrag mit Losgröße Q ausgelöst. Der Meldebestand wird auch bestellauslösende Menge genannt. Die Wiederbeschaffungszeit gibt an, wie lange es ab der Unterschreitung des Meldebestandes dauert, bis die neue Lieferung verfügbar ist. Falls der Verbrauch während der Wiederbeschaffungszeit größer ist als der Meldebestand, tritt Lieferverzug ein.

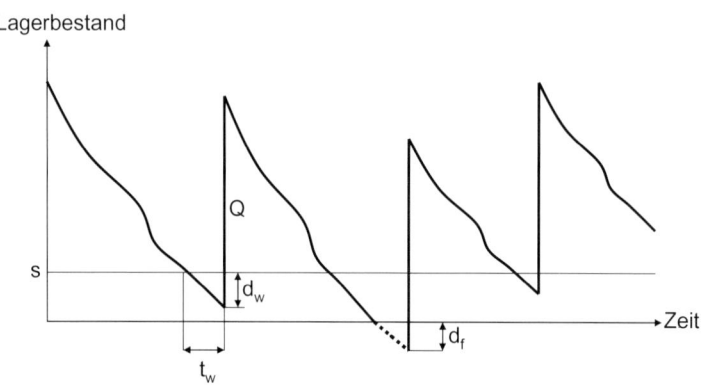

Abb. 15.1. Lagerbestandsverlauf des (s,Q)-Modells

Die beiden Entscheidungsparameter optimale Losgröße Q und Meldebestand s werden über die Minimierung der Kosten bestehend aus Lagerbestands-, Rüst- bzw. Bestell- und Lieferverzugskosten berechnet. Die Kosten werden wie folgt modelliert.

$$k(s,Q) = c_h\left(\frac{Q}{2} + s - \overline{d}_w\right)T + c_s\frac{T\overline{d}}{Q} + c_f\frac{T\overline{d}}{Q}n(s)$$

$k(s,Q)$ … Gesamtkosten in der Periode T
           in Abhängigkeit der Losgröße Q und
           des Meldebestandes s

s … Meldebestand

Q … Losgröße bzw. Bestellmenge   (15.1)

c_h … Lagerbestandskosten pro Mengeneinheit
           und Zeiteinheit (Lagerkostensatz)

c_s … einmalige Bestellkosten bzw. Rüstkosten

c_f … kalkulatorische Kosten für ein Fehlteil

T … betrachtete Zeitperiode

$\overline{d}$ … durchschnittliche Verbrauchsrate

$\overline{d}_w$ ...durchschnittlicher Verbrauch während Wiederbeschaffung

$n(s)$ ...Anzahl der Fehlteile pro Zyklus

Die Berechnung der durchschnittlichen Anzahl der Fehlteile pro Zyklus erfolgt durch Berücksichtigung der statistischen Verteilung des Verbrauches während der Wiederbeschaffungszeit und der Tatsache, dass Fehlmengen auftreten, falls der Verbrauch während der Wiederbeschaffungszeit höher ist als der Meldebestand.

$$n(s) = E\left(max\left(d_w - s, 0\right)\right) = \int_s^\infty \left(d_w - s\right) f_{d_w}\left(d_w\right) dd_w$$

$$\frac{\partial}{\partial s} n(s)\Bigg|_{\text{Leipnitz Regel}} = -\left(1 - F_{d_w}(s)\right)$$

$n(s)$ ...Durchschnittliche Anzahl der Fehlteile

pro Zyklus mit Meldebestand s (15.2)

$E()$ ...Erwartungswert

$F_{d_w}(d_w)$...Statistische Verteilungsfunktion des Verbrauches

während der Wiederbeschaffungszeit

$f_{d_w}(d_w)$...Statistische Verteilungsdichte des Verbrauches

während der Wiederbeschaffungszeit

In der praktischen Anwendung ist die Poissonverteilung eine gute Näherung für die Anzahl der Fehlteile pro Zyklus. Als Intensität der Poissonverteilung verwendet man den durchschnittlichen Verbrauch während der Wiederbeschaffungszeit. In der Produktion entspricht der Wiederbeschaffungszeit die Eigenfertigungszeit. Da im Weiteren die Ableitung der Anzahl der Fehlteile nach dem Meldebestand benötigt wird, wurde diese gleich ausgerechnet.

Durch Differenzieren der Kostenfunktion nach den beiden Entscheidungsvariablen Losgröße und Meldebestand erhält man die zwei Bestimmungsgleichungen für die Parameter.

$$\frac{\partial}{\partial Q} k(s,Q) = \frac{c_h}{2}T - \frac{1}{Q^2}\left(c_s + c_f n(s)\right)T\overline{d} = 0$$

$$\frac{\partial}{\partial s} k(s,Q) = c_h T - \frac{c_f T\overline{d}\left(1 - F_{d_w}(s)\right)}{Q} = 0$$

$$\Rightarrow \tag{15.3}$$

$$Q = \sqrt{\frac{2\overline{d}\left(c_s + c_f n(s)\right)}{c_h}}$$

$$F_{d_w}(s) = 1 - \frac{c_h Q}{c_f \overline{d}}$$

Da beide Gleichungen von beiden Entscheidungsparametern abhängig sind, ist nur ein simultanes Lösen der nichtlinearen Gleichungen möglich. Eine effiziente Methode, beide Gleichungen zu lösen, ist durch nachfolgenden iterativen Ansatz gegeben.

$$Q_0 = \sqrt{\frac{2\overline{d}c_s}{c_h}}$$

$$i = 1, 2, 3, \cdots \tag{15.4}$$

$$s_i = F_{d_w}^{-1}\left(1 - \frac{c_h Q_{i-1}}{c_f \overline{d}}\right)$$

$$Q_i = \sqrt{\frac{2\overline{d}\left(c_s + c_f n(s_i)\right)}{c_h}}$$

Man startet mit der Losgröße nach dem EOQ-Modell, berechnet anschließend den Meldebestand durch Anwendung der Quantilfunktion (Umkehrfunktion der Verteilungsfunktion) und die nächst bessere Näherung für die Losgröße durch Einsetzen in die Losgrößenformel des (s,Q)-Modells. Wenn sich der Meldebestand und die Losgröße nur noch wenig ändern, kann die Iteration abgebrochen werden, und die letzten Werte können als Näherungslösung verwendet werden.

Die Lieferfähigkeit ist bei Anwendung des (s,Q)-Modells gegeben durch:

$$\beta - Servicegrad = 1 - \frac{n(s)}{Q} \qquad (15.5)$$

Der β-Servicegrad beschreibt dabei den mengenmäßigen Anteil der rechtzeitig gelieferten Ware. Vom α-Servicegrad wird gesprochen, wenn der Anteil der Aufträge und nicht der Mengenanteil zur Berechnung der Lieferfähigkeit herangezogen wird. Durch entsprechende Erhöhung der Strafkosten für Fehlmengen kann die resultierende Lieferfähigkeit beliebig erhöht werden. Im Zuge der Verbesserung der Lieferfähigkeit werden der Meldebestand wie auch die Lagerbestandskosten steigen.

In praktischen Anwendungen kann anstatt der Kosten pro Fehlteil die zu erreichende Lieferfähigkeit vorgegeben werden. In diesem Fall ist die Fehlmenge über (15.5) bestimmt und die Fehlmengenkosten nicht mehr von Q abhängig. Deshalb ist die optimale Losgröße durch die EOQ Formel gegeben und der Meldebestand durch die geforderte Lieferfähigkeit bestimmbar.

$$Q = \sqrt{\frac{2\bar{d}c_s}{c_h}}$$

$$s : n(s) = \sqrt{\frac{2\bar{d}c_s}{c_h}}(1 - \beta) \qquad (15.6)$$

$\beta \cdots$ geforderter β - $Servicegrad$ (Lieferfähigkeit)

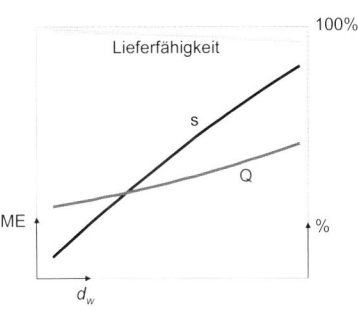

Abb. 15.2. Zusammenhang Verbrauch während Wiederbeschaffungszeit mit Meldebestand, Losgröße und Lieferfähigkeit für das (s,Q)-Modell

Abbildung 15.2. zeigt den optimalen Meldebestand, die optimale Losgröße und die resultierende Liefertreue bei Änderung des Verbrauches während der Wiederbeschaffungszeit. Diese Änderung kann z.B. durch eine Änderung der Wiederbeschaffungszeit initiiert werden.

Mit geringerem Verbrauch während der Wiederbeschaffungszeit steigt die Liefertreue, und sowohl der Meldebestand als auch die Losgröße sinken. Wobei der Meldebestand schneller sinkt als die Losgröße. Darüber hinaus bewirkt eine geringere Schwankung des Verbrauches einen kleineren optimalen Meldebestand.

Das (s,Q)-Verfahren eignet sich gut für die Steuerung von geringwertigen Materialien, Schüttgut, Betriebsstoffen, Hilfsstoffen und Verbrauchsmaterialien. Auch im Zuge von Vendor Managed Inventory (VMI), siehe z.B. Christopher (1998), kommen verbrauchsgesteuerte Methoden insbesondere das (s,Q)-Verfahren zum Einsatz. VMI bedeutet, dass der Lieferant für die Lieferung bis zur Verbrauchsstelle beim Kunden (z.B. Montageband), für die Auslösung eines konkreten Lieferauftrages wie auch für die Bestimmung der Losgröße zuständig ist. Zur Durchführung dieser Aufgaben stellt der Kunde dem Lieferanten Lagerbestandsdaten wie auch Informationen zu den zukünftig erwarteten Verbrauchsmengen zur Verfügung. Häufig ist mit VMI verbunden, dass der Bestand, der sich in den Gebäuden des Abnehmers befindet, noch im Besitz des Lieferanten ist. Erst die Entnahme des Materials aus dem Lager und Verwendung des Materials löst den Eigentumswechsel aus. So ein Lager heißt Konsignationslager (engl. consignment stock) .

Das (s,Q) Verfahren wird für C-Teile häufig vereinfacht als Zwei-Behälter-System umgesetzt. Bei dieser Steuerung verwendet man zwei Behälter. Wenn ein Behälter leer wird, wird dadurch die Wiederbeschaffung ausgelöst. Das Zweibehältersystem entspricht somit einer KANBAN Steuerung (siehe Kapitel *Toyota Production System*) mit zwei Behältern bzw. einem (s,Q) Verfahren mit der Einstellung Meldebestand s ist gleich der Losgröße Q.

Beispiel 15.1 Verbrauch während der Wiederbeschaffungszeit

Dieses Beispiel illustriert, wie stark der Verbrauch während der Wiederbeschaffungszeit bzw. Eigenfertigungszeit streuen kann. Im Wesentlichen hängt der Verbrauch während der Wiederbeschaffungszeit von den beiden Zufallsgrößen Verbrauch und Wiederbeschaffungszeit ab. Unter der Annahme, dass die beiden Zufallsgrößen statistisch unabhängig sind und deren Verteilung bekannt ist, kann die Verteilung des Verbrauches während der Wiederbeschaffungszeit berechnet werden. Die Verteilung des Verbrauches und der Wiederbeschaffung ist durch die nachfolgenden Tabellen gegeben.

Tabelle 15.1. Verteilung (Histogrammtabelle) für Verbrauchsmenge

	351–400	**401–450**	**451–500**
Wahrscheinlichkeit p	0,2	0,5	0,3

Tabelle 15.2. Verteilung (Histogrammtabelle) für Wiederbeschaffungszeit

	1 Tag	**2 Tage**	**3 Tage**
Wahrscheinlichkeit p	0,3	0,5	0,2

Berechnen Sie die Verteilung des Verbrauches während der Wiederbeschaffungszeit.

Der geringste Verbrauch während der Wiederbeschaffungszeit stellt sich ein, wenn sowohl eine geringe Nachfrage als auch eine kurze Wiederbeschaffungszeit gegeben ist. Umgekehrt führt die längste Wiederbeschaffungszeit kombiniert mit dem höchsten Bedarf zum höchsten Verbrauch während der Wiederbeschaffungszeit. Die einzelnen Wahrscheinlichkeiten berechnen sich durch Multiplikation der Einzelwahrscheinlichkeiten.

Tabelle 15.3. Verteilung (Histogrammtabelle) für Verbrauch während der Wiederbeschaffungszeit

	375	**425**	**475**	**750**	**850**	**950**	**1125**	**1275**	**1425**
p	0,06	0,15	0,09	0,1	0,25	0,15	0,04	0,1	0,06

In der ersten Zeile der Tabelle steht der Repräsentant des Verbrauches während der Wiederbeschaffungszeit. So z.B. steht 850 für den Bereich 800-900 und berechnet sich aus der Wiederbeschaffungszeit von 2 Tagen multipliziert mit der mittleren Verbrauchsrate von 425 des Bereiches 400-450. Die Wahrscheinlichkeit von 0,25 erhält man durch die Multiplikation der beiden Einzelwahrscheinlichkeiten von jeweils 0,5. Bemerkenswert ist, dass die Streuung des Verbrauchs während der Wiederbeschaffungszeit wesentlich höher ist als die Streuungen der Verbrauchsrate sowie der Wiederbeschaffungszeit.

16   Stochastisches Mehrprodukt Lagermodell

In Jodlbauer (2008d) wird ausgehend vom ELSP Modell mit gleicher Zykluszeit für jedes Produkt unter Berücksichtigung stochastischer Einflüsse ein Modell präsentiert, welches die Auswirkung der Losgröße auf Kosten und Liefertreue diskutiert. In diesem Modell wird insbesondere die Schwankung des Bedarfes, der Rüstzeiten und Bearbeitungszeiten berücksichtigt und angenommen, dass für jedes Produkt die gleiche Liefertreue angestrebt wird. Die Zykluszeit entspricht der Losreichweite jedes Produktes.

$$t_c = \frac{q_i}{\mu_{d_i}}$$

t_c ...Zykluszeit bzw. Losreichweite   (16.1)

q_i ...Losgröße für i-tes Produkt

μ_{d_i} ...mittlere Verbrauchsrate für das i-te Produkt

Basierend auf der Annahme, gleiche Liefertreue für jedes Produkt, wird gezeigt, dass der Sicherheitsbestand proportional zur Streuung der Nachfrage ist, wobei der Proportionalitätsfaktor unabhängig vom Produkt ist.

$$r_i = \alpha \sigma_{d_i}$$

r_i ...Sicherheitsbestand des i-ten Produktes

α ...Proportionalitätsfaktor   (16.2)

σ_{d_i} ...Streuung des Verbrauches für das i-te Produkt

Bei gleich anzustrebender Liefertreue sollten also die Sicherheitsbestände der einzelnen Produkte im gleichen Proportionalitätsverhältnis stehen wie ihre Verbrauchsstreuungen. Die Berechnung der gesamten Kosten einer Periode bestehend aus Rüst- und Lagerbestandskosten sowie der Liefertreue kann somit auf die beiden

Entscheidungsvariablen   Zykluszeit   und   Proportionalitätsfaktor
zurückgeführt werden.

Unter Berücksichtigung der Mittelwerte und Streuungen der Nachfrage,
Rüst- und Bearbeitungszeiten können die Periodenkosten bestehend aus
Lagerbestands- und Rüstkosten sowie die Liefertreue berechnet werden,
siehe Jodlbauer (2008d). Da ein relativ hoher mathematischer Aufwand
damit verbunden ist, beschränken wir uns in diesem Buch auf die grafische
Illustration der Ergebnisse.

In nachstehender Abbildung ist der typische Zusammenhang zwischen
Zykluszeit, gesamten Kosten bestehend aus Rüst- und Lagerbestandskosten
sowie Liefertreue dargestellt.

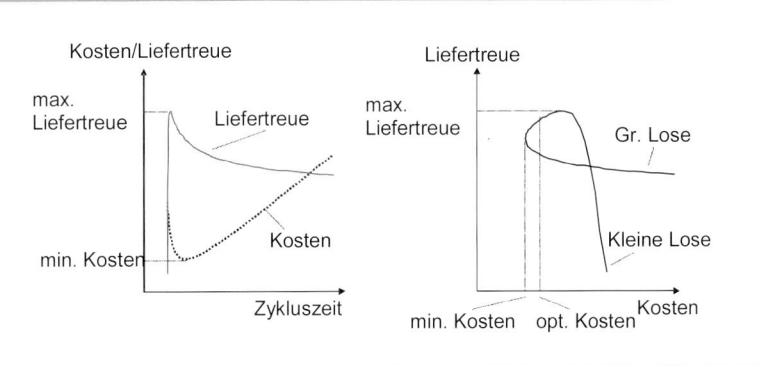

Abb. 16.1. Zusammenhang zwischen Zykluszeit, Rüst- und Lagerbestandskosten sowie Liefertreue

Der Kostenverlauf in Abhängigkeit der Zykluszeit ist vergleichbar mit
dem Kostenverlauf des EOQ Modells. Zu lange Zykluszeiten führen zu sehr
hohen Lagerbestandskosten und sehr kurze Rüstzeiten zu hohen Rüstkosten
pro Periode. Die Liefertreue in Abhängigkeit der Zykluszeit verhält sich
genau umgekehrt. Für sehr kurze Losreichweiten (Zykluszeit) ist eine
schlechte Liefertreue gegeben, da zu viel Zeit für Rüsten aufgebracht
werden muss und somit zu wenig Kapazität für Gutausbringung zur
Verfügung steht. Dieser Aspekt ist vor allem bei Engpässen zu
berücksichtigen. Für sehr lange Zykluszeiten ist ebenfalls eine schlechte
Liefertreue gegeben. Grund dafür ist, dass zu lange an einem Produkt
gefertigt wird, obwohl bereits ein anderes Produkt dringend benötigt würde.
Interessant ist, dass eine geringfügige Abweichung von der Zykluszeit, die

zur maximalen Liefertreue führt, eine erhebliche Reduktion der Liefertreue nach sich zieht.

Im rechten Bild werden die gesamten Kosten in der horizontalen Achse und die Liefertreue in der vertikalen Achse dargestellt. Es entsteht eine „Masche", welche über die Erhöhung der Zykluszeit bzw. der Losgrößen durchlaufen wird. Für sehr kleine Lose sind die Kosten hoch (wegen Rüstkosten) und die Liefertreue (wegen zu wenig Kapazität für Gutausbringung) schlecht. Bei Erhöhung der Losreichweite werden die Kosten reduziert, und die Liefertreue verbessert, bis die maximale Liefertreue erreicht wird. Bei einer weiteren Erhöhung der Losreichweite verschlechtert sich die Liefertreue und die Kosten sinken weiter, bis die minimalen Kosten erreicht werden. Eine weitere Erhöhung der Losreichweiten führt zu einer Kostenerhöhung (wegen Lagerbestand) sowie Verschlechterung der Liefertreue (weil die Kapazität wird für das falsche Produkt genutzt wird). Da sowohl die Kosten gering und die Liefertreue hoch sein sollen, ist eine Zykluszeit ausschließlich zwischen den Zykluszeiten, welche zur maximalen Liefertreue bzw. zu den geringsten Kosten führt, sinnvoll.

In Jodlbauer (2008d) wird aufgezeigt, dass durch

- ❑   Reduktion der Produkt Varianten
- ❑   Reduktion der Bedarfsschwankungen und
- ❑   Reduktion der Schwankung der Bearbeitungs- sowie Rüstzeiten

die maximal erreichbare Liefertreue wesentlich erhöht („Masche" wird nach oben verschoben) wird. Weiters führt

- ❑   eine Reduktion der Produkt Varianten und
- ❑   eine Reduktion der Bedarfsschwankungen und
- ❑   eine Reduktion der mittleren Bearbeitungs- sowie Rüstzeiten

zu einer maßgeblichen Verkleinerung der minimal erreichbaren Kosten („Masche" wird nach links verschoben).

17 Newsboy Lagermodell

Das Newsboy Lagermodell betrachtet die Situation, dass für ein Produkt nur in einem bestimmten Zeitfenster eine stochastische Nachfrage besteht. Kann die Nachfrage nicht befriedigt werden, werden kalkulatorische Strafkosten für den entgangenen Umsatz (engl. *lost sales*) angesetzt. Können Produkte nicht verkauft werden, fallen für den Obsoletbestand Kosten für Entsorgung, Beseitigung oder Lagerung an. Typische Anwendungen des Newsboy Modells sind Tageszeitungen, Produkte, die eng mit einem Ereignis wie Weihnachten, Neujahr oder Ostern in Bezug stehen oder auch verderbliche Lebensmittel. Ziel des Newsboy Modells ist die Bestimmung der einmaligen Losgröße, welche zu den geringsten erwarteten Gesamtkosten bestehend aus Strafkosten für entgangenen Umsatz und Restkosten führt. Eine Fehlmenge und damit lost sales fällt an, wenn die Nachfrage höher ist als die produzierte Menge. Umgekehrt ist ein Obsoletbestand gegeben, wenn die Nachfrage geringer ist als die aufgelegte Losgröße.

$$E(\,Fehlmenge\,) = \int_{0}^{\infty} f(\,x\,)\,max(\,x - Q, 0\,)dx = \int_{Q}^{\infty} f(\,x\,)(\,x - Q\,)dx$$

$$E(\,Obsoletmenge\,) = \int_{0}^{\infty} f(\,x\,)\,max(\,Q - x, 0\,)dx = \int_{0}^{Q} f(\,x\,)(\,Q - x\,)dx$$

(17.1)

$E()$ ... Erwartungswert

x ... Nachfrage (Zufallsvariable)

Q ... einmalige Losgröße

$f(\,x\,)$ ... Verteilungsdichte der Nachfrage

Die im Mittel zu erwartende Fehlmenge ist über alle Nachfragewerte, die höher sind als die Losgröße, jeweils über die Verteilungsdichte gewichtet zu berechnen. Analog erhält man den Erwartungswert der Obsoletmenge. Die zu minimierenden Kosten ergeben sich durch:

$$c(Q) = c_F \int\limits_{Q}^{\infty} f(x)(x-Q)dx + c_O \int\limits_{0}^{Q} f(x)(Q-x)dx$$

$c(Q)$ …Erwartungswert der Summe der Fehlmengen-
        und Obsoletkosten

c_F …Fehlmengenkostensatz

c_O …Obsoletmengenkostensatz

(17.2)

Für den Strafkostensatz für den entgangenen Umsatz (Fehlmengenkostensatz) kann der Verkaufspreis abzüglich den Herstell-kosten angesetzt werden. Der Obsoletkostensatz ist durch Herstellkosten zuzüglich eventuell anfallender Entsorgungskosten abzüglich eines eventuell erzielbaren Verwertungserlöses gegeben. Durch Differenzieren der Kostenfunktion nach der gesuchten optimalen Losgröße, Nullsetzen und Anwendung der Leibniz Regel folgt die Formel für die optimale einmalige Losgröße des Newboymodells.

$$c'(Q) = c_F \int\limits_{Q}^{\infty} f(x)(x-Q)dx + c_O \int\limits_{0}^{Q} f(x)(Q-x)dx =$$

$$-c_F \int\limits_{Q}^{\infty} f(x)dx + c_O \int\limits_{0}^{Q} f(x)dx =$$

$$= -c_F \left(1 - F(Q)\right) + c_O F(Q) = 0$$

$$\Rightarrow$$

$$F(Q)\left(c_F + c_O\right) = c_F$$

$$\Rightarrow$$

$$Q = F^{-1}\left(\frac{c_F}{c_F + c_O}\right)$$

(17.3)

Q …optimale Losgröße

c_F …Fehlmengenkostensatz

c_O …Obsoletmengenkostensatz

F   …Verteilungsfunktion der Nachfrage

Die optimale Losgröße wächst entsprechend der Quantilfunktion mit steigendem Fehlkostensatz bzw. mit sinkendem Obsoletkostensatz. Bei symmetrisch verteilter Nachfrage und gleich hohen Kostensätzen für

Obsolet- sowie Fehlmenge ist die optimale Losgröße durch die mittlere Nachfrage gegeben.

18   Bedeutung der Losgröße

In diesem Abschnitt wird auf die Bedeutung und Wirkung von Losgrößen in der Produktion hingewiesen.

Größere Losgrößen bewirken höhere Lagerbestände, längere Durchlaufzeiten und geringere Rüstkosten. Die Auswirkung auf die Liefertreue bzw. Termineinhaltung ist etwas komplizierter. Ein zu großes Los kann zu einem Terminproblem führen, wenn die Kapazität für oder zu mindestens teilweise für einen Lagerauftrag genützt wird und gleichzeitig ein dringender Kundenauftrag nicht gefertigt werden kann. Wir betrachten dazu folgendes Beispiel.

Beispiel 18.1 (Auswirkung der Losgröße auf Liefertreue)

Wir betrachten eine Maschine, an der die zwei Produkte A und B gefertigt werden. Der Lagerbestand zu Beginn ist null, Rüstzeiten fallen keine an, und für jedes Produkt benötigt man einen Tag, um ein Stück fertigen zu können. Die Verbrauchsmengen sind wie folgt gegeben:

Tabelle 18.1. Verbrauchsmengen der beiden Produkte A und B in der nächsten Woche

	MO	DI	MI	DO	FR	SA
A	0	1	0	1	0	1
B	0	1	0	1	0	1

Bestimmen Sie den Lagerbestand und die Liefertreue für beide Produkte A und B, falls im Fall 1 beide Produkte in der Losgröße 1 und im Fall 2 beide Produkte in der Losgröße 2 gefertigt werden. Sie können dazu annehmen, dass am Montag A produziert wird und dann abwechselnd.

Fall 1: Produkt A wird am Montag, Mittwoch und Freitag gefertigt und liegt jeweils einen Tag auf Lager. Produkt B wird am Dienstag, Donnerstag und Samstag gefertigt und wird anschließend sofort verbraucht. Der durchschnittliche Lagerbestand ist demnach 0,5 Stück von A und 0 Stück von B. Da kein Terminproblem auftritt, ist die Liefertreue 100%.

Fall 2: Produkt A wird in Losgröße 2 Montag bis Dienstag und Freitag bis Samstag gefertigt. Das am ersten Tag gefertigte Produkt liegt einen Tag auf Lager, das am zweiten Tag gefertigte Teil liegt zwei Tage auf Lager. Der Lagerbestand des Produktes A ist sowohl an den Tagen Montag, Dienstag, Mittwoch wie auch Freitag und Samstag eins, ansonsten (Donnerstag) null. Produkt B kann das erste Mal erst Mittwoch bis Donnerstag produziert werden. Das bereits am Dienstag erforderliche Teil kann erst am Mittwoch geliefert werden. Der Bedarf an Produkt B für Samstag kann auch nicht gedeckt werden. Produkt B kann also zweimal nicht zum geplanten Termin geliefert werden. In Summe resultiert ein durchschnittlicher Bestand von 0,8666 Stück von A (höher als im Fall 1) und 0 Stück von B und eine Liefertreue von 66,66% (wesentlich schlechter als im Fall 1).   □

Bei Ressourcen mit vernachlässigbarem Rüstaufwand und bei Nicht-engpassressourcen, die dem Engpass nachgeordnet sind, sollte man versuchen, Produktionslosgrößen gleich den Kundenauftragslosgrößen zu gestalten. Bei Engpässen mit relevanten Rüstzeiten ist bei der Bildung der Losgröße zu beachten, dass die erforderlichen Ausbringungsmengen geleistet werden können. Bei Maschinen, die vor dem Engpass liegen, sollte die gleiche Losgrößenpolitik wie beim Engpass appliziert werden.

Eine wichtige Voraussetzung um Losgrößen reduzieren zu können, ist, dass vorher die Rüstzeiten, genauer gesagt, die Hauptrüstzeiten (führen zu einer Unterbrechung der Fertigung), verkürzt werden. Wenn die Hauptrüstzeiten um einen Faktor α gekürzt werden, können bei Beibehaltung der Ausbringungsmengen die Losgrößen ebenfalls um den Faktor α verkleinert werden (bei gleichzeitiger Erhöhung der Anzahl der Lose um den Faktor $1/\alpha$). Wir diskutieren nun zwei Fälle, bei denen die Losgröße weniger reduziert wird, um die Ausbringungsmengen zu steigern. Im ersten Fall nutzen wir die Eigenschaft des EOQ-Modells, die besagt, dass sich die optimale Losgröße mit der Wurzel des Rüstaufwandes ändert. Wir betrachten dazu folgende Ausgangssituation:

$$n(px + r) = \eta$$

η …Gesamtlast Ausgangssystem

nx …Gesamte Ausbringungsmenge Ausgangssystem

n …Anzahl der Lose   (18.1)

p …Bearbeitungszeit pro Stück

x …Losgröße

r …Rüstzeit pro Rüstung

Wir nehmen im ersten Fall eine Reduktion der Rüstzeit um einen Faktor α und gleichzeitig eine Reduktion der Losgröße um $\sqrt{\alpha}$ an. Die Reduktion der Losgröße um den Faktor $\sqrt{\alpha}$ ist sinnvoll, falls vorher bereits eine optimale Losgröße umgesetzt war und die prozentuelle Kostenreduktion mit der prozentuellen Zeitreduktion gleichzusetzen ist. Für die Ausbringungsmenge unter Berücksichtigung, dass die zur Verfügung stehende Kapazität gleich bleibt, ergibt sich nun folgender Faktor:

$$\beta n\left(p\sqrt{\alpha}x + \alpha r\right) = \eta$$

η …Gesamtlast System mit reduzierten
                            Rüstzeiten und reduzierter Losgröße

$\beta\sqrt{\alpha}nx$ …Gesamte Ausbringungsmenge im System
                            mit reduzierten Rüstzeiten und   (18.2)
                            reduzierter Losgröße

$\beta\sqrt{\alpha} = \dfrac{px + r}{px + \sqrt{\alpha}r}$ …Faktor für Erhöhung Ausbringungsmenge

α …Faktor für Reduktion Rüstzeit

β …Faktor für Erhöhung Anzahl der Lose

Im zweiten Fall nehmen wir an, dass zwar die Rüstzeiten reduziert werden, aber die Losgrößen nicht geändert werden. Für die mögliche Erhöhung der Ausbringungsmenge bei gleich bleibender verfügbarer Kapazität ergibt sich:

$$\beta n\left(px+\alpha r\right)=\eta$$

η …Gesamtlast System mit reduzierten

      Rüstzeiten und gleicher Losgröße

βnx …Gesamte Ausbringungsmenge im System

      mit reduzierten Rüstzeiten und reduzierter (18.3)

      Losgröße

$\beta=\dfrac{px+r}{px+\alpha r}$ …Faktor für Erhöhung Ausbringungsmenge

α …Faktor für Reduktion Rüstzeit

Die nächste Grafik visualisiert den Zusammenhang zwischen Rüstzeit-reduktion und möglicher Erhöhung der Ausbringungsmenge.

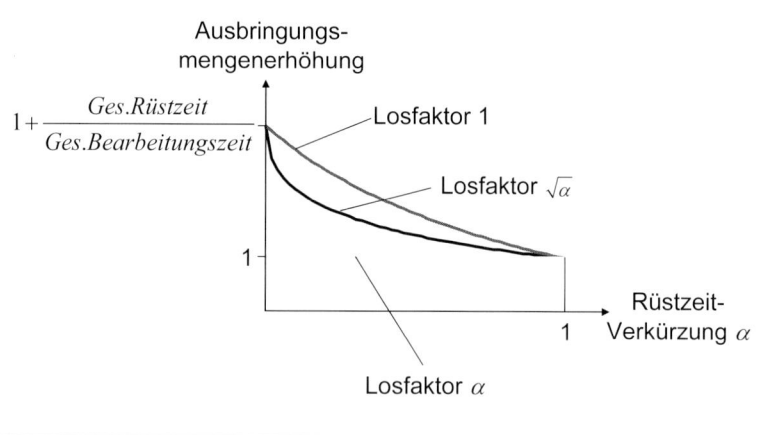

Abb. 18.1. Zusammenhang Rüstzeitreduktion und Erhöhung
Ausbringungsmenge

Die konstante Linie in obiger Grafik entspricht dem Fall (Losfaktor α),
dass die Losgröße analog der Rüstzeitverkürzung (bei gleichzeitiger
Erhöhung der Anzahl der Lose um $1/\alpha$) reduziert wird – in diesem Fall ist
die resultierende Ausbringungsmenge gleich bleibend. Im Fall Losfaktor
$\sqrt{\alpha}$ (siehe Fall eins von oben) kann die Ausbringungsmenge leicht
gesteigert werden, wenn die Rüstzeit gekürzt wird. Ändert man die
Losgröße (Losfaktor 1) nicht, wirkt sich eine Reduktion der Rüstzeit stärker

auf die Erhöhung der Ausbringungsmenge aus. Bei Eliminierung der Rüstzeit kann in beiden Fällen die gleiche Erhöhung der Ausbringungsmengen erreicht werden.

Beispiel 18.2 (Auswirkung der Rüstzeitreduktion auf die Ausbringungsmenge)

Wir betrachten ein Unternehmen, das in Summe 1000 Minuten pro Tag durchschnittlich fertigt und 200 Minuten durchschnittlich rüstet. Die verwendeten Losgrößen sind kostenoptimal. Die Ausbringungsmengen sollen um 5% gesteigert werden. Um wie viel muss die Rüstzeit reduziert werden, damit bei Beibehaltung der Kostenoptimalität der Losgrößenpolitik die geforderte Steigerung der Ausbringungsmenge erreicht werden kann?

Wegen

$$1,05 = \frac{1000+200}{1000+\sqrt{\alpha}\,200}$$
$$\Rightarrow$$
$$\alpha = 0,51$$
(18.4)

muss die Rüstzeit ca. halbiert werden.   □

Eine weitere wichtige Methode zur Reduktion der Umlauflagerbestände und der Produktionsdurchlaufzeit bei gleichzeitiger positiver Beeinflussung der Liefertreue und Ausbringungsmenge ist die überlappende Fertigung. Die Idee der überlappenden Fertigung ist, dass die innerbetrieblichen Transportlosgrößen kleiner sind als die Produktionslosgrößen. Nachgelagerte Fertigungsschritte können also bereits begonnen werden, wenn der vorhergehende Fertigungsschritt noch nicht abgeschlossen ist.

19 Lagersystem

In der Regel können merkliche Verbesserungen durch Änderung des gesamten Systems erreicht werden. Bestellpolitiken, Sicherheitsbestände und Losgrößenregel versuchen unter gegebenen Rahmenbedingungen Kosten zu minieren sowie Liefertreue bzw. Lieferfähigkeit zu verbessern. Änderungen des Lagerstufenkonzeptes, Entscheidungen über zentrale oder dezentrale Lagerhaltung sind Systemänderungen, die zwar aufwendiger in der Umsetzung sind aber dafür auch ein größeres Verbesserungspotential in sich bergen. Im Kapitel *Monitoring, Analyse und Bewertung* werden im Detail Methoden diskutiert, die für die Gestaltung eines Lagersystems wichtige Entscheidungsgrundlagen darstellen. Bei der Auslegung eines Lagersystems sollten folgende Gestaltungsprinzipien berücksichtig werden:

❑ Materialien mit hohem Bedarf möglichst nahe bei der Verbrauchsstelle bzw. im Lager möglichst mit geringem Aufwand erreichbar lagern

❑ Geringwertige Teile möglichst direkt bei der Verbrauchsstelle lagern (ohne Zwischenlager zu führen)

❑ Ersatzteile mit kurzen geforderten Lieferzeiten möglichst nahe dem Kunden bzw. der Verbrauchsstelle lagern

❑ Möglichst wenig beplante Lagerstufen bei Rückwärtsterminisierung (siehe dazu auch Abschnitt *MRP*)

❑ Zentrale Lagerhaltung für hochwertige Materialien, stark schwankendem Bedarf oder langen akzeptierten Lieferzeiten seitens des Verbrauchers bzw. Kunden

❑ Dezentrale Lagerhaltung für geringwertige Materalen, gut vorhersagbarer Bedarf oder kurzen geforderten Lieferzeiten seitens des Verbrauchers bzw. Kunden

IV Planen und Steuern

20 Grundlagen

20.1 Entitäten

Die Planung und Steuerung der Produktion bezieht sich auf die **Entitäten**

- Materialien
- Betriebsstoffe
- Anlagen
- Werkzeuge und
- Menschen

Die zu beplanenden Entitäten sind durch unterschiedliche Eigenschaften charakterisiert. Unter **Materialien** werden alle Produkte, End-, Zwischen- und Beschaffungsprodukte verstanden. Materialen werden grundsätzlich entlang der Wertschöpfungskette „veredelt". Sowohl Materialien als auch **Betriebsstoffe** werden verbraucht und können in einem Lager gespeichert werden. **Anlagen** im Gegensatz werden nicht verbraucht sondern genutzt und deren ungenutzte Kapazität kann nicht zu einem späteren Zeitpunkt genutzt werden, d.h., es ist keine Speicherung der Anlagenkapazität möglich. Anlagen müssen durch Rüsten häufig auf die Produktion eines bestimmten Produktes vorbereitet werden. Bei diesen Rüstvorgängen werden produktspezifische **Werkzeuge** an der Anlage aktiviert. Werkzeuge unterliegen einem Ortswechsel und einer Abnützung. Maschinen wie auch Werkzeuge müssen gereinigt, gewartet und in Stand gesetzt werden. Der **Mensch** ist zugleich die flexibelste aber auch die sensibelste Entität. Durch eine breite Mitarbeiterqualifikation kann ein vielfältiger Einsatz gewährleistet werden. Durch menschliche Einflüsse wie Gemütszustand oder Krankheit kann die erbrachte Leistung des Faktors Mensch stark schwanken.

Zur Reduktion der Komplexität werden Materialien, Anlagen, Werkzeuge usw. für bestimmte Planungsaufgaben in Planungsgruppen zusammengefasst (Aggregation) und dann in folgenden detaillierten Planungen disaggregiert.

20.2 Rahmenbedingungen

Die Planung und Steuerung der Produktion wird durch viele Rahmenbedingungen, externen wie auch betriebsinternen, beeinflusst. Die wesentlichen sind:

❑   Marktanforderungen

❑   Technologische Rahmenbedingungen

❑   Organisatorische Rahmenbedingungen

❑   Juristische Rahmenbedingungen

❑   Beschaffungsmarkt

❑   Arbeitsmarkt

Marktanforderungen drücken sich in geforderter Liefertreue bzw. Lieferfähigkeit, Lieferzeiten, Qualität, Flexibilität in Bezug auf Produktmix, Bestelländerung (Spezifikationen werden vom Kunden geändert bzw. nachträglich gestellt), neuen Produkten und Ausbringungsmengen aus. Zusätzlich können über den Vertrieb und durch Einsatz von Marketingmaßnahmen die Absatzmengen, die Schwankungen der Absatzmengen und des Produktmixes gestaltet werden. Eine Glättung des Absatzes durch Marketinginstrumente kann die Planung der Produktion erleichtern und wesentlich zur Verbesserung der logistischen Kennzahlen beitragen.

Die **technologischen Rahmenbedingungen** beziehen sich schwerpunktmäßig auf die Produkte und Fertigungsprozesse und hängen wesentlich von den angestrebten Ausbringungsmengen (Einzel-, Serien- oder Massenfertigung) ab. Konkrete Beschreibungsmittel sind z.B. Stücklisten, Rezepturen, Arbeitspläne, Prüfpläne usw. Technologische Rahmenbedingungen werden durch Kennzahlen wie Bearbeitungszeit, Rüstzeit, Fertigungsgenauigkeit, Lagerkapazität, Transportkapazität usw. beschrieben.

Organisatorische Rahmenbedingungen adressieren die Auf- und Ablauforganisation. Der angestrebte Markt, die Produktstruktur und die strategischen Vorgaben des Unternehmens beeinflussen wesentlich die organisatorischen Rahmenbedingungen.

Juristische Rahmenbedingungen wirken sich vor allem auf die Entität Mensch aus, denken Sie nur an Arbeitszeitgesetz und Kollektivverträge. Aber auch die Verwendung von Anlagen, Materialen und Betriebsstoffen kann durch rechtliche Vorgaben eingeschränkt werden.

Der **Beschaffungsmarkt** und die Beschaffungsabteilung beeinflussen die Verfügbarkeit und die Qualität der Zukaufteile und der Betriebsstoffe.

Der **Arbeitsmarkt** beeinflusst die Personalkosten, Personalverfügbarkeit sowie die Qualität der Mitarbeiter.

Für alle Rahmenbedingungen gilt, dass sie grundsätzlich, auch wenn manchmal sehr schwer, aufwändig oder langsam gestaltet und verbessert werden können. Zusätzlich ist festzustellen, dass die Hauptverantwortung für die Gestaltung der Rahmenbedingungen häufig nicht in der Produktion liegt und dass eine Verbesserung der Rahmenbedingungen nicht automatisch zu einer Verbesserung in der Produktion führt. Vielmehr müssen erstens von der Produktion die Verbesserungen der Rahmenbedingungen eingefordert werden und zweitens die Produktion derart geändert werden, dass sie die neu geschaffenen Vorteile in den Rahmenbedingungen auch nutzen kann. So ist z.B. für ein KANBAN System eine Erhöhung des Bestands zu erwarten, wenn die Ausschussraten reduziert werden – erst durch Reduktion der KANBAN Karten kann der Lagerbestand reduziert werden.

20.3 Ziele

Wesentliches Thema in der Auslegung der Planung und Steuerung der Produktion ist die Zielsetzung. Die logistischen Grundgesetze und die damit einhergehende notwendige Positionierung zur Bewältigung der Zielkonflikte sind für die Zielsetzung zentral. Grundsätzlich hat die Produktion besonders die Planung und Steuerung zu gewährleisten, dass die vom Markt geforderten Produkte rechtzeitig in der geforderten Qualität und Quantität zu möglichst geringen Kosten fertig gestellt werden.

Im Wesentlichen beschreiben wenige Kennzahlen diese Forderungen.

- ❑ Hohe Liefertreue
- ❑ Hohe Lieferfähigkeit
- ❑ Kurze Lieferzeiten
- ❑ Kurze Durchlaufzeit
- ❑ Geringe Bestände
- ❑ Optimale Auslastung
- ❑ Geringe Abschreibung
- ❑ Hohe Flexibilität
- ❑ Hohes Qualitätsniveau
- ❑ (Ausreichende) Ausbringungsmenge an Gutteilen
- ❑ Geringe Lohnkosten und geringe Kosten für Zusatzkapazität

Die wichtigsten Marktforderungen sind durch hohe Liefertreue, kurze Lieferzeiten, hohe Flexibilität und hohes Qualitätsniveau abgebildet. Die Forderung nach möglichst geringen Kosten wird wesentlich durch optimale Auslastung, geringe Lagerbestände und geringe Kosten für Lohn und Zusatzkapazität umgesetzt. Weitere Kennzahlen können im Einzelfall von hoher Bedeutung sein. So kann in einer engpassgetriebenen Umgebung die Erhöhung der Ausbringungsmenge wesentliches Ziel sein. Wegen der logistischen Grundgesetze und der konfliktären Treiberwirkung auf den EVA können nicht alle produktionsrelevanten Kennzahlen für sich optimiert werden, deshalb ist ausgehend von der Strategie, den Marktanforderungen und den technologischen Rahmenbedingungen eine Positionierung unter Berücksichtigung der Wertschaffung vorzunehmen. So kann es z.B. für die Druckbranche wichtig sein, kurze Lieferzeiten über vorgehaltene freie Kapazitäten (d.h. geringe Auslastung) anzubieten. Und für die Prozessindustrie mit sehr hoher Anlagenintensität kann ein hoher Bestand akzeptiert werden, um einen hohen Anlagennutzungsgrad gewährleisten zu können. Ein weiteres Beispiel einer Positionierung ist: In einer sehr wettbewerbsintensiven Branche mit Variantenbildung kurz vor Auslieferung kann eine hohe Flexibilität in Bezug auf Zulassen von späten kundenseitigen Auftragsänderungen bezüglich Variantenbildung Wettbewerbsvorteile (Erhöhung Umsatzpotentiale, Bestandsreduktion) schaffen.

20.4 Einteilung

Planungs- und Steuerungssysteme können nach vielen Gesichtpunkten eingeteilt werden. Wir werden nur für das Weitere die wichtigsten Unterteilungskriterien darstellen:

- ❑ Zentral – dezentral
- ❑ Pull – push
- ❑ Verbrauchsgesteuert – programmgesteuert
- ❑ EDV-gestützt – manuell
- ❑ Langfristig – kurzfristig
- ❑ Hauptproduktgruppen – Einzelmaterial
- ❑ Maschinengruppe – Einzelmaschine

Eine **zentrale** Planung und Steuerung bedeutet, dass eine übergeordnete Stelle die Planung und Steuerung der Produktions-, Rüst-, Prüf- und Wartungsaufträge vornimmt. Diese Variante hat den Vorteil, dass das erforderliche Wissen und die notwendigen Tools zentral entwickelt werden können, aber den Nachteil, dass Erfahrung und Wissen der dezentralen Abteilungen, in denen die Aufträge verrichtet werden, kaum in die Planung und Steuerung eingehen können. **Dezentral** bedeutet in diesem Zusammenhang, dass dort, wo die Aufträge abgearbeitet werden, auch die Planung bzw. die Steuerung vorgenommen wird. Typischerweise wird z.B. der MRP Plan zentral und die Abarbeitungsregel dezentral umgesetzt.

Die Begriffe **pull** (ziehen) und **push** (drücken) werden sehr häufig verwendet, ohne dass eine klare Definition gegeben wäre. Eine Möglichkeit, diese Begriffe zu definieren ist: In einem Push-System werden Aufträge mit einem Planstarttermin an einem bestimmten Arbeitssystem eingeplant. Dahingegen werden in einem Pull-System die Aufträge durch den Verbrauch ausgelöst. Eine andere Möglichkeit der Begriffsbildung ist: In einem Push-System wird die Ausbringungsmenge geplant und der Bestand im besten Fall überwacht. In einem Pull-System wird eine Bestandsobergrenze durch das System sichergestellt und die Ausbringungsmenge beobachtet. Eine dritte, eher anschauliche Definition ist: In einem Pull-System wird das Material durch die Fertigung gezogen und bei einem Push-System gedrückt. MRP ist ein typisches Push-System und KANBAN ein typisches Pull-System.

Ein ähnliches Begriffspaar ist **verbrauchsgesteuert** versus **programm-gesteuert**. Verbrauchsgesteuert besagt, dass der Fertigungs- bzw. Beschaffungsauftrag durch den tatsächlichen Verbrauch bzw. durch den prognostizierten Verbrauch, in der Regel durch Unterschreiten eines vorher definierten Bestandsniveaus, ausgelöst wird. Programmgesteuert heißt, dass ausgehend von Kundenbestellungen oder einer Absatzvorschau Fertigungs- bzw. Bestellaufträge über die Stücklistenauflösung generiert werden. Beide Begriffe - bedarfsgesteuert und deterministisch - sind gleichbedeutend mit programmgesteuert. MRP ist ein programmgesteuertes Planungssystem, wohingegen die (S,q) Lagerpolitik oder KANBAN verbrauchsgesteuerte Systeme darstellt.

Einfache Planungen und Steuerungen können und sollten auch ohne **EDV-Unterstützung** vorgenommen werden. Hilfsmittel für die **manuelle** Planung können Plantafeln, Karten (KANBAN) oder Statusanzeigen sein. Komplexe und bereichsübergreifende Planungen können nur mit Hilfe von umfangreichen EDV-Modulen und ERP-Systemen durchgeführt werden. Bei EDV gestützten Planungssystemen ist zwischen Batchbetrieb (jede Nacht oder jedes Wochenende wird ein Planungslauf durchgeführt) und kontinuierlichem Betrieb (nach jeder Transaktion wird ein Planungslauf gestartet) des Planungssystems zu unterscheiden.

Ein wichtiges Kriterium ist die Zeitachse der Planung und Steuerung. Es ist hier zu unterscheiden, was der Planungshorizont (für welchen Zeitraum sollte die Planung bzw. Steuerung gemacht werden) und was die Zeitauflösung (in wie viele Zeitschritte wird der Planungshorizont unterteilt) ist, sowie, in welchem Zeitintervall die Planung (falls keine kontinuierliche Planung) im Sinne einer rollierenden Planung wiederholt wird. Für die Vertriebsplanung könnte ein Unternehmen einen Planungshorizont von einem Jahr (**langfristig**), eine Zeitauflösung von einem Monat und einen Planungsrhythmus von einem halben Jahr festlegen. Für die Planung der Produktionsaufträge könnte z.B. festgelegt sein, dass in jeder Nacht (**kurzfristig**) mit einem Planungshorizont von einer Woche in Stundenauflösung die Arbeitsaufträge an den einzelnen Maschinen eingeplant werden.

Eng mit Zeitauflösung hängt auch die Produktaggregation zusammen. Typischerweise werden langfristige Planungen für Produktgruppen oder Hauptproduktgruppen durchgeführt. Die Steuerung der einzelnen Arbeitsaufträge an den Maschinen muss hingegen konkret auf ein einzelnes Produkt hin ausgerichtet sein. Ähnlich wie bei den Materialien kann eine

Aggregation und Disaggregation bei Maschinen und Anlagen erfolgen. Hier kann die Skala von einem gesamten Produktionsstandort bis zur einzelnen Maschine gehen.

Ein wesentliches Kriterium in der Bildung geeigneter Produkt- und Maschinengruppen ist, sie so zu bilden, dass die langfristige Kapazitätsplanung auf hohem Aggregationsniveau sinnvoll und mit möglichst kleinen Planungsabweichungen vorgenommen werden kann.

20.5 Anforderungen an Planungs- und Steuerungssysteme

Planungs- und Steuerungssysteme sollen einfach, flexibel, transparent und überschaubar sein. Darüber hinaus sollte das Planungs- und Steuerungssystem das Erreichen der fixierten Ziele unterstützen. Für den richtigen und effizienten Einsatz des Systems sind das Verstehen der dahinter liegenden Methoden, die Kenntnis über das Zusammenwirken der einzelnen Parameter und Kennzahlen sowie die Nachvollziehbarkeit der Transaktionen und Planungsergebnisse von hoher Bedeutung.

Die Aktualität und Korrektheit der Stamm- wie auch Bewegungsdaten in einem ERP-System sind wichtig, damit mit Hilfe der richtigen und aktuellen Daten die Entscheidungen vorgenommen werden können. Daraus leitet sich einmal die Forderung ab, ständig die Stammdaten zu validieren und gegebenenfalls zu ändern, sowie zweitens, eine möglichst zeitaktuelle Rückmeldung der Bewegungsdaten vorzunehmen.

Drei zentrale, in der Praxis oft unterschätzte, Anforderungen an Planungs- und Steuerungssysteme werden wir zusätzlich herausheben:

❑   Hohe Robustheit

❑   Hohe Stabilität

❑   Hohe Antizipationsfähigkeit

Einflussgrößen wie Ausschussrate oder Rüstzeiten beschreiben die Umwelt und beeinflussen die erreichbaren Zielwerte der Kennzahlen wie Lagerbestand oder Liefertreue. Die Umwelt kann und soll aktiv gestaltet werden. Im Abschnitt *Komplexitätsreduktion* haben wir uns damit beschäftigt, die Umwelt möglichst positiv für die Produktion zu gestalten. Die Einstellgrößen, wie z.B. Losgröße, sind Entscheidungs-Parameter, die beim Customizen des Produktions- und Steuerungssystems zu fixieren sind. Da sich Systeme über die Zeit verändern, sind die Parameter laufend zu justieren. In Huber/Jodlbauer (2006) werden die vier Verfahren MRP, KANBAN, DBR und CONWIP in Bezug auf Stabilität und Robustheit verglichen.

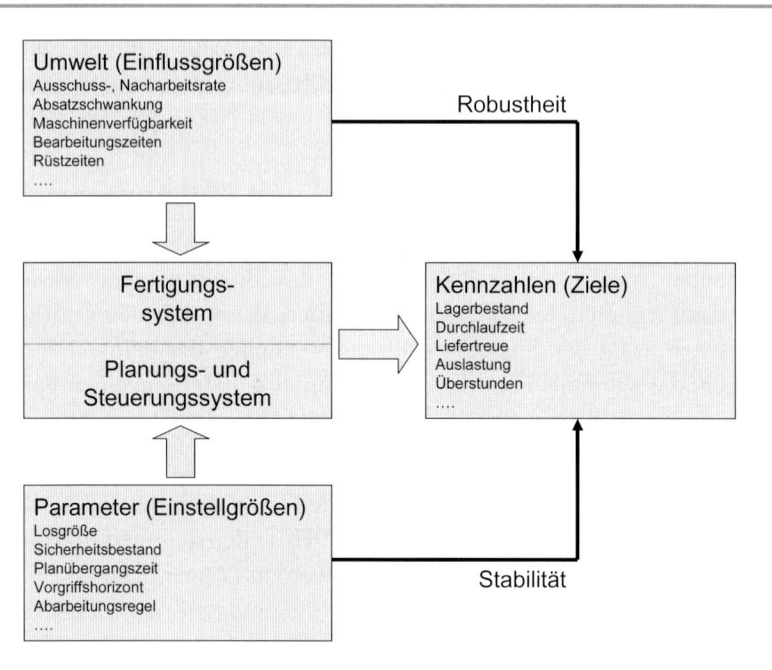

Abb. 20.1. Robustheit und Stabilität

Unter Robustheit verstehen wir den Grad der Änderung der Zielerreichung gemessen an Hand der produktionsrelevanten Kennzahlen wie Durchlaufzeit, Lagerbestand oder Liefertreue in Abhängigkeit der Umweltfaktoren wie Maschinenverfügbarkeit, Ausschuss- oder Nacharbeitsraten, Absatzschwankungen oder auch Bearbeitungs- sowie Rüstzeiten. Von hoher Robustheit wird gesprochen, wenn eine große Änderung der Umwelt nur eine kleine Auswirkung auf die produktionsrelevanten Kennzahlen hat. Ein robustes System hängt nur gering von der Umwelt ab, d.h. eine Verschlechterung der Umweltfaktoren wie auch eine Verbesserung der Umweltfaktoren haben kaum Einfluss auf die logistischen produktionsrelevanten Kennzahlen. Bei Systemen mit geringer Robustheit verursacht eine geringe Verschlechterung der Umweltfaktoren eine spürbare Verschlechterung der produktionsrelevanten Kennzahlen. Ein robustes

System kann leichter ausgelegt werden, weil keine genaue Kenntnis der Umgebung erforderlich ist.

Die Stabilität eines Systems beschreibt den Grad der Abhängigkeit der produktionsrelevanten Kennzahlen von den Einstellgrößen des Planungs- und Steuerungssystems wie z.B. der Losgröße, des Sicherheitsbestands oder der Planübergangszeit. Die Parameter bzw. Einstellgrößen, die überhaupt zur Verfügung stehen, hängen vom gewählten Planungs- und Steuerungsansatz ab. Hohe Stabilität liegt vor, wenn eine große Änderung der Parameter nur eine geringe Änderung der Kennzahlen hervorruft. Ein stabiles System ist leichter einzustellen, weil bereits eine ungenaue Bestimmung der Parameter zu guten Ergebnissen führt.

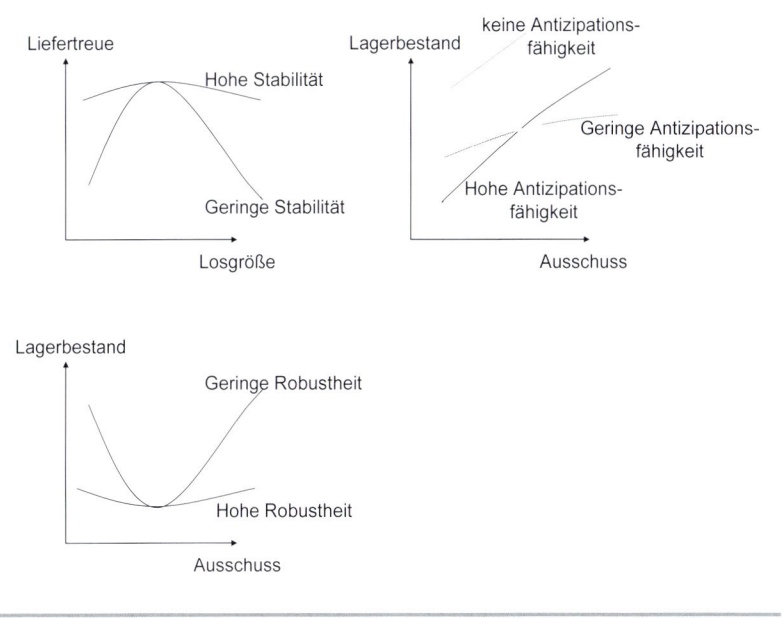

Abb. 20.2. Beispielhafte Visualisierung von hoher bzw. geringer Stabilität, Robustheit und Antizipationsfähigkeit

Unter einer hohen Antizipationsfähigkeit eines Produktions- und Steuerungssystems versteht man die Fähigkeit des Systems, dass bei Verbesserung bzw. Verschlechterung der Umwelt ohne Justierung der Einstellparameter eine Verbesserung bzw. Verschlechterung der Kennzahlen erfolgt. Liegt eine hohe Antizipationsfähigkeit des Systems vor, so führt eine Verbesserung der Umwelt (z.B. Senkung der Ausschussrate) automatisch zu einer Verbesserung aller Kennzahlen. Dahingegen bedeutet eine geringe Antizipationsfähigkeit, dass eine Verbesserung der Umwelt zu einem Nichtverbessern der Kennzahlen oder sogar zu einer Verschlechterung der Kennzahlen führt. So führt z.B. bei einem KANBAN gesteuerten System eine Reduktion der Ausschussrate zu einer Erhöhung des Bestandes – erst durch Reduktion der Anzahl der Karten (diese wird durch geringere Ausschussrate ermöglicht) wird der Lagerbestand reduziert.

Je flacher die Kennzahlkurve in Abhängigkeit der Einflussgröße bzw. der Einstellgröße ist, desto robuster bzw. stabiler ist das System. Dahingegen ist die Antizipationsfähigkeit umso größer, je steiler die monoton wachsende Kennzahlenkurve in Abhängigkeit der Einflussgröße ist. Falls die Kennzahlenkurve monoton fallend oder in einem bestimmten Bereich monoton fallend ist, ist keine Antizipationsfähigkeit gegeben.

21 Manufacturing Resource Planning (MRP II)

Manufacturing Resource Planning (MRP II) ist das wohl am weitesten verbreitete Planungssystem in der Produktion mit vielen Varianten und Ausprägungen. Die Planungsaufgaben werden dabei in drei große Bereiche gegliedert

- ❑ Langfristplanung
- ❑ Mittelfristplanung und
- ❑ Kurzfristplanung oder auch Feinplanung bzw. Steuerung

In der Langfristplanung werden auf hoch aggregiertem Zustand der Absatz und die Ressourcen für einen längeren Zeitraum, wie z.B. einem Jahr, geplant. Die Absatzplanung heißt auch Programmplanung. Die Programmplanung und auch die Ressourcenplanung sind wesentlicher Input für die jährliche Ergebnis- bzw. Finanzplanung.

In der Mittelfristplanung werden basierend auf der Langfristplanung, den vorhandenen Kundenaufträgen und eventuellen Planaufträgen, die Produktions- und Bestellaufträge unter Berücksichtigung der Kapazitäten generiert.

Die Feinplanung bzw. Kurzfristplanung bezieht sich konkret auf einen Teil, eine Maschine, ein Werkzeug, einen Mitarbeiter. Sie stellt sicher, dass der Mittelfristplan umgesetzt wird und reagiert auf Unwägbarkeiten sowie unvorhergesehene Störungen im System.

In Abb. 21.1. repräsentieren abgerundete Vierecke Datenstrukturen und Vierecke Aufgaben bzw. Module des MRP II Ansatzes. In der Absatzplanung wird langfristig der zukünftige Absatz für Produktgruppen geschätzt. Das Ergebnis der Absatzplanung heißt Absatzplan oder auch Absatzvorschau. Mit Hilfe der Programmplanung wird das langfristige Produktionsprogramm unter Berücksichtigung der Kapazitäten mit dem Ziel den Unternehmenswert zu steigern erstellt. Die Ressourcenplanung stellt langfristig die notwendigen Kapazitäten sicher. Das Ergebnis der Programmplanung ist das (langfristige) Produktionsprogramm. Die Langfristplanung wird auch Aggregierte Produktionsplanung, siehe Stevenson (2005), genannt.

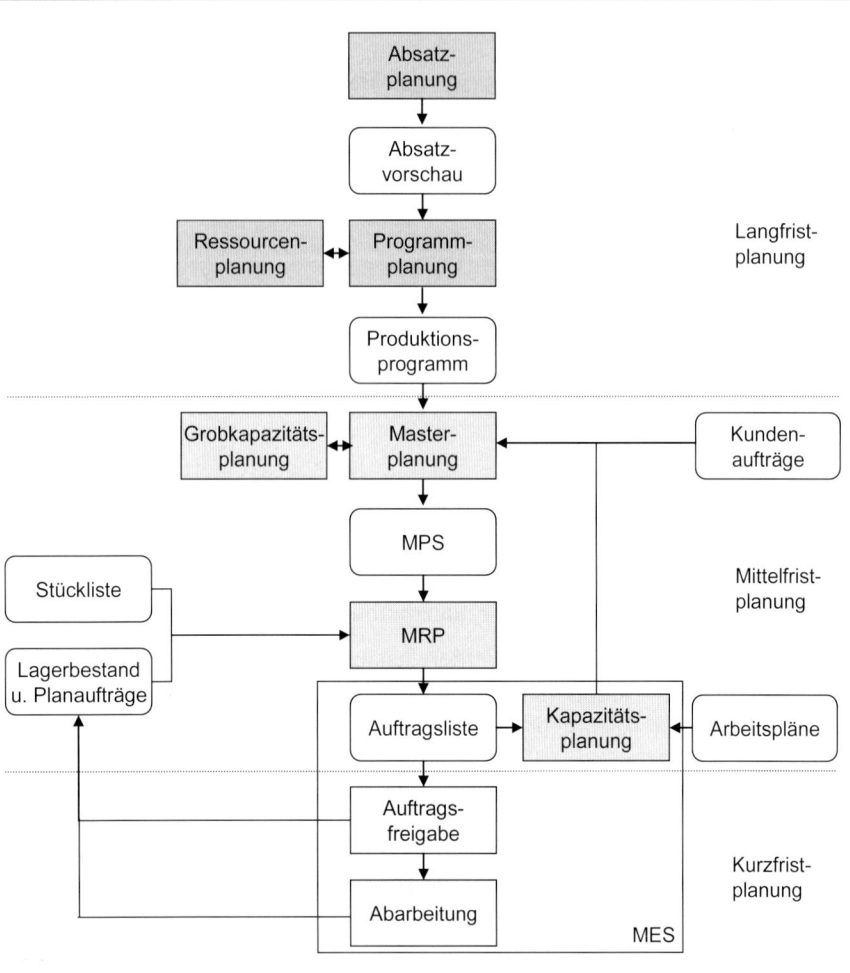

Abb. 21.1. Überblick MRP II (Module und wichtige Daten)

Im Zuge der Masterplanung wird auf Basis des Produktionsprogramms und der Kundenbestellungen der Master Production Schedule (MPS) oder auch Masterplan erstellt. Die Grobkapazitätsplanung sollte sicherstellen, dass die Kapazitäten für die Realisierung des Masterplanes ausreichen. Das zentrale Modul Material Requirement Planning (MRP) bestimmt für jedes Material, wann es in welcher Losgröße gefertigt werden soll. Das Ergebnis des MRP-Laufes ist die Auftragsliste. Die Kapazitätsplanung zeigt im Falle von temporären Kapazitätsengpässen die Notwendigkeit, mehr Kapazität zur Verfügung zu stellen, auf. Die Auftragsfreigabe stellt das Bindeglied zur Ausführung (Abarbeitung) dar.

Kurzfristige Planungs- und Steuerungsaufgaben wie auch Monitoring-funktionen werden unter dem Begriff Manufacturing Execution Systeme (MES) zusammengefasst.

In einem Unternehmen sind nicht immer alle Module des MRP II Konzeptes realisiert (z.B. verzichten einige Unternehmen auf die Grobkapazitätsplanung) bzw. können gewisse Module durch andere Konzepte ersetzt werden (z.B. können die Module MRP, Kapazitätsplanung und Auftragsfreigabe durch KANBAN ersetzt werden).

In Vollmann et al. (1997) oder auch Hopp/Spearman (1996) sind das MRP II Konzept und ihre gängigen Module dargestellt. Ein weiteres PPS-Modell, das dem MRP-Konzept angelehnt ist, ist das so genannte Aachener PPS-Modell, siehe z.B. Luczak/Eversheim (2001). In Jacobs/Weston (2007) ist ein guter historischer Überblick über die Entwicklung von Material Requirements Planning (MRP) über Manufacturing Resource Planning (MRP II) bis hin zu Enterprise Resource Planning (ERP) gegeben. Die einzelnen Module des MRP II Konzeptes werden in den nachfolgenden Abschnitten diskutiert.

21.1 Absatzvorschau

Die langfristige Absatzvorschau (auch Absatzplanung oder Forecast) ist Basis für den langfristigen Ressourcenbedarf und für das langfristige Produktionsprogramm. Die Absatzvorschau wird auch als Absatzvorhersage oder Absatzprognose bezeichnet. In der Regel ist die betrachtete Periode in der Größenordnung eines Jahres und die zeitliche Auflösung in Monaten gegeben. Ziel der Absatzvorschau ist, möglichst genau vorherzusagen, welche Absatzmengen in welcher Subperiode von welcher Produktgruppe erzielt werden. Grundsätzlich ist festzustellen, dass mit keiner mathematischen Methode, die die Werte der Vergangenheit extrapoliert, die Zukunft exakt vorhergesagt werden kann. Vielmehr ist es sinnvoll, die qualitativen Informationen über den Markt und den Kunden und auch Daten über die Konjunktur und andere Rahmenbedingungen, die den zukünftigen Absatz beeinflussen, zu analysieren und entsprechend bei der Erstellung der Absatzvorschau zu berücksichtigen. Sinnvollerweise wird unter Einbeziehung des Vertriebes, des Kundendienstes und des Marketings unter

Berücksichtigung qualitativer wie auch quantitativer Informationen und Verwendung von geeigneten Methoden die Absatzvorschau erstellt. Demnach unterteilt man die Methoden in quantitative, qualitative oder hybride Methoden. In Delurgio (1998) bzw. Günther/Tempelmeier (1995) sind zahlreiche Forecastprinzipien und deren Anwendungen dargestellt. Folgende Methoden werden wir in diesem Abschnitt präsentieren.

- ❑ Quantitativ
  - ➢ Gleitender Durchschnitt
  - ➢ Exponentielle Glättung
  - ➢ Approximation und Extrapolation
  - ➢ Kausalmethode
- ❑ Qualitativ
  - ➢ Datenaggregation
  - ➢ Marktforschung
  - ➢ Delphi Methode
- ❑ Hybrid
  - ➢ Qualitative Extrapolation
  - ➢ Extrapolation kombiniert mit Lebenszyklus

Die quantitativen Methoden gehen von vergangenheitsbezogenen Absatzzahlen aus und versuchen, diese in die Zukunft fortzuschreiben. Beim **gleitenden Durchschnitt** wird der zukünftige Wert aus dem arithmetischen Mittel der vergangenen Werte bestimmt.

$$P_t = \frac{1}{n} \sum_{i=1}^{n} a_{t-i}$$

(21.1)

P_t ... Vorschauwert zum Zeitpunkt t

a_t ... Realer Wert zum Zeitpunkt t

Bei der **exponentiellen Glättung** werden jüngere Werte höher gewichtet als ältere.

$$P_t = \alpha a_{t-1} + (1-\alpha) P_{t-1} = \sum_{i=1}^{t} \alpha (1-\alpha)^{i-1} a_{t-i}$$

P_t … Vorschauwert exponentieller Glättung zum Zeitpunkt t   (21.2)

a_t … Realer Wert zum Zeitpunkt t

α … Glättungsparameter $(\in [0,1])$

Der Glättungsparameter wird in der Regel zwischen 0 und 0,5 gewählt. Ein größerer Glättungsparameter bedeutet eine stärkere Berücksichtigung des letzten realen Wertes.

In Günther/Tempelmeier (2005) sind zusätzlich noch exponentielle Glättungsverfahren mit Berücksichtigung von Trend oder 2. Ordnung dargestellt. Besonders zu erwähnen ist das saisonale Vorhersagemodell basierend auf exponentieller Glättung nach Winter (1960).

Der gleitende Durchschnitt wie auch die exponentielle Glättung können nur für kurzfristige Vorhersagen genützt werden. Für die Absatzvorschau werden deshalb der gleitende Durchschnitt und auch die exponentielle Glättung für die Vorhersage des gesamten Jahresabsatzes basierend auf den letzten Jahresabsätzen benützt, ohne dabei auf die zeitliche Verteilung des Absatzes über die Monate des nächsten Jahres eine Aussage zu treffen.

Die Methode **Approximation** mit anschließender **Extrapolation** ist sowohl kurz- als auch langfristig anwendbar. Die Methode gliedert sich in die Schritte

❑   Auswahl geeigneter Ansatzfunktionen

❑   Approximation

❑   Extrapolation

Der erste Schritt, die Auswahl geeigneter Ansatzfunktionen, ist der schwierigste und entscheidendste. Die Ansatzfunktionen sollen nach Möglichkeit alle qualitativen Aspekte des Absatzverhaltens wie Trend, saisonale Schwankung oder Auslaufen des Produktes berücksichtigen können. Für eine bestimmte Produktgruppe sollten nur jene Anteile berücksichtigt werden, die tatsächlich wesentlich sind. Wenn z.B. keine saisonale Absatzschwankung der Produktgruppe vorliegt, sollte der saisonale Anteil auch nicht berücksichtigt werden. Folgende Grundansatzfunktionen stehen zur Auswahl.

$p(t) = d$ (konstanter Ansatz)

$p(t) = d + kt$ (linearer Ansatz, Ansatz mit Trend)

$$p(t) = d + A\cos\left(\frac{2\pi(t+\varphi)}{T}\right)$$ (saisonaler Ansatz)

(21.3)

d …konstanter Absatzanteil

k …Trend des Absatzes (Steigung der Ausgleichsgeraden)

A …Amplitude der saisonalen Schwankung

T …Dauer der saisonalen Schwankung

φ …Phasenverschiebung

Die nachstehenden Grafiken visualisieren die vier Basisfunktionen zur Absatzapproximation.

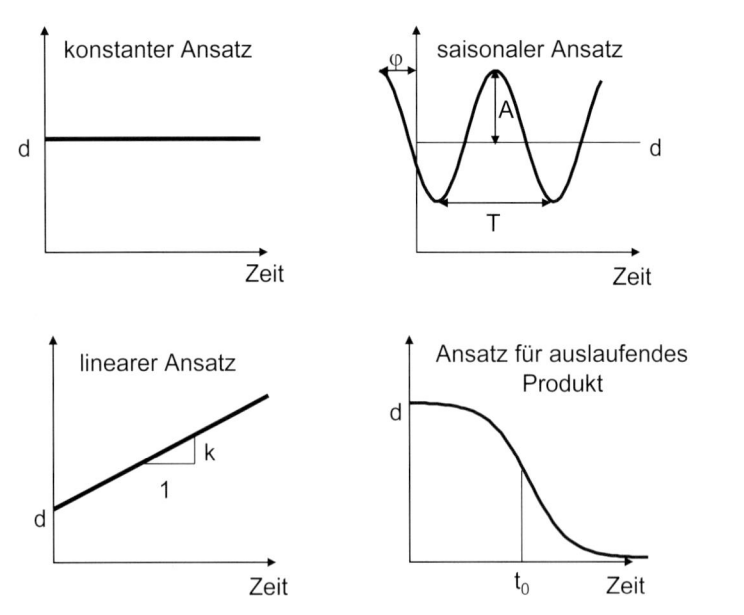

Abb. 21.2. Visualisierung der Basisfunktionen und deren Parameter für die Absatzapproximation

In Althaler/Jodlbauer (2002) wird ausführlicher ein saisonaler Ansatz und die Bestimmung der Parameter diskutiert.

Für ein auslaufendes Produkt könnte man folgenden Ansatz wählen:

$$p(t) = \frac{d}{1 + exp\big(v(t - t_0)\big)}$$

d …konstanter Absatzanteil (Absatz vor Auslauf)

t_0 …jener Zeitpunkt, an dem Absatz $\dfrac{d}{2}$ erwartet wird   (21.4)

v …Hinweis über die Geschwindigkeit des Auslaufes

Die Ansatzfunktionen sollen durch qualitative Überlegungen und Betrachten der vergangenen Absatzzahlen bestimmt werden.

Nach Fixierung der Ansatzfunktion werden vergangene Absatzzahlen durch einen least squares Ansatz approximiert. Bei diesem Ansatz werden die aufsummierten quadratischen Abweichungen zwischen den Absatzzahlen der Vergangenheit und der Ausgleichskurve minimiert.

$$\sum_{i=1}^{n} \big(p(t_i) - a_{t_i}\big)^2 \rightarrow Min$$

t_i … Vergangene Zeitpunkte, für welche der Absatz bekannt ist

a_{t_i} … Vergangener Absatz zum Zeitpunkt t_i (21.5)

$p(t_i)$ … Gewählte Ansatzfunktion, ausgewertet am Zeitpunkt t_i

n … Anzahl der vergangenen Zeitpunkte

Standardprogramme wie z.B. Excel können diese Berechnungen durchführen. Nach Bestimmung der Parameter der Ansatzfunktion kann die Extrapolation durchgeführt werden. Extrapolation heißt, dass die Ansatzfunktion für zukünftige Zeitwerte ausgewertet wird und diese Funktionswerte für die Absatzvorschau verwendet werden.

Beispiel 21.1 (Approximation-Extrapolation)

Für das letzte Jahr liegen für eine Produktgruppe folgende Absatzzahlen vor.

Tabelle 21.1. Vergangener Absatz des letzten Jahres Jänner – Juni

	Jänner	Februar	März	April	Mai	Juni
Absatz	85	88	104	102	97	110

Tabelle 21.2. Vergangener Absatz des letzten Jahres Juli - Dezember

	Juli	August	Sep.	Okt.	Nov.	Dez.
Absatz	97	98	90	96	93	107

Es soll mit Hilfe der Approximation-Extrapolationsmethode eine Absatzvorschau erstellt werden. In Abb. 21.3. sind die Absatzzahlen des abgelaufenen Geschäftsjahres als Punkte dargestellt. Die Approximation wurde mit drei Ansatzfunktionen durchgeführt: konstanter Ansatz, linearer Ansatz und saisonaler Ansatz.

$$p(t) = d \quad \text{(konstanter Ansatz)}$$

$$p(t) = d + kt \quad \text{(linearer Ansatz)}$$

$$p(t) = d + kt + A\cos\left(\frac{2\pi(t+\varphi)}{T}\right) \quad \text{(saisonaler Ansatz mit Trend)} \tag{21.6}$$

Der konstante Ansatz schreibt einfach den mittleren Absatz der Vergangenheit fort. Der lineare Ansatz hat bereits die Fähigkeit, den Trend darzustellen. Der saisonale Ansatz kann die Saisonalität berücksichtigen. Die nächste Grafik bzw. Tabelle visualisiert die Angabe und die Ergebnisse.

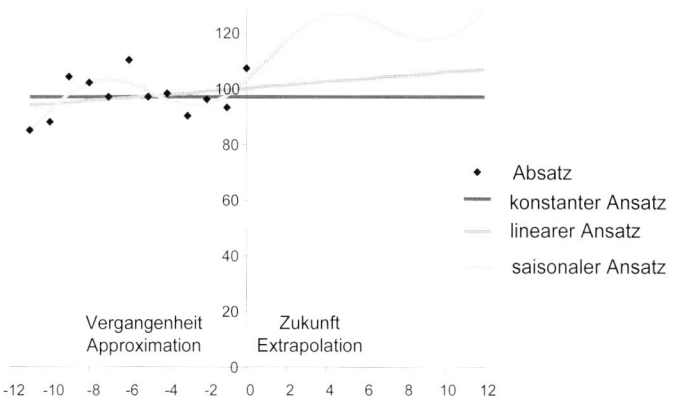

Abb. 21.3. Approximation und Extrapolation

Monat	Absatz	konstanter Ansatz	linearer Ansatz	saisonaler Ansatz	qualitative Extrapolation
-11	85	97	94	83	
-10	88	97	95	92	
-9	104	97	95	99	
-8	102	97	96	103	
-7	97	97	96	104	
-6	110	97	97	103	
-5	97	97	98	99	
-4	98	97	98	95	
-3	90	97	99	93	
-2	96	97	99	94	
-1	93	97	100	97	
0	107	97	100	104	
1		97	101	112	94
2		97	101	121	103
3		97	102	128	110
4		97	103	132	114
5		97	103	134	116
6		97	104	132	114
7		97	104	128	110
8		97	105	125	107
9		97	105	122	104
10		97	106	123	105
11		97	107	127	109
12		97	107	133	115

Abb. 21.4. Ergebnis der Approximation und Extrapolation

Beim linearen Ansatz erhält man für die Parameter

$$d = 100,34$$
$$k = 0,563$$

(21.7)

und beim saisonalen Ansatz sind die Parameter durch

$$d = 110,6$$
$$k = 2,43$$
$$A = 12,09$$
$$\varphi = 4,09$$

(21.8)

gegeben.   □

Die Idee der **Kausalmethode** ist, dass eine messbare Größe identifiziert wird, die den zukünftigen Absatz maßgeblich beeinflusst und eine gute Abschätzung dessen erlaubt. So führt z.B. sonniges Wetter zu einem hohen Eis- oder Getränkeverbrauch. Es existieren auch Frühindikatoren, die die Grundlage für Kausalmethoden bilden können. So ist bekannt, dass der LKW Absatz ein guter Indikator ist für die Konjunktur. Steigende LKW Verkaufszahlen bedeuten, dass eine optimistische Grundstimmung in der Wirtschaft gegeben ist und Geld für Investitionen zur Verfügung steht. Mit ein paar Monaten Verspätung wird sich dieser Wachstumsschub auf andere Wirtschaftsbereiche z.B Konsumgüter übertragen. Auch Prognosen jeglicher Art (Wetter, Arbeitslosenrate, …) können für eine Kausalmethode nützlich sein.

Im ersten Schritt ist über den Sachbezug oder statistischen Tests (siehe z.B. Bleymüller et al. 2004) abzusichern, dass ein kausaler Zusammenhang zwischen der messbaren und damit bekannten Größe (z.B Wetterbericht, der sonniges Wetter verspricht) und des vorherzusagenden Absatzes (z.B. Verkaufszahlen des nächsten Tages an Speiseeis) besteht. Nach Bestätigung des kausalen Zusammenhanges wird mit geeigneten Ansatzfunktionen eine Regressionsanalyse zur Approximation des funktionalen Zusammenhanges zwischen messbarer Größe und Absatz durchgeführt.

Beispiel 21.2 (Kausalmethode)

Abhängig von der mittleren Tagestemperatur ist aus dem letzten Sommer die verkaufte Menge an Speiseeis pro Tag bekannt.

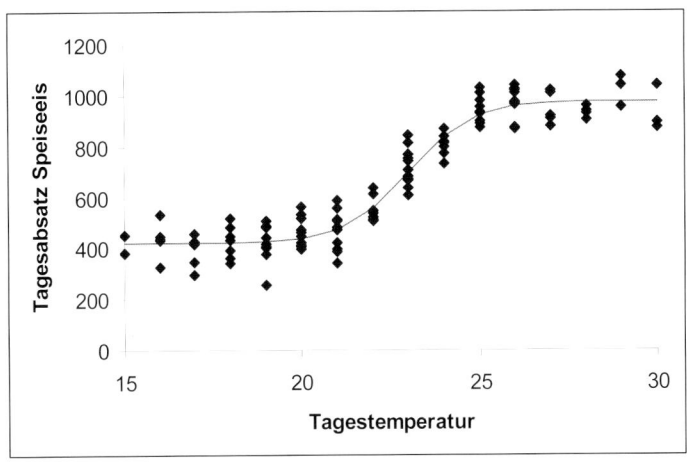

Abb. 21.5. Kausalmethode

Für die Approximation wurde eine Sättigungskurve der Gestalt

$$a(t) = s - \frac{b}{1 + e^{v(t - t_0)}}$$

$a(t)$ …Tagesabsatz in Abhängigkeit der Tagestemperatur

s …Sättigungswert

b …Bandbreite   (21.9)

v …Steigung

t_0 …Temperaturstelle, an welcher der mittlere

Absatz $s - \dfrac{b}{2}$ angenommen wird

verwendet. Für die Parameter sind nachfolgende Werte über die Regressionsanalyse (least squares-Ansatz) berechnet worden:

Tabelle 21.3. Parameter der Sättigungskurve für Approximation des Absatzes

s	b	v	t_0
974,91	555,28	1,13	22,99

Wie viel Eis wird morgen verkauft werden, wenn der Wetterbericht eine mittlere Tagestemperatur von 28° vorhersagt.

Zur Lösung der Aufgabe ist einfach die Funktion an der Stelle 28° auszuwerten.

$$a(28) = 974,91 - \frac{555,28}{1 + e^{1,13(28-22,99)}} = 973 \tag{21.10}$$

$a(t)$ ...Prognose des Tagesabsatzes, falls Tagestemperatur = 28°

Die **Datenaggregation** ist eine einfache, häufig angewandte und sehr mächtige Methode, die Absatzvorschau zu erstellen. Die Idee der Datenaggregation ist, aus der subjektiven Einschätzung von Experten, in der Regel Vertriebsmitarbeitern, den zukünftigen Absatz vorherzusagen. Folgende Schritte sind bei der Datenaggregation zu berücksichtigen.

❑ Erstellung des Erhebungsbogens

❑ Festlegung des Expertenkreises

❑ Expertenbefragung

❑ Zusammenführung der Daten

Der Erhebungsbogen sollte einfach und knapp formuliert sein. Typischerweise könnte der Erhebungsbogen pro Produktgruppe den Absatz in Monatsauflösung für das nächste Jahr beinhalten. Abhängig vom befragten Experten kann sich dieser geschätzte Absatz auf ein bestimmtes Absatzgebiet, eine bestimmte Kundengruppe oder einen bestimmten Vertriebsweg beziehen. Die befragten Experten sollen in Summe den gesamten Markt gut einschätzen können. In der Regel werden die Experten Vertriebsmitarbeiter oder Mitarbeiter von Kunden sein. In der Zusammenführung der Daten werden die einzelnen Schätzungen gemittelt, falls mehrere Experten für die gleiche Kundengruppe, das gleiche Absatzgebiet oder den gleichen Absatzweg eine Schätzung abgegeben haben, und anschließend über den gesamten Markt addiert. In dieser Zusammenführung der Schätzung können auch noch zusätzliche Kriterien wie Einschätzung der Konjunktur, Ergebnisse von Marktumfragen, politische Entwicklung von Absatzregionen oder geplante Marketingmaßnahmen über Gewichtungsfaktoren berücksichtigt werden.

Die **Marktforschung** versucht über Befragung von Marktteilnehmern die zukünftige Entwicklung des Marktes abzuschätzen. Für das umfangreiche Gebiet der Marktforschung sei auf die einschlägige Literatur, z.B. Berekoven et al. (2004), verwiesen. Für eingeführte Produktgruppen sollte man ohne Marktforschung einen Absatzplan erstellen können. Für neue Produkte bzw. wenn sich gravierende Änderungen des Marktes abzeichnen, ist eine Durchführung einer Marktforschung zu empfehlen.

Neben der Schätzung des zukünftigen Absatzes kann es sinnvoll sein, für die weiteren Planungsschritte eine untere und obere Absatzgrenze zu schätzen. Das kann in qualitativen Erhebungen einfach aufgenommen werden: Die untere Absatzgrenze kann über bereits eingegangene langfristige vertragliche Verpflichtungen und über strategische Überlegungen (Halten oder Erreichen eines gewissen Marktanteiles) definiert werden. Wohingegen die obere Absatzgrenze durch den maximal möglichen Absatz auf Grund der Marktgegebenheiten bestimmt werden kann.

Die **Delphimethode** führt strukturiert das Wissen von mehreren Experten durch einen Diskurs zusammen. Insbesondere wird bei der Delphi Methode versucht, den Einfluss der Persönlichkeit sowie der Reputation der beteiligten Experten auf das Ergebnis zu reduzieren. Eine detaillierte Darstellung und Diskussion der Delphi Methode ist in Linstone/Turoof (1975) gegeben. Die Delphi Methode wird in mehreren Iterationen durchgeführt. Zu Beginn wird ein Fragebogen erstellt und ausgewählten Experten zum Ausfüllen geschickt. Die Fragebogen werden ausgewertet und daraus erste Ergebnisse abgeleitet. In der nächsten Runde werden mit einem überarbeiteten Fragebogen, der insbesondere die Ergebnisse der Vorrunde enthält, erneut die Experten befragt. Dabei werden die Experten aufgefordert ihre eigene Meinung auf Grund der Ergebnisse der Vorrunde kritisch zu überdenken. Für die Absatzplanung könnten die ausgewählten Experten z.B. Vertriebsmitarbeiter und Marktexperten sein. Wenn nach mehreren Runden die erhaltenen Absatzprognosen wenig streuen, haben die Experten einen Konsens gefunden, wie sie die Marktentwicklung gemeinsam abschätzen.

Eine sehr mächtige Methode ist die Kombination der Approximation-Extrapolationsmethode mit qualitativen Überlegungen (**qualitativer Extrapolation**). So kann z.B. über Datenaggregation in Kombination mit Marktforschung die zukünftige Jahresabsatzmenge näherungsweise berechnet werden und aus dem Approximation-Extrapolationsansatz der saisonale Verlauf bestimmt werden. In Bezug auf die Parameter des saisonalen Ansatzes werden der Trend, die Amplitude wie auch die Phasenverschiebung durch Approximation determiniert. Der konstante Anteil d wird so bestimmt, dass die geforderte Jahresabsatzmenge erfüllt wird.

Beispiel 21.3 (qualitative Extrapolation)

In Fortsetzung zum Beispiel 21.1 hat die Marktforschung ergeben, dass die voraussichtliche Jahresabsatzmenge unter Berücksichtigung der geplanten Marketingmaßnahmen 1300 Einheiten sein wird. Erstellen Sie die Absatzvorschau.

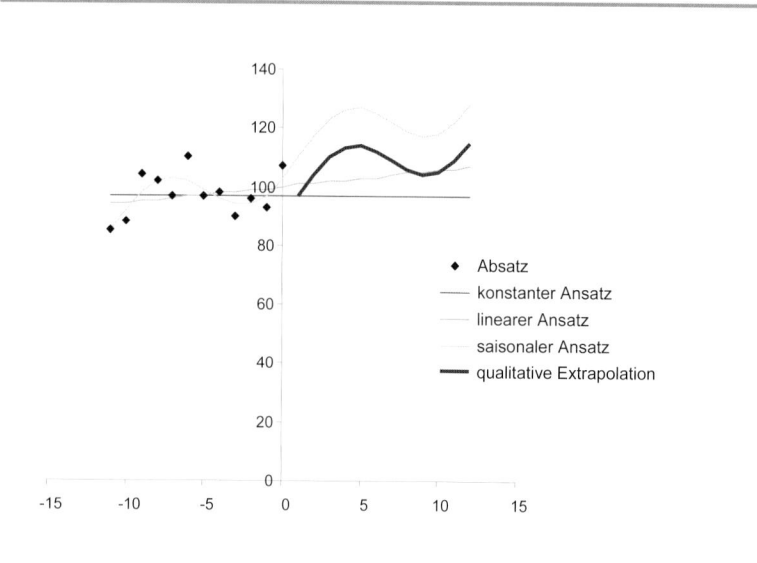

Abb. 21.6. qualitative Extrapolation

In Abb. 21.6. ist bereits das Ergebnis der qualitativen Extrapolation zahlenmäßig dargestellt.

Addiert man die geschätzten Absatzzahlen pro Monat im zukünftigen Jahr laut saisonalem Ansatz, erhält man eine Jahresabsatzmenge von 1517. Da die Marktforschung von einer Jahresabsatzmenge von 1300 ausgeht, ist der monatliche Absatz um $\dfrac{1517-1300}{12}=18$ zu reduzieren.

Da der Absatz nicht genau vorhergesagt werden kann und weiterführende Planungen aus Markt-, Kosten- oder Kapazitätsüberlegungen
bestimmte Produkte forcieren möchten und andere reduzieren, ist es
sinnvoll, für den zukünftigen Absatz jeweils eine untere und obere Schranke
zu bestimmen. Diese Grenzen können in der Expertenabfrage entsprechend
eingebaut werden bzw. bei der Approximation-Extrapolationsmethode über
Vertrauensbereiche bestimmt werden. Dazu berechnet man die kurzfristige
Streuung des Absatzes:

$$\sigma = \frac{1}{n-1} \sqrt{\sum_{i=1}^{n} \left(p(t_i) - a_{t_i} \right)^2}$$

σ …kurzfristige Streuung des Absatzes

t_i …Vergangene Zeitpunkte, für welche der Absatz
         bekannt ist

a_{t_i} …Vergangener Absatz zum Zeitpunkt t_i

$p(t_i)$… Gewählte Ansatzfunktion ausgewertet am Zeitpunkt t_i

n …Anzahl der vergangenen Zeitpunkte

(21.11)

und bestimmt den Vertrauensbereich durch

$$prob\left(x_{t_i} \in \left[p(t_i) - q(\alpha)\sigma, p(t_i) + q(\alpha)\sigma \right] \right) = 1 - \alpha$$

$prob$…Wahrscheinlichkeit

(21.12)

Unter der Annahme der Normalverteilung ist für $q(\alpha)$ = 1,96 bei einer
Wahrscheinlichkeit von 95% ($\alpha = 0,05$) und $q(\alpha)$ = 2,56 für 99% zu
wählen. Für $q(\alpha)$ = 3 ergibt sich ein Vertrauensbereich von 99,73%, d.h.
99,73% aller Monatsabsätze liegen innerhalb der oberen und unteren
Absatzgrenze. Die Grenzen ergeben sich dann durch:

$$p_U(t_i) = p(t_i) - q(\alpha)\sigma$$
$$p_O(t_i) = p(t_i) + q(\alpha)\sigma$$

$p_U(t_i)$…Untere Grenze des Absatzes

$p_O(t_i)$…Obere Grenze des Absatzes

(21.13)

Beispiel 21.4 (Approximation – Extrapolation mit Vertrauensbereich)

In Fortsetzung zu Beispiel 21.3 rechnen wir die untere und obere Verkaufsgrenze für den 99% Vertrauensbereich aus. Das Ergebnis ist in nachstehender Grafik bzw. Tabelle visualisiert.

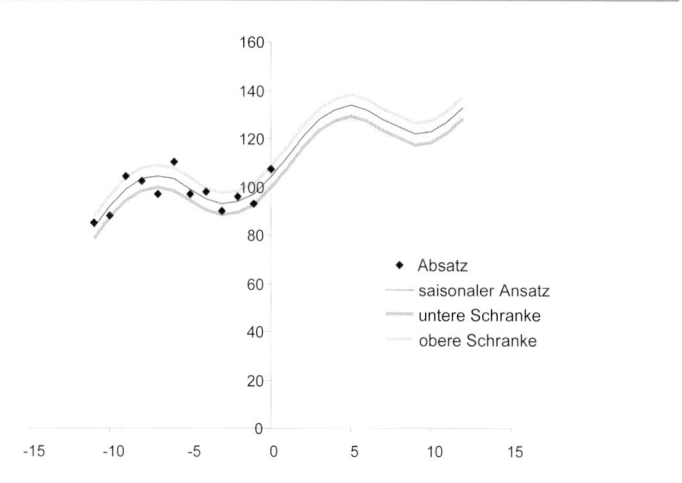

Abb. 21.7. Untere und obere Grenze für die Absatzprognose

Monat	untere Absatzschranke	obere Absatzschranke
1	109	115
2	118	124
3	125	131
4	129	135
5	131	137
6	129	135
7	125	131
8	122	128
9	119	125
10	120	126
11	124	130
12	130	136

Abb. 21.8. Untere und obere Grenze für die Absatzprognose

Die **Extrapolation kombiniert mit Lebenszyklus** verwendet die Tatsache, dass je nach Lebenszyklus der Absatz eines Produktes steigen, stagnieren oder fallen wird. Es handelt sich dabei um eine kombinierte Approximation und Extrapolationsmethode. Zum einen wird der Produktlebenszyklus (langfristig, z.B. in Jahresauflösung) geschätzt und zum zweiten wird analog zum Abschnitt *Approximation mit anschließender Extrapolation* (mittelfristig, z.B. in Monatsauflösung) ein Forecast erstellt. Wobei bei der Extrapolation entsprechend der festgestellten Phase des Produktlebenszyklus der kumulierte Periodenabsatz fixiert wird.

Typischerweise unterscheidet man die Phasen Einführung, Wachstum, Reife, Sättigung und Degeneration. In den drei Phasen Einführung, Wachstum und Reife wächst der jährliche Absatz. In den beiden Phasen Sättigung sowie Degeneration hingegen sinkt der jährliche Absatz. Zur Beschreibung des Produktlebenszyklus kann das sogenannte Diffusionsmodell, siehe Bass (1969), herangezogen werden.

$$x'(t) = c_n x(t) \left(1 - \frac{x(t)}{m} \right) + c_i \left(m - x(t) \right)$$

$x'(t)$...Jahresabsatz zum Jahr t

$x(t)$ ...kumulierte Absatzmenge bis zum Zeitpunkt t   (21.14)

c_n ...Nachahmungsfaktor oder auch Wachstumsfaktor

c_i ...Innovationsfaktor

m ...maximal erreichbare kumulierte Absatzmenge bei $c_i = 0$

Der Nachahmungsanteil des Jahresabsatzes ist proportional zur kumulierten Absatzmenge mal dem Prozentsatz wie viel noch zum maximal kumulierten Absatz fehlt. Der Innovationsanteil ist dahingegen zum Differenzbetrag maximal kumulierter Absatz zu kumulierter Absatz proportional. Für Innovationsfaktor gleich null, kann über die logistische Funktion die Lösung der nichtlinearen Diffusions-Differentialgleichung angegeben werden.

$$x(t) = \frac{m}{1 + e^{-c_n(t-T)}}$$

bzw.

(21.15)

$$x'(t) = \frac{m c_n e^{-c_n(t-T)}}{\left(1 + e^{-c_n(t-T)}\right)^2}$$

Durch Approximation werden die drei Parameter der Lösung numerisch bestimmt. Durch die Extrapolation der Produktlebenszykluskurve können der Trend sowie die Jahresabsatzmenge berechnet werden. Wohingegen der qualitative Verlauf während des Jahres durch Approximation und Extrapolation der mittelfristigen Daten in Monatsauflösung bestimmt wird. Zuerst wird der Trend durch die Änderung des Jahresabsatzes auf Grund des Produktlebenszyklusmodells berechnet.

$$k = \frac{\tilde{a}_1 - \tilde{a}_0}{12}$$

$$\tilde{a}_0 = \frac{x(t_0)}{12}$$

$$\tilde{a}_1 = \frac{x(t_1)}{12}$$

(21.16)

k ...Steigung

$\tilde{a}_1$ ...durchschnittliche Monatsnachfrage im neuen Jahr

$\tilde{a}_0$ ...durchschnittliche Monatsnachfrage im alten Jahr

$x(t_1)$...Jahresnachfrage im neuen Jahr

$x(t_0)$...Jahresnachfrage im alten Jahr

Anschließend wird der konstante Anteil in der Forecastfunktion so bestimmt, dass der Jahresabsatz dem Jahresabsatz aus dem Produktlebenszyklusmodell entspricht.

Beispiel 21.5 (Extrapolation kombiniert mit Produktlebenszyklus))

In Fortsetzung bzw. Ergänzung zu 21.1 sind noch die Absatzzahlen der letzten 7 Jahre bekannt.

Tabelle 21.4. Jahresabsatz seit Produkteinführung

	2001	2002	2003	2004	2005	2006	2007
Absatz	14	102	200	413	794	1043	1167

Erstellen Sie eine Absatzvorschau für das nächste Jahr in Monatsauflösung unter Berücksichtigung des saisonalen Verlaufes und des Produktlebenszyklus.

Aus Beispiel 21.1 erhalten wir die Parameter des saisonalen Ansatzes, wobei der Jahresabsatz für das Jahr 2008 durch die Extrapolation mit 1517 bestimmt ist.

Wir nutzen nun den Produktlebenszyklus, um die Jahresabsatzmenge besser zu schätzen. Dazu approximieren wir mit Hilfe des least squares Ansatzes die Jahresabsatzzahlen durch die Funktion

$$x'(t) = \frac{mc_n e^{-c_n(t-T)}}{\left(1 + e^{-c_n(t-T)}\right)^2}, t = 2001, 2002, ..., 2007 \qquad (21.17)$$

Die Funktionsparameter ergeben sich zu:

Tabelle 21.5. Parameter der Produktlebenszykluskurve

	m	c_n	T
Wert	5800,25	0,8068	2006,7

Diese Werte beinhalten zwei interessante und wichtige Informationen. Auf Grund der Approximation des Produktlebenszyklus kann von einer maximalen kumulierten Absatzmenge über die gesamte Produktlebenszeit von ca. 5800 Stück ausgegangen werden, und zweitens ist laut Modell bereits im dritten Quartal des Jahres 2006 die höchste Absatzmenge pro Zeiteinheit erreicht worden (Sättigung beginnt bereits). Daraus lässt sich ableiten, dass im nächsten Jahr mit einem geringeren Jahresabsatz zu rechnen ist als im vorhergehenden. Insbesondere muss ein negativer Trend in den Absatzzahlen erwartet werden. Durch Auswertung der Produktlebenszyklusfunktion ergibt sich für das Jahr 2008 die Jahresabsatzmenge von

$$x'(2008) = \frac{5800,2 \times 0,8068 c_n e^{-0,8068(2008-2006,7)}}{\left(1 + e^{-0,8068(2008-2006,7)}\right)^2} = 903 \qquad (21.18)$$

Im nächsten Bild ist das Ergebnis der Approximation der Produkt-lebenszykluskurve grafisch dargestellt.

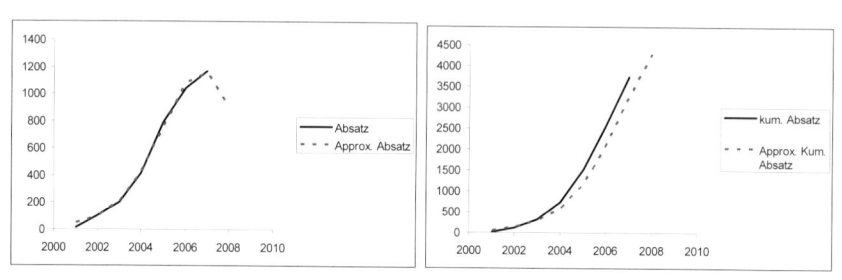

Abb. 21.9. Approximation der Produktlebenszykluskurve

Im linken Bild ist der Jahresabsatz $x'(t)$ und im rechten die kumulierte Absatzmenge $x(t)$ dargestellt.

Für die Steigung pro Monat ergibt sich:

$$k = \frac{\dfrac{903,3}{12} - \dfrac{1167}{12}}{12} = -1,831 \qquad (21.19)$$

Der konstante Summand ist so zu wählen, dass sich der prognostizierte Jahresabsatz für 2008 basierend auf dem Produktlebenszyklusmodell einstellen wird. Zusammenfassend ergibt sich:

$$
\begin{aligned}
d &= 87,2 \\
k &= -1,83 \\
A &= 12,09 \\
\varphi &= 4,09
\end{aligned}
\qquad (21.20)
$$

Nachstehende Abbildung zeigt grafisch das Ergebnis der Absatzvorschau.

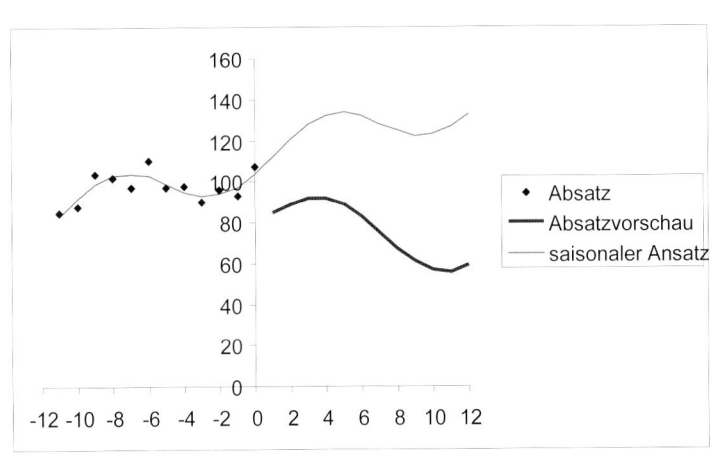

Abb. 21.10. Absatzprognose mit Produktlebenszyklus

In der Abbildung ist erkennbar, dass der Trend abnehmend ist sowie die Jahresabsatzmenge reduziert. Die einfache Approximation und Extrapolation mit saisonalem Ansatz (siehe Beispiel 21.1) führen zu einer völlig anderen Aussage, da der Trend aus dem letzten Jahr einfach fortgeschrieben wird.

In Henrichsmeier (1998) werden weitere Methoden zur Absatzprognose, insbesondere in frühen Phasen der Produktentstehung, diskutiert.

Absatz wird nicht nur geplant, sondern er kann auch durch den Einsatz von Marketinginstrumenten und anderen unternehmerischen Entscheidungen aktiv gestaltet werden. Im nächsten Abschnitt *Programmplanung* wird insbesondere auf diesen Aspekt Rücksicht genommen.

Abschließend ist festzuhalten, dass jede Prognose falsch sein wird und dass, je länger der notwendige Vorschauhorizont (wegen sehr langer Wiederbeschaffungszeiten bzw. Durchlaufzeiten) ist, desto ungenauer werden die Vorhersagen sein und desto unsicherer (häufige Lieferprobleme) oder unwirtschaftlicher (hohe Sicherheitsbestände) wird eine programmgebundene Fertigung bzw. Beschaffung sein.

Neben dem Bemühen, den Absatz gut vorherzusagen, erscheint viel wichtiger aktiv den Absatz so zu gestalten, dass die bereitgestellten bzw. vorhandenen Kapazitäten gut ausgelastet und nicht überbelastet sind. Nach

Slack et al. (2006) sind die wichtigsten Methoden zum Angleichen des Absatzes an die verfügbaren Kapazitäten:

- ❏ Zeitliche Beschränkung des Zuganges zum Produkt bzw. zur Dienstleistung für bestimmte Kundengruppen

- ❏ Preispolitik (höhere Preise bei hoher Nachfrage, niedrige Preise bei geringer Nachfrage)

- ❏ Werbemaßnahmen in Perioden geringeren Absatzes

- ❏ Servicepolitik (besseres Service bei geringer Nachfrage, schlechteres Service bei hoher Nachfrage)

Eine kombinierte ABC Analyse (siehe Kapitel *Monitoring, Analyse und Bewertung*) kann eingesetzt werden, um jene Produkte zu identifizieren, die am wenigsten zum Unternehmenserfolg beitragen. In Perioden hoher Nachfrage sollten genau der Absatz dieser Produkte, die wenig oder vielleicht sogar einen negativen Beitrag zum Unternehmenserfolg leisten, reduziert werden.

21.2 Programmplanung und Ressourcenplanung

Die Programmplanung und die langfristige Ressourcenplanung werden in der Regel gemeinsam durchgeführt, da eine starke Beeinflussung beider Planungen gegeben ist. Ziel der Programmplanung ist, dass man für einen längeren Zeitraum (z.B. ein Jahr) in einer passenden zeitlichen Auflösung (z.B. ein Monat) festlegt, wann welche und wie viele Produkte einer Produktgruppe gefertigt werden sollen – dieser Plan heißt langfristiges Produktionsprogramm. Die vorhandenen Ressourcen (z.B. Anlagen), die zu planenden Ressourcen im Zuge der Programmplanung (Anzahl fest angestellter Mitarbeiter) und die Absatzprognosen sind die Basis der Erstellung des langfristigen Produktionsprogramms. Bei der Erstellung des langfristigen Produktionsprogramms sollte man im Sinne der wertschaffenden und kundenorientierten Produktion Ziele verfolgen, die erstens einen positiven Beitrag zur Erhöhung des EVA-Wertes leisten und zweitens den Marktanforderungen genügen. Die Ressourcenplanung legt fest, welche Ressourcen notwendig sind, um das langfristige Produktionsprogramm fertigen zu können. Es wird dabei zwischen den bereits vorhandenen Ressourcen, diese sollten gut ausgelastet sein, und eventuell neu anzuschaffenden Ressourcen unterschieden. Neu anzuschaffende Ressourcen sollten in Summe eine Erhöhung des EVA bewirken. Das Jahresproduktionsprogramm ist für den Vertrieb der Auftrag, die entsprechenden Absatzzahlen zu erreichen, und die Produktion hat sicherzustellen, dass die erforderlichen Mengen rechtzeitig gefertigt werden. Der Komplexitätsgrad der Programm- und Ressourcenplanung hängt wesentlich von der Kontinuität des Absatzes ab. Wir unterscheiden demnach zwei Ansätze für die Programm- und Ressourcenplanung:

❑   Programm- und Absatzplanung mit konstantem Absatz

❑   Kapazitätsabgleich

21.2.1 Jahresproduktionsprogrammplanung

Liegt ein konstanter oder nahezu konstanter Absatz über die Planungsperiode vor, so kann die kumulierte Periodenmenge geplant werden. Auf die zeitliche Verteilung sowohl des Produktionsprogramms als auch der nachgefragten Kapazität muss in diesem Fall nicht näher eingegangen werden. In diesem Fall ist das Grundmodell, siehe z.B. Werners (2006), durch folgendes lineare Optimierungsproblem gegeben:

$$u \leq x \leq o$$

$$Ax \leq b$$

$$c^T x \rightarrow Max$$

x … Jahresproduktionsprogramm

$$u = \sum_{k=1}^{T} p_U(t_k) \ldots \text{ untere Jahresabsatzgrenze}$$

$$o = \sum_{k=1}^{T} p_O(t_k) \ldots \text{ obere Jahresabsatzgrenze}$$

T … Anzahl der zu planenden Subperioden   (21.21)

t_i … zu planende Subperioden

A … Kapazitätsmatrix $A = \left(a_{ij} \right)_{\substack{i=1,\ldots,m \\ j=1,\ldots,n}}$

a_{ij} … notwendige Kapazität der Ressource i um ein

                     Stück der Produktgruppe j fertigen zu können

m … Anzahl der Ressourcen

n … Anzahl der Produktgruppen

b … verfügbare Jahreskapazität

c … Deckungsbeitrag pro Stück

Zu beachten ist, dass u, x, o, b und c Vektoren sind und A eine Matrix. Die erste Ungleichung im obigen Modell bildet die Marktrestriktionen ab, wobei die Jahresabsatzgrenzen aus der Absatzprognose stammen. Die zweite Ungleichung bezieht sich auf die Forderung, dass die notwendigen Kapazitäten zur Erstellung des Jahresproduktionsprogramms nicht größer sein können als die vorhandenen. Schließlich wird über die Maximierungsbedingung versucht, das Jahresproduktionsprogramm so zu wählen, dass ein möglichst hoher Deckungsbeitrag erwirtschaftet wird. Da in diesem einfachen Modell keine Treiber für die Kapitalbindungskosten berücksichtigt sind, wird mit Maximierung des Jahresdeckungsbeitrages gleichzeitig der EVA erhöht.

Die Jahresabsatzgrenzen ergeben sich aus der Absatzvorschau. Der Vektor x ist das gesuchte Jahresproduktionsprogramm. In der Regel werden die einzelnen Produkte zu Produktgruppen zusammengefasst. Dabei sollen sich Produkte einer Produktgruppe in Bezug auf die Vorgabezeit nur gering unterscheiden und aus Kundensicht einen ähnlichen Kundenbedarf decken. Die Zeilen der Kapazitätsmatrix sind nur auf jene Ressourcen (Anlagen, Abteilungen, Mitarbeiter) bezogen, die langfristig zu planen sind. Dabei werden die zu planenden Ressourcen in Gruppen zusammengefasst (Aggregation der Ressourcen). Ressourcen einer Gruppe sollen ähnliche Fähigkeiten in Bezug auf welche Produkte wie schnell gefertigt werden können, aufweisen. Der Planungshorizont ist in der Regel ein Jahr, wobei die zeitliche Auflösung in Monaten gegeben ist. Die verfügbare Jahreskapazität bezieht sich auf die Ressourcengruppe. Dabei ist zu beachten, dass die organisatorisch rechtlich maximal mögliche Kapazität durch Verlustzeiten resultierend aus Wartung, Werkzeugbruch, Rüsten, Wirkungsgrad, Anlaufverluste usw. entsprechend zu reduzieren ist. Der Overall Equipment Efficiency (OEE) kann als Abschlagsfaktor für die vorhandene Kapazität genutzt werden, siehe dazu Hartmann (2001).

Bevor wir obigen Ansatz um die Entscheidung zusätzlicher Kapazitäten erweitern, wollen wir einen für die Praxis wichtigen Fall diskutieren. Wenn genau eine Ressource den Engpass darstellt, kann man ohne die Verwendung von komplexen Solvermodulen das optimale Jahresproduktionsprogramm bestimmen. Dazu berechnet man für jede Produktgruppe die Kennzahl Deckungsbeitrag pro Engpasskapazität.

$$c_{j,Engpass} = \frac{c_j}{a_{i_0,j}}$$

$c_{j,Engpass}$ ... Deckungsbeitrag pro Engpasskapazität der j-ten
        Produktgruppe

i_0 ... Engpassressource

c_j ... Deckungsbeitrag der j-ten Produktgruppe

(21.22)

Die Kennzahl Deckungsbeitrag pro Engpasskapazität beschreibt, wie viel Deckungsbeitrag durch die Nutzung einer Einheit des Engpasses zur Fertigung einer Produktgruppe erwirtschaftet werden kann. Das optimale Produktionsprogramm kann bei Vorliegen genau eines Engpasses durch folgende Vorschrift bestimmt werden: Zuerst werden alle Produkte bis zur unteren Absatzgrenze eingeplant. Anschließend wird die Produktgruppe mit dem höchsten Deckungsbeitrag pro Engpasskapazität bis zur obersten Absatzgrenze eingeplant, die Produktgruppe mit dem nächst höheren wird ebenfalls bis zur Absatzobergrenze eingeplant usw. Dieser Vorgang wird solange durchgeführt, bis die vorhandene Kapazität gerade noch nicht überschritten wird. Der Deckungsbeitrag pro Engpasskapazität stellt ein mächtiges Mittel zur Vertriebssteuerung dar. Da der Engpass die machbare Ausbringungsmenge determiniert, sollte möglichst viel Deckungsbeitrag pro Engpasseinheit erwirtschaftet werden. Diese Idee konsequent umgesetzt bedeutet, dass Vertriebsmitarbeiter nicht nach Umsatz oder Stück-deckungsbeitrag variabel entlohnt werden sollen, sondern über Deckungs-beitrag pro Engpasskapazität. In Jodlbauer/Schaumberger (2004) ist eine ausführliche Diskussion des Deckungsbeitrages pro Engpasskapazität gegeben.

Beispiel 21.6 (Jahresproduktionsprogramm)

Für die drei Produktgruppen A, B und C sind folgende Jahresabsatzgrenzen und Stückdeckungsbeiträge gegeben.

Tabelle 21.6. Jahresabsatzunter- und -obergrenze und Deckungsbeitrag

	A	B	C
Untergrenze Jahresabsatz	100	200	150
Obergrenze Jahresabsatz	400	600	350
Deckungsbeitrag pro Stück	10	50	30

Die erforderlichen Kapazitäten der Ressourcen X und Y zur Herstellung eines Stückes je Produktgruppe und die verfügbare Jahreskapazität sind in nachfolgender Tabelle gegeben.

Tabelle 21.7. Kapazitätsmatrix und max. vorhandene Kapazität

	A	B	C	Max. Jahreskapazität
X	1	1	5	1500
Y	2	1	2	1800

Berechnen Sie das optimale Produktionsprogramm in Bezug auf maximalen Jahresdeckungsbeitrag, und überprüfen Sie das Ergebnis mit Hilfe der Kennzahl Deckungsbeitrag pro Engpasskapazität.

Folgende Modellgleichungen ergeben sich:

$$\begin{pmatrix} 100 \\ 200 \\ 150 \end{pmatrix} \leq \begin{pmatrix} x_A \\ x_B \\ x_C \end{pmatrix} \leq \begin{pmatrix} 400 \\ 600 \\ 350 \end{pmatrix}$$

$$\begin{pmatrix} 1 & 1 & 5 \\ 2 & 1 & 2 \end{pmatrix} \begin{pmatrix} x_A \\ x_B \\ x_C \end{pmatrix} \leq \begin{pmatrix} 1500 \\ 1800 \end{pmatrix} \tag{21.23}$$

$$\begin{pmatrix} 10 & 50 & 30 \end{pmatrix} \begin{pmatrix} x_A \\ x_B \\ x_C \end{pmatrix} \to Max$$

Die Lösung des linearen Optimierungsproblems ergibt

$$\begin{pmatrix} x_A \\ x_B \\ x_C \end{pmatrix} = \begin{pmatrix} 150 \\ 600 \\ 150 \end{pmatrix}$$

mit

$$\begin{pmatrix} 1 & 1 & 5 \\ 2 & 1 & 2 \end{pmatrix} \begin{pmatrix} x_A \\ x_B \\ x_C \end{pmatrix} = \begin{pmatrix} 1500 \\ 1200 \end{pmatrix}$$

und einen Jahresdeckungsbeitrag von 36.000.

Wir stellen also fest, dass die Ressource X den einzigen Engpass darstellt (weil die nachgefragte Kapazität gleich der verfügbaren an der Maschine X ist), Produktgruppe B bis zur oberen Jahresabsatzmenge eingeplant wird, Produktgruppe C nur mit der unteren Jahresabsatzmenge eingeplant ist und in Produktgruppe A soviel produziert wird, bis die Engpasskapazität verbraucht ist. Eine Erhöhung der Engpasskapazität würde eine höhere Absatzmenge erlauben, dahingegen ist ein Abbau der Ressource Y bis 1200 mit keiner Absatzreduktion verbunden. Die Kennzahl Deckungsbeitrag pro Engpasskapazität bestätigt diese Lösung, da für die Produktgruppe B diese Kennzahl am höchsten ist, gefolgt von der Produktgruppe A und schließlich Produktgruppe C, die den kleinsten Deckungsbeitrag pro Engpasseinheit vorweist.

$$\begin{pmatrix} \dfrac{c_A}{a_{XA}} \\[2ex] \dfrac{c_B}{a_{XB}} \\[2ex] \dfrac{c_C}{a_{XC}} \end{pmatrix} = \begin{pmatrix} 10 \\ 50 \\ 6 \end{pmatrix}$$

□

Beispiel 21.7 (Jahresproduktionsprogramm mit Budgetbeschränkung des Marktes)

Ergänzend zum letzten Beispiel nehmen wir an, dass der Markt (alle potentiellen Kunden zusammen) maximal 60.000 bereit ist auszugeben und die Verkaufspreise durch 50, 200 und 80 gegeben sind. In diesem Fall erhalten wir eine zusätzliche Restriktion.

$$\begin{pmatrix} 50 & 200 & 80 \end{pmatrix} \begin{pmatrix} x_A \\ x_B \\ x_C \end{pmatrix} \leq 60040 \hspace{3cm} (21.24)$$

Die Lösung des neuen linearen Optimierungsproblems ergibt

$$\begin{pmatrix} x_A \\ x_B \\ x_C \end{pmatrix} = \begin{pmatrix} 100 \\ 200 \\ 188 \end{pmatrix}$$

mit

$$\begin{pmatrix} 1 & 1 & 5 \\ 2 & 1 & 2 \end{pmatrix} \begin{pmatrix} x_A \\ x_B \\ x_C \end{pmatrix} = \begin{pmatrix} 1240 \\ 776 \end{pmatrix}$$

$$\begin{pmatrix} 50 & 200 & 80 \end{pmatrix} \begin{pmatrix} x_A \\ x_B \\ x_C \end{pmatrix} = 60040$$

und einen Jahresdeckungsbeitrag von 16.640.

Wir stellen fest, dass nicht mehr die Ressource X der Engpass ist sondern das Marktbudget. Durch die einfache Kennzahl Stückdeckungsbeitrag pro Engpasseinheit (in diesem Fall der Verkaufspreis) kann wieder die Priorität der Produkte bestimmte werden.

$$\begin{pmatrix} \dfrac{c_A}{p_A} \\[2mm] \dfrac{c_B}{p_B} \\[2mm] \dfrac{c_C}{p_C} \end{pmatrix} = \begin{pmatrix} 0{,}2 \\ 0{,}25 \\ 0{,}375 \end{pmatrix}$$

Den höchsten Beitrag zum Periodendeckungsbeitrag pro Verkaufsvolumen in € hat das Produkt C (nur dieses wird über die untere Verkaufsgrenze laut Programm abgesetzt). Unter anderem demonstriert dieses Beispiel, dass eine Änderung des Engpasses (Ressource X in Beispiel 21.6. zu Marktbudget in Beispiel 21.7) eine Änderung des Produktes (Produkt B in 21.6 zu Produkt C in 21.7) mit dem man am meisten Geld verdient bewirken kann.

Es folgt nun eine Modellerweiterung Richtung EVA optimaler Ressourceneinsatz.

$$u \leq x \leq o$$
$$Ax \leq b + b_d$$
$$-b_d \leq b$$
$$c^T x - d^T b_d \rightarrow Max \qquad\qquad (21.25)$$

b_d … Gesuchte Mehr- oder Minderkapazität

d … Kostensatz der Mehr- oder Minderkapazität

pro Kapazitätseinheit

In diesem Modell kommt die zusätzliche Entscheidungsvariable Mehr- oder Minderkapazität dazu. Eine positive Komponente im Vektor Mehr- oder Minderkapazität weist auf eine Investition bzw. Erhöhung der Kapazität hin und eine negative Komponente auf eine Deinvestition bzw. Abbau der Ressource. Für Anlagen, Maschinen usw. ist der Kostensatz durch die Abschreibung gegeben. Bei der Ressource Mitarbeiter sind die Jahreslohnkosten inkl. aller Nebenkosten zu veranschlagen. Kleine Werte in der Mehr- oder Minderkapazität im Vergleich zur bereits vorhandenen Kapazität werden in der Praxis nicht umgesetzt werden. Das Ergebnis dieses Modells gibt aber Hinweise, welche Ressourcen erweitert werden sollen und welche reduziert werden sollen, um einen möglichst hohen Unternehmenswert zu schaffen. Betrachtet man ausschließlich den Engpass bei dem Modell inkl. Mehr-Minderkapazität, so wird vorgeschlagen, die Engpasskapazität solange zu erweitern, bis entweder für jedes Produkt die Absatzobergrenze erreicht ist oder die Kosten der Mehrkapazität pro Kapazitätseinheit höher sind als der Deckungsbeitrag pro Engpasskapazität.

Beispiel 21.8 (Jahresproduktionsprogramm mit Mehr- und Minderkapazitäten)

Zusätzlich zum Beispiel 21.6 soll unter alleiniger Betrachtung des Engpasses überprüft werden, ob eine Anpassung der Kapazität sinnvoll sein kann. Zur besseren Illustration des Zusammenwirkens sind zwei Fälle zu rechnen. Fall eins ist die Abschreibung der Ressource X pro Jahr mit 40 und im Fall zwei mit 9 gegeben.

Die Lösungen ergeben:

Fall eins (Abschreibung = 40):

$$\begin{pmatrix} x_A \\ x_B \\ x_C \end{pmatrix} = \begin{pmatrix} 100 \\ 600 \\ 150 \end{pmatrix}$$

mit

$$\begin{pmatrix} 1 & 1 & 5 \\ 2 & 1 & 2 \end{pmatrix} \begin{pmatrix} x_A \\ x_B \\ x_C \end{pmatrix} = \begin{pmatrix} 1450 \\ 1100 \end{pmatrix}$$

und einem Jahresdeckungsbeitrag von 35.500 sowie EVA-Änderung von 37.500.

Fall zwei (Abschreibung = 9):

$$\begin{pmatrix} x_A \\ x_B \\ x_C \end{pmatrix} = \begin{pmatrix} 400 \\ 600 \\ 150 \end{pmatrix}$$

mit

$$\begin{pmatrix} 1 & 1 & 5 \\ 2 & 1 & 2 \end{pmatrix} \begin{pmatrix} x_A \\ x_B \\ x_C \end{pmatrix} = \begin{pmatrix} 1750 \\ 1700 \end{pmatrix}$$

und einem Jahresdeckungsbeitrag von 38.500 sowie EVA-Änderung von 36.250.

In beiden Fällen ist eine Erhöhung der Kennzahl EVA um mehr als den ausgewiesenen Jahresdeckungsbeitrag von 36.000 im Beispiel 21.6 ohne Mehr- und Minderkapazität möglich. Wobei im Fall eins wegen der hohen Abschreibung eine Deinvestition der Engpassressource empfohlen wird (nur Produktgruppe B hat einen höheren Deckungsbeitrag pro Engpasskapazität als die Abschreibung, deshalb wird ausschließlich Produktgruppe B über der Absatzuntergrenze eingeplant), und im Fall zwei wird eine Erhöhung der Engpassressource vorgeschlagen, bis genügend viel Engpasskapazität zur Verfügung steht, dass Produktgruppe A bis zur Absatzobergrenze gefertigt werden kann.   □

Eine weitere mögliche Erweiterung des Grundmodells stellt die Berücksichtigung von Marketinginstrumenten dar. Durch den Einsatz von Marketinginstrumenten kann der Absatz erhöht aber auch bewusst reduziert werden. Wir werden nun das Instrument der Preisgestaltung in die Jahresproduktionsprogrammplanung mit aufnehmen. Zu diesem Zweck benötigt man die Preis-Absatzfunktion. Die Preis-Absatzfunktion gibt an, welcher Jahresabsatz voraussichtlich mit welchem Verkaufspreis erreichbar ist. Durch Methoden der Marktforschung kann die Preis-Absatzfunktion bestimmt werden, siehe z.B. Meffert (1992). Neben dem optimalen Jahresproduktionsprogramm wird auch der optimale Verkaufspreis gesucht.

$$u \leq x(p) \leq o$$
$$Ax(p) \leq b$$
$$(p - k_v)^T x(p) \to Max$$

$x(p)$... Preis-Absatzfunktion

k_v ... variable Kosten pro Stück

p ... Verkaufspreis

(21.26)

In diesem Grundmodell mit Preis-Absatzfunktion wird angenommen, dass die Jahresabsatzmenge gleich der Jahresproduktionsmenge ist. In der Regel ist das Jahresabsatzprogramm mit Preis-Absatzfunktion kein lineares Optimierungsproblem, da über die Preis-Absatzfunktion das Zielfunktional nichtlinear vom gesuchten Verkaufspreis abhängt.

Beispiel 21.9 (Jahresproduktionsprogramm mit Preis-Absatzfunktion)

Zusätzlich zum Beispiel 21.6. *Jahresproduktionsprogramm* sind für die drei Produktgruppen die Preis-Absatzfunktionen und die variablen Kosten gegeben.

Bestimmen Sie den optimalen Verkaufspreis und das resultierende Jahresproduktionsprogramm.

Tabelle 21.8. Variable Kosten/Stück

	A	B	C
variable Kosten/Stück	22	80	80

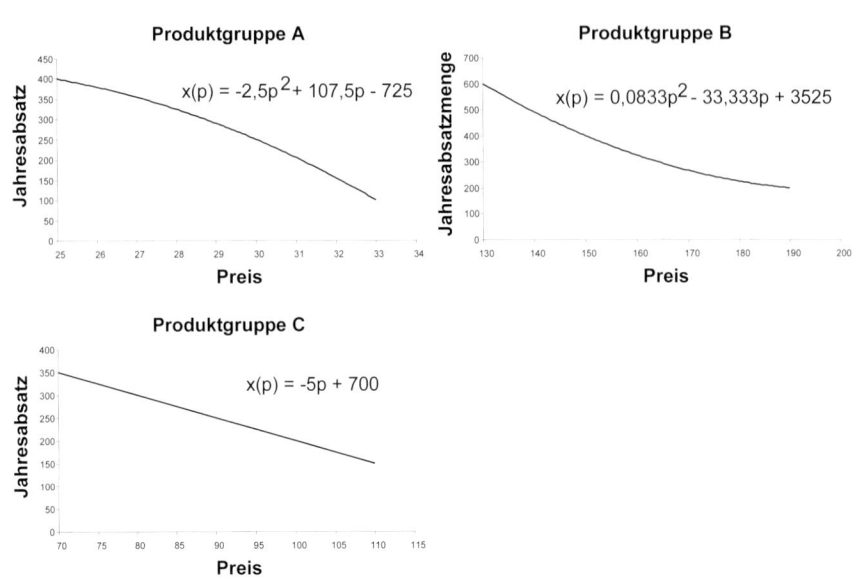

Abb. 21.11. Preis-Absatzfunktion

Die Funktionswerte der Preis-Absatzfunktion liegen zwischen der jeweiligen Jahresabsatzunter- und -obergrenze.

Die Lösung des nichtlinearen Optimierungsproblems ergibt

$$\begin{pmatrix} x_A \\ x_B \\ x_C \end{pmatrix} = \begin{pmatrix} 205 \\ 545 \\ 150 \end{pmatrix}$$

mit

$$\begin{pmatrix} p_A \\ p_B \\ p_C \end{pmatrix} = \begin{pmatrix} 31 \\ 134,83 \\ 110 \end{pmatrix}, \begin{pmatrix} c_A \\ c_B \\ c_C \end{pmatrix} = \begin{pmatrix} 9 \\ 54,83 \\ 30 \end{pmatrix}, \begin{pmatrix} 1 & 1 & 5 \\ 2 & 1 & 2 \end{pmatrix} \begin{pmatrix} x_A \\ x_B \\ x_C \end{pmatrix} = \begin{pmatrix} 1500 \\ 1255 \end{pmatrix}$$

und einem Jahresdeckungsbeitrag von 36.230.

Durch die Nichtlinearität gelten die Aussagen bezüglich Engpass und Deckungsbeitrag pro Engpasskapazität nicht mehr. Ressource X bleibt der Engpass. Bei Produkt A wird der Preis bzw. Deckungsbeitrag reduziert, damit ein höherer Absatz erreicht werden kann, wohingegen beim Produkt B der Preis bzw. der Deckungsbeitrag erhöht wird und dadurch eine

Absatzreduktion erreicht wird. In Summe wird durch diese Maßnahmen der Jahresdeckungsbeitrag auf 36.230 erhöht.   □

Mit Hilfe der so genannten ISO-DB Kurve kann der Zusammenhang zwischen Preis, Absatz und Deckungsbeitrag grafisch visualisiert werden.

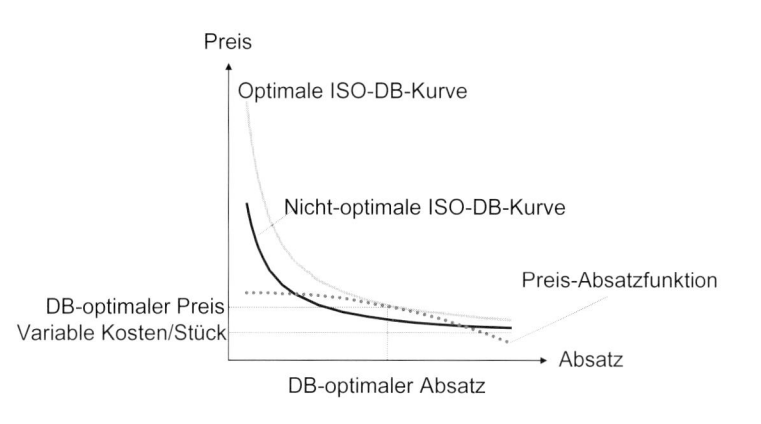

Abb. 21.12. ISO-DB Kurve und Preis-Absatzkurve

In Abb. 21.12. sind die x-Achse als Jahresabsatz und die y-Achse als Preis/Stück zu interpretieren. Man beachte den Unterschied zu den Achsen in der Preis-Absatz-Funktion des obigen Beispiels. Der punktierte Funktionsgraf stellt die Preis-Absatzkurve dar. Die beiden durchgezogenen Kurven sind die ISO-DB-Kurven. Alle Kombinationen von Preis und Absatz, die zu einem gleichen Jahresdeckungsbeitrag führen, liegen auf der gleichen ISO-DB-Kurve.

$$DB = (p - k_v)x \Rightarrow p(x) = \frac{DB}{x} + k_v$$

$p(x)$… ISO-DB-Kurve zu Jahresdeckungsbeitrag $= DB$

DB … Jahresdeckungsbeitrag   (21.27)

k_v … variable Kosten pro Stück

p … Verkaufspreis pro Stück

Wenn eine konkave Preis-Absatz-Funktion vorliegt, existieren innerhalb der möglichen Absatzgrenzen ein DB-optimaler Absatz und ein DB-optimaler Preis. Dieser Sachverhalt ist in der Grafik visualisiert: Die optimale ISO-DB-Kurve berührt gerade noch die Preis-Absatzfunktion. Der gemeinsame Tangentenpunkt definiert den optimalen Absatz sowie den optimalen Preis. Für eine konvexe Preis-Absatzfunktion kann der optimale Absatz entweder innerhalb der möglichen Absatzgrenzen oder an einem der Randpunkte liegen.

21.2.2 Kapazitätsabgleich

Der Kapazitätsabgleich bzw. die Beschäftigungsglättung modelliert den zeitlichen Verlauf des Produktionsprogramms und versucht, einen optimalen Abgleich zwischen Lagerbestand und Kapazitäten herzustellen. In Günther/Tempelmeier (1995) sind Grundmodelle für den Kapazitätsabgleich dargestellt. In diesem Abschnitt wird eine Erweiterung diskutiert. Das Modell ist durch folgende Gleichungen gegeben:

$$
\begin{array}{ll}
p_U(t_k) \le a(t_k) \le p_O(t_k) & \text{Marktrestriktionen} \\
y(t_k) = y(t_{k-1}) + x(t_k) + f(t_k) - a(t_k) & \text{Lagerbilanz} \\
y(t_k) \ge y_s & \text{Lieferfähigkeit} \\
f(t_k) \le F & \text{Beschränkung Fremdbezug} \\
Ax(t_k) \le b + b_{\ddot{U}}(t_k) + b_L(t_k) & \text{Kapazitätsrestriktionen} \\
b_{\ddot{U}}(t_k) \le B_{\ddot{U}} & \text{Überstundenbeschränkung} \\
b_L(t_k) \le B_L & \text{Leasingpersonalrestriktionen} \\
x(t_k), b_{\ddot{U}}(t_k), b_L(t_k), f(t_k) \ge 0 & \text{Nichtnegativität der Variablen} \\
y(t_0) = y_0 & \text{Anfangslagerbestand} \\
y(t_T) = y_T & \text{Endlagerbestand}
\end{array}
\tag{21.28}
$$

$$
\sum_{k=1}^{T} c^T a(t_k) - \left(c_Y^{\ T} y(t_k) + c_F^{\ T} f(t_k) + c_{\ddot{U}}^{\ T} b_{\ddot{U}}(t_k) + c_L^{\ T} b_L(t_k) \right) \rightarrow Max
$$

Variable

$a(t_k)$ …Absatz in der Subperiode t_k

$y(t_k)$ …Lagerbestand am Ende der Subperiode t_k $\qquad$ (21.29)

$x(t_k)$ …Produktionsprogramm in der Subperiode t_k

$f(t_k)$ …Fremdbezug in der Subperiode t_k

$b_{\ddot{U}}(t_k)$ …notwendige Überstunden in Subperiode t_k

$b_L(t_k)$ …notwendige Leistungsstunden durch
　　　　Leasingpersonal in Subperiode t_k

Parameter

$p_U(t_k)$…untere Absatzgrenze für Subzeitperiode t_k

$p_O(t_k)$…obere Absatzgrenze für Subzeitperiode t_k

F　　…maximal möglicher Fremdbezug in einer Subperiode

A　　…Kapazitätsmatrix

b　　…verfügbare Normalkapazität in einer Subperiode

$B_{\ddot{U}}$　　…maximal mögliche Überstunden in einer Subperiode

B_L　　…maximal mögliche Leistungsstunden an Leasing-
　　　　personal in einer Subperiode　　　　　　(21.30)

y_s　　…Sicherheitsbestand

y_0　　…Anfangslagerbestand

y_T　　…Endlagerbestand

c　　…Deckungsbeitrag pro Stück

c_Y　　…Lagerkostensatz

c_F　　…Mehrkosten für eine Einheit Fremdbezug

$c_{\ddot{U}}$　　…Mehrkosten für eine Überstunde

c_L　　…Mehrkosten für eine Leasingstunde

Im Modell ist zu beachten, dass es sich bei Absatzprogramm, Lagerbestand, Produktionsprogramm, Fremdbezug, untere Absatzgrenze, obere Absatzgrenze, maximal möglichem Fremdbezug, Deckungsbeitrag, Lagerkostensatz und Kosten für Fremdbezug um Vektoren der Dimension Anzahl Produktgruppen handelt. Die Parameter verfügbare Normal-kapazität, maximal mögliche Überstunden, maximal mögliche Leistungs-stunden Leasingpersonal, Mehrkosten für Überstunden und Mehrkosten für Leasingpersonal sind Vektoren der Dimension Anzahl der Ressourcen-gruppen. Die Anzahl der Zeilen der Kapazitätsmatrix ist durch Anzahl der

Ressourcengruppen gegeben und die Anzahl der Spalten durch die Anzahl der Produktgruppen. Die Marktrestriktion nimmt die Ergebnisse der Absatzvorschau auf und erlaubt dem Modell ein Absatzprogramm zu planen, das zwischen den beiden Absatzgrenzen liegt. Ist bereits in der Absatzvorschau der Absatz fixiert worden, kann diese Bedingung wegfallen, wobei zu beachten ist, dass hiermit ein Potential zur Erhöhung der Kennzahl EVA nicht ausgeschöpft wird. Die Lagerbilanz besagt, dass der Lagerbestand am Ende jeder Subperiode gegeben ist durch den Lagerbestand am Anfang der Subperiode zuzüglich der Produktionsmenge und allfälligem Fremdbezug abzüglich Absatz. Wenn kein Fremdbezug möglich oder vorgesehen ist, kann der Fremdbezug im Modell eliminiert werden. Die Lieferfähigkeitsbedingung stellt sicher, dass mit Stichtag Ende jeder Subperiode kein Lieferverzug gegeben ist, da gefordert wird, dass der Lagerbestand mindestens dem Sicherheitsbestand entsprechen muss. Die linke Seite der Kapazitätsbeschränkung beschreibt die erforderliche Kapazität, um das Produktionsprogramm fertigen zu können. Die rechte Seite stellt die zur Verfügung gestellte Kapazität dar. Wenn keine Leasingarbeiter bzw. Überstunden vorgesehen sind, können die entsprechenden Variablen und Parameter einfach weggelassen werden. Die Zielfunktion setzt sich aus dem Jahresdeckungsbeitrag erwirtschaftet durch das Absatzprogramm und den zusätzlichen Kosten (Kapitalbindungskosten durch Lagerbestand, Mehrkosten auf Grund von Fremdbezug, Überstunden oder Leasingpersonal) verursacht durch das Produktionsprogramm zusammen. Damit beschreibt das Zielfunktional die geplante Änderung der Kennzahl EVA.

Da das vorgestellte Modell ein komplexes lineares Optimierungssystem darstellt, sollte nach Möglichkeit mit wenigen Produktgruppen und Ressourcengruppen die Rechnung durchgeführt werden. In Althaler et al. (2004) kann ein ausführlich durchgerechnetes Fallbeispiel zum Kapazitäts-abgleich nachgelesen werden. Hier werden wir ein einfacheres Beispiel diskutieren.

Beispiel 21.10 (Kapazitätsabgleich)

Es wird ein Unternehmen mit einer Ressourcengruppe und einer Produktgruppe betrachtet. Der Anfangs-, Endlager- und Sicherheitsbestand ist mit 10 Stück gegeben. Die untere und obere Absatzgrenze ist aus Beispiel 21.3 (Approximation – Extrapolation mit Vertrauensbereich) gegeben. Die vorhandene Normalkapazität beträgt 600 Stunden pro Monat.

Maximal können 20% Überstunden gemacht werden. Fremdbezug bzw. Leasingpersonal sind nicht vorgesehen. Für die Fertigung eines Stückes sind 5 Stunden erforderlich. Der Deckungsbeitrag pro Stück beträgt 20 €, die Mehrkosten einer Überstunde 3 € und der Lagerkostensatz 9 €/Stück und Monat. Gesucht ist das optimale Produktionsprogramm in Monatsauflösung.

Zuerst werden wir die Modellgleichungen formulieren.

$$p_U(t_k) \le a(t_k) \le p_O(t_k) \qquad \text{(Marktrestriktionen)}$$
$$y(t_k) = y(t_{k-1}) + x(t_k) - a(t_k) \quad \text{(Lagerbilanz)}$$
$$y(t_k) \ge 10 \qquad \text{(Lieferfähigkeit)}$$
$$Ax(t_k) \le 600 + b_{\ddot{U}}(t_k) \qquad \text{(Kapazitätsrestriktionen)}$$
$$b_{\ddot{U}}(t_k) \le 30 \qquad \text{(Überstundenbeschränkung)}$$
$$x(t_k), b_{\ddot{U}}(t_k) \ge 0 \qquad \text{(Nichtnegativität der Variablen)} \qquad (21.31)$$
$$y(t_0) = 10 \qquad \text{(Anfangslagerbestand)}$$
$$y(t_T) = 10 \qquad \text{(Endlagerbestand)}$$
$$\sum_{k=1}^{T} 20a(t_k) - \left(9y(t_k) + 3b_{\ddot{U}}(t_k)\right) \to Max$$

Die Lösung des linearen Optimierungssystems für die Variablen Absatzprogramm, Produktionsprogramm und Überstunden ist durch Abbildung 21.13. visualisiert.

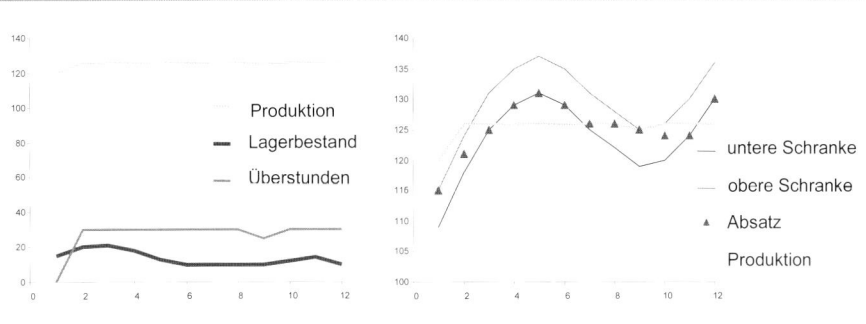

Abb. 21.13. Visualisierung des Absatzes, der Produktionsmenge, der Überstunden und des Lagerbestandes

Der Jahresdeckungsbeitrag ist durch 30.100, die Jahreskapital-bindungskosten sind auf Grund Lagerbestand durch 1.467 und die Jahresmehrkosten für Überstunden durch 975 gegeben. In Summe ergibt das einen EVA-Beitrag von 27.658. Tendenziell ist der geplante Absatz an der unteren Grenze, wenn die Absatzprognose im saisonalen Hoch liegt und an der oberen Grenze, wenn die Absatzprognose am saisonalen Tief liegt. Absatzmengen, die über der Produktionskapazität liegen, können entweder durch Überstunden oder Vorproduktion auf Lager erfüllt werden. Ab Februar werden Überstunden eingeplant. Lagerproduktion ist in den Monaten Jänner, Februar, März und Oktober sowie November gegeben. □

Eine weitere Möglichkeit bezüglich Kapazitätsabgleich und Erhöhung der Wertschaffung ist die Implementierung zeitlich variierender Preispolitiken. Unter den Namen Revenue Management bzw. Yieldmanagement (siehe Corsten/Stuhlmann 1998) sind die Methoden zeitlich variierender Preispolitiken zusammengefasst. Revenue Management ist besonders erfolgreich, wenn das Kapazitätsangebot praktisch fix ist, das Produkt bzw. die Dienstleistung nicht gelagert werden kann und der Verkauf im Vorhinein stattfindet. Im Bereich der Vergabe von Sitzplätzen in Flugzeugen wird z.B. Revenue Management erfolgreich eingesetzt.

In diesem Zusammenhang ist der Computerhersteller Dell, siehe Schonberger 2008, interessant. Der Vertrieb erhält zeitsynchron die Information welche Komponenten in hohen Mengen verfügbar sind und welche Teile knapp werden. Abhängig von dieser Information werden die zu verkaufenden Computer bepreist (knappe Güter mit hohen Preisen).

21.3 Masterplanung

Die Masterplanung, auch Leitteileplanung, ist die zentrale Schnittstelle zwischen langfristigen und mittelfristigen Planungsaufgaben und auch die Schnittstelle zwischen Absatz und Produktion. Die Aufgabe der Masterplanung ist es, den Bruttobedarf an Fertigteilen zu bestimmen, die durch die Produktion bereitzustellen sind. Im Englischen wird der Masterplan als Master Production Schedule (MPS) bezeichnet. Wenn die Montage Gegenstand der Planung ist, heißt im Englischen der Masterplan auch *final assembly schedule (FAS)*.

Die zeitliche wie auch die produktbezogene Auflösung sind bei der Masterplanung feiner als bei der Programmplanung. Typischerweise wird der Masterplan für jedes Produkt in Tagesauflösung erstellt. Ein Masterplan sollte zeitlich möglichst konstant sein, da dadurch sichergestellt wird, dass auch die nachgefragte Produktionskapazität wenig schwankt. Auf der anderen Seite sollte der Masterplan die marktseitige Nachfrage erfüllen. Im Allgemeinen sind folgende Inputdaten für die Masterplanung erforderlich:

❑ Produktionsprogramm

❑ Kundenbestellungen

❑ Produktschlüssel für Disaggregation

❑ Verfügbarer Lagerbestand

❑ Sicherheitsbestand

❑ Lieferzeit

Die Masterplanung erfüllt folgende Aufgaben:

❑ Disaggregation des Produktionsprogramms

❑ Fixierung Masterplan

❑ Überprüfung von Lieferzusagen (available-to-promise –ATP)

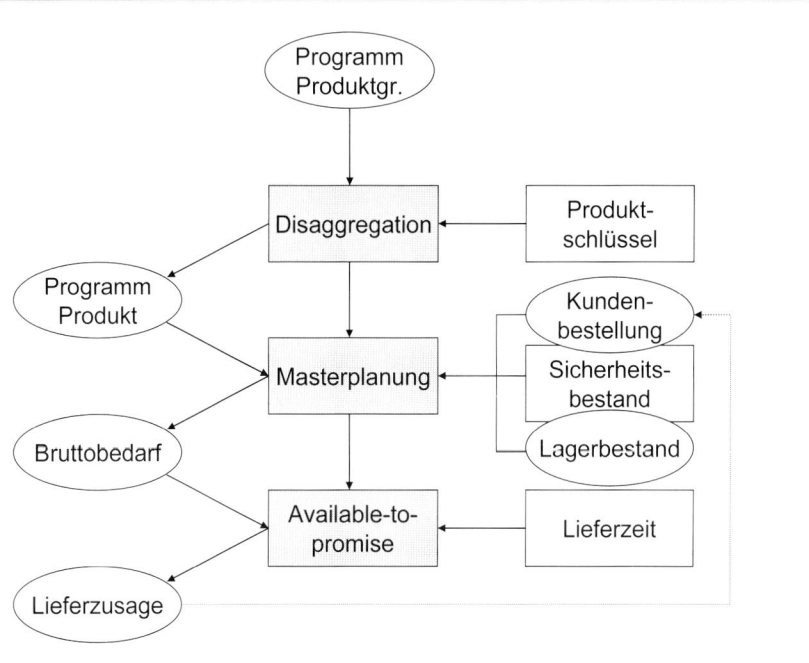

Abb. 21.14. Masterplanung

Besonders zu beachten ist, dass das Produktionsprogramm eine höhere Aggregation der Daten vornimmt als es für die Masterplanung sinnvoll ist. Es muss also auch eine Disaggregation stattfinden. Für die Durchführung der **Disaggregation** ist für jedes Produkt der prozentuelle Anteil an der Produktgruppe (Produktschlüssel) vorzugeben. Dieser Anteil kann durch Methoden der Absatzvorschau bestimmt werden. Gängige Methode für die Bestimmung des prozentuellen Anteils je Produkt an der Produktgruppe ist die exponentielle Glättung oder der gleitende Mittelwert. Die Lieferzeit ist jene Zeit, die dem Kunden zugesagt wird und Grundlage für die Erteilung der Lieferzusage ist.

Die Masterplanung wird durch folgende Tabelle unterstützt.

Subperioden Produktionsprogramm		1					2			
Produktionsprogramm Produktgruppe AB					150					180
Subperioden Masterplanung		1	2	3	4	5	6	7	8	9	10
Produktionsprogramm Produkt A		10	10	10	10	10	12	12	12	12	12
Produktionsprogramm Produkt B		20	20	20	20	20	24	24	24	24	24

Subperioden Masterplanung		1	2	3	4	5	6	7	8	9	10
Produktionsprogramm Produkt A		10	10	10	10	10	12	12	12	12	12
Kundenbestellung Produkt A		10	12	5	10	13	10	12	8	10	8
Verfügbarer Lagerbestand	19	20	20	20	20	20	20	20	20	20	20
Masterplan		11	12	10	10	13	12	12	12	12	12
Verfügbar für neuen Kundenauftrag	25										

Abb. 21.15. Masterplanung für Produktgruppe AB und Produkt A

In diesem Beispiel ist die Programmplanung für eine Produktgruppe AB in Wochenauflösung vorgenommen worden. Die Produktgruppe AB besteht aus den beiden Produkten A und B. Die Masterplanung sollte in Tagesauflösung für die Produkte erfolgen. Der erste Schritt ist die Disaggregation. Unter der Annahme, dass Produkt A an der Produktgruppe AB einen Anteil von 1/3 und B einen Anteil von 2/3 (Produktschlüssel A = 1/3, Produktschlüssel B = 2/3) hat, ergibt sich für A ein Bedarf laut Produktionsprogramm von 50 in der ersten Woche und ein Bedarf von 60 in der zweiten Woche. Durch gleichmäßiges Verteilen auf die einzelnen Tage erhalten wir für A in den ersten fünf Tagen ein Produktionsprogramm von 10 und für die zweiten fünf Tage von 12 Stück. Die Berechnung für Produkt B erfolgt in analoger Weise.

Der nächste Schritt ist die eigentliche **Masterplanung**. Der Masterplan wird dabei so bestimmt, dass der kalkulatorische Lagerbestand immer dem Sicherheitsbestand entspricht, wobei der kalkulatorische Verbrauch durch Produktionsprogramm und Kundenbestellung bestimmt wird.

$$x_t = y_t - y_{t-1} + max(\,z_t, d_t\,)$$

x_t ... Masterplan für Subperiode t

y_t ... Lagerbestand am Ende der Subperiode t

    für $t \geq 1$: y_t = gefordertet Sicherheitsbestand   (21.32)

y_0 ... Verfügbarer Lagerbestand zu Beginn

z_t ... Kundenbestellungen für Subperiode t

d_t ... disaggregiertes Produktionsprogramm in Subperiode t

Da der verfügbare Lagerbestand kleiner als der Sicherheitsbestand von 20 Stück ist, wird in der ersten Periode 10 + (20-19) eingeplant. In allen anderen Perioden ist der Masterplan durch die Kundenbestellungen gegeben, falls die Kundenbestellungen über dem Produktionsprogramm liegen, andernfalls ist der Masterplan durch das disaggregierte Produktionsprogramm gegeben. Der Masterplan ist der Bruttobedarf an Fertigteilen, der für den MRP-Lauf den zentralen Input darstellt. Im Grobkapazitätscheck wird auf Grundlage des Masterplans überprüft, ob die vorhandenen Kapazitäten ausreichend sind.

Für einen reinen Lagerfertiger wie auch für einen reinen Auftragsfertiger vereinfacht sich die Masterplanung. Für einen Auftragsfertiger (Make to Order – MTO) ist in der Masterplanung kein Produktionsprogramm enthalten. Demnach ist auch die Disaggregation nicht durchzuführen, und die Berechnung des Masterplans vereinfacht sich zu:

$$x_t = y_t - y_{t-1} + z_t$$

x_t ... Masterplan für Subperiode t

y_t ... Lagerbestand am Ende der Subperiode t

    für $t \geq 1$: y_t = gefordertet Sicherheitsbestand   (21.33)

y_0 ... verfügbarer Lagerbestand

z_t ... Kundenbestellungen

Für einen reinen Lagerfertiger (Make to Stock – MTS) existieren in Bezug auf die Masterplanung keine Kundenaufträge. Die Berechnung des Bruttobedarfs vereinfacht sich zu:

$$x_t = y_t - y_{t-1} + d_t$$

x_t … Masterplan für Subperiode t

y_t … Lagerbestand am Ende der Subperiode t

    für $t \geq 1$: y_t = gefordertet Sicherheitsbestand   (21.34)

y_0 … verfügbarer Lagerbestand

d_t … disaggregiertes Produktionsprogramm

Die meisten realen Systeme sind Mischsysteme. Mit Hilfe der vorgestellten Masterplanung wird auch sichergestellt, dass im Falle saisonaler Schwankungen entsprechend dem Produktionsprogramm (erstellt durch den Kapazitätsabgleich) auf Lager produziert wird, um saisonale Spitzen abdecken zu können.

Die dritte Funktionalität, die die Masterplanung erfüllt, ist ein Teil des Absatzmanagements. Im Zuge der Masterplanung kann leicht überprüft werden, ob eine Kundenanfrage termingerecht erfüllt werden kann. Diese Überprüfung der Lieferfähigkeit heißt im Englischen **Available To Promise**. Die Überprüfung basiert auf folgender Formel:

$$p(n) = y_0 + \sum_{t=1}^{n} x_t - z_t$$

$p(n)$ … maximal mögliche Menge für neue

    Kundenaufträge mit Lieferzeit n Subperioden   (21.35)

x_t … Masterplan für Subperiode t

y_0 … Verfügbarer Lagerbestand

z_t … Kundenbestellungen (bereits bestätigt)

Sinnvollerweise führt man nach Erstellung des Masterplans für alle Produkte den Grobkapazitätscheck durch, um sicherzustellen, dass genügend viele Ressourcen zur Verfügung stehen. Wenn laut Grobkapazitätscheck die Kapazitäten ausreichend sind und wenn die nachgefragte Menge des neuen Kundenauftrages mit einer bestimmten Lieferzeit kleiner ist als der maximal mögliche Kundenauftrag, kann der angefragte Kundenauftrag angenommen werden und die Lieferterminzusage erfolgen.

$z_{n,Neu} < p(n) \Rightarrow$ Lieferzusage kann erteilt werden

$p(n)$... maximal mögliche Menge für neue

      Kundenaufträge mit Lieferzeit n Subperioden   (21.36)

$z_{n,Neu}$ ... Menge einer angefragten Kundenbestellung mit

      Lieferzeit n Subperioden

Ist für eine bestimmte Lieferzeit der maximal mögliche Kundenauftrag laut obiger Formel kleiner als die vom Kunden gewünschte, gibt es grundsätzlich zwei Möglichkeiten:

❑ Verhandlung mit dem Kunden über längere Lieferzeit oder reduzierte Menge

❑ Erhöhung des Masterplans

Wenn noch ausreichend freie Kapazitäten auf Grund des Grobkapazitätschecks vorhanden sind, sollte der Masterplan erhöht werden. Wenn allerdings die Kapazitäten wie auch die möglichen Zusatzkapazitäten ausgeschöpft sind, ist eine Verhandlung mit dem Kunden über längere Lieferzeiten zu führen.

In unserem Beispiel unterstellen wir eine Lieferzeit von drei Subperioden. Demnach können noch Kundenaufträge mit insgesamt 19+(11+12+10)-(10+12+5) = 25 Stück angenommen werden.

Im Zuge der Masterplanung sind neben ATP-Funktion (Kann auf Grund der Kapazitäten ein Auftrag zu einem gewissen Liefertermin angenommen werden?) auch Fragen nach dem Wertschaffungsbeitrag eines neuen Auftrages eventuell mit reduziertem Verkaufspreis relevant. Bei freien Kapazitäten steigert jeder Auftrag, dessen Deckungsbeitrag positiv ist, kurzfristig den Gewinn. Ob eine langfristige Wertsteigerung des Unternehmens zu erwarten ist, hängt wesentlich davon ab, ob durch den eventuell auftragsbezogenen Preisnachlass eine allgemeine Senkung des Marktpreises zu befürchten ist. Ist der Deckungsbeitrag eines Auftrages negativ, wird der kurzfristige Gewinn reduziert. Ein Auftrag mit einem negativen Deckungsbeitrag sollte also nur dann angenommen werden, wenn daraus andere zukünftige Vorteile gezogen werden können (Markteintritt wird ermöglicht, wichtiger Kunde wird nicht enttäuscht).

21.4 Grobkapazitätscheck

Der Grobkapazitätscheck überprüft, ob der vorgesehene Masterplan umgesetzt werden kann. Der Begriff „grob" bezieht sich dabei erstens darauf, dass nur kritische Ressourcengruppen überprüft werden und zweitens auf die Tatsache, dass noch keine Fertigungsaufträge vorhanden sind (Stücklistenauflösung, Losgrößenbildung und Terminierung haben noch nicht stattgefunden). Die Überprüfung basiert auf einer Kapazitätsmatrix, die je Fertigprodukt angibt, wie viel Einheiten von den kritischen Ressourcengruppen benötigt werden. Die Festlegung der Kapazitätsmatrix hat die gesamte Stücklistenstruktur, alle Arbeitspläne und eine mittlere Losgröße und Ausschuss- wie auch Nacharbeitsraten zu berücksichtigen. Die zeitliche Auflösung und auch die Produktaggregation entsprechen der Auflösung des Masterplans. Falls die beanspruchte Kapazität in einer Subperiode höher als die verfügbare Kapazität ist, können zwei Maßnahmen zur Korrektur gesetzt werden:

❑   Anpassung des Masterplans
❑   Anpassung der verfügbaren Kapazität

Bei der **Anpassung des Masterplans** können entweder Lageraufträge oder Kundenaufträge verschoben werden. Das Verschieben von Lageraufträgen ist auf jeden Fall dem Verschieben von Kundenaufträgen vorzuziehen, da zurückgehaltene Lageraufträge in der Regel in einer der nächsten Subperioden kompensiert werden können. Eine **Anpassung der verfügbaren Kapazität** ist dem Verschieben von Kundenaufträgen vorzuziehen, wenn die Mehrkosten vertretbar sind. Da noch keine Losgrößenbildung und Terminierung stattgefunden haben, wird allerdings die Zusatzkapazität später als im Grobkapazitätscheck ausgewiesen anfallen. Die konkrete Einplanung der erforderlichen Zusatzkapazität kann demnach erst im Zuge der Kapazitätsplanung nach dem MRP-Lauf erfolgen.

$$Ax_t \leq b_t$$

Ax_t …nachgefragte Kapazität in Subperiode t (21.37)

b_t …verfügbare Kapazität in Subperiode t

x_t ... Bruttobedarf in Subperiode t laut Masterplan

A ... Kapazitätsmatrix

Die Kapazitätsmatrix in obiger Formel berücksichtigt sowohl die Losgrößenpolitik und die Rüstzeiten als auch die Ausschuss- bzw. Nacharbeitsrate. Maschinenausfälle und Nichtverfügbarkeit von Werkzeug, Personal oder Materialien sind beim Kapazitätsvektor, der die verfügbare Kapazität beschreibt, zu berücksichtigen. Die verfügbare Kapazität berechnet sich aus der maximal verfügbaren Kapazität aus rechtlich-organisatorischen Überlegungen unter Berücksichtigung des Schicht- und Arbeitszeitmodells abzüglich durchschnittlicher Verlustzeiten. Mehrkapazität kann durch Überstunden, Zusatzschicht, Leasingpersonal oder auch Fremdvergabe geschaffen werden.

Der durchgeführte Grobkapazitätscheck ist keine Garantie, dass keine Kapazitätsprobleme auftreten. Nicht nur wegen ungeplanter Ausfälle, sondern auch wegen der Tatsache, dass durch die Losgrößenbildung und Terminierung gewisse Subperioden entlastet und andere belastet werden, können Kapazitätsspitzen über der verfügbaren Kapazität nach dem MRP-Lauf nachgefragt werden. Eine geringfügige Überschreitung der Kapazitätsgrenze beim Grobkapazitätscheck muss nicht notwendigerweise nach dem MRP-Lauf bei der Kapazitätsplanung zu einer Unterdeckung der Kapazität führen.

Beispiel 21.11 (Grobkapazitätscheck)

Für zwei Subperioden sind die Bedarfe der beiden Produkte A und B gegeben

Tabelle 21.9. Bruttobedarf der Fertigprodukte

	1	2
A	51	50
B	100	100

Die Kapazitätsmatrix für die kritische Ressource ist durch nachfolgende Tabelle gegeben:

Tabelle 21.10. Kapazitätsmatrix

	A	B
Kritische Ressourcengruppe	4	3

In Summe stehen pro Subperioden 600 Einheiten der kritischen Ressourcengruppe zur Verfügung. Führen Sie einen Grobkapazitätscheck durch. Durch Multiplikation der Kapazitätsmatrix mit den Bruttobedarfen erhalten wir für die erste Subperiode einen Kapazitätsbedarf von 504 Einheiten und für die zweite Periode von 500 Einheiten. Da beide Kapazitätsbedarfe unter der verfügbaren Kapazität liegen, ist keine Korrektur des Masterplans vorzunehmen.   ☐

21.5 Material Requirement Planning (MRP)

Material Requirement Planning (MRP) ist 1975 von Orlicky, siehe Orlicky (1975), erstmals publiziert worden. Die Grundidee von MRP ist ausgehend vom Bruttobedarf an Fertigprodukten (Masterplan) eine Rückwärtsterminierung für alle Materialien entsprechend der Stückliste vorzunehmen. MRP ist somit ein reines Push-System und ein programmgesteuertes System. Das Ergebnis eines MRP Laufes ist eine Liste von terminierten Arbeitsaufträgen. Die Inputdaten für einen MRP Lauf sind

- ❏ Bruttobedarf an Fertigteilen (Masterplan, MPS, Leitteile)
- ❏ Stückliste
- ❏ Aktuelle Lagerbestände

notwendig. Zusätzlich ist zu entscheiden:

- ❏ nach welcher Losgrößenpolitik die Fertigungslose gebildet werden,
- ❏ mit welcher Planübergangszeit die Rückwärtsterminierung durchgeführt werden soll und schließlich,
- ❏ welche Sicherheitsbestände in der Planung zu berücksichtigen sind.

Der **Bruttobedarf an Fertigteilen** wird im Rahmen der Integration MRP in MRP II als Master Production Schedule (MPS) bezeichnet. Bevor der MRP Algorithmus angewandt werden kann, muss die **Stückliste** an die

Anforderungen von MRP angepasst werden – es wird die so genannte **Dispositionsstückliste** erstellt. Für alle Materialien die zu planen sind, gibt es genau eine Dispositionsstückliste und genau eine Position je Material. Verbrauchsgesteuerte Materialien sind nicht Bestandteil der Dispositionsstückliste. Die Dispositionsstückliste wird in Ebenen eingeteilt. Die Ebene Null (Dispostufe 0) referenziert dabei die Fertigprodukte. Ebene Eins (Dispostufe 1) beinhaltet alle Materialien, die direkt in ein Fertigprodukt eingehen. Dispostufe 2 besteht aus allen Materialien, die entweder in Dispostufe 1 oder Dispostufe 0 eingehen. Materialien der Dispostufe 3 dürfen in die Dispostufen 0, 1 oder 2 eingehen. Wichtigstes Kriterium in der Bildung der Dispositionsstückliste ist, dass Produkte höherer Dispostufen nur in Produkte niedrigerer Dispostufe eingehen dürfen. Bei der Erstellung der Dispositionsstücklisten werden nur Materialien angeführt, die zu planen sind – so sind z.B. verbrauchsgesteuerte Materialien oder Schüttgut nicht in der Dispositionsstückliste zu berücksichtigen. Nicht in allen Branchen werden Stücklisten verwendet. Rezepturen können aber genau so wie Stücklisten in Dispositionsstücklisten verwandelt werden.

Im Zuge der Erstellung der Dispositionsstückliste wird maßgeblich die Performance des Planungssystems über

❏   Anzahl der Stufen

❏   Welche Materialien werden überhaupt berücksichtigt (verbrauchs- versus programmgesteuert)

❏   Werden Materialien oder Stücklistenäste zusammengefasst (Aggregationsniveau)

bestimmt. Die Anzahl der Dispostufen sollte so klein wie möglich sein, da, wie wir später sehen werden, über die Stufen ein Aufschaukeln der nachgefragten Kapazitäten festzustellen ist und die Durchlaufzeiten rapide anwachsen. Materialien, die wenig Wert darstellen (z.B. C-Teile oder Schüttgut) oder Materialien mit nahezu konstanter gleichmäßiger Nachfrage sollten verbrauchsgesteuert bereitgestellt werden und somit nicht Bestandteil der Dispositionsstückliste sein. Das Zusammenfassen von mehreren Materialien bzw. Ästen der Konstruktionsstückliste zu einem Material in der Dispositionsstückliste hilft, das Aufschaukeln der Kapazitäten sowie die Durchlaufzeiten bzw. Bestände zu reduzieren. Die Fertigung dieser zusammengefassten Materialen erfolgt in der Regel über selbststeuernde Methoden (z.B KANBAN oder CONWIP). Nur der letzte bzw. der erste Arbeitsschritt wird bei zusammengefassten Materialien über das übergeordnete MRP-System geplant.

Beispiel 21.12 (Dispositionsstückliste)

Für die beiden Fertigprodukte sind die Stücklisten als Stücklistenbäume gegeben.

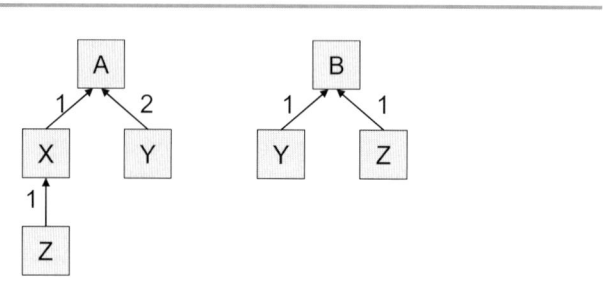

Abb. 21.16. Stücklisten für zwei Fertigprodukte A und B

Bestimmen Sie die Dispositionsstückliste.

Die beiden Stücklisten der Fertigteile A und B werden wie folgt in eine Dispositionsstückliste umgewandelt: Da sowohl Material X als auch Material Y direkt nur für die Fertigprodukte verwendet werden, sind sie in Dispostufe 1. Dahingegen geht Material Z einmal in das Fertigprodukt B direkt ein, aber Z wird auch für den zur Dispostufe 1 zugeordneten Teil X direkt verwendet. Deshalb ist das Material Z in der Dispostufe 2 anzusiedeln.

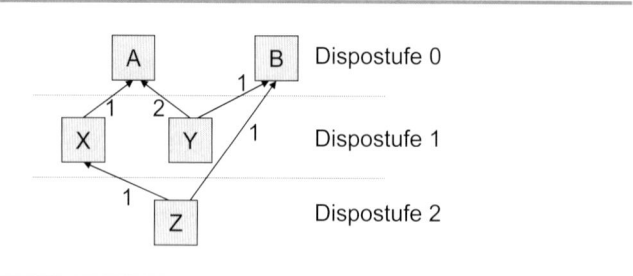

Abb. 21.17. Dispositionsstückliste

Im Einzelnen sind folgende vier Schritte für die Berechnung der terminierten Arbeitsaufträge gemäß MRP notwendig:

❑ Dispositionsstücklistenauflösung

❑ Nettobedarfsrechnung

❑ Losgrößenbildung

❑ Rückwärtsterminierung

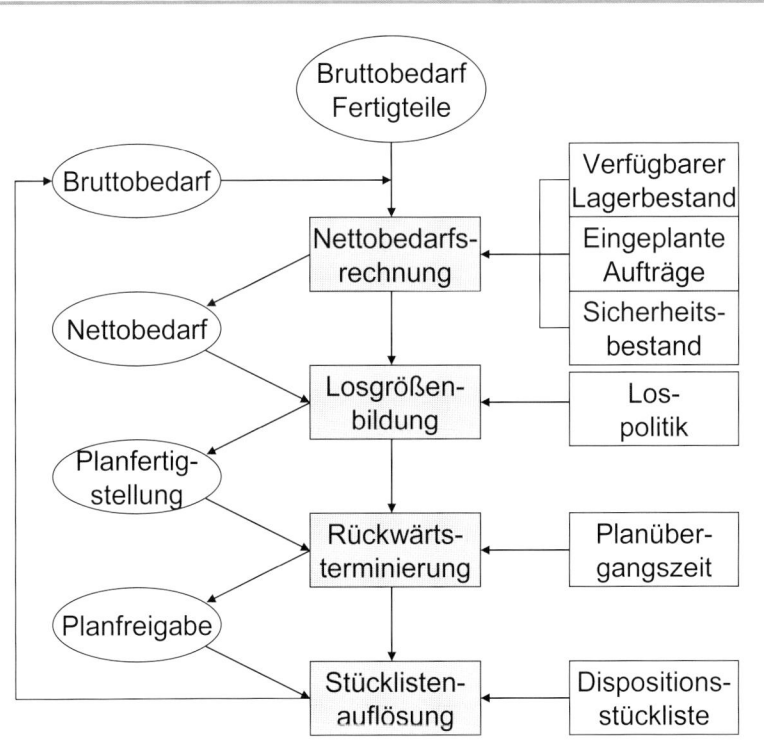

Abb. 21.18. Illustration der vier MRP-Schritte

Wir beginnen die detaillierten Erklärungen beim Schritt **Nettobedarfsrechnung**. Ausgehend vom aktuellen Lagerbestand wird für jede Subzeitperiode der Lagerbestand am Ende der Subperiode unter Berücksichtigung von Bruttobedarfen und bereits terminierten Produktionsaufträgen (Lagerzugängen) berechnet. In Perioden, in denen der so berechnete Lagerbestand unter den Sicherheitsbestand fällt, wird ein Nettobedarf ausgelöst. Im Zuge der **Losgrößenbildung** werden Nettobedarfe zusammengefasst. Die wichtigsten Lospolitiken sind:

- Fixe Losgröße von x Einheiten (Fixed Order Quantity – FOQ x)
- Periodenlosgröße (Lot for Lot - LFL)
- Zusammenfassen der Nettobedarfe der nächsten n Subperioden (Fixed Order Period n - FOP n)
- Stückperiodenausgleich oder auch Periodenausgleich (Part period balancing - PPB)
- Grenzverfahren von Groff (GRO)
- Silver-Meal-Verfahren (SMV)
- Minimale Stückkostenverfahren oder auch gleitende wirtschaftliche Losgröße (least unit cost –LUC)

Die **fixe Losgröße** bedeutet, dass unabhängig vom Nettobedarf immer eine konstante Losgröße oder wenn der Nettobedarf höher ist als diese fixe Losgröße, ein entsprechendes Vielfaches gewählt wird. Die Bestimmung der fixen Losgröße je Material kann z.B. über EOQ oder EPL geschehen, wobei zu beachten ist, dass in der Praxis (zu) große Losgrößen resultieren können. Bei der Regel **Periodenlosgröße** wird je Periode genau der Nettobedarf pro Subperiode in ein Los zusammengefasst. Eine Erweiterung dieser Regel ist die so genannte **Fixed Order Period n** Regel, in der die Nettobedarfe der nächsten n Subperioden in ein Fertigungslos zusammengefasst werden. Die Bestimmung der Anzahl der Subperioden, die zusammengefasst werden, kann über Berechnung der Zykluszeit nach dem EOQ- bzw. EPL-Verfahren erfolgen.

Bei den nächsten vier Verfahren werden aufeinander folgende Subperioden solange zusammengefasst, bis Lagerkosten und Rüstkosten das Gleichgewicht finden bzw. ein lokales Kostenminimum erreicht wird. Der **Stückperiodenausgleich** basiert dabei auf der Eigenschaft des EOQ-Modells, dass für die optimale EOQ-Lösung Lagerbestandskosten gleich den Rüstkosten sind. In ähnlicher Weise nutzt das **Groff-Verfahren** die Tatsache aus, dass für die optimale EOQ-Lösung die Grenzlagerbestandskosten gleich den Grenzrüstkosten sind. Im **Silver-Meal-Verfahren** hingegen werden die durchschnittlichen Kosten pro Zeit und beim **minimalen Stückkosten-Verfahren** die Stückkosten minimiert.

Tabelle 21.11. Bedarfsorientierte Losgrößenpolitiken mit Kostenkriterium

Losgrößenpolitik	Regel (wie lange Subperioden zusammen zu fassen sind)
Stückperiodenausgleich	Lagerbestandskosten > Rüstkosten $C_{h,n} > c_s$
Groff	Grenzlagerbestandskostenerhöhung > Grenzrüstkostenreduktion $c_{Grenz\_h,n} > c_{Grenz\_s,n}$
Silver-Meal	Durchschnittliche Kosten pro Subperiode steigen das erste Mal $c_{Periode,n} > c_{Periode,n-1}$
Min. Stückkosten	Stückkosten steigen $c_{Stück,n} > c_{Stück,n-1}$

Die optimale Losgröße ist nun jene, bei welcher die Lagerbestandskosten gerade noch nicht die Rüstkosten übersteigen bzw. die relativen Kosten gerade noch nicht steigen.

$$Q_{opt} = Q_{n_{Kriterium}-1}$$

Q_{opt} ...optimale Losgröße

$n_{Kriterium}$ ...Anzahl der zusammengefassten Periodenbedarfe,   (21.38)
sodass das erste Mal das Kriterium laut obiger
Tabelle erfüllt ist

Die Berechnung der einzelnen Kosten erfolgt nach folgenden Formeln:

$$Q_n = \sum_{i=0}^{n} d_i$$

$$(21.39)$$

$$C_{h,n} = c_h \sum_{i=0}^{n} i d_i$$

$$c_{Grenz\_s,n} = \frac{c_s}{n-1} - \frac{c_s}{n} = \frac{c_s}{(n-1)n}$$

$$c_{Grenz\_h,n} = c_h\left(\frac{1}{n}\sum_{i=0}^{n}id_i - \frac{1}{n-1}\sum_{i=0}^{n-1}id_i\right) \approx \frac{c_h d_n}{2}$$

(21.39)

$$c_{Periode,n} = \frac{c_s + C_{h,n}}{n}$$

$$c_{Stück,n} = \frac{c_s + C_{h,n}}{Q_n}$$

wobei folgende Parameter und Variablen verwendet wurden:

c_s ...Rüstkosten in Euro

c_h ...Lagerkostensatz in Euro pro Stück und Subperiode

d_i ...Nettobedarf der Subperiode i

Q_n ...Losgröße entstanden durch die Zusammenfassung der Nettobedarfe der n+1 aufeinanderfolgenden Subperioden

$C_{h,n}$ ...Lagerbestandskosten für Q_n

(21.40)

$c_{Grenz\_s,n}$ ...Grenzrüstkostenreduktion für Q_n

$c_{Grenz\_h,n}$ ...Grenzbestandskostenerhöhung für Q_n

$c_{Periode,n}$ ...durchschnittliche Kosten pro Subperiode für Q_n

$c_{Stück,n}$ ...Stückkosten für Q_n

In Jodlbauer et al. (2004) ist eine Umsetzung von dynamischen Losgrößen in einem Unternehmen beschrieben. Laut Simulationsstudien (siehe z.B. Silver et al. 1998) und betrieblichen Erfahrungen ist der Einsatz des Groff bzw. Silver-Meal Verfahrens vorteilhafter als die Verwendung anderer dynamischer Verfahren.

Beispiel 21.13 (Dynamische Losgrößenberechnung)

In nachstehender Tabelle ist der Nettobedarf eines Materials gegeben.

Tabelle 21.12. Nettobedarf für dynamische Losgrößenbildung

Subperiode	1	2	3	4	5
Nettobedarf	3	3	4	2	3

Die Rüstkosten betragen 10 € und der Lagerkostensatz 1 €/Subperiode. Berechnen Sie die optimale Losgröße für Subperiode 1 nach den vier dynamischen Losgrößen-Verfahren.

Anzahl zusammen-gefasster Subperioden	Losgröße	Periodenausgleich		Groff		Silver-Meal	Min. Stückkosten
		Lagerkosten	Rüstkosten	Grenzlagerbestands-kostenerhöhung	Grenzrüstkosten-reduktion	Durchschnittliche Kosten pro Periode	Stückkosten
1	3	0	10	1,5		10	3,33333333
2	6	3	10	1,5	5	6,5	2,16666667
3	10	11	10	2	1,666666667	7	2,1
4	12	17	10	1	0,833333333	6,75	2,25
5	15	29	10	1,5	0,5	7,8	2,6

Abb. 21.19. Dynamische Losgrößenberechnung nach Periodenausgleich, Groff, Silver-Meal und minimalen Stückkosten

Die markierten Zellen in obiger Tabelle geben die optimale Lösung an. Für Periodenausgleich und Groff sind dies jene Zellen, in denen die Lagerkosten bzw. Grenzlagerbestandskostenerhöhung das letzte Mal kleiner sind als die Rüstkosten bzw. Grenzrüstkostenreduktion. Beim Silver-Meal und minimalen Stückkosten Verfahren ist jeweils die Zelle mit den minimalen Kosten markiert. Als optimale Losgröße ergeben sich demnach 6 Mengeneinheiten bei den Verfahren Stückperiodenausgleich, Groff und Silver-Meal. Mit dem minimalen Stückkostenverfahren erhält man 10 Mengeneinheiten als optimale Losgröße.

Im nächsten Beispiel zeigen wir die Wirkung von dynamischen Losgrößenformeln auf die nachgefragte Kapazität.

Beispiel 21.14 (Auswirkung von dynamischen Losgrößenverfahren auf die nachgefragte Kapazität)

Wir betrachten ein Produkt mit mittlerem Jahresabsatz von 20 Stück pro Tag. In der ersten Jahreshälfte werden pro Tag 6 und in der zweiten Jahreshälfte pro Tag 34 abgesetzt. Das Jahr kann mit 240 Tagen modelliert werden. Weiters sind folgende Daten gegeben:

❑   Bearbeitungszeit/Stück: 0,1

❑   Rüstzeit/Rüstung: 5,0

❑   Lagerkostensatz: 0,3

❑   Rüstkostensatz: 200,0

Berechnen Sie die optimale Losgröße, die erforderliche Anzahl an Losen und die nachgefragte Kapazität für den Fall, dass mit dem EOQ-Verfahren und dem mittleren Jahresabsatz gerechnet wird und für den Fall, dass die beiden Jahreshälften getrennt voneinander betrachtet werden. Unter Verwendung der EOQ-Formel und Applikation dieser auf das gesamte Jahr bzw. auf die beiden Jahreshälften erhält man das in Tabelle 21.13. dargestellte Ergebnis.

Tabelle 21.13. Losgröße, Anzahl der Lose, nachgefragte Kapazität und Kosten bei dynamischem Bedarf

	d = 20 T = 240	d = 6 T = 120	d = 34 T = 120	Summe	Mittel
Losgröße	163	89	213		151
Anzahl Lose	29	8	19	27	
Kap. Fertigung	480	72	408	480	
Kap. Rüsten	145	40	95	135	
Summe Kap.	625	112	503	615	
Lagerkosten	5.868	1.602	3.834		
Rüstkosten	5.800	1.600	3800		
Summe Kosten	11.668	3.202	7.634	10.836	

Berücksichtigt man den dynamischen Bedarf, so können nicht nur die Kosten (Lagerbestands- und Rüstkosten) reduziert werden, sondern auch die in Summe nachgefragte Kapazität wird geringer. Der geringe Unterschied zwischen Lager- und Rüstkosten ist auf die Rundung der Losgröße zurückzuführen.   □

Beispiel 21.15 (Wechsel von FOQ zur Groff)

Viele Unternehmen verwenden eine fixe Losgröße. Dieses Verfahren mag vielleicht einfach sein, hat aber wesentliche Nachteile wie z.B. wird oft mehr produziert als nachgefragt wird, und es kann zu überholten Lager- sowie Rüstkosten führen. Obwohl die Vorteile eines dynamischen Verfahrens bekannt sind, wird nicht umgestellt, weil die Zusammenhänge zwischen Parameter des Verfahrens und der zu erwartenden Losgrößen unklar sind. In diesem Beispiel sollen die Parameter für das Groff Verfahren so eingestellt werden, dass die im Mittel vorgeschlagene dynamische Losgröße der fixen Losgröße der alten Losgrößenpolitik entspricht. Dadurch werden sowohl die Jahreskosten für Rüsten als auch der Lagerbestand reduziert (weil bei hohem Bedarf ein großes Los und bei geringer Nachfrage ein kleineres Los aufgelegt wird).

Bei den dynamischen Verfahren nach Groff sind zwei Parameter pro Material zu setzen: Rüstkosten pro Rüstvorgang und der Lagerkostensatz. Wir nehmen an, dass z.B. der Lagerkostensatz erfasst ist und nicht geändert werden soll. Den zweiten Parameter Rüstkostensatz wollen wir so bestimmen, dass im Mittel eine Losgröße durch Groff berechnet wird, welche der fixen Losgrößen der alten Losgrößenpolitik entspricht. Da Groff auf der Gleichgewichtsbedingung des EOQ bzw. EPL Modells aufbaut, kann die EPL Formel für die Berechnung des fehlenden Parameters genutzt werden.

$$Q = \sqrt{\frac{2dc_s}{p(p-d)c_h}}$$

$$\Rightarrow$$

$$c_s = \frac{Q^2 p(p-d)c_h}{2d} \tag{21.41}$$

c_s …einzustellender Rüstkostensatz

c_h …voreingestellter Lagerkostensatz

d …mittlere Bedarfsrate

p …Produktionsrate

Q …im Mittel angestrebte Losgröße

In Jodlbauer/Palmetshofer/Reitner (2005) sind die Umstellung von FOQ auf Groff sowie die erreichten Einsparungen in einem Unternehmen dargestellt.

Nach erfolgter Losgrößenbildung erfolgt die Rückwärtsterminierung. Dabei wird der geplante Starttermin des Fertigungsloses berechnet durch: Geplanter Fertigstellungstermin laut Losgrößenplanung abzüglich der Planübergangszeit. Die Planübergangszeit kann durch zwei Verfahren bestimmt werden:

❑   konstante Planübergangszeit

❑   variable Planübergangszeit

   Ist eine konstante Planübergangszeit eingestellt, so wird unabhängig von der Auftragsgröße oder der Auslastung- bzw. Bestandssituation immer mit der gleichen Zeitverschiebung gearbeitet. Bei einer variablen Planübergangszeit wird abhängig von der Auftragsgröße oder der Auslastungs- bzw. Bestandssituation die Planübergangszeit dynamisch bestimmt. Häufig verbreitet ist die sogenannte Durchlaufzeitterminierung, bei der die Planübergangszeit abhängig von der Losgröße nach der Formel

$$l_{Plan} = l_0 + Qp$$

l_{Plan} …Planübergangszeit

l_0 …fixer Summand (z.B. Rüstzeit+Vor-und Nachlaufzeit)   (21.42)

Q …Losgröße

p …Vorgabezeit pro Stück

berechnet wird.

   Der nächste Schritt im MRP Lauf ist die **Dispositionsstücklistenauflösung**. Zuerst werden alle Produkte der Dispostufe 0 entsprechend Nettobedarfsrechnung – Losgrößenbildung und Rückwärtsterminierung gerechnet. Das Resultat sind jeweils Planstarttermine für die Fertigung der

Produkte der Dispostufe 0. Damit diese Planstarttermine eingehalten werden können, muss das entsprechende Material laut Dispositionsstückliste aus der Dispostufe 1 zur Verfügung stehen. Damit ergibt sich der Bruttobedarf der Materialien der Dispostufe 1 aus den Planstartterminen der Dispostufe 0 und Auswertung der Stückliste. Nach Abarbeitung der gesamten Dispostufe 1 kann zur Dispostufe 2 übergegangen werden und so weiter.

Der MRP-Lauf kann durch folgende Tabelle für jedes Material visualisiert bzw. unterstützt werden:

Material	Material der Dispostufe 0									
Losgrößenpolitik										
Sicherheitsbestand										
Planübergangszeit										
Subperioden	1	2	3	4	5	6	7	8	9	10
Bruttobedarf										
Eingeplante Planaufträge										
Lagerbestand										
Nettobedarf										
fertiggestellte Planaufträge										
freigegebene Planaufträge										

Material	Material der Dispostufe 1, 2, 3, …									
Losgrößenpolitik										
Sicherheitsbestand										
Planübergangszeit										
Subperioden	1	2	3	4	5	6	7	8	9	10
Bruttobedarf										
Eingeplante Planaufträge										
Lagerbestand										
Nettobedarf										
fertiggestellte Planaufträge										
freigegebene Planaufträge										

Entscheidungsfeld	
Inputdatenfeld	
Berechnungsfeld	
Ergebnisfeld	

Abb. 21.20. MRP-Tabellen

Für jedes Material sind die Losgrößenpolitik, der Sicherheitsbestand und die Planübergangszeit langfristig festzulegen. Für Produkte der Dispostufe 0 sind der Bruttobedarf, der verfügbare Lagerbestand zu Beginn der Subperiode 1 und die von vorhergehenden MRP-Läufen fixierten Planaufträge mit jeweiligem Planfertigstellungstermin (eingeplante Planaufträge) notwendige Inputdaten. Für Materialen der Dispostufe 1 oder höher sind die

Inputdaten durch verfügbaren Lagerbestand zu Beginn der Subperiode 1 und den von früheren MRP-Läufen eingeplanten Planaufträgen gegeben. Der Bruttobedarf der Materialien der Dispostufen 1 oder höher ergibt sich durch die Stücklistenauflösung und die freigegebenen Planaufträge der vorhergehenden Dispostufen. Eingeplante Planaufträge oder auch Fertigungsaufträge sind Planaufträge, die bereits im Arbeitsvorrat für die Fertigung sind und damit in der Nettobedarfsrechnung zu berücksichtigen sind. Planaufträge, welche noch nicht in einen eingeplanten Planauftrag (Fertigungsauftrag) umgewandelt worden sind und deren Termin nicht in der frozen zone liegt, werden beim nächsten MRP Lauf nicht als Input berücksichtigt. Wenn der Bedarf, der zu diesem Planauftrag geführt hat, noch besteht, wird natürlich durch den erneuten MRP Lauf wieder ein Planauftrag generiert (eventuell mit geänderten Terminen oder Losgröße).

Die Nettobedarfsrechnung erfolgt durch die Schritte Lagerbestandsberechnung und Berechnung der Zeile Nettobedarf. Die Lagerbestände am Ende jeder Periode werden solange gerechnet bis der geforderte Sicherheitsbestand unterschritten wird.

$$l_i = l_{i-1} + x_i - d_i$$

l_i …Lagerbestand am Ende der Subperiode i

x_i …Eingeplante Planaufträge mit Planfertig-   (21.43)
        stellungstermin in der Subperiode i

d_i …Bruttobedarf in der Subperiode i

Der Nettobedarf bis zur Unterschreitung des Sicherheitsbestandes ist gleich null, in der Subperiode, in welcher der Sicherheitsbestand unterschritten worden ist, ist der Nettobedarf durch die Differenz

$$x_{n,netto} = s - l_n$$

n …Subperiode, in welcher der Lagerbestand
            den Sicherheitsbestand unterschreitet   (21.44)

$x_{n,netto}$ …Nettobedarf in Subperiode n

s …Sicherheitsbestand $\left(l_n < s \right)$

gegeben. Für alle darauf folgenden Subperioden ergibt sich der Nettobedarf aus dem Bruttobedarf abzüglich eventuell bereits eingeplanter Planaufträge.

Sollten die Planaufträge in nachfolgenden Perioden die Bruttobedarfe übersteigen, ist erneut eine Lagerbilanzrechnung vorzunehmen.

Beispiel 21.16 (MRP-Lauf)

Die Dispositionsstückliste sei durch das Beispiel Dispositionsstückliste (siehe Abb. 21.17.) gegeben. In nachstehender Tabelle sind die MRP Entscheidungsparameter definiert:

Tabelle 21.14. Gewählte MRP – Parameter für die Materialien

Material	A	B	X	Y	Z
Losgrößen-politik	FOP 3	FOQ 60	FOQ 40	FOP 3	FOQ 100
Sicherheits-bestand	10	10	10	10	10
Planüber-gangszeit	2	2	2	2	2

Aus früheren MRP Läufen sind folgende Planaufträge bereits freigegeben (siehe Modul Auftragsfreigabe) worden.

Tabelle 21.15. Bereits eingelastete Planaufträge

Subperiode	1	2
Eingeplante Planaufträge für A	30	
Eingeplante Planaufträge für B		60
Eingeplante Planaufträge für X		
Eingeplante Planaufträge für Y	50	
Eingeplante Planaufträge für Z		100

Die Bruttobedarfe der Fertigteile sind gegeben durch:

Subperioden	1	2	3	4	5	6	7	8	9	10
Bruttobedarf A	11	10	10	10	10	10	10	10	10	10
Bruttobedarf B	20	20	20	20	20	20	20	20	20	20

Abb. 21.21. Bruttobedarf an Fertigprodukten

Und schließlich sind nachfolgende Anfangsbestände gegeben:

Tabelle 21.16. Anfangsbestand aller Materialien

Material	A	B	X	Y	Z
Anfangs-bestand	10	50	35	20	30

Der durchgerechnete MRP-Lauf ergibt folgende Werte:

Dispostufe 0:

Material	A
Losgrößenpolitik	FOP 3
Sicherheitsbestand	10
Planübergangszeit	2

Subperioden		1	2	3	4	5	6	7	8	9	10
Bruttobedarf		11	10	10	10	10	10	10	10	10	10
Eingeplante Planaufträge		30									
Lagerbestand	10	29	19	9							
Nettobedarf			1	10	10	10	10	10	10	10	10
fertiggestellte Planaufträge			21			30			20		
freigegebene Planaufträge		21			30			20			

Abb. 21.22. MRP-Tabelle für Produkt A

Material	B									
Losgrößenpolitik	FOQ 60									
Sicherheitsbestand	10									
Planübergangszeit	2									
Subperioden		1	2	3	4	5	6	7	8	9	10
Bruttobedarf		20	20	20	20	20	20	20	20	20	20
Eingeplante Planaufträge			60								
Lagerbestand	50	30	70	50	30	10	-10				
Nettobedarf								20	20	20	20	20
fertiggestellte Planaufträge							60			60	
freigegebene Planaufträge					60		60				

Abb. 21.23. MRP-Tabelle für Produkt B

Dispostufe 1:

Material	X									
Losgrößenpolitik	FOQ 40									
Sicherheitsbestand	10									
Planübergangszeit	2									
Subperioden		1	2	3	4	5	6	7	8	9	10
Bruttobedarf		21			30			20			
Eingeplante Planaufträge											
Lagerbestand	35	14	14	14	-16						
Nettobedarf					26			20			
fertiggestellte Planaufträge					40			40			
freigegebene Planaufträge			40			40					

Abb. 21.24. MRP-Tabelle für Produkt X

Material	Y									
Losgrößenpolitik	FOP 3									
Sicherheitsbestand	10									
Planübergangszeit	2									
Subperioden		1	2	3	4	5	6	7	8	9	10
Bruttobedarf		42			120			100			
Eingeplante Planaufträge		50									
Lagerbestand	20	28	28	28	-92						
Nettobedarf					102			100			
fertiggestellte Planaufträge					102			100			
freigegebene Planaufträge			102			100					

Abb. 21.25. MRP-Tabelle für Produkt Y

Dispostufe 2:

Material	Z									
Losgrößenpolitik	FOQ 100									
Sicherheitsbestand	10									
Planübergangszeit	2									
Subperioden		1	2	3	4	5	6	7	8	9	10
Bruttobedarf			40		60	40		60			
Eingeplante Planaufträge			100								
Lagerbestand	30	30	90	90	30	-10					
Nettobedarf						20		60			
fertiggestellte Planaufträge						100					
freigegebene Planaufträge				100							

Abb. 21.26. MRP-Tabelle für Produkt Z

Abhängig von der gewählten Losgrößenpolitik wird sich der eingeplante Lagerbestand darstellen. Für die LFL Politik wird grundsätzlich mit einem Lagerbestand geplant der gleich dem Sicherheitsbestand ist. Für alle anderen Lospolitiken ist der geplante Lagerbestand größer oder gleich dem Sicherheitsbestand. Bei der FOQ Politik ist es vorteilhaft wenn man eine Nebenrechnung für die kumulierten fertiggestellten Planaufträge sowie den kumulierten Nettobedarf durchführt und sicherstellt, dass die kumulierte Nachfrage nie größer ist als die kumulierten fertiggestellten Planaufträge.

In diesem Beispiel kann man einige sehr interessante Effekte von MRP sehen.

Die Bruttobedarfe der beiden Fertigprodukte waren praktisch konstant. Nimmt man jetzt z.B. an, dass alle Materialien genau dieselbe Maschine benötigen und die gleiche Bearbeitungszeit aufweisen, würde sich folgende Verteilung der beplanten nachgefragten Kapazitäten ergeben.

Subperiode	1	2	3	4	5	6	7	8	9	10
Kapazitätsverteilung	21	142	100	90	140	0	80	0	0	0

Abb. 21.27. Geplante Kapazitätsverteilung

Obwohl die Nachfrage praktisch konstant war, schwankt die Kapazitätsnachfrage von 21 in Subperiode 1 auf 142 in Subperiode 2. Dieses Verhalten ist eine typische Konsequenz der Losgrößenbildung und verstärkt sich über jede zusätzliche Dispostufe. Allgemein nennt man das Phänomen, dass sich über die Dispostufen die Bedarfsschwankungen stark vergrößern, feast and famine. Die Losgrößenbildung ist eine der wesentlichen Ursachen dieses Effektes. Der feast and famine Effekt hat Ähnlichkeiten mit dem bullwhip effect einer Supply Chain.

Interessant ist auch, dass die Plandurchlaufzeit wesentlich größer ist als die Summe der Planübergangszeiten, da sie wesentlich von der Losgrößenpolitik beeinflusst wird. Die reale Durchlaufzeit kann natürlich beliebig von der Plandurchlaufzeit abweichen. Im nachfolgenden Beispiel versuchen wir mit den Daten des obigen Beispiels die Nachfrage des Fertigproduktes in Subperiode 10 zurück zu verfolgen. □

Ein weiteres typisches Merkmal von MRP ist, dass das Planungsergebnis stark variieren kann, wenn man nur geringfügige Änderungen der Inputdaten Anfangsbestand, Bruttobedarf an Fertigteilen oder bereits eingeplante Planaufträge durchführt. Wie nachstehendes Beispiel zeigt, kann sogar eine Reduktion der Nachfrage, eine Erhöhung des Anfangsbestandes oder eine Erhöhung der bereits freigegebenen Planaufträge zu einem nicht durchführbaren Ergebnis führen. Nicht-durchführbarkeit heißt in diesem Zusammenhang, dass der berechnete Starttermin eines Fertigungsauftrages in der Vergangenheit liegen würde.

Beispiel 21.17 (Reduktion der Nachfrage kann zu einem nicht durchführbaren Plan führen)

Es gelten dieselben Bedingungen wie im vorhergehenden Beispiel, lediglich der Bruttobedarf des Produktes A in Subperiode 1 wird um eins auf zehn reduziert.

Es ergeben sich für die Materialien A und X folgende Berechnungen

Material	A									
Losgrößenpolitik	FOP 3									
Sicherheitsbestand	10									
Planübergangszeit	2									
Subperioden		1	2	3	4	5	6	7	8	9	10
Bruttobedarf		10	10	10	10	10	10	10	10	10	10
Eingeplante Planaufträge		30									
Lagerbestand	10	30	20	10	0						
Nettobedarf						10	10	10	10	10	10	10
fertiggestellte Planaufträge			30					30			10
freigegebene Planaufträge		30			30			10			

Abb. 21.28. MRP Tabelle für A mit leicht reduziertem Bruttobedarf

Material	X									
Losgrößenpolitik	FOQ 40									
Sicherheitsbestand	10									
Planübergangszeit	2									
Subperioden		1	2	3	4	5	6	7	8	9	10
Bruttobedarf			30			30			10		
Eingeplante Planaufträge											
Lagerbestand	35	35	5								
Nettobedarf			5			30			10		
fertiggestellte Planaufträge			40						40		
freigegebene Planaufträge		**40**				40					

Abb. 21.29. MRP Tabelle für X mit reduzierten Bruttobedarf von A

Das Material X sollte nach Plan in der Subperiode 2 fertig gestellt werden. Wegen der Planübergangszeit von 2 Subperioden hätte der Start des Fertigungsauftrages in der Vergangenheit nämlich Subperiode 0, stattfinden müssen. □

Beispiel 21.18 (Rückverfolgung MRP)

Material	A									
Losgrößenpolitik	FOP 3									
Sicherheitsbestand	10									
Planübergangszeit	2									
Subperioden		1	2	3	4	5	6	7	8	9	10
Bruttobedarf		11	10	10	10	10	10	10	10	10	**10**
Eingeplante Planaufträge		30									
Lagerbestand	10	29	19	9							
Nettobedarf					1	10	10	10	10	10	**10**
fertiggestellte Planaufträge				21			30			**20**	
freigegebene Planaufträge		21			30			**20**			

Material	X									
Losgrößenpolitik	FOQ 40									
Sicherheitsbestand	10									
Planübergangszeit	2									
Subperioden		1	2	3	4	5	6	7	8	9	10
Bruttobedarf		21			30			**20**			
Eingeplante Planaufträge											
Lagerbestand	35	14	14	14	-16						
Nettobedarf					26		**14**	**20**			
fertiggestellte Planaufträge					40			40			
freigegebene Planaufträge			**40**			40					

Material	Z									
Losgrößenpolitik	FOQ 100									
Sicherheitsbestand	10									
Planübergangszeit	2									
Subperioden		1	2	3	4	5	6	7	8	9	10
Bruttobedarf			40		60	40		60			
Eingeplante Planaufträge			100								
Lagerbestand	30		90	90	30	-10					
Nettobedarf						20		60			
fertiggestellte Planaufträge						100					
freigegebene Planaufträge			100								

Abb. 21.30. Rückwärtsverfolgung in MRP

Die Zahl 14 im Pfeil der Tabelle für das Material X verdeutlicht, dass 14 Stück von den 20 nachgefragten bereits in der Periode 4 bereitstellen müssen. Wir sehen, dass bereits in der Subperiode 0, also 10 Perioden vor Fertigstellungstermin des Fertigproduktes, die Einlastung des Materials Z zur Deckung des Bruttobedarfes in Subperiode 10 zu erfolgen hat. Dieser Plandurchlaufzeit von 10 Subperioden steht eine kumulierte Planübergangszeit von 2 + 2 + 2 = 6 gegenüber.

Als Pegging wird die Funktionalität eines PPS-Systems verstanden, die es ermöglicht, einem freigegebenen Planauftrag den Bedarf laut MPS zuzuordnen. Pegging ist somit eine implementierte Rückverfolgungsfunktion.

21.5.1 Entscheidungsparameter bei MRP

Entscheidungsparameter und der Gestaltungsraum innerhalb MRP hat man viele. Die Wesentlichen sind

❑   Dispositionsstückliste

❑   Losgrößenpolitik pro Material

❑   Planübergangszeit pro Material

❑   Sicherheitsbestand pro Material

❑   Planungsperiode

❑   Zeitauflösung

❑   Planungsrhythmus

Die **Dispositionsstückliste** sollte aus möglichst wenig Stufen bestehen und möglichst wenig Materialien enthalten. Die Anzahl der Stufen sowie der Materialien beeinflussen wesentlich das Aufschaukeln der Kapazität, die Instabilität der Planungsergebnisse sowie die Bestände.

Dynamische Losgrößenbildung ist generell einer statischen vorzuziehen, weil nur so auf schwankende Nachfrage reagiert werden kann. Bei den dynamischen kostenorientierten **Losgrößenpolitiken** können über den Quotienten Lagerkostensatz durch Rüstkosten die resultierenden Losgrößen beeinflusst werden. Eine Erhöhung des Quotienten Lagerkostensatz über Rüstkosten reduziert die berechnete Losgröße.

Grundsätzlich kann festgestellt werden, dass eine Reduktion der Losgröße Folgendes bewirkt:

❑   Reduktion des Umlauflagerbestandes

❑   Reduktion der Durchlaufzeit

❑   Erhöhung der Auslastung (weil öfter gerüstet werden muss) bzw. Reduktion der Ausbringungsmenge

❑   Verbesserung der Liefertreue, falls nicht ein Kapazitätsengpass wegen erhöhtem Rüstaufwand entsteht

Bei Engpassmaschinen kann eine zu kleine Losgröße zur Erhöhung des Umlauflagerbestandes, der Durchlaufzeit und zu einer Verschlechterung der Liefertreue führen.

Die **Planübergangszeit** ist oft jene Stellschraube, die erhöht wird, wenn es Terminprobleme gibt. Dies führt zwangsweise aber zu einer Erhöhung der Lagerbestände und der Durchlaufzeit wie auch zu einer Erhöhung der Schwankung der Durchlaufzeit und damit zu noch größeren Termin-problemen. Dieses Phänomen wird Fehlkreis der Fertigungssteuerung genannt.

Grundsätzlich sollte man versuchen, die Planübergangszeit so kurz wie möglich zu gestalten. In der Annahme der konstanten Planübergangszeit liegt eine große Schwäche von MRP, weil die reale Übergangzeit von der aktuellen Auslastungs- und Bestandssituation abhängt.

Die **Sicherheitsbestände** sollten unvorhergesehene Schwankungen – verursacht durch Nachfrageänderungen, Maschinenausfall oder Qualitätsprobleme – kompensieren können. Vor Erhöhung von Sicherheitsbeständen sollten die Ursachen für die unvorhergesehenen Schwankungen möglichst eliminiert werden. Eine Erhöhung der Sicherheitsbestände erhöht die Durchlaufzeit und die Bestände und kann die Liefertreue verbessern. Wie nachfolgendes Beispiel zeigt, kann sich ein dynamisches kurzfristiges Anpassen der Sicherheitsbestände an die aktuelle Nachfrage sehr kontraproduktiv auf die Schwankung der Kapazitätsnachfrage untergeordneter Stufen auswirken.

Beispiel 21.19 (Kurzfristiges Anpassen der Sicherheitsbestände verursacht einen bullwhip effect)

In diesem Beispiel betrachten wir ein dreistufiges Fertigungssystem. Der Bruttobedarf an den Fertigteilen A ist abwechselnd 100 bzw. 95 Stück. Die nachgeordnete Stufe benötig genau ein Teil der untergeordneten Stufe um ein Teil zu fertigen, d.h ein B ist erforderlich um ein A und ein C um ein B zu produzieren. Die applizierte Sicherheitsbestandspolitik besagt, dass am Ende der Periode jeweils der Periodenbedarf als Sicherheitsbestand vorliegen soll. Die zu fertigende Menge in einer Periode ist somit gegeben durch die zweifache Nachfrage der Periode abzüglich dem Sicherheits-bestand am Anfang der Periode (=Nachfrage der Vorperiode). Der Bedarf der Subkomponente in einer Periode entspricht der Nachfrage der übergeordneten Stufe (Planübergangszeit ist eine Subperiode) in der nächsten Subperiode. Die angewandte Losgrößenpolitik ist LFL.

Berechne den Bruttobedarf, den Sicherheitsbestand und die Produktionsmenge je Subperiode.

In der nachfolgenden Tabelle sind die Ergebnisse der Berechnungen dargestellt.

	1	2	3	4	5	6	7	8
Bedarf A	100	95	100	95	100	95	100	95
Sicherheitsbestand A	100	95	100	95	100	95	100	95
Planauftrag A		90	105	90	105	90	105	90
Bedarf B	90	105	90	105	90	105	90	
Sicherheitsbestand B	90	105	90	105	90	105	90	
Planauftrag B		120	75	120	75	120	75	
Bedarf C	120	75	120	75	120	75		
Sicherheitsbestand C	120	75	120	75	120	75		
Planauftrag C		30	165	30	165	30		

Abb. 21.31. Bullwhip effect auf Grund dynamischer Sicherheitsbestände

Die $\frac{100-95}{100} = 0,05 = 5\,\%$ Nachfrageschwankung des Fertigproduktes A verstärkt sich wegen der kurzfristigen Anpassung der Sicherheitsbestände an die Nachfrage auf $\frac{120-75}{120} = 0,375 = 37,5\,\%$ Kapazitätsnachfrageschwankung der Subkomponente B und auf $\frac{165-30}{165} = 0,818 = 81,8\,\%$ Kapazitätsnachfrageschwankung der Subkomponente C. Das Anpassen der Sicherheitsbestände an die Nachfrage ist ein klassischer Grund des so genannten bullwhip effects. Wie auch im Kapitel *Lagermodelle und Bestandsmanagement* ausgeführt, sollte der Sicherheitsbestand durch die Systemschwankungen insbesondere durch die Bedarfsschwankungen und nicht durch die Höhe der Nachfrage bestimmt werden.

Eine sehr mächtige Methode zur optimalen Bestimmung der drei Parameter Planübergangszeit, durchschnittliche Losgröße (die dynamische Regel wird so eingestellt, dass sich als Durchschnitt die optimale Losgröße ergibt) und Sicherheitsbestand wird im Kapitel *Optimale Parametereinstellung* diskutiert.

Die Länge der **Planungsperiode** sollte mindestens so lange sein, wie die längste auftretende Durchlaufzeit (= Summe aller Planübergangszeiten zuzüglich der durch die Losgrößenpolitik verursachten Durchlaufzeitanteile). Demzufolge sollte der MPS mindestens für diesen Zeitraum bekannt sein. Für die **Zeitauflösung** wie auch für den **Planungsrhythmus** bietet sich ein Tag oder eine Schicht an.

Jene Zeitperiode, für welche Aufträge bereits eingeplant wurden und nicht mehr in den nächsten Planungsläufen abgeändert werden dürfen, heißt frozen zone. Mit Hilfe der frozen zone versucht man eine Stabilität der MRP-Planung für die nahe Zukunft zu erreichen. Allerdings ist zu beachten, dass eine frozen zone die Adaptierung des MRP-Planes wegen geänderter Rahmenbedingungen (z.B. Stornierung Kundenauftrag) nicht mehr erlaubt.

Durch das Umwandeln eines Planauftrages in einen Fertigungsauftrag (= eingeplanter Planauftrag) wird ebenfalls sichergestellt, dass dieser Auftrag nicht beim nächsten MRP-Lauf überschrieben wird.

21.5.2 Anwendungsgebiet MRP

MRP ist ein sehr allgemein einsetzbares Planungsverfahren und kann grundsätzlich für alle Produktionssysteme verwendet werden. Es ist ein typisches Push-System, rechenintensiv, zentral und das am häufigsten verwendete System in der Fertigung.

Die wichtigsten Nachteile und Einschränkungen sind:

❑ keine Überlappung in der Planung vorgesehen (das Transportlos ist kleiner als das Produktionslos)

❑ keine integrierte Kapazitätsbetrachtung

❑ Vergrößerung der Nachfrage-Schwankungen über die Dispostufen

❑ Instabilität der Planungsergebnisse

❑ Häufig sind konstante Planübergangszeiten hinterlegt

❑ Wegen der Mächtigkeit des Systems wird kein Zwang aufgebracht, die Komplexität des Produktionssystems zu reduzieren

❑ Wegen der intensiven Rechenzeit wird der MRP-Lauf in komplexen Umgebungen nur jede Nacht oder jedes Wochenende durchgeführt – dies führt zu nicht aktuellen Daten in der Planung.

Bei einem Maschinenausfall werden bei MRP weiterhin Aufträge eingeplant. Zwischen Rohmaterial und der ausgefallenen Maschine werden sich die offenen Aufträge anhäufen. Wenn der Engpass zwischen Rohmaterial und ausgefallener Maschine liegt, werden keine Kapazitätseinheiten am Engpass wegen des Maschinenstillstandes verloren.

Wenn über längere Zeit eine höhere Nachfrage vorliegt als Kapazität vorhanden ist, wird durch MRP mehr Arbeit eingelastet als abgearbeitet werden kann. Dies führt zu einem kontinuierlichen Anstieg der Lagerbestände. Umgekehrt neigt ein MRP gesteuertes System bei geringer Nachfrage zu einer Reduktion der Bestände. Wobei der minimal erreichbare Bestand über die eingestellten Sicherheitsbestände, die Terminisierungs- sowie die Losgrößenpolitik bestimmt ist.

21.6 Kapazitätsplanung

Die Kapazitätsplanung berechnet, wie viel Kapazität in den einzelnen Subperioden erforderlich ist, um die Umsetzung der vom MRP-Lauf bestimmten Planaufträge zu gewährleisten. Die Kapazitätsplanung sollte sich dabei nicht nur auf die Anlagen und Maschinen beziehen, sondern auch auf die Mitarbeiter, eventuell unterteilt nach gewissen Qualifikationsgruppen und Werkzeugen. In der Regel sollte die Kapazitätsplanung im gleichen Zeitrhythmus wie die MRP-Berechnung erfolgen. Basis dieser Berechnung sind alle Planaufträge, die durch einen MRP-Lauf eingeplant wurden und noch nicht fertig gestellt sind. Zusätzlich sind folgende Daten notwendig:

❑ Zuordnung, welches Material auf welcher Maschine zu fertigen ist bzw. welche Ressource (Werkzeug, Mitarbeiter) benötigt wird

❑ Vorgabezeiten

❑ Rüstzeiten

❑ Planübergangszeit

Die Berechnung der nachgefragten Kapazität für den Fall, dass die Planübergangszeit für alle Produkte an einer Maschine gleich lang ist, erfolgt durch

$$c_{k,t} = \frac{1}{l_k} \sum_{i=1}^{l_k} h_{k,t-i}$$

$$h_t = Ax_t + B\,sgn(x_t)$$

$c_{k,t}$ ···nachgefragte Kapazität an der Ressource k in Subperiode t

$$h_t = \begin{pmatrix} h_{1,t} \\ \vdots \\ h_{n,t} \end{pmatrix} \dots \text{Kapazitätsvektor (eingelastete Kapazität zur Subperiode } t)$$

x_t ...Planaufträge (neue von MRP vorgeschlagene und bereits freigegebene, die noch nicht fertiggestellt sind) mit Fertigstellungs-
termin t (21.45)

l_k ...Planübergangszeit an der Ressource k

n ...Anzahl der Ressourcen

A ...Kapazitätsmatrix (nur Bearbeitungszeit/Stück ohne Rüstzeit)

B ...Rüstmatrix

$$sgn(x_t) = \begin{pmatrix} sgn(x_{1,t}) \\ \vdots \\ sgn(x_{n,t}) \end{pmatrix}$$

Die Kapazitätsmatrix definiert, wieviel Zeit erforderlich ist, um ein Stück zu fertigen. Die Rüstmatrix hingegen beschreibt, wie lange eine Rüstoperation für ein bestimmtes Produkt an einer bestimmten Maschine benötigt. Sowohl an der Rüstmatrix als auch an der Kapazitätsmatrix steht eine Null im Element i-te Zeile und j-te Spalte, wenn Produkt j nicht auf der Maschine i gefertigt wird. Der Kapazitätsvektor h_t gibt an, wieviel Kapazität laut Ergebnis des MRP-Laufs nachgefragt wird. Da in der Regel die Abarbeitung nicht in der Periode erfolgt, in der sie freigegeben worden ist (sondern in den nachfolgenden Perioden), wird der Kapazitätsvektor über die Planübergangszeit gemittelt. Das Ergebnis dieser Mittelung ist die nachgefragte Kapazität.

Für den Fall, dass materialabhängige Planübergangszeiten an einer Maschine vorliegen, kann die nachgefragte Kapazität an der Maschine berechnet werden durch:

$$c_t = \sum_{k=0}^{m} h_{k,t}$$

$$h_{k,t} = \frac{1}{l_k} \sum_{i=1}^{l_k} a_k x_{k,t-i} + b_k \, sgn(x_{k,t-1})$$

(21.46)

c_t …nachgefragte Kapazität in Subperiode t

$h_{k,t}$ …nachgefragte Kapazität durch Produkt k in Subperiode t

$x_{k,t}$ …Planaufträge (für die betreffende Maschine und Produkt k)

l_k …Planübergangszeit des Produktes k an der Maschine   (21.47)

a_k …Bearbeitungszeit/Stück für k - tes Produkt)

b_k …Rüstzeit für k - tes Produkt

m …Anzahl der Produkte

Beispiel 21.20 (Kapazitätsplanung)

Es sind der Bruttobedarf an Fertigteilen, die MRP-Entscheidungsparameter und Stücklistenstruktur gegeben. Führen Sie einen MRP-Lauf mit anschließender Kapazitätsplanung durch. Zusätzlich ist zu überprüfen, ob mit der verfügbaren Kapazität von 40 Einheiten pro Subperiode die Fertigungsaufträge realisiert werden können. Ein Fertigprodukt A besteht aus einem Teil X. Beide Teile werden auf der Maschine M1 gefertigt. Zusätzlich sind folgende materialabhängige Daten gegeben.

Tabelle 21.17. Materialabhängige Daten

	A	X
Losgrößenpolitik	FOP 2	FOP 4
Sicherheitsbestand	10	10
Planübergangszeit	2	2
Anfangslagerbestand	10	35

Vorgabezeit auf M1	1	2
Rüstzeit auf M1	5	6

In der nachstehenden Abbildung werden der Bruttobedarf des Fertigproduktes A entsprechend dem Masterplan und die bereits in früheren MRP-Läufen eingeplanten Fertigungsaufträge dargestellt.

Subperioden	1	2	3	4	5	6	7	8	9	10
Bruttobedarf A	11	10	10	10	10	10	10	10	10	10

Subperioden	1	2	3	4	5	6	7	8	9	10
Eingepl. Planaufträge A	30									
Eingepl. Planaufträge X										

Abb. 21.32. Bruttobedarf und bereits eingeplante Fertigungsaufträge

Der MRP-Lauf ergibt nun:

Material	A									
Losgrößenpolitik	FOP 2									
Sicherheitsbestand	10									
Planübergangszeit	2									
Subperioden		1	2	3	4	5	6	7	8	9	10
Bruttobedarf		11	10	10	10	10	10	10	10	10	10
Eingeplante Planaufträge		30									
Lagerbestand	10	29	19	9							
Nettobedarf					1	10	10	10	10	10	10	10
fertiggestellte Planaufträge				11		20		20		20	
freigegebene Planaufträge		11		20		20		20			

Abb. 21.33. MRP-Lauf für A

Material	X									
Losgrößenpolitik	FOP 4									
Sicherheitsbestand	10									
Planübergangszeit	2									
Subperioden		1	2	3	4	5	6	7	8	9	10
Bruttobedarf		11		20		20		20			
Eingeplante Planaufträge											
Lagerbestand	35	24	24	4							
Nettobedarf				16		20		20			
fertiggestellte Planaufträge				26			20			
freigegebene Planaufträge		26				20					

Abb. 21.34. MRP-Lauf für X

Die Kapazitätsplanung ergibt folgendes Bild:

	-1	0	1	2	3	4	5	6	7	8
Eingelastete Kapazität für A	35	0	16	0	25	0	25	0	25	0
Eingelastete Kapazität für X	0	0	58	0	0	0	46	0	0	0
Summe	35	0	74	0	25	0	71	0	25	0
Kapazitätsbedarf			37	37	12,5	12,5	35,5	35,5	12,5	12,5

Abb. 21.35. Kapazitätsplanung für M1

In der Kapazitätsplanung ist zu beachten, dass der eingeplante Planauftrag mit Fertigstellungstermin Subperiode 1 bereits in der Subperiode 1 eingeplant worden ist. Der Kapazitätsbedarf ergibt sich durch die Mittelung der vergangenen eingelasteten Kapazitäten. Da die höchste nachgefragte Kapazität pro Subperiode 37 ist, steht genügend Kapazität zur Verfügung.   □

Wenn die nachgefragte Kapazität an einem bestimmten Zeitpunkt höher ist, als die zur Verfügung gestellte, gibt es drei Möglichkeiten, eine machbare Situation herzustellen.

❏ Bereitstellung der notwendigen Zusatzkapazität

❏ Losteilung

❏ Vorziehen von Aufträgen zur Abdeckung von freien Kapazitäten zu früheren Zeitpunkten

❏ Änderung des Masterplans

Wenn die **Bereitstellung kostengünstiger Zusatzkapazität** möglich ist, sollte diese Variante den anderen vorgezogen werden.

Falls mehrere Periodenbedarfe zu einem Produktionslos (ist bei fast allen Losgrößenpolitiken der Fall) im Rahmen des MRP-Laufes zusammengefasst werden, kann eine **Losteilung** Abhilfe bei kurzfristigen Kapazitätsproblemen schaffen. Eine Teilung des Loses bewirkt, dass der erste Teil des Loses in naher Zukunft Kapazität in Anspruch nimmt, wohingegen der zweite Losteil erst in ferner Zukunft die Kapazität in Anspruch nimmt. Es wird also ein Teil der nachgefragten Kapazität in die Zukunft geschoben. Dieses Verschieben führt zu keinem Lieferverzug, weil der zweite Teil des Loses Bedarfe in ferner Zukunft abdeckt. Wenn es sich um eine Engpasskapazität mit hohem Rüstaufwand handelt, ist bei der Methode der Losteilung Vorsicht angebracht, da dadurch in Summe über längere Zeit möglicherweise zuviel Kapazität angefordert wird.

Das **Vorziehen von Aufträgen** kann dann zum Erfolg führen, wenn in naher Zukunft eine freie Kapazität gegeben ist und in ferner Zukunft eine Kapazitätsüberschreitung angezeigt wird. Man versucht also durch Vorziehen bekannter (später eingeplanter) Aufträge vorhandene freie Kapazität in naher Zukunft zu nutzen, um dann in ferner Zukunft keine Kapazitätsüberschreitung vorzufinden. Die Machbarkeit dieser Methode hängt natürlich von der Verfügbarkeit der Vormaterialien ab. Eine generelle Erhöhung der Planübergangzeit in diesem Zusammenhang ist auf jeden Fall zu vermeiden, siehe dazu das Kapitel *logistische Grundgesetze*.

Wenn die vorher genannten Alternativen nicht zum Ziel führen oder nicht einsetzbar sind, bleibt nur noch die **Änderung des Masterplans**. Hier ist aber größte Vorsicht geboten. Wie wir aus dem Beispiel vom Kapitel *MRP* wissen, kann eine Reduktion des Bruttobedarfes zu einem nicht zulässigen Ergebnis des MRP-Laufes führen. Ebenso kann eine Reduktion des Bruttobedarfs zu einer höheren Kapazitätsnachfrage führen (siehe dazu nachfolgendes Beispiel). Bei der Entscheidung, ob die Änderung des Masterplans einer anderen Alternative vorzuziehen ist, ist wesentlich, ob hinter dem Masterplan Kundenaufträge oder Lageraufträge stehen. Eine Änderung des Masterplans, die nur Lageraufträge in die Zukunft verschiebt, hat kaum Auswirkungen auf die Liefertreue. Dahingegen bedeutet die Verschiebung von Kundenaufträgen, dass die vereinbarten Liefertermine nicht mehr halten werden. Erst eine Abklärung mit dem Vertrieb bzw. dem Kunden kann hier zu einer zufriedenstellenden Lösung der Aufgabe führen.

Das nächste Beispiel demonstriert die Durchführung der Kapazitätsplanung und zeigt zusätzlich, dass eine Erhöhung des Bruttobedarfs zu einer Eliminierung der Kapazitätsüberschreitung führen kann. Umgekehrt hat man keine Garantie, dass durch eine Reduktion des Masterplanes die Kapazitätsüberschreitung vermieden wird.

Beispiel 21.21 (Kapazitätsplanung bei reduziertem Bruttobedarf)

In diesem Beispiel sind dieselben Daten gegeben wie im Beispiel 21.19 Kapazitätsplanung. Einzig der Bruttobedarf in der ersten Subperiode ist um eins reduziert.

Subperioden	1	2	3	4	5	6	7	8	9	10
Bruttobedarf A	10	10	10	10	10	10	10	10	10	10

Subperioden	1	2	3	4	5	6	7	8	9	10
Eingepl. Planaufträge A	30									
Eingepl. Planaufträge X										

Abb. 21.36. Bruttobedarf und bereits eingeplante Fertigungsaufträge

Der MRP-Lauf ergibt nun:

Material	A									
Losgrößenpolitik	FOP 2									
Sicherheitsbestand	10									
Planübergangszeit	2									

Subperioden		1	2	3	4	5	6	7	8	9	10
Bruttobedarf		10	10	10	10	10	10	10	10	10	10
Eingeplante Planaufträge		30									
Lagerbestand	10	30	20	10	0						
Nettobedarf					10	10	10	10	10	10	10
fertiggestellte Planaufträge					20		20		20		10
freigegebene Planaufträge			20		20		20		10		

Abb. 21.37. MRP-Lauf für A

Material	X									
Losgrößenpolitik	FOP 4									
Sicherheitsbestand	10									
Planübergangszeit	2									

Subperioden		1	2	3	4	5	6	7	8	9	10
Bruttobedarf			20		20		20		10		
Eingeplante Planaufträge											
Lagerbestand	35	35	15	15	-5						
Nettobedarf					15		20		10		
fertiggestellte Planaufträge					35				10		
freigegebene Planaufträge			35				10				

Abb. 21.38. MRP-Lauf für X

Die Kapazitätsplanung ergibt nun folgendes Bild:

	-1	0	1	2	3	4	5	6	7	8
Eingelastete Kapazität für A	35	0	0	25	0	25	0	25	0	15
Eingelastete Kapazität für X	0	0	0	76	0	0	0	26	0	0
Summe	35	0	0	101	0	25	0	51	0	15
Kapazitätsbedarf			0	50,5	50,5	12,5	12,5	25,5	25,5	7,5

Abb. 21.39. Kapazitätsplanung für M1

Obwohl der Bruttobedarf um eins reduziert worden ist und die über alle Subperioden nachgefragte aufsummierte Kapazität geringer ist, ist in den Subperioden 2 sowie 3 eine wesentliche Überschreitung der verfügbaren Kapazität durch die nachgefragte Kapazität festzustellen. Neben der vielleicht unerwarteten Möglichkeit der Bruttobedarfserhöhung führt eine Losreduktion (FOP 2) für Material X ebenfalls zu durchführbaren Fertigungsaufträgen. Eine Halbierung der Losreichweite von X führt zu folgenden Ergebnissen:

Material	X									
Losgrößenpolitik	FOP 2									
Sicherheitsbestand	10									
Planübergangszeit	2									
Subperioden		1	2	3	4	5	6	7	8	9	10
Bruttobedarf			20		20		20		10		
Eingeplante Planaufträge											
Lagerbestand	35	35	15	15	-5						
Nettobedarf					15		20		10		
fertiggestellte Planaufträge					15		20		10		
freigegebene Planaufträge			15		20		10				

Abb. 21.40. MRP-Lauf für X mit FOP 2

Die Kapazitätsplanung ergibt mit FOP 2 für Material X:

	-1	0	1	2	3	4	5	6	7	8
Eingelastete Kapazität für A	35	0	0	25	0	25	0	25	0	15
Eingelastete Kapazität für X	0	0	0	36	0	46	0	26	0	0
Summe	35	0	0	61	0	71	0	51	0	15
Kapazitätsbedarf			0	30,5	30,5	35,5	35,5	25,5	25,5	7,5

Abb. 21.41. Kapazitätsplanung für M1 und FOP 2 für X

Die Halbierung der Losreichweite reduziert die höchste nachgefragte Kapazität von 50,5 auf 35,5. Die nachgefragte Kapazität ist nun kleiner als die bereitgestellte.   □

21.7 Auftragsfreigabe

Die Auftragsfreigabe erfüllt die Aufgabe, dass die seitens des MRP-Laufes vorgesehenen Planaufträge tatsächlich für die Fertigung freigegeben werden. Die Auftragsfreigabe erfolgt in kurzen Zeitabständen (z.B. jede Schicht) und berücksichtigt nur MRP-Planaufträge in naher Zukunft (z.B.

nächster Tag). Nach erfolgter Freigabe sind diese Aufträge in den nächsten MRP-Läufen bis zur Fertigstellung (bis die Fertigstellung zurückgemeldet ist) als „eingeplante Planaufträge" geführt. In vielen ERP-Systemen heißen die eingeplanten Planaufträge Fertigungsaufträge bzw. Bestellanforderung für Fremdteile.

Vor Freigabe sollte die Verfügbarkeit von

❑ Anlagen

❑ Personal

❑ Vormaterialien

❑ Werkzeug

❑ Arbeitspapieren und

❑ Betriebsstoffen

sichergestellt sein. Die Verfügbarkeit der Anlagen, des Personals und des Werkzeuges sollte nach erfolgter Kapazitätsplanung und falls notwendig, nach entsprechender Umplanung gegeben sein. Die Arbeitspapiere werden im Zuge der Auftragsfreigabe erstellt und an die Produktion übergeben. Die Überprüfung der Verfügbarkeit (Verfügbarkeitsprüfung) der notwendigen Vormaterialen, Betriebsstoffe und Betriebsmittel hat extra zu erfolgen. Wichtig dabei ist, dass nicht jedes Vormaterial bzw. jeder Betriebsstoff in der Planungsstückliste abgebildet ist, aber trotzdem für die Durchführung des Fertigungsauftrages notwendig ist. Bei einem funktionierenden und zeitaktuellen Rückmeldesystem kann die Verfügbarkeitsprüfung für die EDV-erfassten Materialien leicht erfolgen.

Eine besondere Art der Auftragsfreigabe stellt die so genannte belastungsorientierte Auftragsfreigabe (BOA) dar, siehe z.B. Bechte (1984) oder Wiendahl (1987). Die BOA unterscheidet im ersten Schritt dringende von nicht dringenden Fertigungsaufträgen und führt dann im zweiten Schritt die Freigabeprüfung durch. Grundsätzlich werden bei der BOA nur Aufträge freigegeben, deren Zieltermine nicht zu weit in der Zukunft liegen und die resultierenden Warteschlangen nicht zu lang werden. Die BOA hat damit eine gewisse Ähnlichkeit mit dem Prinzip des CONWIP Verfahrens.

21.8 Abarbeitung

Die Abarbeitung stellt das operative Element des MRP II Ansatzes dar. Nachdem durch den MRP-Lauf Planaufträge generiert worden sind, die Kapazitätsplanung keine zu hohe Nachfrage an Kapazität festgestellt hat und die Verfügbarkeitsprüfung kein Fehlen eines Materials sichergestellt hat, sind vor jeder Maschine in der Regel mehrere Fertigungsaufträge, die zur Bearbeitung anstehen. Im Zuge der Abarbeitung sollte ein Werkzeug zur Verfügung gestellt werden, mit dessen Hilfe entschieden wird, welcher Fertigungsauftrag tatsächlich als nächstes eingelastet wird. Zusätzlich ist die Meldung über den Status jedes Auftrages ein wichtiger Punkt, denn nur so können beim nächsten MRP-Lauf der Lagerbestand und bereits eingeplante aber noch nicht fertig gestellte Fertigungsaufträge richtig einbezogen werden. Demzufolge sind zwei Punkte bezüglich Planung und Steuerung in der Abarbeitung wichtig:

- ❑ Prioritätsregel oder auch Abarbeitungsregel
- ❑ Rückmeldung

Die **Prioritätsregel** (engl. *dispatching rule, sequencing rule* oder *priority rule*) definiert, welcher der freigegebenen Aufträge als nächster gefertigt werden soll. Wir werden hier nur die wichtigsten Abarbeitungsregeln anführen und werden sie nach ihrer Zielsetzung unterteilen. Weitere Abarbeitungsregeln findet man z.B. in Mertens (1993) dargestellt.

- ❑ Liefertreue und Verspätung verbessern
  - ➢ Earliest Due Date (EDD)
  - ➢ Modified Earliest Due Date (MEDD)
  - ➢ Earliest Constraint Date (ECD)
  - ➢ Least Slack (LSK)
  - ➢ Critical Ratio (CR)
  - ➢ Least Slack Per Remaining Operation (LSK/RO)
  - ➢ Cover Time Planning (CTP)
  - ➢ Shortest Processing Time (SPT)
- ❑ Reduktion der Durchlaufzeit bzw. des Lagerbestandes
  - ➢ First In First Out (FIFO)
  - ➢ First In System First Out (FISFO)

> ➢ Shortest Remaining Processing Time (SRPT)
- ❑ Gleichverteilung der Anlagen-Auslastung
  > ➢ Least Flexible Job (LFJ)
- ❑ Reduktion des Rüstaufwandes
  > ➢ Least Set-Up Time (LSUT)

Für alle hier angeführten Regeln gilt, je kleiner der Wert p_{Regel} des Auftrages ist, desto höher ist die Priorität des Auftrages.

Earliest Due Date (EDD)

Die Earliest Due Date Regel (dt. *Liefertermin Regel*) reiht die Fertigungsaufträge nach ihren Zielterminen. Höchste Priorität hat dabei jener Auftrag, dessen Zieltermin am nächsten liegt bzw. wenn eine Überschreitung des Zieltermins bereits erfolgt ist, ist es jener Auftrag mit der längsten Überschreitung des Zieltermins. Der Zieltermin ist bei einem Kundenauftragsfertiger der mit dem Kunden vereinbarte Liefertermin. Werden mehrere Kundenaufträge zu einem Fertigungsauftrag zusammengefasst, so ist es der früheste Liefertermin aller zum Fertigungsauftrag zusammengefassten Kundenaufträge.

$$p_{EDD} = T - t$$
T ... Zieltermin   (21.48)
t ... aktuelle Zeit

Ein Auftrag mit einem negativen p_{EDD} Wert ist bereits zu spät. Die Liefertermin-Regel reduziert die mittlere sowie die maximale Verspätung (engl. *tardiness*), wobei bei der Berechnung der tardiness nur die zu spät fertig gestellten Fertigungsaufträge berücksichtigt werden. Zusätzlich wird auch die maximale lateness minimiert.

Modified Earliest Due Date (MEDD)

Die Modified Earliest Due Date Regel reiht die Fertigungsaufträge vor einer Maschine nach ihrem Planstarttermin an dieser Maschine. Jener Auftrag, dessen Planstarttermin am nächsten in der Zukunft liegt bzw. dessen Terminüberschreitung am höchsten ist, wird als nächstes eingelastet.

$$p_{MEDD} = T_S - t$$

T_S …Planeinlasttermin an der Maschine   (21.49)

t …aktuelle Zeit

Ein Auftrag mit einem negativen p_{MEDD} Wert kann laut Plan nicht rechtzeitig an der Maschine eingelastet werden. Die MEDD-Regel versucht die Aufträge vor der Maschine so abzuarbeiten, dass die Reihenfolge der Planung eingehalten wird.

Earliest Constraint Date (ECD)

Die Earliest Constraint Date Regel reiht die Fertigungsaufträge nach ihrem Planeinlasttermin am Engpass. Höchste Priorität hat dabei jener Auftrag, dessen Planeinlasttermin am Engpass am nächsten liegt bzw. wenn eine Überschreitung des Planeinlasttermins bereits erfolgt ist, ist es jener Auftrag mit der längsten Überschreitung des Zieltermins. In der Regel wird der Planeinlasttermin am Engpass durch Scheduling oder Rückwärtsterminierung bestimmt.

$$p_{ECD} = T_C - t$$

T_C …Planeinlasttermin am Engpass   (21.50)

t …aktuelle Zeit

Ein Auftrag mit einem negativen p_{ECD} Wert kann laut Plan nicht rechtzeitig am Engpass eingelastet werden. Die ECD-Regel versucht die Aufträge der Maschinen vor dem Engpass so abzuarbeiten, dass die Teile in der Reihenfolge des Abarbeitungsplans am Engpass ankommen.

Least Slack (LSK)

Die Least Slack Regel (dt. *Schlupfzeit Regel*) ergänzt die Earliest Due Date Regel um die verbleibende Restplanbearbeitungszeit.

$$p_{LSK} = T - t - p_{Rest}$$

T …Zieltermin

t …aktuelle Zeit   (21.51)

p_{Rest} …verbleibende Restplanbearbeitungszeit

Die verbleibende Restplanbearbeitungszeit ist die Summe aller Planbearbeitungszeiten (Bearbeiten und Rüsten) des Materials aller noch offenen Bearbeitungsschritte (inkl. der Bearbeitung an der Anlage, für welche die Reihung der Aufträge vorgenommen wird) unter Berücksichtigung der Losgrößen. Ein Auftrag mit einem negativen p_{LSK} Wert wird zu spät sein bzw. ist bereits zu spät.

Ähnlich wie die Earliest Due Date Regel wird die mittlere Verspätung mit Hilfe der Least Slack Regel minimiert. Wenn stark unterschiedliche Restbearbeitungszeiten gegeben sind, ist die LSK zu bevorzugen.

Cover Time Planning (CTP)

Die Cover Time Planning Regel ist eine junge Methode, die von Segerstedt (2006) entwickelt worden ist. CTP kann als Abarbeitungsregel oder auch als Planungs- und Steuerungsinstrument anstelle von MRP, siehe Segerstedt (1991), verwendet werden. Die CTP-Regel priorisiert jenen Auftrag am höchsten, dessen Differenz Reichweite des Materials abzüglich erwartete Produktionsdurchlaufzeit bzw. Wiederbeschaffungszeit des Materials am kleinsten ist.

$$p_{CTP} = T_C - L$$

T_C ...Reichweite des Materials inkl. bereits eingeplanter Aufträge   (21.52)

L ...Plandurchlaufzeit bzw. Wiederbeschaffungszeit des Materials

Die Reichweite des Materials berechnet sich aus dem Lagerbestand, den bereits eingeplanten Planaufträgen und dem Verbrauch. Die Plandurchlaufzeit ergibt sich aus der Summe der Planübergangszeiten und dem aus der Losgrößenpolitik resultierenden Durchlaufzeitanteil.

Critical Ratio (CR)

Die Critical Ratio Regel baut auf den gleichen Daten auf wie die LSK, verwendet aber anstelle der Differenz das Verhältnis zwischen verbleibender Zeit zu notwendiger Restplanbearbeitungszeit.

$$p_{CR} = \frac{T - t}{p_{Rest}}$$

T …Zieltermin   (21.53)

t …aktuelle Zeit

p_{Rest} …verbleibende Restplanbearbeitungszeit

Ein Auftrag mit einem Critical Ratio Wert kleiner 1 wird zu spät sein bzw. ist bereits zu spät. Die CR-Regel führt zu ähnlichen Ergebnissen wie die LSK-Regel.

Least Slack Per Remaining Operation LSK/RO

Die Least Slack Per Remaining Operation Regel versucht zusätzlich zur verbleibenden Planbearbeitungszeit auch die Anzahl der verbleibenden Fertigungsstufen zu berücksichtigen.

$$p_{LSK} = \frac{T - t - p_{Rest}}{n}$$

T …Zieltermin

t …aktuelle Zeit   (21.54)

p_{Rest} …verbleibende Restplanbearbeitungszeit

n …verbleibende Anzahl an Fertigungsstufen

Die verbleibende Anzahl an Fertigungsstufen ist die Anzahl der für das Material noch notwendigen Fertigungsschritte bis zum Fertigprodukt. Der Fertigungsschritt jener Maschine, deren Aufträge gereiht werden, wird ebenfalls in der Bestimmung berücksichtigt. Die LSK/RO-Regel minimiert die durchschnittliche Verspätung und führt bei unterschiedlichen Restfertigungspfaden zu besseren Ergebnissen als die LSK-Regel.

Shortest Processing Time (SPT)

Die Shortest Processing Time Regel (dt. *Kürzeste Operationszeit Regel – KOZ*) reiht jene Aufträge als erstes, die die kürzeste Planbearbeitungszeit aufweisen.

$$p_{SPT} = p$$

p…Planbearbeitungszeit

$$(21.55)$$

Die Planbearbeitungszeit bezieht sich auf das Fertigungslos und auf die Anlage, deren Aufträge priorisiert werden. Die SPT-Regel ermöglicht das schnelle Abarbeiten der Materialien, die vor der Anlage warten. Der Bestand gemessen in Stück vor der Anlage wird schnell abgebaut. Der Lagerbestand gemessen in Arbeitszeit wird nicht schneller abgebaut. Die SPT Regel unterstützt die Reduzierung der mittleren Durchlaufzeit, der mittleren Liegezeit und der mittleren lateness. Die SPT-Regel kann dazu neigen, dass Aufträge mit langen Planbearbeitungszeiten sehr lange liegen bleiben. Um diesen Effekt zu verhindern, sollte die SPT-Regel mit Regeln, die den Zieltermin berücksichtigen, kombiniert werden.

First In First Out (FIFO)

First In First Out (dt. *Früheste Ankunftsregel*) ist eine sehr bekannte und auch häufig angewandte Regel. Sie besagt, dass jener Auftrag als erstes abgearbeitet werden soll, der bereits am längsten vor der Maschine wartet (der also als erstes angekommen ist.)

$$p_{FIFO} = t_0$$

t_0…Ankunftszeit des Auftrages vor der Maschine

$$(21.56)$$

Die Ankunftszeit vor der Maschine ist, falls eine MRP-II Systematik vorliegt, gegeben durch den Zeitpunkt, an dem der Fertigungsauftrag für die Produktion freigegeben worden ist (nach Kapazitätsplanung und Verfügbarkeitsprüfung). In anderen Systemen ist die Ankunftszeit durch das physische Verfügbarsein des Auftrages vor der Anlage bestimmt. Die Stärke der FIFO-Regel liegt darin, dass keine Umreihung der Aufträge vorgenommen wird und somit eine einfache und transparente Steuerung gegeben ist. Da keine Umsortierung der Aufträge stattfindet, ist die Streuung der Durchlaufzeiten bei einem FIFO gesteuerten System sehr klein

– dies führt zu einer kurzen mittleren Durchlaufzeit und zu einer besseren Vorhersagbarkeit des Auftragsfertigstellungstermins.

First In System First Out (FISFO)

Die First In System First Out Regel (dt. *Wartezeitregel*) sollte nicht mit der FIFO-Regel verwechselt werden. Die FISFO-Regel reiht die Aufträge nach der Ankunftszeit im gesamt betrachteten Fertigungssystem.

$$p_{FISFO} = t_{0,System}$$

$t_{0,System} \ldots$ Ankunftszeit des Auftrages vor der ersten Maschine

(21.57)

Die Ankunftszeit des Auftrages vor der ersten Maschine ist jener Zeitpunkt, an dem der Fertigungsauftrag bei der ersten Fertigungsstufe laut Fertigungspfad angekommen ist. Bei der Teilefertigung könnte das z.B. der Freigabezeitpunkt der Rohmaterialbearbeitung sein bzw. bei einem Montageprozess könnte es die Freigabe des Auftrages an der ersten Montagestation sein. Für eine sequentielle Fertigung, in welcher kein Vertauschen der Fertigungsaufträge vorgesehen ist, entspricht die FISFO der FIFO. Bei parallelen Prozessen bzw. bei erlaubten Änderungen der Reihenfolge der Fertigungsaufträge kann die FISFO zu andern Ergebnissen als die FIFO-Regel führen.

Bezüglich FIFO und FISFO ist anzumerken, dass die Definitionen und Benennungen in der Literatur nicht einheitlich sind. Es gibt Autoren, die die beiden Begriffe genau umgekehrt definieren, und es sind auch noch Bezeichnungen wie First Come First Served bzw. First In System First Served für beide Sachverhalte in Verwendung.

Shortest Remaining Processing Time (SRPT)

Ähnlich wie die SPT-Regel betrachtet die Shortest Remaining Processing Time die Planbearbeitungszeiten, wobei die SRPT nicht die Planbearbeitungszeit der Anlage, deren Aufträge gereiht werden, betrachtet, sondern die Summe der verbleibenden Restbearbeitungszeiten.

$$p_{SRPT} = p_{Rest}$$

$p_{Rest} \ldots$ verbleibende Restplanbearbeitungszeit

(21.58)

Die SRPT-Regel minimiert den Umlauflagerbestand gemessen in Stück. Ähnlich wie bei der SPT-Regel besteht auch bei der SRPT-Regel die Gefahr, dass Aufträge mit langen Restplanbearbeitungszeiten sehr lange vor der Maschine liegen bleiben und dies zu Terminproblemen führen kann. Eine Kombination mit Regeln, die den Zieltermin beinhalten, kann die Termineinhaltung verbessern.

Least Flexible Job (LFJ)

Falls flexible Fertigungspfade vorliegen, kann ein Fertigungsauftrag in der Regel an mehreren Anlagen gefertigt werden. In diesem Fall kann mit Abarbeitungsregeln auch die Maschinenzuordnung der Aufträge gesteuert werden. Eine Möglichkeit dazu ist, pro Auftrag festzustellen, an wie vielen Anlagen er gefertigt werden kann. Ein Auftrag erhält eine höhere Priorität, wenn er wenig flexibel (an wenig Anlagen gefertigt werden kann) ist.

$$p_{LFJ} = m$$

m…Anzahl der Anlagen, an denen der Auftrag   (21.59)
    gefertigt werden kann

Wegen der Ganzzahligkeit führt die durch LFJ vorgeschlagene Reihenfolge zu keiner Eindeutigkeit. Zusätzlich ist zu beachten, dass hoch flexible Aufträge nach dieser Regel sehr lange bis zu ihrer Bearbeitung warten werden. Aus diesen zwei Gründen sollte die LFJ-Regel mit anderen Abarbeitungsregeln kombiniert werden.

Least Set-Up Time (LSUT)

Falls reihenfolgeabhängige Rüstzeiten gegeben sind, kann die Least Set-Up Time Regel eine gute Methode zur Bildung der Reihenfolge sein. Abhängig vom aktuellen Fertigungsauftrag, der gerade an der Maschine bearbeitet wird, wird die notwendige Rüstzeit für jeden wartenden Auftrag für die Priorisierung herangezogen.

$$p_{LSUT} = t_R$$

t_R…erforderliche Rüstzeit   (21.60)

Die Kombination von Regeln kann ein wichtiges Instrument sein um mehrere Ziele zu vereinen. Laut Kurbel (1998) gibt es vier Möglichkeiten, Abarbeitungsregeln zu kombinieren.

❑   alternativ

❑   dominant

❑   additiv

❑   multiplikativ

Von einer **alternativen** Kombination spricht man, wenn abhängig von der Situation eine andere Abarbeitungsregel zum Einsatz kommt. So kann z.B. die SPT-Regel angewandt werden, und wenn ein Auftrag droht, zu spät fertig zu werden, kommt die EDD-Regel zum Einsatz. Eine **dominante** Verknüpfung liegt vor, wenn eine zusätzliche Regel herangezogen wird, wenn die Hauptregel zu keinem eindeutig erstgereihten Auftrag führt. So kann z.B. die LFJ-Regel die Hauptregel sein, und falls keine eindeutige Reihung vorliegt, kann die CR als Zusatzregel benutzt werden um zu entscheiden, welcher von den gleich gereihten Fertigungsaufträgen tatsächlich als nächstes gefertigt werden soll. Bei der **additiven** Kombination werden mit Gewichtsfaktoren mehrere Abarbeitungsregeln kombiniert. Bei der **multiplikativen** werden die einzelnen Werte mit gewichteten Potenzzahlen multiplikativ verbunden. Ein Beispiel einer additiven Kombination, die für Werkstattfertigung mit flexiblen Fertigungspfaden gute Ergebnisse in Bezug auf Liefertreue und geringen Bestand bringt, ist die LFJ-LSK/RO Regel.

$$p_{LFJ-LSK/RO} = g_{LFJ}p_{LFJ} + g_{LSK/RO}p_{LSK/RO}$$

g_{LFJ} ...Gewichtsfaktor für LFJ Wert   (21.61)

$g_{LSK/RO}$ ...Gewichtsfaktor für LSK/RO Wert

Sowohl in der Literatur als auch in der Praxis gibt es eine Vielzahl an weiteren Abarbeitungsregeln, siehe z.B. Panwalkar/Iskander (1977). So könnte z.B. die Länge der Wartezeit vor einer Maschine (Umlauflagerbestand vor der Maschine) ein zusätzliches Kriterium für die Reihung der Aufträge darstellen. Generell ist zu beachten, dass, je größer der Umlauflagerbestand ist, desto mehr Möglichkeiten der Reihung gibt es. Reihung bedeutet immer, einen Auftrag vorzuziehen und einen anderen zu verschieben. Durch Abarbeitungsregeln können damit lokale und temporäre Optimierungen vorgenommen werden. Die großen Verbesserungspotentiale eröffnen sich aber durch eine umfassende und richtige Planung, d.h. durch Sicherstellung, dass sich nur wenige Aufträge in der Fertigung befinden/eingelastet werden und diese Aufträge ohne Umsortierung (FIFO oder FISFO) durch die Fertigung fließen und termingerecht fertig gestellt werden.

Die zweite wichtige Aufgabe der Abarbeitung ist die **Rückmeldung**. Die Rückmeldung stellt sicher, dass

❑ die vorhandenen Lagerbestände

❑ die bereits eingelasteten aber noch nicht fertig gestellten Fertigungs-aufträge

❑ Anzahl der Gut- bzw. Schlechteile

❑ der Status der Anlagen und

❑ und IST-Zeiten (Bearbeitung, Rüsten)

für die weitere Planung und Steuerung zeitaktuell zur Verfügung stehen.

Durch so genannte Betriebsdatenerfassungs-Systeme (BDE) werden die Erfassungsaufgaben unterstützt. Generell gilt, je automatisierter diese Datenerfassung vonstatten geht, desto zeitaktueller und richtiger sind die Daten. Die wichtigsten technischen Werkzeuge für die automatische Datenerfassung sind Barcode und zunehmend RFID, siehe z.B. Hansen (2006).

Die zeitaktuelle kontinuierliche Rückmeldung der Maschinenzustände, Anzahl gefertigter Gutteile und der Auftragszeiten inkl. Einlastzeitpunkte sowie Fertigstellungszeitpunkte sind wichtige Voraussetzungen für die Sicherstellung, dass Daten, die die reale Situation beschreiben, für die Analyse, Planung und Steuerung zur Verfügung stehen.

22 Toyota Production System (TPS)

Während in Europa und der USA MRP und etwas später MRP II entwickelt und angewandt wurden, haben sich in Japan, insbesondere bei Toyota, Strategien, Philosophien, Methoden und Werkzeuge in den Themenbereichen just in time (JIT), starke Qualitätsorientierung, Reduktion von Verschwendung, kontinuierliche Verbesserung, Standardisierung, Erhöhung der Transparenz und Teamwork entwickelt. Die erste japanische Publikation zum Toyota Production System (TPS), JIT und dem damit verbundenen Steuerungssystem KANBAN erfolgte 1978 – die ersten englischsprachigen Erfolge zehn Jahre später, siehe Ohno (1988) bzw. die erste detaillierte Darstellung des Toyota Production Systems Shingo (1990). Das Toyota Production System basiert auf zwei wesentlichen Säulen:

❑ Just-in-time (JIT) und

❑ Autonomation

Die Grundidee von JIT kommt aus den amerikanischen Supermärkten, in denen Kunden alles in der nachgefragten Menge und zur nachgefragten Zeit bekommen, was sie brauchen. Übertragen auf einen Produktionsbetrieb bedeutet JIT, dass das erforderliche Material an einer Arbeitsstation genau zum geforderten Zeitpunkt (nicht früher und natürlich auch nicht später) von der Vorgängerstation bereitgestellt wird. Unter dem Begriff Autonomation (automation with a human touch, siehe Shingeo 1990) versteht man, dass erstens ein hoher Automatisierungsgrad angestrebt wird, zweitens Fehlbedienungen durch Personal ausgeschlossen werden können und drittens das System autonom Fehler bzw. Störungen erkennt und sofort nach Erkennen des Problems korrigierend reagiert.

Wesentlicher Grundgedanke von JIT ist, dass die Kapazitäten, insbesondere die Personalkapazitäten, jeder Wertschöpfungsstufe möglichst zeitaktuell der Kundennachfrage angepasst werden. Dieses Anpassen wird Synchronisieren genannt. Zwischen zwei aufeinanderfolgenden nicht synchronen Stufen ist ein Entkoppelungsbestand notwendig. Dieser Bestand ist laut JIT ein Hemmnis Fehler frühzeitig zu erkennen und das System kontinuierlich zu verbessern. Perfekte Synchronisation bedeutet, einen gleichmäßigen, nicht unterbrochenen Prozess ohne jegliche Störung oder Fehler sicherzustellen.

22.1 TPS Prinzipien

Das Toyota Production System ist wesentlich mehr als ein Planungs- und Steuerungstool. TPS ist eine Philosophie, die auf einigen Prinzipien beruht. Die wichtigsten Prinzipien, siehe Shingeo (1990), sind:

- ❏ Geringe Anlagenauslastung wird akzeptiert
- ❏ Bedienung mehrerer Anlagen durch einen Mitarbeiter
- ❏ Hohe und gleichmäßige Auslastung der Mitarbeiter wird angestrebt
- ❏ Stillstandszeit einer Anlage ist gegenüber beschäftigungslosen Mitarbeitern zu bevorzugen
- ❏ Kontinuierliche Verbesserungen der Produktionsanlagen im Sinne Minimierung der Bearbeitungs- und Rüstzeiten sowie aller Materialzuführungen.
- ❏ Vermeidung von Verschwendung (7 Arten von Verschwendung: Überproduktion, Verzögerung, Transport, unnötige oder umständliche Bearbeitung, Lagerbestand, nicht wertschöpfende Tätigkeiten/Bewegungen, fehlerhafte Produkte)
- ❏ Möglichkeiten zur temporären Erhöhung der Personalkapazität sind vorhanden
- ❏ Tatsächlicher Absatz bestimmt die Produktionsmengen
- ❏ Hohe Marktkenntnisse sind vorhanden
- ❏ Einbindung der Mitarbeiter und Übertragung der gesamten Verantwortung an die Mitarbeiter über ihr eigenes Tun
- ❏ Ständige Verbesserung der Produkte, Abläufe und Bearbeitungsschritte
- ❏ Hohe Flexibilität der Mitarbeiter (breite Qualifikation der Mitarbeiter) und Anlagen (freie Kapazität, keine Rüstaufwendungen) sicherstellen
- ❏ Reduktion der Unwägbarkeiten und Unsicherheiten

❑   Standardisierung von Produkten/Komponenten, Abläufen und Bearbeitungsschritten
❑   Schaffung einer hohen Transparenz der Abläufe und Visualisierung der wichtigsten Kennzahlen

Besonders interessant (und oft übersehen) erscheint das Prinzip, dass geringe Anlagenauslastung akzeptiert wird. Freie Anlagenkapazität ermöglicht unter anderem hohe Flexibilität und die Möglichkeit der Abdeckung von Spitzenbedarfen ohne Lagerbestände vorzuhalten.

Die Vermeidung von Verschwendung kann nach Slack et al. (2006) durch

❑   Umstellung Richtung Fließfertigung
❑   Sicherstellung, dass genau die Nachfrage produziert wird
❑   Sicherstellung einer hohen Flexibilität und
❑   Reduktion der negativen Einflüsse der Schwankungen

erreicht werden.

22.2 Seven Zeros

Die Seven Zeros, siehe Edwards (1983), sind der Versuch, durch sieben Vorgaben die wichtigsten JIT-Ziele zu formulieren. Die Erreichung der Vorgaben in einem realen Unternehmen ist praktisch unmöglich. Offensichtlich will man damit ausdrücken, dass es um die ständige Verbesserung und um das kontinuierliche Bemühen, immer näher der Zielerreichung zu kommen, geht. Die Grundidee der Seven Zeros ist die Vermeidung jeglicher Verschwendung insbesondere von unnötigen Lagerbeständen. Die Seven Zeros sind:

❑   Keine Fehler (zero defects)
❑   Losgröße Null (zero lot size)
❑   Kein Rüstaufwand (zero setups)
❑   Kein Werkzeugbruch bzw. keine Maschinenstörung (zero breakdown)
❑   Keine unnötige Handhabung (zero handling)
❑   Null Durchlaufzeit (zero lead time)
❑   Keine Schwankungen im Produktionsprogramm (zero surging)

Die Forderung „**Keine Fehler**" bedeutet, dass weder Ausschuss noch Nacharbeit toleriert werden können. Methoden wie Total Quality Management, siehe Feigenbaum (1956) bzw. Deming (2000) oder Six Sigma, siehe Töpfer (2003), unterstützen das Erreichen dieser Forderung. Neben der Fehlervermeidung ist auch ein wesentlicher Grundsatz, dass, sollte doch ein Fehler auftreten, dieser sofort erkannt und beseitigt wird. So ist jeder Werker dafür zuständig, dass er kein fehlerhaftes Produkt zur Verarbeitung an eine nachfolgende Arbeitsstation weitergibt. Innerhalb eines TPS Systems sind folgende Methoden, siehe Schonberger (1983), bezüglich Qualität im Einsatz:

❑ Statistische Methoden zur Überwachung und Steuerung der Prozesse, wie z.b. Statistical Process Control (SPC) (dt. *Qualitätsregelkarte*)

❑ Sicherstellung, dass die Qualität eines Produktes wie auch die erreichten Qualitätskennzahlen leicht und schnell erkannt werden können

❑ Qualität zuerst (In manchen TPS-Systemen kann jeder Arbeiter, der ein Qualitätsproblem erkennt, die gesamte Produktionslinie stoppen)

❑ Jeder korrigiert selbst die von ihm verursachten Fehler (keine eigene Linie für Nacharbeit)

❑ 100% Prüfung durch automatisierte Prüfvorgänge

❑ Kontinuierliche Verbesserung aller Prozesse und Tätigkeiten

Große Produktionslosgrößen verursachen hohe Lagerbestände und können auch zu Obsoletbeständen führen. Die Forderung „**Losgröße Null**" meint, dass die Produktionslosgröße der Kundenauftrags-losgröße entsprechen soll. In Branchen, die stark kundenindividuell fertigen, kann dies Losgröße eins bedeuten.

Der Hauptgrund für die oftmals großen Produktionslose ist der hohe Rüstaufwand. Mit der Forderung „**Kein Rüstaufwand**" sollte nach Möglichkeit Rüsten eliminiert werden, indem hoch flexible Fertigungs-systeme aufgebaut werden. Natürlich kann nicht jeder Fertigungsschritt ohne Werkzeugwechsel bzw. andere Rüstvorgänge durchgeführt werden. Methoden wie Single Minute Exchange of Die (SMED), siehe Shingo (1985), können helfen, die Rüstzeiten und vor allem die Hauptrüstzeit drastisch zu reduzieren. Wichtige Punkte, die zur Reduktion der Rüstzeit führen, sind

- ❑ Umwandlung von interner Rüstzeit (Hauptrüstzeit) in externe Rüstzeit (Vorrüstzeit). Dabei erfordert das interne Rüsten eine Unterbrechung der Fertigung, wohingegen das externe Rüsten ohne Unterbrechung der Fertigung durchgeführt werden kann.
- ❑ Eliminierung von Einstellungsarbeiten durch Sensoren, Führungen und anderen technischen Vorrichtungen
- ❑ Standardisierung der Rüsttätigkeiten
- ❑ Standardisierung der Produkte und Prozesse (damit ist Werkzeugwechsel bzw. Rüsten nicht mehr so oft notwendig)

Die Forderung „**Kein Werkzeugbruch bzw. keine Maschinenstörung**" bedeutet, dass der ungeplante Stillstand einer Maschine wegen Werkzeugbruch, Maschinenstörung oder Fehlen von Betriebsstoffen, Werkzeug, Arbeitsdokumenten sowie Personal nicht akzeptiert werden kann. Methoden wie Total Productive Maintenance (TPM), siehe Nakajima (1988), ermöglichen systematisch die Erhöhung der Maschinenverfügbarkeit.

Schonberger (1986) kombinierte die Methoden von JIT, TQM und TPM zu World Class Manufacturing (WCM) und zeigt Vorteile durch den simultanen Einsatz dieser Methoden in Bezug auf Reduktion der Durchlaufzeit, der Lagerbestände, der Ausschussrate usw. auf. Zusätzlich wird in Studien, siehe z.B. Cua et al. (2001), die synergetische Wirkung der JIT, TQM und TPM Methoden belegt.

Unnötige Wege und Handhabung verschwenden Zeit und Kapazität. Die Forderung „**Keine unnötigen Handhabungen**" adressiert vor allem kein unnötiger Transport (d.h. z.B., dass kein Weg zwischen zwei Arbeitsstationen zurückzulegen ist), keine Ein- bzw. Auslagerungsaktivität zwischen zwei Arbeitsschritten und einfache, transparente, nicht fehleranfällige, technisch gut unterstützte, hoch automatisierte und leicht erlernbare Arbeitsschritte. Eine U-förmige Anordnung der Arbeitsstationen einer Fliesslinie unterstützt die Forderung zero handling. Insbesondere wird durch eine U-Form einer Fließlinie

- ❑ eine gute Übersicht über alle Anlagen
- ❑ kurze Wege zu jeder Anlage für den Werker
- ❑ gleichzeitige Beobachtung der Zu- und Abgänge in die Fließlinie durch einen Werker

ermöglicht.

Die Forderung „**Null Durchlaufzeit**" ist wegen dem dritten logistischen Grundgesetz (Little's Law) eng mit der Hauptidee der seven zeros, kein Lagerbestand, verbunden und setzt den JIT-Gedanken, das geforderte Material genau zum richtigen Zeitpunkt bereitzustellen konsequent um. Auf Grund der logistischen Grundgesetze kann die Durchlaufzeit gekürzt werden, indem Systemschwankungen reduziert, Liegezeiten des Materials vermieden und die Bearbeitungszeiten wie auch Transportzeiten reduziert werden.

Schwankungen im Produktmix bzw. in den nachgefragten Produktionsmengen verlangen vom Produktionssystem entweder freie Kapazitäten, Lagerbestände oder flexibel anpassbare Kapazitäten zur Abdeckung der geforderten Spitzen in den Produktionsmengen. Sowohl freie Kapazitäten, Lagerbestände als auch flexibel anpassbare Kapazitäten verursachen Mehrkosten, deshalb wird im siebten Ziel keine Schwankung in den Produktionsmengen und im Produktmix gefordert. Die siebte Forderung „**keine Schwankung im Produktionsprogramm**" ist für ein kunden-orientiertes Unternehmen, das in einem Markt agiert, der schnellen Änderungen unterliegt und hohe Flexibilität fordert, eine hohe Herausforderung, da in der Regel die Kundenaufträge hohen Schwankungen unterliegen. In der Literatur wurden einige Methoden entwickelt, wie in einem JIT-System Absatzschwankungen am besten bewältigt werden können, siehe Rees et al. (1987), Bartezzaghi/Verganti (1995), Verganti (1997) oder Co/Sharafali (1997). Im Abschnitt *Kapazitätsabgleich unter JIT* werden wir diskutieren, wie ein gering schwankendes Produktionsprogramm erstellt werden kann.

Jodlbauer (2006b) zeigt auf, dass die bessere Erfüllung der Seven Zeros die Auslastung reduziert bzw. für zusätzliche Aufträge bzw. Abdeckung von Spitzenbedarfen mehr Kapazität zur Verfügung steht.

Die Erfüllung der seven zeros bzw. die näherungsweise Erreichung dieser Forderungen ist Voraussetzung, um das für TPS vorgesehene Steuerungssystem KANBAN einsetzen zu können.

22.3 Kontinuierliche Verbesserungen

In einem TPS-System unterscheidet man zwischen Prozess und Operation. Ein Prozess transformiert das Rohmaterial in ein Endprodukt, während die Operationen die erforderlichen Handhabungen sind, um diesen Transformationsprozess zu bewerkstelligen. Wesentliche Idee eines TPS-Systems ist die ständige Verbesserung von Prozessen und Operationen.

Im ersten Schritt der Prozessverbesserung beschäftigt man sich mit der Frage, wie sollen die Produkte weiterentwickelt werden, damit erstens die vom Kunden geforderten Kriterien durch die Produkte erfüllt werden und zweitens die Produktionskosten gesenkt werden können. Im zweiten Schritt der Prozessverbesserung wird der Fertigungsablauf analysiert und durch

❑ Verkürzung der Wege und Eliminierung der Transporte

❑ Eliminierung von Lagern

❑ transparente Gestaltung der Abläufe

❑ Visualisierung der wichtigsten Kennzahlen betreffend Qualität und Ausbringungsmengen

❑ Einführung von Selbstkontrolle

❑ Anordnung nach dem Fließprinzip

❑ Verwendung einer U-Form im Layout

❑ Synchronisation der Fertigungsschritte (jeder Fertigungsschritt dauert für jedes Produkt gleich lang)

❑ Bestimmung der Taktzeit entsprechend der angestrebten Ausbringungsmenge und Planung der vollen Auslastung des Personals

❑ Reduktion der Produktions- und Transportlosgrößen

verbessert.

Durch Wertstromanalyse und Wertstromdesign, siehe Rother/Shook (2004), kann die Prozessverbesserung unterstützt werden.

Nach der Prozessverbesserung sollen die Operationen verbessert werden. Wesentliche Punkte bei der Verbesserung der Operationen sind

❑ Rüstzeitminimierung z.B. mit SMED

❑ Reduktion der Bearbeitungszeit

❑   Entkoppelung der Werker von den Maschinen
❑   Erhöhung des Automatisierungsgrades sowie
❑   automatische Qualitätskontrollen
❑   Fehlerfrüherkennung
❑   Standardisierung

Methoden wie Quality Function Deployment (QFD), siehe Aaker (2001) oder Fehler-Möglichkeits- und Einflussanalyse (FMEA), siehe Stamatis (1995) können ebenfalls zur Verbesserung der Prozesse und Operationen eingesetzt werden.

22.4 Kapazitätsanpassung in einem TPS

In einem TPS-System wird nicht versucht, die Ausbringungsmenge zu glätten, sondern es wird primär versucht, zeitgerecht die für die Kundennachfrage erforderliche Kapazität zur Verfügung zu stellen.

Grundsätzlich basiert diese Fähigkeit auf drei Säulen

❑   Geringe Anlagenauslastungen (50% Auslastung ist üblich) werden akzeptiert.
❑   Schnell einsetzbares Zusatzpersonal ist vorhanden und
❑   Schneller Abbau von nicht ausgelastetem Personal ist möglich.

Eine verbreitete Möglichkeit, kurzfristige Bedarfsspitzen oder auch Produktionsstörungen abzudecken, ist das so genannte Schichtmodell two-shifting. Bei diesem Schichtmodell sind zwei 8-Stunden Schichten durch eine 4-stündige Zwischenschicht getrennt. Bei normaler Auftragslage und keinen Produktionsstörungen/Produktionsrückständen wird in der Zwischenschicht nicht gefertigt. Falls sinnvoll, wird die Zwischenzeit für Instandhaltung, Reinigung, Wartung, Schulung usw. verwendet. Im Falle eines Produktionsrückstandes bzw. eines temporären Spitzenbedarfes kann über Anordnung von Überstunden in der Zwischenschicht gefertigt werden.

Ebenso wichtig wie das Management von Spitzenbedarfen in einem TPS System sind die Maßnahmen im Falle von geringerer Nachfrage als geplant. Bei reduzierter Nachfrage werden einem Werker noch mehr Maschinen zugeordnet (breite Qualifikation der Mitarbeiter ist dafür Voraussetzung), und gleichzeitig wird die Taktzeit erhöht. Die nicht mehr notwendigen Mitarbeiter werden in einem anderen Unternehmensbereich (der gerade mehr Personal benötigt) eingesetzt, oder sie werden für Sonderaufgaben wie

❑   Reparaturen, die immer verschoben wurden

❑   Wartung, Instandhaltung, Reinigung von Maschinen und Anlagen

❑   Verbesserung der Rüstoperationen

❑   Schulung und Training

verwendet.

22.5 Final assembly schedule (FAS)

Der Master Production Schedule (MPS), z.B. erstellt durch den MRP II Ansatz, definiert die nachgefragten Produktionsmengen. In praktischen Situationen erfüllt der MPS nicht die Anforderungen der für TPS vorgesehene Steuerung (KANBAN). Für ein KANBAN System sollten der Produktmix und die Produktionsmengen so konstant wie möglich sein. In TPS-Systemen wird deshalb der MPS in einen so genannten Final Assembly Schedule (FAS) übergeführt. Dieser FAS zeichnet sich dadurch aus, dass im Produktmix bzw. Variantenmix gefertigt wird und die geforderten Ausbringungsmengen möglichst konstant sind. Bevor wir eine Methode zur Bestimmung des FAS präsentieren, sei durch ein Beispiel auf den grundlegenden unterschiedlichen Ansatz hingewiesen. Wir betrachten dazu eine Schicht, in der 50 Stück des Produktes A und 50 Stück des Produktes B gefertigt werden sollen. In einer typischen MRP-Umgebung würde man 50 A und anschließend 50 B fertigen. Dahingegen würden in einer typischen TPS Umgebung abwechselnd ein A, ein B, ein A, ein B usw. gefertigt werden.

Nachstehend wird ein Algorithmus zur Bestimmung des FAS präsentiert.

$k = 1$

$$a_{j,k} = \frac{\sum_{i=1}^{n} x_i}{x_j}, j = 1, 2, ..., n$$

for $k = 1$ to n

$$\hat{j} : a_{\hat{j},k} = \min_{j=1,...,n} a_{j,k}$$

$$n_k = \hat{j}$$

$$a_{j,k+1} = a_{j,k} - 1, j \neq \hat{j}$$

$$a_{\hat{j},k+1} = \frac{\sum_{i=1}^{n} x_i}{x_{\hat{j}}} \tag{22.1}$$

next k

n ... Anzahl der Produkttypen bzw. Varianten

$a_{j,k}$ ... Prioritätskennzahl im k-ten Schritt für Produkttyp j

x_i ... nachgefragtes Stück des Produkttyps i in
der betrachteten Periode (MPS)

n_k ... Verweis auf Produkttyp, welcher an
k-ter Stelle gefertigt werden soll (FAS)

Zum besseren Verständnis des Algorithmus wird ein Beispiel gerechnet.

Beispiel 22.1 (Berechnung des FAS)

Wir betrachten eine Schicht, in der 60 Stück des Produktes A, 30 des Produktes B und 20 des Produktes C gefertigt werden sollen. Berechnen Sie den FAS.

Die Ergebnisse der ersten elf Schritte zeigen wir in Tabelle 22.1. auf.

Tabelle 22.1. Berechnung des FAS

Schritt k	$a_{A,k}$	$a_{B,k}$	$a_{C,k}$	Auswahl
1	1,83	3,66	5,5	A
2	1,83	2,66	4,5	A
3	1,83	1,66	3,5	B
4	0,83	3,66	2,5	A
5	1,83	2,66	1,5	C
6	0,83	1,66	5,5	A
7	1,83	0,66	4,5	B
8	0,83	3,66	3,5	A
9	1,83	2,66	2,5	A
10	1,83	1,66	1,5	C
11	0,83	0,66	5,5	B

Man sieht bereits, die ersten 11 Stück sind genau so verteilt worden, dass das Verhältnis 60:30:20 eingehalten wird.

Im ersten Schritt werden die Prioritätskennzahlen berechnet. Diese ergeben sich zu

$$a_{A,1} = \frac{110}{60} = 1,83$$

$$a_{B,1} = \frac{110}{30} = 3,66 \tag{22.2}$$

$$a_{C,1} = \frac{110}{20} = 5,5$$

Weil die Prioritätszahl von A am kleinsten ist, wird an erster Stelle Produkt A fixiert. Für den zweiten Schritt ergeben sich die Prioritätszahlen:

$$a_{A,2} = \frac{110}{60} = 1,83$$

$$a_{B,2} = a_{B,1} - 1 = 2,66 \tag{22.3}$$

$$a_{C,2} = a_{C,1} - 1 = 4,5$$

Da ebenfalls die Prioritätszahl von A am kleinsten ist, wird an zweiter Stelle Produkt A fixiert. ☐

22.6 KANBAN

Das Steuerungssystem KANBAN ist das neben MRP am meisten verwendete Steuerungssystem im Montagebereich. In der Teilefertigung wird KANBAN seltener verwendet. KANBAN ist ein reines Pull-System und ein verbrauchsgesteuertes Steuerungssystem.

Das Steuerungskonzept KANBAN könnte mit einem Supermarkt verglichen werden. Der Kunde entnimmt die Ware im Regal und transportiert die Ware selber zur Kassa. Der Regalbetreuer füllt nur die leeren Stellen im Regal nach, wobei ein Schild darauf hinweist, welche Ware an diesem Regalplatz zu präsentieren ist. Die Grundidee von KANBAN ist sehr ähnlich. Durch die Entnahme eines fertig gestellten Produktes durch den (internen) Kunden wird ein Fertigungsauftrag ausgelöst.

Zentraler Bestandteil der KANBAN-Steuerung sind die so genannten Steuerungs-Karten, die auf Japanisch KANBAN heißen. Grundsätzlich unterscheidet man Produktions-KANBAN und Transport-KANBAN.

Auf einem Produktions-KANBAN sind in der Regel folgende Informationen enthalten:

- ❑ Die zu produzierende Produktart (Bezeichnung, Materialnummer)
- ❑ Die Anzahl der zu produzierenden Einheiten (Containergröße)
- ❑ Notwendige Vormaterialien
- ❑ Arbeits- oder Prüfanweisungen falls erforderlich
- ❑ Erzeugender Bereich (optional)
- ❑ Verbrauchender Bereich (optional)
- ❑ Behälterart (optional)

Ein Tansport-KANBAN enthält zumindest folgende Angaben:

- ❑ Die zu transportierende Produktart (Bezeichnung, Materialnummer)
- ❑ Die Anzahl der zu transportierenden Einheiten (Containergröße)
- ❑ Ort der Materialquelle

❑   Ort der Anforderungsstelle

❑   Behälterart (optional)

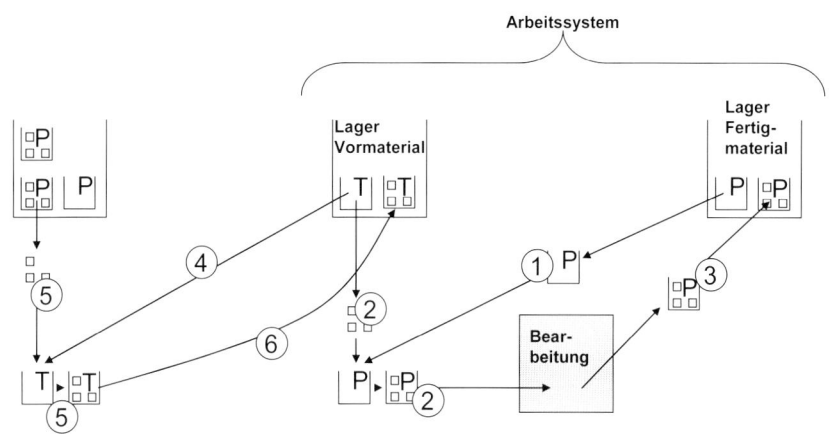

Abb. 22.1. Zweikarten KANBAN System

Die Arbeitsweise eines Zwei-Karten KANBAN Systems ist nun wie folgt (siehe dazu die einzelnen Schritte in Abbildung 22.1.): Ein Produktionsauftrag in einem Arbeitssystem wird ausgelöst durch die Entnahme des Materials aus dem Lager Fertigmaterial durch einen (internen) Kunden. Ein leerer Behälter im Lager Fertigmaterial zeigt einen offenen Fertigungsauftrag an. Durch den am Container befestigten Produktions-KANBAN ist genau definiert, welches Produkt zu fertigen und welches Vormaterial dafür erforderlich ist. Man entnimmt nun den leeren Behälter aus dem Lager Fertigmaterial (siehe 1), geht zum Lager Vormaterial, entnimmt aus dem Lager Vormaterial das notwendige Vormaterial (siehe 2) und beginnt mit der eigentlichen Bearbeitung. Nach Beendigung der Bearbeitung wird der volle Container wieder in das Lager Fertigmaterial gestellt (siehe 3). Ein leerer Container im Lager Vormaterial zeigt an, dass ein Transportauftrag offen ist, um das Lager Vormaterial wieder aufzufüllen. Der am Container befestigte Transport-KANBAN definiert die erforderlichen Daten wie Bezugsort und zu holendes Material. Der leere Container wird zur Quelle des Materials bewegt (siehe 4), dort wird der Container mit dem entsprechenden Material gefüllt (siehe 5) und schließlich wieder zum Lager Vormaterial transportiert (siehe 6).

Besonders in den früheren KANBAN-Systemen hat man die Steuerungskarten einem eigenen Regelkreis unterworfen und das Material im gleichen Container durch den gesamten Fertigungsbereich bewegt. In diesem Fall müssen die leeren Behälter vom letzten Arbeitssystem zum ersten gebracht werden. In der Praxis existieren natürlich Mischformen. Die nächste Abbildung stellt das KANBAN-System mit eigenem Regelkreis für die Steuerungskarten vor.

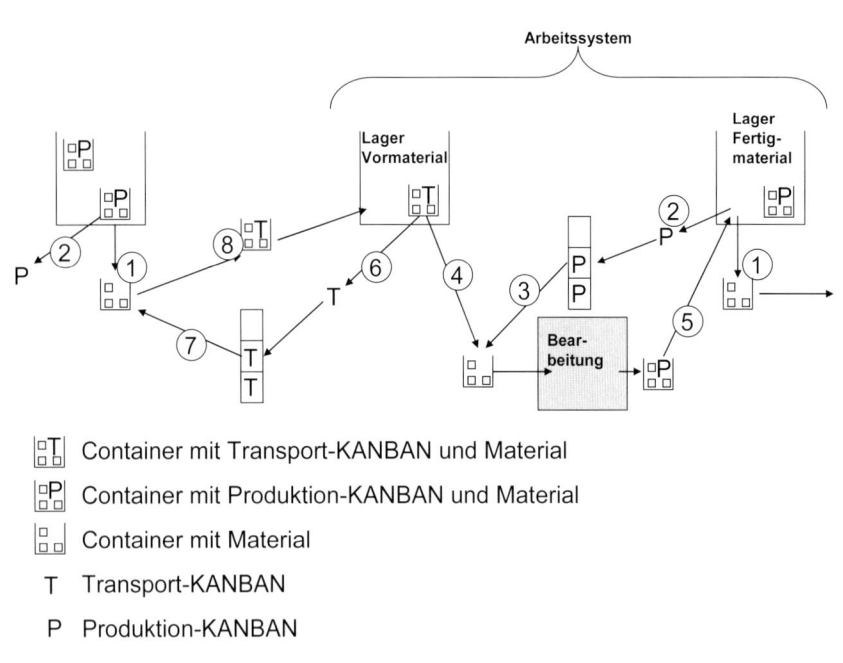

Abb. 22.2. Zweikarten KANBAN System mit durchlaufendem Container

Auslöser eines Auftrages ist wieder die Entnahme des Fertigmaterials (siehe 1), wobei der Container mit dem Fertigmaterial dem Lager Fertigware entnommen wird und zum (internen) Kunden geht, während der

Produktions-KANBAN vom Container abgelöst wird und in einer Produktions-KANBAN-Ablage aufbewahrt wird (siehe 2). Produktions-KANBANS in der Ablage zeigen offene Produktionsaufträge an. Zu Beginn der Durchführung des Produktionsauftrages wird der KANBAN entnommen (siehe 3), das entsprechende Vormaterial mit Container aber ohne Transport-KANBAN dem Lager Vormaterial entnommen (siehe 4) und mit der Bearbeitung begonnen. Die fertig gestellte Ware wird mit Container und Produktions-KANBAN in das Lager Fertigmaterial gestellt (siehe 5). Bei der Entnahme des Vormaterials wird der Transport-KANBAN in die Transport-KANBAN-Ablage gestellt (siehe 6). Ein Transport-KANBAN in der Ablage zeigt offene Transportaufträge an. Die Durchführung des Transportauftrages beginnt mit der Entnahme des Transport-KANBANS aus der Ablage (siehe 7), der anschließenden Entnahme des Materials inklusive Container aber ohne Produktions-KANBAN aus dem Lager Fertigware der Quelle und schließlich dem eigentlichen Transport des Materials (siehe 8) im Container und mit Transport-KANBAN und Einlagerung im Lager Vormaterial.

Durch die Transport-KANBANS lassen sich komplexe, nicht nur sequentielle, Fertigungsstrukturen darstellen und steuern.

Für Fertigungsbereiche, in denen die Arbeitssysteme sequentiell ange-ordnet sind und die Transportabstände vernachlässigbar sind, kann man ein Einkarten-KANBAN-System einführen. Das Einkarten-KANBAN-System besteht nur aus den Produktionskarten. Das Lager Fertigmaterial eines vorgelagerten Arbeitssystems entspricht dem Lager Vormaterial des nachgelagerten Arbeitssystems.

In e-KANBAN-Systemen verwendet man an Stelle der klassischen Steuerungskarten elektronische, in der Regel Web-basierte Informations-systeme, die wie die klassischen Steuerungskarten die erforderliche Information bezüglich offener Produktions- bzw. Transportaufträge zur Verfügung stellen.

In der Regel wird der externe Kundenbedarf in einen final assembly schedule (FAS) umgewandelt. Der FAS sollte möglichst die vom Markt kommenden Schwankungen der Bedarfsmengen und des Produktmixes kompensieren. In den nächsten Beispielen sollen die Arbeitsweise von KANBAN wie auch typische Eigenschaften von KANBAN diskutiert werden.

Beispiel 22.2 (Stealing Effect)

Wir betrachten ein KANBAN-gesteuertes Fertigungssystem mit zwei Arbeitsstationen A und B. In der ersten Arbeitsstation wird das Material X gefertigt. In der zweiten Arbeitsstation wird entweder Y oder Z gefertigt. Für beide Finalprodukte Y und Z ist jeweils ein Stück X notwendig. Wir nehmen an, dass die Wiederbeschaffungszeit der beiden Fertigprodukte konstant eins ist und die Wiederbeschaffungszeit für das Vormaterial zwei Zeiteinheiten beträgt (es gibt keine Schwankung der Wiederbeschaffungszeit). Für die beiden Finalprodukte ist jeweils ein KANBAN und für das gemeinsame Vorprodukt X sind zwei KANBANS vorgesehen. Die Containergröße ist jeweils eins. Zu Beginn sind alle Container voll. Folgender Bedarf an Fertigteilen ist gegeben.

Tabelle 22.2. Bedarf an Fertigteilen

Zeiteinheit	1	2	3	4	5
Bedarf Y	0	1	0	1	1
Bedarf Z	1	0	1	0	0

Folgender zeitlicher Verlauf wird sich nun einstellen.

Zeiteinheit	0	1	2	3	4	5
Lagerbestand X	2	1	0	0	0	0
Lagerbestand Y	1	1	0	1	0	-1
Lagerbestand Z	1	0	1	0	1	1

Produktion X		1		1		1
Produktion Y			1		0	1
Produktion Z		1		1		

Abb. 22.3. Zweikarten KANBAN System mit durchlaufendem Container

Zu Beginn sind wegen der vollen KANBAN-Behälter die Lagerstände auf Maximalniveau. Am Anfang der Zeiteinheit 1 wird das Produkt Z nachgefragt. Dies reduziert den Lagerbestand von Z auf 0, löst eine Produktion von Z aus und reduziert den Lagerbestand von X auf 1, und dies löst schließlich die Produktion von X in der Zeiteinheit 1 aus. Am Anfang der Periode 2 wird Y nachgefragt. Demzufolge passiert in Periode 2: Lagerstand von Z wird auf 1 erhöht, Lagerstand von Y wird auf 0 reduziert, Produktion von Y wird ausgelöst, Lagerstand von X reduziert sich auf 0 (erneute Produktion von X kann wegen Wiederbeschaffungzeit von 2 Einheiten noch nicht ausgelöst werden). In Periode 3 wird Z nachgefragt. Damit wird ein Produktionsauftrag für Z ausgelöst, der Lagerbestand von X bleibt gleich 0 (ein X wird fertig gestellt und ein X wird für Auftrag Z benötigt). Weiters ist 1 Y und kein Z am Ende der Periode 3 auf Lager. Der Bedarf an einem Y in Periode 4 kann aus dem Lager gedeckt werden. In Periode 4 reduziert sich der Lagerstand von Y auf 0 und erhöht sich der Lagerbestand von Z auf 1. Die Produktion von Y kann nicht gestartet werden, weil kein X verfügbar ist. In Periode 5 kann der Bedarf an einem Y nicht mehr gedeckt werden. Wäre in Periode 3 statt Z Y produziert worden, wäre es nicht zu einem Lieferproblem gekommen. Produktionsauftrag Z in Periode 3 hat das Vorprodukt X für den notwendigen Produktionsauftrag Y in Periode 4 „gestohlen". Dieser Effekt wird stealing effect genannt.   ☐

Im nächsten Beispiel zeigen wir, dass auch bei einer Verkürzung der Wiederbeschaffungzeit des Vorproduktes Lieferprobleme auftreten können, weil die Produktionskapazität für das nicht vom Kunden nachgefragte Produkt genutzt worden ist. Bei programmgesteuerter Kundenauftragsfertigung kann das nicht passieren.

Beispiel 22.3 (Verbrauchsgesteuert versus programmgesteuert)

Wir betrachten ein KANBAN gesteuertes Fertigungssystem mit zwei Arbeitsstationen A und B. In der ersten Arbeitsstation wird das Material X gefertigt. In der zweiten Arbeitsstation wird entweder Y oder Z gefertigt. Für beide Finalprodukte Y und Z ist jeweils ein Stück X notwendig. Folgender Bedarf an Fertigteilen ist gegeben.

Tabelle 22.3. Bedarf an Fertigteilen

Zeiteinheit	1	2	3	4
Bedarf Y	0	1	1	1
Bedarf Z	1	0	1	0

Wir nehmen an, dass die Wiederbeschaffungzeit jedes Materials konstant eins ist (es gibt keine Schwankung der Wiederbeschaffungzeit =

Eigenfertigungszeit) und dass für die beiden Finalprodukte jeweils ein KANBAN und für das gemeinsame Vorprodukt X zwei KANBANS vorgesehen sind. Die Containergröße ist jeweils eins. Zu Beginn sind alle Container voll. Folgender zeitlicher Verlauf wird sich nun einstellen.

Zeiteinheit	0	1	2	3	4
Lagerbestand X	2	1	1	1	1
Lagerbestand Y	1	1	0	0	-1
Lagerbestand Z	1	0	1	0	1

Produktion X		1	1	1	1
Produktion Y			1		1
Produktion Z		1		1	

Abb. 22.4. Zweikarten KANBAN System mit durchlaufenden Containern

Zu Beginn sind wegen der vollen KANBAN-Behälter die Lagerstände auf Maximalniveau. Am Anfang der Zeiteinheit 1 wird das Produkt Z nachgefragt. Dies reduziert den Lagerbestand von Z auf 0, löst eine Produktion von Z aus und reduziert den Lagerbestand von X auf 1, und dies löst schließlich die Produktion von X in der Zeiteinheit 1 aus. Am Anfang der Periode 2 wird Y nachgefragt. Demzufolge passiert in Periode 2: Lagerstand von Z wird auf 1 erhöht, Lagerstand von Y wird auf 0 reduziert, Produktion von Y wird ausgelöst, Lagerstand von X bleibt gleich (ein X wird für Produktion von Y benötigt, ein X wird fertig gestellt) und Produktion von X wird ausgelöst. In Periode 3 werden sowohl Y als auch Z nachgefragt. Wegen der Kapazitätsbeschränkung kann aber nur entweder Y oder Z in Periode 3 gefertigt werden. Wegen möglichst gleichmäßigem Produktmix wählt man in diesem Beispiel, dass Z in Periode 3 gefertigt wird. Die Lagerstände am Ende der Periode 3 sind demnach null für die beiden Fertigprodukte und eins für das Vorprodukt X. Da in Periode 3 Z gefertigt wurde, aber in Periode 4 Y nachgefragt wird, ist keine Lieferfähigkeit für Produkt Y in Periode 4 gegeben. Hätte man in Periode 3 den erwarteten Kundenauftrag Y für Periode 4 anstelle von Z gefertigt, wäre kein Lieferproblem aufgetreten.

Beim Ausfall einer Arbeitsstation reagiert ein KANBAN-gesteuertes System anders als MRP.

Sowohl bei MRP als auch bei KANBAN kann in Materialflussrichtung ab der ausgefallenen Arbeitsstation noch solange gearbeitet werden, wie das bereits vorhandene Material im Umlauflagerbestand die Arbeitsstationen versorgen kann. Arbeitsstationen vor der ausgefallenen Arbeitsstation werden bei MRP nicht beeinflusst. Dahingegen können bei einem KANBAN System nur die noch offenen Fertigungsaufträge an den Arbeitsstationen vor der ausgefallenen abgearbeitet werden. Fällt nun z.B. eine Anlage nach dem Engpass aus, hat das bei MRP kaum eine negative Auswirkung (der Engpass kann weiter arbeiten). Bei KANBAN wird wegen der nicht mehr stattfindenden Materialentnahme die Engpassarbeitsstation keine Fertigungsaufträge mehr bekommen und deshalb bald stillstehen.

22.6.1 Entscheidungsparameter bei KANBAN

In einem KANBAN-System hat man pro Material zwei Entscheidungsparameter.

❑   Anzahl Steuerungskarten (KANBANS) pro Material und

❑   Containergröße (Losgröße) pro Material

Durch beide Parameter wird der maximal mögliche Bestand für jedes Material durch

$$l_{max} = nc$$

l_{max} …maximal möglicher Lagerbestand

n …Anzahl der KANBANS   (22.4)

c …Anzahl Produkte pro Container

definiert. Die Anzahl der Container ist ebenfalls durch n der Anzahl KANBAN pro Material gegeben. Die Anzahl offener Aufträge kann sich zwischen null und n bewegen. Kein offener Auftrag würde Lagerbestand l_{max} bedeuten, dahingegen würde n offene Aufträge Lagerbestand null bedeuten. Die Containergröße c gibt an, wie viel Stück vom jeweiligen Material im Container enthalten sind.

Gemäß JIT Philosophie wird in einem KANBAN-System zuerst versucht, die Losgrößen (= Containergrößen) so klein wie möglich zu machen. Wenn die Rüstoperationen eliminiert sind bzw. vernachlässigt werden können, können die Losgrößen durch die kleinsten zu erwartenden

Kundenaufträge bestimmt werden. In vielen Branchen bedeutet das eine Losgröße von eins bzw. für Kleinteile wird die Losgröße der Verpackungsgröße entsprechen. Nach Festlegung der Containergröße kann die Anzahl der erforderlichen Steuerungs-Karten nach folgender Formel basierend auf Little's Law

$$n = \left\lceil \frac{Tx(1+\alpha)}{c} \right\rceil$$

$\lceil \ \rceil$ …Aufrundungsoperator

n …Anzahl der KANBANS

T …Wiederbeschaffungszeit des Materials   (22.5)

x …Angestrebte Ausbringungsmenge in Stück/Zeit

α …Sicherheitsfaktor

c …Anzahl Produkte pro Container in Stück

bestimmt werden. Die Wiederbeschaffungszeit T gibt an, wie lange es dauert, einen Container nachzuproduzieren bzw. anzuliefern. Im Detail ist die Wiederbeschaffungszeit durch Bearbeitungszeit, Rüstzeit, Wahrnehmungszeit (wie lange dauert es, bis ausgelöster Auftrag wahrgenommen wird) und allfällige Transportzeit gegeben. Die angestrebte Ausbringungsmenge ist der durchschnittliche Verbrauch des Materials durch nachgelagerte Arbeitssysteme bzw. Kunden pro Zeiteinheit definiert. Der Sicherheitsfaktor α sollte die Unwägbarkeiten, Störungen und Schwankungen des Systems kompensieren. Näherungsweise kann der Sicherheitsfaktor wie folgt bestimmt werden.

$$\alpha = \frac{3\sigma_{Tx}}{Tx} + r + \eta$$

α …Sicherheitsfaktor   (22.6)

σ_{Tx} …Streuung des Bedarfes während der Wiederbeschaffungszeit

r …Ausschussrate + Nacharbeitsrate

η …Anteilige Verlustzeiten

T …Wiederbeschaffungszeit des Materials

x …Angestrebte Ausbringungsmenge in Stück/Zeit

Die Streuung des Bedarfes wird berechnet, indem der Bedarf in Zeitperioden der Länge T dargestellt wird und in dieser Zeitdiskretisierung die Streuung berechnet wird. Die anteilige Verlustzeit ist das Verhältnis von Verlustzeiten bestehend aus Wartungszeit und Störzeiten zu der technisch organisatorisch gesamt zur Verfügung stehenden Zeit.

Wesentliche Idee der JIT-Philosophie ist die ständige Verbesserung, deshalb sind ständige Projekte und Maßnahmen zur Reduktion der Störungen und Schwankungen (siehe Seven Zeros) des Systems notwendig und eine damit einhergehende weitere Reduktion des Sicherheitsfaktors α, der Containergröße und der Anzahl der KANBANS.

Eine zu starke Reduktion des maximal möglichen Bestandes kann eine schlechte Liefertreue verursachen. In diesem Fall muss zuerst versucht werden, die Schwankungen des Systems zu reduzieren und falls diese nicht greifen, die Anzahl der Container zu erhöhen.

Eine weitere zu beachtende Eigenschaft von KANBAN ist, dass eine Verbesserung in der Ausschuss- bzw. Nacharbeitsrate, der Maschinenverfügbarkeit, der Absatzglättung oder die Beseitigung anderer Störungen und Schwankungen nicht automatisch zu einer Reduktion des Lagerbestandes führen, sondern sogar im Allgemeinen eine Erhöhung des Bestandes folgt, weil die Aufträge schneller bearbeitet werden und somit die Anzahl offener Aufträge geringer wird. Erst durch Reduktion der Anzahl der KANBANS und/oder Reduktion der Containergröße wird eine Reduktion der Lagerbestände sichergestellt.

Im Sinne der kontinuierlichen Verbesserung sollte ständig hinterfragt werden, ob die Anzahl der Karten nicht reduziert werden kann. Ein sehr pragmatischer Ansatz dazu ist, ständig zu beobachten, wie viel offene Arbeitsaufträge für ein bestimmtes Material vorliegen. Die maximale Anzahl offener Aufträge ist eine untere Grenze für die notwendige Anzahl von KANBANS bei Sicherstellung von 100% Liefertreue und gleich bleibenden Umweltbedingungen.

Eine sehr mächtige Methode zur optimalen Bestimmung der zwei Parameter Anzahl KANBAN-Karten und Containergröße wird im Kapitel *Optimale Parametereinstellung* diskutiert.

Der Vollständigkeit halber sei angemerkt, dass das logistische Verhalten eines Produktionssystems, das mit KANBAN gesteuert wird, auch durch spezielle Meldebestandsverfahren nachgebildet werden kann. So entspricht z.B. die (s,Q) Politik mit Meldebestand $s = (n-1)Q$ und Losgröße Q der KANBAN Steuerung mit n Kanbankarten und Containergröße Q. Oder auch die (s,S) Politik mit $s = (n-1)Q$, $S = nQ$ spiegelt das Verhalten eines KANBAN gesteuerten Systems.

22.6.2 Anwendungsgebiet KANBAN

Eine KANBAN-Steuerung kann nicht in allen Produktionssystemen sinnvoll eingesetzt werden. Im Wesentlichen müssen folgende Bedingungen erfüllt sein, damit KANBAN wirkungsvoll eingesetzt werden kann:

❑   Keine oder wenig und dann kurze Maschinenstörungen

❑   Kein oder wenig Ausschuss und Nacharbeit

❑   Keine oder geringe Rüstzeiten

❑   Geringe Schwankungen in den Verbrauchsmengen und im Produkt-mix (glatter FAS)

❑   Wenig Produkt-Varianten bzw. geringe Anzahl von Materialien

❑   Abgestimmte und flexible Kapazitäten

Auf der anderen Seite unterstützt die KANBAN-Steuerung kombiniert mit den JIT-Prinzipien den ständigen Verbesserungsprozess zur Eliminierung allfälliger Störungen und Schwankungen. Zusätzlicher Vorteil von KANBAN ist die Einfachheit der Steuerung.

In Anwendungen kann es sinnvoll sein, für einen bestimmten Fertigungsbereich gewisse Materialien durch KANBAN und andere Materialien durch ein anderes Verfahren, z.B. MRP, zu steuern. Die Feststellung, ob ein Material KANBAN-tauglich ist, erfolgt über die Quantifizierung der Störungen und Schwankungen und den dadurch resultierenden notwendigen Mehrbestand. Der Sicherheitsfaktor ist eine Kennzahl, die die Störungen und Schwankungen beschreibt. Man kann grundsätzlich feststellen, dass die KANBAN-Tauglichkeit mit steigendem Sicherheitsfaktor abnimmt. Darüber hinaus sind sehr viele Varianten nicht über eine KANBAN-Steuerung sinnvoll steuerbar, weil zumindest für jede Variante auf jeder Stufe ein Container vorgesehen werden muss und dies einen sehr großen Bestand verursachen würde.

Wenn keine abgestimmten Kapazitäten vorliegen, führt das entweder zu unnötig freien Kapazitäten oder zu überhöhten Lagerbeständen, um eine hohe Liefertreue sicherzustellen. Flexible Kapazitäten im Sinne von Überstunden bzw. Zusatzschicht sind die im TPS System vorgesehene Möglichkeit, temporäre Bedarfsspitzen bzw. Probleme in der Produktion zu kompensieren.

Eine Möglichkeit, flexible Kapazitäten bereitzustellen, ist das Zwei-schichtmodell mit einer halben Zwischenschicht. Die halbe Zwischenschicht wird in der Regel für Wartungsarbeiten oder Schulung genutzt. Wenn Bedarfsspitzen auftreten bzw. Störungen in der vorhergehenden Schicht die Ausbringungsmenge zu stark reduziert haben, kann in der Zwischenschicht „nachgearbeitet" werden.

Eine Verbesserung der Umwelt (z.B. Reduktion des Ausschusses oder der Maschinenstillstände) führt bei KANBAN (wenn die Anzahl der KANBAN-Behälter nicht reduziert wird) zwar zu einer Verbesserung der Ausbringungsmengen und der Liefertreue, aber zu einer Erhöhung der Lagerbestände und der Durchlaufzeit. Erst durch Reduktion der Anzahl der KANBAN Behälter werden die Bestände bzw. die Durchlaufzeit reduziert.

Besonders zu beachten ist, dass ein Maschinenstillstand bei KANBAN sowohl Materialfluss aufwärts (wegen fehlendem Material) als auch Materialfluss abwärts (wegen fehlenden Produktionsaufträgen) weitere Maschinenstillstände bewirkt.

Bei einem Maschineausfall werden bei einem KANBAN gesteuertem System bald alle Maschinen stehen. Die Maschine nach der ausgefallenen Maschine kann noch solange in Betrieb sein solange das Material reicht. Die Maschine vor der ausgefallenen Maschine kann nur noch die offenen Aufträge (Nachfüllen der leeren Container) abarbeiten, anschließend steht die Maschine, da keine neuen Aufträge mehr durch eine Materialentnahme der ausgefallenen Maschine ausgelöst werden können.

Wenn die Nachfrage längere Zeit höher ist als die Kapazität, wird sich der Lagerbestand nach der letzen Stufe auf praktisch null reduzieren. Die Pufferbestände zwischen den einzelnen Arbeitsstufen werden sich abhängig von der Synchronisation entwickeln.

Falls eine geringere Nachfrage als Kapazität über eine längere Zeit gegeben ist, nähert sich der Lagerbestand des Systems an den maximal möglichen Bestand an.

23 Hybride Systeme

23.1 CONWIP

Das CONWIP (Constant Work in Process) Verfahren ist von Spearman et al. 1990 als Weiterentwicklung von KANBAN entwickelt worden. In Hopp/Spearman (1996) ist eine gute Einführung gegeben, in Altendorfer/Jodlbauer (2007) wird CONWIP detailliert und praxisnah präsentiert. CONWIP ist aber kein reines Pull-System, sondern beinhaltet auch Aspekte von Push-Systemen. Grundidee des CONWIP Verfahrens ist es, einen konstanten Umlauflagerbestand sicherzustellen, indem ein neuer Auftrag eingelastet wird, wenn ein anderer mit etwa gleichem Arbeitsumfang fertig gestellt worden ist. Die wesentlichen Unterschiede zu KANBAN sind:

- ❑ Steuerungskreis bezieht sich auf einen gesamten Fertigungsbereich und nicht wie bei KANBAN auf ein Arbeitssystem

- ❑ Der Bestand wird pro Fertigungsbereich gesteuert und nicht wie bei KANBAN pro Material

- ❑ Priorisierte Kunden- bzw. Planaufträge werden in der Planung miteinbezogen

In einem CONWIP-gesteuerten System wird der Bestand in Vorgabezeit gemessen. Falls ein eindeutiger Engpass identifiziert ist, wird in der Regel die Vorgabezeit auf den Engpass bezogen; in allen anderen Fällen wird die Summe der Vorgabezeiten entlang des Fertigungspfades herangezogen. Wesentliche Steuergröße ist der so genannte WIP-Grenzwert. Ein neuer Produktionsauftrag wird nur dann eingelastet, wenn der WIP-Grenzwert dadurch nicht überschritten wird. Das heißt, bei jedem Fertigstellungstermin eines Produktionsauftrages ist zu überprüfen, ob genügend Umlauflagerbestand (= WIP) abgebaut worden ist, damit ein neuer Auftrag eingelastet werden kann. Die zur Einlastung zur Verfügung stehenden Aufträge sind bereits priorisierte Kunden- bzw. Planproduktionsaufträge. Planproduktionsaufträge sind zusammengefasste Kunden- oder Lageraufträge und können analog zum MPS oder FAS bestimmt werden.

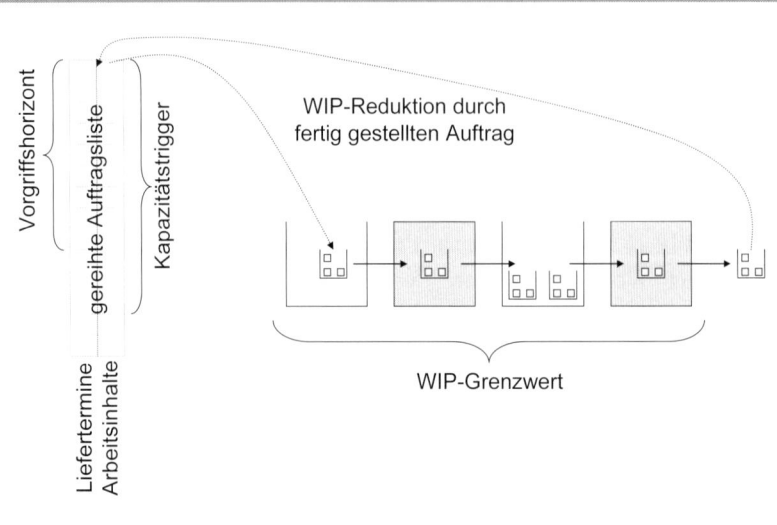

Abb. 23.1. CONWIP

Es können unterschiedliche Prioritätsregeln für die Einlastung analog zu den Abarbeitungsregeln bei MRP II verwendet werden. Im klassischen CONWIP-Modell wird der Auftrag mit frühestem Liefertermin als erstes gereiht, das entspricht der Liefertermin-Regel (EDD). Weiters dürfen nur jene Aufträge eingelastet werden, deren Zieltermin (bei Kundenaufträgen ist der Zieltermin durch das Lieferdatum gegeben) nicht weiter als der so genannte Vorgriffshorizont in der Zukunft liegt.

Innerhalb des Fertigungsbereiches werden die Aufträge mit Hilfe von Abarbeitungsregeln gesteuert. Im klassischen CONWIP-System werden entsprechend dem Einlastzeitpunkt die Aufträge vor einem Arbeitssystem gereiht, dies entspricht der Wartezeitregel (FISFO) Abarbeitungsregel.

Die CONWIP-Steuerung unterstützt vorzeitig den Planer, ob und in welchem Ausmaß Mehrkapazitäten in Form von Überstunden, Zusatzschicht oder Fremdvergabe bereitgestellt werden müssen. Wenn der Arbeitsinhalt der Aufträge, die noch nicht fertig gestellt sind und deren Auslieferungstermin nicht weiter in der Zukunft liegt wie der Vorgriffshorizont, den Kapazitätstrigger übersteigt, dann ist eine Zusatzkapazität bereitzustellen, ansonsten können die Zieltermine nicht eingehalten werden. Der Kapazitätstrigger gibt an, wie viel Arbeitsinhalt maximal in einer Periode von der Dauer des Vorgriffshorizontes abgearbeitet werden kann.

Beispiel 23.1 (Illustration Arbeitsweise CONWIP)

Zur Verdeutlichung der Arbeitsweise wollen wir mit Hilfe nachstehender Tabelle ein Beispiel diskutieren. Die Eckdaten des Beispiels sind wie folgt gegeben:

Tabelle 23.1. Eckdaten für CONWIP Beispiel

Eckdaten	Wert
Aktuelles Datum	26. Sep.
WIP Grenzwert	80 h
Vorgriffshorizont	17 Tage
Einlastregel	EDD
Abarbeitungsregel	FISFO
Kapazitätstrigger	200 h

Zur Vereinfachung wird in der Zeitberechnung Werktag gleich Kalendertag gesetzt.

Der aktuelle Arbeitsvorrat in Abb. 23.2. bezieht sich auf noch nicht eingelastete Aufträge, deren Liefertermin nicht weiter in der Zukunft liegt wie aktuelles Datum plus Vorgriffshorizont (26. Sep. + 17 Tage = 12. Okt.). Der Wert 137 h entspricht der Summe aller Vorgabezeiten (= Summe der Arbeitsinhalte) der noch nicht eingelasteten Aufträge, deren Liefertermin innerhalb des Vorgriffshorizontes liegt. Die Aufträge im aktuellen Arbeitsvorrat sind nach der EDD-Regel sortiert. Der nächste Kandidat zum Einlasten ist somit der Auftrag G mit Priorität 1, Lieferdatum 6. Okt. und Arbeitsinhalt 22 h.

Wird nun der nächste Auftrag, das ist wegen der Abarbeitungsregel FISFO der Auftrag A mit Arbeitsinhalt 10 h, fertig gestellt, reduziert sich der Umlauflagerbestand von 78 h auf 68 h. Auftrag G kann noch nicht eingelastet werden, weil der rechnerische Umlauflagerbestand dann auf 68+ 22 = 90 h anwachsen würde und dies über dem geforderten WIP-Grenzwert von 80 liegt. Erst wenn der Auftrag B mit Arbeitsinhalt 12 fertig gestellt ist, kann der Auftrag G eingelastet werden (68 – 12 + 22 = 78 < 80).

Auftrag	Priorität	Lieferdatum	Arbeitsinhalt in h	Status	
A		01.Okt	10	in Produktion	
B		01.Okt	12	in Produktion	
C		03.Okt	8	in Produktion	
D		05.Okt	20	in Produktion	
E		05.Okt	13	in Produktion	
F		05.Okt	15	in Produktion	WIP-Grenzwert
aktueller WIP			**78**		80
G	1	06.Okt	22	im Vorgriffshorizont	
I	2	06.Okt	18	im Vorgriffshorizont	
J	3	07.Okt	14	im Vorgriffshorizont	
K	4	08.Okt	10	im Vorgriffshorizont	
L	5	08.Okt	15	im Vorgriffshorizont	
M	6	08.Okt	8	im Vorgriffshorizont	
N	7	09.Okt	7	im Vorgriffshorizont	
O	8	11.Okt	10	im Vorgriffshorizont	
P	9	12.Okt	18	im Vorgriffshorizont	
Q	10	12.Okt	15	im Vorgriffshorizont	
aktueller Arbeitsvorrat			**137**		Kapazitätstrigger
aktueller WIP + aktueller Arbeitsvorrat			**215**		200
R		13.Okt	14	außerhalb Vorgriffshorizont	
S		13.Okt	18	außerhalb Vorgriffshorizont	
T		14.Okt	18	außerhalb Vorgriffshorizont	
U		15.Okt	10	außerhalb Vorgriffshorizont	
V		15.Okt	10	außerhalb Vorgriffshorizont	
W		16.Okt	18	außerhalb Vorgriffshorizont	
X		17.Okt	10	außerhalb Vorgriffshorizont	

Abb. 23.2. CONWIP Tabelle

Da in diesem Beispiel der aktuelle Arbeitsvorrat höher ist als der Kapazitätstrigger, ist bereits jetzt bekannt, dass Zusatzkapazität bereitzustellen ist, um die Liefertermine einhalten zu können. In Summe fehlen (vorausgesetzt, dass keine Kundenaufträge mit Liefertermin vor 13. Okt. angenommen werden) 215 – 200 = 15 h Arbeitszeit bis zum 12.Okt.. □

Der Kapazitätstrigger kann auf andere Zeitperioden als auf den Vorgriffshorizont eingestellt werden. Diese Maßnahme bzw. die Verwendung von mehreren Kapazitätstriggern kann die Liefertreue erhöhen und die Kapazitätskosten reduzieren.

23.1.1 Entscheidungsparameter bei CONWIP

Bei einer CONWIP Steuerung gibt es folgende Entscheidungsparameter

- ❏ WIP-Grenzwert
- ❏ Vorgriffshorizont
- ❏ Kapazitätstrigger
- ❏ Einlastregel
- ❏ Abarbeitungsregel

Der WIP-Grenzwert ist so zu wählen, dass die aktuelle Engpassmaschine immer mit Material versorgt ist. Eine Reduktion des WIP-Grenzwertes zieht automatisch eine Reduktion des Umlauflagerbestandes, eine Reduktion des Fertigteillagerbestandes bei einem Auftragsfertigungssystem und eine Reduktion der Produktionsdurchlaufzeit nach sich. Wird der WIP-Grenzwert zu weit reduziert, werden die Ausbringungsmenge wie auch die Liefertreue negativ beeinflusst.

Der Vorgriffshorizont stellt sicher, dass in einer länger andauernden absatzschwachen Periode nicht unnötig viele Aufträge in das System eingelastet werden. Das CONWIP-gesteuerte Produktionssystem reduziert also automatisch den Umlauflagerbestand und damit die Ausbringungs-menge, falls eine lang andauernde absatzschwache Periode vorherrscht, auf das Niveau, das der Markt nachfragt. Ein Vorgriffshorizont, der zu groß eingestellt ist, vergeudet das Potential der Bestandsreduktion in auftragsschwachen Zeiten. Ist im Gegenzug der Vorgriffshorizont zu knapp eingestellt, kann eine schlechte Liefertreue daraus resultieren.

Grundsätzlich gilt für die beiden Parameter WIP-Grenzwert und Vorgriffshorizont, dass sie bei Einführung eines CONWIP-Systems eher vorsichtig eingestellt und im Zuge einer kontinuierlichen Verbesserung ständig reduziert werden. In einer auftragsschwachen Periode wird der Vorgriffshorizont (maximal erlaubte Durchlaufzeit) der aktive Steuer-parameter sein, wohingegen in einer auftragsstarken Periode der WIP-Grenzwert (maximal erlaubter Bestand) diese Rolle übernimmt.

Der Kapazitätstrigger hilft frühzeitig zu erkennen, dass Zusatzkapazitäten in Form von Überstunden, Zusatzschicht, Leasing-arbeitern oder auch Fremdbezug notwendig sind, um weiterhin eine hohe Liefertreue sicherzustellen. Ein zu klein eingestellter Kapazitätstrigger neigt zur Bereitstellung von Zusatzkapazitäten, obwohl es nicht nötig wäre. Ein zu groß eingestellter Kapazitätstrigger wird den Bedarf an Zusatz-kapazitäten zu spät oder überhaupt nicht melden. Der Kapazitätstrigger entspricht der maximal verfügbaren Kapazität (= organisatorisch-rechtlich verfügbare Zeit abzüglich Wartungszeiten, Störzeiten, Rüstzeiten und anderer geplanter bzw. ungeplanter Stillstandszeiten) während einer Zeit-periode der Länge Vorgriffshorizont. Dabei bezieht sich die Kapazität entweder auf den Engpass oder auf alle Arbeitssysteme, je nachdem, welche Bearbeitungszeiten der CONWIP Steuerung zu Grunde gelegt sind.

Eine sehr mächtige Methode zur optimalen Bestimmung der drei Parameter WIP-Grenzwert, Vorgriffshorizont und Kapazitätstrigger wird im Kapitel *Optimale Parametereinstellung* dargestellt.

Die Einlastregel bestimmt die Reihenfolge der Aufträge, die noch nicht eingelastet sind und deren Liefertermin innerhalb des Vorgriffshorizontes liegt. Die Standard Einlastregel ist die Liefertermin-Regel (EDD). Für Fließfertigungssysteme ist dies eine sehr geeignete Regel. Für Werkstattfertigung ist die LSK-Regel (Schlupfzeitregel), CR oder LSK/RO als Einlastregel vorteilhaft zu verwenden.

Die Abarbeitungsregel entscheidet innerhalb des Fertigungssystems, welcher Auftrag vor einem bestimmten Arbeitssystem als nächstes zu bearbeiten ist. Standardmäßig wird die Wartezeitregel (FISFO) verwendet. Diese führt bei Fließfertigungssystemen zu sehr guten Ergebnissen. Für ein Werkstättensystem insbesondere für eines mit flexiblen Fertigungspfaden ist vorteilhaft, die additive Verknüpfungsregel LFJ-LSK/RO als Abarbeitungs-regel zu verwenden. Das CONWIP-Verfahren, eingesetzt in der Kundenauf-tragsfertigung, ist besonders empfindlich, wenn Ausschuss oder Nacharbeit auftreten. Im Falle von Ausschuss bzw. Nacharbeit sollte der neue Auftrag zur Behebung des Ausschusses bzw. der Nacharbeitsauftrag immer höchste Priorität bekommen. Eine zusätzliche Möglichkeit, Ausschuss und Nach-arbeit zu begegnen, ist, einen entsprechenden Sicherheitsbestand an Fertig-teilen anzulegen.

23.1.2 Anwendungsgebiet von CONWIP

Die CONWIP-Steuerung kann bei richtig ausgewählter Einlast- und Abarbeitungsregel praktisch für jedes Produktionssystem verwendet werden. CONWIP eignet sich vor allem für die Umsetzung einer Kunden-auftragsfertigung, weil erstens Kundenaufträge oder zusammengefasste

Kundenaufträge direkt für die Einlastung verwendet werden können und zweitens die CONWIP Steuerung eine starke Reduktion des Umlauflagerbestandes wie auch des Fertigteillagerbestandes und somit der Produktionsdurchlaufzeit sicherstellt. Wegen der reduzierten Produktionsdurchlaufzeit ist es leichter möglich, sicherzustellen, dass die vom Markt geforderte Lieferzeit größer ist als die Produktionsdurchlaufzeit – was ja eine Grundvoraussetzung für eine kundenorientierte Produktion darstellt.

Wesentliche Vorteile von CONWIP sind:

❑ Nur wenige Parameter sind einzustellen

❑ Kann auch für viele Varianten und Materialien verwendet werden

❑ Ermöglicht hohe Liefertreue bei gleichzeitig niedrigen Beständen

Zu beachten ist, dass CONWIP sehr empfindlich auf Ausschuss und Nacharbeit reagiert, vor allem wenn der Ausschuss bzw. die Nacharbeit kurz vor Fertigstellung anfällt. Mit entsprechenden Sicherheitsbeständen an Fertigteilen kann die Liefertreue bzw. -fähigkeit sichergestellt werden.

Weiters führt eine CONWIP Steuerung dazu, dass bei einem Engpass gleich nach dem Rohmaterial dieser nicht immer mit Arbeitsaufträgen versorgt ist. Abhilfe schafft in diesem Fall, dass zwei CONWIP Kreise Rohmaterial bis Engpass und Maschine nach Engpass bis Fertigstellung implementiert werden.

Bei Maschinenausfall werden bei einem CONWIP gesteuerten System noch solange Aufträge eingelastet, solange noch Aufträge fertig gestellt werden können. Insbesondere wenn die ausgefallene Maschine nahe dem Fertigteillager liegt, wird bald nach Ausfall kein neuer Auftrag mehr eingelastet.

Wenn über längere Zeit die Nachfrage höher ist als das Kapazitätsangebot, wird der Lagerbestand gleich dem WIP-Grenzwert sein. Die Aufträge, die innerhalb des Vorgriffes liegt, aber noch nicht eingelastet sind, werden massiv anwachsen. Andererseits, wenn über längere Zeit eine geringere Nachfrage als vorhandene Kapazität besteht, werden sich zuerst die Aufträge, die auf Einlastung warten, auf null reduzieren und anschließend der Umlauflagerbestand unter den WIP-Grenzwert fallen. In diesem Fall ist die Durchlaufzeit konstant dem Vorgriffshorizont.

23.2 Theory of Constraints

Die Theory of Constraints (TOC) wurde vom Physiker Goldratt, siehe Goldratt (1990) bzw. Goldratt (2003), entwickelt. Grundidee dieser engpassorientierten Planung und Steuerung ist die Tatsache, dass eine Kette nur so stark ist, wie ihr schwächstes Glied. Die Kette kann nur verbessert werden, indem man das schwächste Glied verbessert. Ein guter Überblick zum Thema TOC ist in Schragenheim/Dettmer (2001) gegeben. Der TOC-Ansatz basiert auf der Annahme, dass die machbare Leistung des Unternehmens von einer bzw. von nur wenigen Größen limitiert wird. Diese limitierenden Größen werden Constraint genannt. Beispiele für einen Constraint sind:

❑ Markt (es wird weniger verkauft als Produktionskapazität vorhanden ist)

❑ Ressourcen wie Anlagen, Mitarbeiter, Werkzeuge usw. (die Ressource kann die vom Markt geforderte Leistung nicht oder nur teilweise erbringen). Wenn eine interne Ressource der Constraint ist, spricht man von einem capacity constrained resource (CCR) .

❑ Material (es kann nicht das vom Markt geforderte Material zur Verfügung gestellt werden)

❑ Lieferant (schlechte Liefertreue, zu lange Lieferzeiten, …)

❑ Budgetplan oder Liquidität (wegen im Budget nicht vorgesehener Mittel oder wegen schlechter Liquidität kann eine Aktivität nicht durchgeführt werden)

❑ Kompetenz bzw. Wissen (dem Unternehmen fehlt das Wissen, wie etwas zu tun ist, um erfolgreich zu sein)

❑ Offizielle oder auch informelle Unternehmenspolitik (Aussagen wie „bei uns haben wir das schon immer so gemacht" oder „das gibt es bei uns nicht" sind Hinweise, dass die Unternehmenspolitik den Handlungsrahmen im negativen Sinn einschränkt)

Der deutsche Begriff *Engpass* ist etwas enger gefasst als der Begriff Constraint. Wenn eine Anlage im TOC Sinn ein Constraint ist, entspricht diese Anlage einem klassischen Engpass. Aber wenn die Unternehmenspolitik der Constraint ist, spricht man im Allgemeinen nicht von einem Engpass Unternehmensstrategie.

Neben der Konzentration auf den Constraint ist für den TOC-Ansatz ein Kennzahlensystem, das nicht an erster Stelle die Kosten berücksichtigt, charakteristisch. Vielmehr ist die wichtigste Kennzahl der so genannte Throughput. Der Throughput ist im Wesentlichen als Umsatz, abzüglich den echten variablen Kosten, definiert. In der Kostenrechnung werden bei der Berechnung des Deckungsbeitrages in der Regel die Lohneinzelkosten als variable Kosten angesetzt. Dahingegen werden bei der Bestimmung des Throughputs die Lohneinzelkosten nicht berücksichtigt, weil unabhängig von der konkreten Mitarbeiterauslastung 100% der Lohnkosten für die fest angestellten Mitarbeiter anfallen. Kosten für Überstunden oder anderer Zusatzkapazitäten werden hingegen bei der Berechnung des Throughput in Abzug gebracht. Vereinfacht kann der Throughput eines verkauften Stücks als Verkaufspreis abzüglich der Materialeinzelkosten berechnet werden. In vielen Anwendungen reicht diese vereinfachte Berechnung des Throughputs aus. Nach Erhöhung des Troughputs werden im TOC-Ansatz das Inventory/Investment und erst anschließend die Operating Expense minimiert. Inventory meint in diesem Zusammenhang die Kapital-bindungskosten der Lagerbestände, Investment aller Kosten, die durch Investitionen (Abschreibung) verursacht werden, und Operating Expenses beinhalten alle Kosten, die durch den Leistungserstellungsprozess verursacht werden und nicht im Throughput enthalten sind. Wesentlicher Bestandteil der Operating Expenses sind die Lohnkosten. Vereinfacht können diese drei Kennzahlen definiert werden als:

- ❑ Throughput: Deckungsbeitrag berechnet mit "echten" variablen Kosten
- ❑ Inventory/Investment: Anfallende Kapitalkosten für die Generierung von Throughput (notwendigen Anlagen, Maschinen, Gebäuden, Lagerbeständen usw.)
- ❑ Operating Expenses: Kosten, um Inventory/Investment in Throughput zu transformieren.

Da das Periodenergebnis im Wesentlichen durch Throughput abzüglich den Operating Expenses gegeben ist und Inventory/Investment den Kapitalkosten entspricht, verfolgt der TOC-Ansatz die Erhöhung des EVA unter Einhaltung der Reihenfolge

- ❑ Erstens maximiere den Throughput
- ❑ Zweitens minimiere Inventory/Investment und
- ❑ Drittens minimiere die Operating Expenses

Mit dem TOC-Ansatz versucht man vor allem, den Constraint so weiterzuentwickeln, dass der Throughput des Systems erhöht werden kann.

Durch das iterative Durchlaufen der so genannten Five Focusing Steps wird kontinuierlich versucht, den Constraint zu entdecken und dessen limitierende Wirkung aufzuheben. Die fünf Schritte sind:

- ❑ Identify
- ❑ Exploit
- ❑ Subordinate
- ❑ Elevate
- ❑ Go back to Step 1, but be aware of inertia

Im ersten Schritt (**Identify**) sollte der Constraint identifiziert werden, indem die Frage beantwortet wird, was ist zur Zeit der limitierende Faktor im Unternehmen. Wenn der Constraint leicht und schnell beseitigt werden kann, wird das sofort gemacht und der nächste Constraint identifiziert. Falls die Beseitigung des limitierenden Faktors nicht einfach möglich ist, wird der zweite Schritt exploit durchgeführt.

Im zweiten Schritt (**Exploit**) wird versucht, den Constraint ohne Investitionen derart zu nutzen, dass soviel Leistung wie möglich durch den Constraint erbracht werden kann. Wenn z.B. eine Maschine den Constraint darstellt, dann könnte vor der Maschine eine Qualitätskontrolle eingeführt werden, damit die Maschine keine Kapazität für Schlechtteile vergeudet. Oder es wird sichergestellt, dass auch in Pausen (versetzte Pausen für die Mitarbeiter) diese Maschine läuft bzw. gerüstet wird. Eine andere einfache Maßnahme ist z.B. die Sicherstellung, dass die Engpassmaschine in einer personalfreien Schicht (Nachtschicht) nicht leer läuft.

Der dritte Schritt (**Subordinate**) ist besonders wichtig und am schwierigsten umzusetzen. Alles andere, das zur Leistungserstellung notwendig ist, sollte dem Constraint untergeordnet werden. In letzter Konsequenz sollten alle, die nicht direkt im Constraint Bereich arbeiten, versuchen, möglichst viel beizutragen, um den Constraint zu entlasten oder das Leistungsvermögen des Constraints zu erhöhen. Die Schwierigkeit der Umsetzung liegt darin, dass Abteilungsegoismen in einem Unternehmen existieren und Bereichskennzahlen in der Regel durch die Entlastung des Constraints negativ beeinflusst werden. Ein mögliches Beispiel für so eine Entlastung könnte sein, dass die Beschaffungsabteilung ein höherwertigeres Material (und damit höheren Einstandspreis akzeptiert) beschafft, das aber eine schnellere Bearbeitung am Constraint ermöglicht oder dass alle anderen Maschinen nach der Constraint-Maschine getaktet werden. Weiters kann überprüft werden, ob gewisse Aufgaben der Engpassmaschine nicht von anderen Maschinen (auch mit mehr Aufwand oder längeren Vorgabezeiten) wahrgenommen werden können. Die Unterordnung des Vertriebes könnte z.B. erfolgen, indem der Vertrieb durch die Kennzahl Throughput pro Kapazitätseinheit (siehe dazu auch Abschnitt *Kapazitätsabgleich*) bewertet und gesteuert wird. Falls der Constraint behoben ist, geht man zu Schritt eins, ansonsten zum vierten Schritt.

Im vierten Schritt (**Elevate**) wird durch Investitionen oder durch die Schaffung von Alternativen die Kapazität des Constraints erhöht. Wenn eine Anlage der Constraint ist, kann z.B. durch die Anschaffung einer zusätzlichen Anlage, aber auch durch Fremdvergabe, die Kapazität erhöht werden. Im Falle, dass der Constraint der Markt ist, könnte eine Werbekampagne oder die Einführung eines neuen Produktes den Constraint Markt aufheben.

Nach der Beseitigung des Constraints geht man zum ersten Schritt. Wichtig ist dabei, dass Regeln, die man aufgestellt hat, um einen Constraint zu entlasten oder alles dem Constraint unterzuordnen, kritisch zu hinterfragen und gegebenenfalls zu ändern sind, wenn ein neuer Constraint im System gegeben ist. Dabei ist zu beachten, dass sich der Constraint ohne eigene Aktivitäten ändern kann. Zum Beispiel kann eine Änderung der nachgefragten Mengen der Produkttypen eine andere Maschine zum Constraint machen.

Zusätzlich zu den Five Focusing Steps sind für die Einführung und den Betrieb eines TOC-Konzeptes einige Werkzeuge entwickelt worden.

Die wichtigsten inklusive Five Focusing Steps sind:

❑   Five Focusing Steps

❑   Logical Thinking Process, siehe Dettmer (1998)

❑   Critical Chain, siehe Goldratt (1997)

❑ Drum-Buffer Rope

❑ Simplified Drum-Buffer Rope

Die TOC Ideen können in 10 Prinzipien, die auch OPT (Optimised Production Technology) Regeln genannt werden, zusammengefasst werden, siehe dazu Silver et al. (1998).

❑ Maschinen bzw. Anlagen sollten nur genutzt werden, wenn damit die Erbringung des Throughputs unterstützt wird

❑ Die Auslastung einer nicht Engpassmaschine ist durch die Kapazität der Engpassmaschine bestimmt.

❑ Eine Stunde am Engpass verloren, bedeutet, diese Stunde für immer verloren zu haben

❑ Die Einsparung einer Stunde an einem nicht Engpass erhöht nicht den Throughput

❑ Der Engpass beschränkt den Throughput und bestimmt den Lagerbestand

❑ Kleinere Transportlose als Fertigungslose reduzieren die Durchlaufzeit und Bestände

❑ Am Engpass sollten tendenziell große Lose aufgelegt werden (Kapazität für Fertigen und nicht für Rüsten nutzen). Wohingegen an nicht Engpässen kleine Lose gefahren werden sollen

❑ Prioritätsregeln sollen die Kapazitäten berücksichtigen, z.B. LSK/RO

❑ Stelle gleichmäßigen Materialfluss sicher und gleiche die Kapazitäten nicht aus (keine Abtaktung).

❑ Die Summe von lokalen Minima ergibt nicht das globale Minimum.

Im nächsten Abschnitt werden wir die Steuerung der Produktion nach dem Drum-Buffer Rope Verfahren präsentieren.

23.2.1 Drum-Buffer Rope (DBR)

Von Goldratt wurde die engpassorientierte Produktionsplanung und Steuerung Drum-Buffer Rope (DBR) entwickelt, siehe z.B. Goldratt (1988). Optimised Production Technology (OPT) wird ebenfalls als Bezeichnung der Steuerung im TOC-Ansatz verwendet.

In der nachstehenden Grafik werden die Arbeitsweise von DBR und die wichtigsten Bausteine visualisiert.

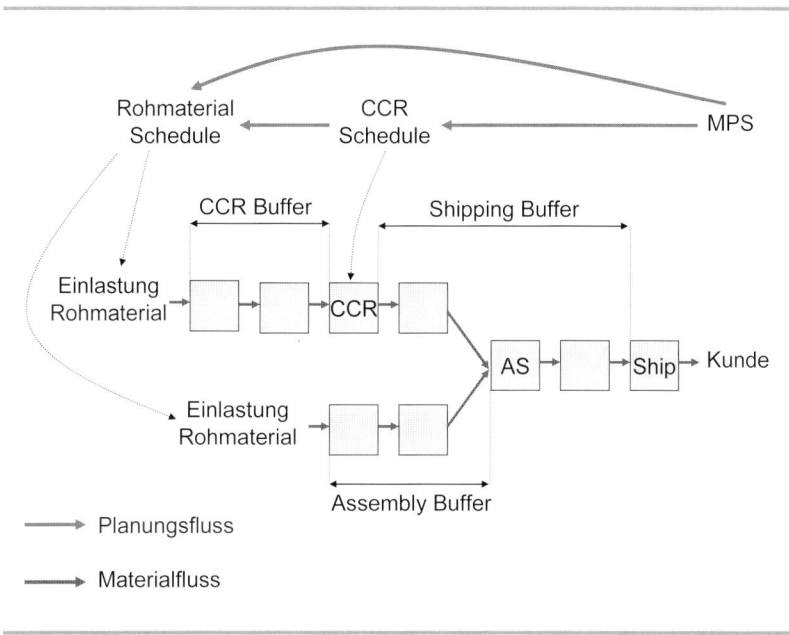

Abb. 23.3. DBR

Der Begriff Drum bezieht sich auf die capacity constrained resource (CCR) bzw. auf den Schedule des CCR. Drum sollte ausdrücken, dass der CCR den Takt für alle anderen Maschinen, Anlagen und Arbeitsschritte vorgeben soll. Wenn kein interner Engpass vorliegt, werden die Kundenaufträge als Drum genutzt. Der Buffer, in Zeit gemessen, stellt sicher, dass der CCR immer mit Arbeit versorgt ist. Die Verbindung zum Einlasten des Rohmaterials wird über ein Seil (Rope) bewerkstelligt. Das Rohmaterial wird im gleichen Rhythmus wie der CCR Aufträge abarbeitet eingelastet. Unter DBR werden nur bestimmte Teile der Produktion geplant, das sind MPS für die Fertigteile, CCR für die nicht freien Materialien und Rohmaterialeinlastung. Dabei versteht man unter einem freien Material bzw. Produkt ein Fertigprodukt, das keinen Fertigungsschritt am CCR aufweist.

Der DBR-Ansatz baut auf der Existenz des CCR auf. Grundsätzliche Ziele von DBR sind

- die Erfüllung der Kundenbestellung
- die Reduktion der Produktionsdurchlaufzeiten und
- die Sicherstellung, dass der CCR keine Kapazitätsverluste hat.

Das DBR Konzept basiert auf den Buffern. Die Buffer geben immer eine Zeitperiode an. Man unterscheidet drei Arten von Buffern

- Shipping Buffer
- CCR Buffer
- Assembly Buffer

Der **Shipping Buffer** ist eine Abschätzung der Produktionsdurchlaufzeit vom CCR bis zur Fertigstellung des Endproduktes (Endprodukt steht für die Auslieferung an den Kunden zur Verfügung). Falls Aufträge nicht über den CCR gehen, wird der Shipping Buffer als Abschätzung der gesamten Produktionsdurchlaufzeit, also der Zeit zwischen Einlastung des Rohmaterials und Fertigstellung des Endproduktes, definiert. Produkte, die nicht den CCR beanspruchen, heißen freie Produkte. In obiger Grafik wird die Auslieferung mit dem englischen Begriff Ship bezeichnet.

Die Abschätzung der Produktionsdurchlaufzeit von der Einlastung des Rohmaterials bis zum CCR wird zur Festlegung des **CCR Buffer** herangezogen. Die Abschätzung der Gesamtproduktionsdurchlaufzeit (bezüglich Fertigungspfad über den CCR) ergibt sich somit als die Summe von CCR Buffer, Shipping Buffer und Fertigungsauftragszeit am CCR.

Wenn Montageoperationen stattfinden, gibt es für jeden Ast des Fertigungspfades vor der Montage (Montage ist in obiger Grafik als AS bezeichnet), der den CCR nicht enthält, einen **Assembly Buffer**. Der Assembly Buffer ist die Produktionsdurchlaufzeit von der Einlastung des Rohmaterials bis zur Montageoperation.

Die Planung innerhalb des DBR-Konzeptes erfolgt in den drei Schritten

- Erstellung MPS (z.B. nach dem MRP II Konzept)
- Planung des CCR-Schedule
- Planung der Einlastung des Rohmaterials (Rohmaterial Schedule)

Nach Ordnen aller Fertigungsaufträge nach dem Liefertermin bzw. Planfertigstellungstermin laut MPS werden alle Aufträge, die über den CCR gehen, am CCR eingeplant. Dazu gibt es zwei gängige Methoden. Die einfachere Methode ist die Vorwärtsplanung. Der erste (frühester Liefertermin) noch offene Auftrag am CCR wird als erstes eingeplant, der zweite als zweites und so weiter. Die Zeitdauer des Auftrages am CCR ergibt sich durch Losgröße mal Stückbearbeitungszeit. Der Einlastzeitpunkt des Folgeauftrages ist mit dem Fertigstellungszeitpunkt des Vorgängerauftrages am CCR ident.

$$i = 1, 2, ..., m$$

$$t_{Einlast, i} = t_{Fertigstellung, i-1}$$

$$t_{Fertigstellung, i} = t_{Einlast, i} + p_i n_i + r_i$$

$t_{Einlast, i}$ ...Einlastungszeitpunkt am CCR des i-ten Auftrages

$t_{Fertigstellung, i}$ ...Fertigstellungszeitpunkt am CCR des i-ten Auftrages

p_i ...Bearbeitungszeit/Stück des i-ten Auftags am CCR   (23.1)

r_i ...Rüstzeit des i-ten Auftrages am CCR

n_i ...Losgröße des i-ten Auftrages am CCR

m ...Anzahl, der nach Lieferdatum sortierten Aufträge,

         die zu verplanen sind

In nachstehender Tabelle wird beispielhaft das Vorwärts-Scheduling aufgezeigt.

Fertigprodukt	Anzahl	Liefertermin	CCR Bearbeitungszeit/Stück	Rüstzeit	Auftragszeit	Einlastzeit	Fertigstellungszeit	Differenz
A	30	3	0,2	1	7	0,0	0,4	2,6
A	20	3	0,2	1	5	0,4	0,8	2,3
B	15	4	0,3	3	7,5	0,8	1,2	2,8
C	20	5	0,4	2	10	1,2	1,8	3,2
C	20	5	0,4	2	10	1,8	2,5	2,5
A	35	6	0,2	1	8	2,5	3,0	3,0
C	20	6	0,4	2	10	3,0	3,6	2,4
B	15	7	0,3	3	7,5	3,6	4,1	2,9
A	20	7	0,2	1	5	4,1	4,4	2,6

Abb. 23.4. CCR Vorwärts-Scheduling

Am CCR werden für die drei Endprodukte A, B und C Kapazitäten beansprucht. Zur Vereinfachung wurde das Zeitmodell in fortlaufende Tage (aktueller Zeitpunkt = 0) modelliert. Die Bearbeitungs-, Rüst- und Auftragszeit sind jeweils in Stunden angegeben. Pro Tag stehen 16 Stunden Kapazität am CCR zur Verfügung. In den Spalten Liefertermin, Einlastzeit, Fertigstellungszeit und Differenz ist die Einheit Arbeitstag, wobei ein Arbeitstag aus zwei Schichten zu je 8 Stunden besteht. Die Zeit in der Spalte Differenz gibt jene Zeit in Arbeitstagen an, die noch nach dem CCR zur Verfügung steht um das jeweilige Produkt fertig zu stellen. Im Idealfall sollte diese Zeit in der Größenordnung des Shipping Buffer sein. Eine wesentlich geringere Differenz als der Shipping Buffer oder sogar eine negative Differenz bedeutet, dass dieser Auftrag nicht zeitgerecht fertig gestellt werden kann.

Eine etwas aufwändigere CCR-Planung ist die so genannte Rückwärts-planung bzw. Rückwärts-Scheduling. Bei dieser Methode startet man mit dem letztgereihten (Liefertermin liegt am weitesten in der Zukunft) Auftrag. Dieser Auftrag wird so eingeplant, dass der Fertigstellungstermin dieses Auftrages am CCR genau dem Zeitpunkt Liefertermin abzüglich Shipping Buffer entspricht. Nach Einplanung des letzten Auftrages wird der Vorletzte, Drittletzte usw. nach derselben Logik eingeplant. Falls ein Zeitfenster bereits belegt ist, muss zeitlich der Fertigungsauftrag am CCR Richtung Vergangenheit verschoben werden. Wenn der erste Auftrag (mit dem frühesten Liefertermin) in der Vergangenheit hätte begonnen werden müssen, kann dieser nicht mehr bis zum Zeitpunkt Liefertermin abzüglich Shipping Buffer am CCR fertig gestellt werden. Liegt der Starttermin mehr als der Wert des Shipping Buffer in der Vergangenheit, so ist die Liefertermineinhaltung gefährdet.

$$i = m, m-1, ..., 2, 1$$

$$t_{Fertigstellung,i} = min\left(t_{Liefertermin,i} - t_{ShippingBuffer}, t_{Einlast,i+1}\right)$$

$$t_{Einlast,i} = t_{Fertigstellung,i} - p_i n_i - r_i$$

$t_{Einlast,i}$ ...Einlastungszeitpunkt am CCR des i-ten Auftrages

$t_{Fertigstellung,i}$ ...Fertigstellungszeitpunkt am CCR des i-ten Auftrages (23.2)

$t_{Liefertermin,i}$ ...Liefertermin des i-ten Auftrages laut MPS

$t_{ShippingBuffer}$ ...Shipping Buffer

p_i ...Bearbeitungszeit/Stück des i-ten Auftags am CCR

r_i ...Rüstzeit des i-ten Auftrages am CCR

n_i …Losgröße des i-ten Auftrages am CCR

m …Anzahl, der nach Lieferdatum sortierten Aufträge,

die zu verplanen sind

Nachstehende Tabelle (gleiche Ausgangsdaten wie beim Vorwärts-Scheduling Beispiel) zeigt beispielhaft das Rückwärts-Scheduling auf.

Fertigprodukt	Anzahl	Liefertermin	CCR Bearbeitungszeit/Stück	Rüstzeit	Auftragszeit	Einlastzeit	Fertigstellungszeit	Differenz
A	30	3	0,2	1	7	0,3	0,7	2,3
A	20	3	0,2	1	5	0,7	1,0	2,0
B	15	4	0,3	3	7,5	1,2	1,6	2,4
C	20	5	0,4	2	10	1,6	2,3	2,8
C	20	5	0,4	2	10	2,3	2,9	2,1
A	35	6	0,2	1	8	2,9	3,4	2,6
C	20	6	0,4	2	10	3,4	4,0	2,0
B	15	7	0,3	3	7,5	4,2	4,7	2,3
A	20	7	0,2	1	5	4,7	5,0	2,0

Abb. 23.5. CCR Rückwärts-Scheduling

Zur Berechnung wurde der Shipping Buffer mit 2 Tagen angenommen. Im Vergleich zum Vorwärts-Scheduling ist festzustellen, dass beim Rückwärts-Scheduling, wenn freie Kapazitäten vorhanden sind, entsprechende Zeitfenster nicht beplant werden (z.B. ist kein Fertigungsauftrag am CCR in der Zeit 1,0-1,2 bzw. 4,0-4,2 eingeplant).

Wenn zu wenig Kapazität oder Zeit vorhanden ist, um die Aufträge zeitgerecht fertig zustellen, können folgende Maßnahmen bei beiden Scheduling Methoden gesetzt werden:

❑   Schaffung von kurzfristigen Zusatzkapazitäten (Überstunden, zusätzliche Schicht)

❑   Loszusammenfassung (weniger Rüstaufwand) am Engpass

❑   Kleinere Transportlose – überlappende Fertigung (kontinuierlicher und schnellerer Materialfluss von CCR zum Versand wird sichergestellt)

❑   Losteilung nach dem Engpass

❑   Änderung MPS

Die Einlastung des Rohmaterials erfolgt für Rohmaterial, das über den CCR geht, im Rhythmus der Planeinlastungen am CCR. Der Einlasttermin des Rohmaterials entspricht dem Einlasttermin am CCR abzüglich dem CCR Buffer.

Für das Rohmaterial, das nicht direkt über den CCR geht, aber mit Teilen, die am CCR (teilweise) gefertigt werden, kombiniert wird, wird der Einlastungszeitpunkt des Rohmaterials bestimmt durch Liefertermin laut MPS abzüglich Shipping Buffer (Produktionsdurchlaufzeit CCR zu Versand) und abzüglich dem Assembly Buffer. Dabei wird die mittlere Durchlaufzeit vom CCR bis zur Montage vernachlässigt bzw. als Sicherheits-Buffer für nicht CCR-Teile eingeplant.

Der Einlastungszeitpunkt von Rohmaterial, das weder über den CCR geht, noch mit Teilen, die über den CCR gehen, montiert wird, wird berechnet durch Lieferdatum abzüglich Shipping Buffer des entsprechenden Astes des Fertigungspfades.

Die Abarbeitung der Aufträge am CCR geschieht nach dem CCR-Schedule. An allen anderen Arbeitsstationen, Anlagen oder Maschinen kommen zwei Abarbeitungsregeln zur Anwendung.

❑ EDD bei Arbeitsstationen nach dem CCR, Arbeitstationen von Fertigungspfaden, die den CCR nicht beinhalten sowie freie Materialien, die nicht mit einem CCR Teil zusammen montiert werden.

❑ ECD bei Arbeitsstationen vor dem CCR und für freie Materialien, die mit einem CCR Teil zusammen montiert werden.

Für die Steuerung der Fertigungsaufträge werden die beiden Zeitperioden CCR Buffer und Shipping Buffer in drei etwa gleich große Zonen eingeteilt. Die Zone 3, auch grüne Zone genannt, liegt am weitesten in der Zukunft. Zone 1, auch rote Zone genannt, beginnt jeweils mit dem aktuellen Datum. Abhängig, ob es sich um den Shipping Buffer oder um den CCR Buffer handelt, sind die Zonen anders zu interpretieren.

Tabelle 23.2. Die drei Zonen der DBR Buffer zur Steuerung der Fertigungsaufträge

	CCR Buffer	**Shipping Buffer**
Zone 3 (grün)	Aufträge, deren CCR Planeinlastungstermin in Zone 3 liegen, sollen als Rohmaterial bereits eingelastet sein.	Aufträge, deren Liefertermin in Zone 3 liegt, sollen entweder am Engpass bereits bearbeitet worden sein bzw. als Rohmaterial (falls Auftrag nicht über CCR geht) eingelastet sein.
Zone 2 (gelb)	Aufträge, deren CCR Planeinlastungstermin in Zone 2 liegt, sollen bald zur Weiterverarbeitung am CCR eintreffen. Besteht die Gefahr, dass die Aufträge nicht bis zum Übergang in die Zone 1 eintreffen, sollen entsprechende Gegenmaßnahmen getroffen werden.	Aufträge, deren Liefertermin in Zone 2 liegt, sollen demnächst zur Auslieferung an den Kunden bereitstehen. Besteht Gefahr, dass die Aufträge nicht bis zum Übergang in die Zone 1 im Versand eintreffen, sollen entsprechende Gegenmaßnahmen getroffen werden.
Zone 1 (rot)	Aufträge, deren CCR Planeinlastungstermin in Zone 1 liegt und die noch nicht zur Bearbeitung am CCR verfügbar sind, sollen mit höchster Priorität in den Vorstufen bearbeitet werden, ansonsten kann der Planstarttermin am CCR nicht eingehalten werden.	Aufträge, deren Liefertermin in Zone 1 liegt und die noch nicht zur Auslieferung an den Kunden bereitstehen, sollen mit höchster Priorität in den Vorstufen bearbeitet werden, ansonsten kann der Liefertermin nicht eingehalten werden.

Falls notwendig, kann auch für Montageteile eine Buffer-Steuerung eingeführt werden, wobei die Bufferlänge durch die Summe Assembly Buffer zuzüglich Shipping Buffer gegeben ist.

Aufträge, die in Zone 1 sind bzw. Gefahr laufen, dass sie in Zone 1 kommen, müssen beschleunigt werden. Folgende Maßnahmen zur Beschleunigung von Zone 1 Aufträgen stehen zur Verfügung:

❑   Zone 1 Aufträge haben höchste Priorität in der Abarbeitung (im Extremfall wird der aktuelle Auftrag abgebrochen und für Zone 1 Auftrag gerüstet), sodass rechtzeitig der CCR den Auftrag zur Bearbeitung erhält bzw. rechtzeitig der Auftrag zum Versand zur Verfügung steht.

❑   Reduktion der Transportlosgröße

❑   Schaffung von Zusatzkapazität (Überstunden, Zusatzschicht)

Falls sich regelmäßig mehrere Aufträge in der Zone 1 befinden, ist entweder

❑   ein falscher CCR angenommen

❑   der Buffer zu kurz ausgelegt oder

❑   der vom Markt geforderte Absatz höher als die mögliche Ausbringungsmenge des CCR.

23.2.2 Simplified Drum-Buffer Rope (S-DBR)

Simplified Drum-Buffer Rope (S-DBR) ist eine Weiterentwicklung von DBR mit den folgenden zwei zentralen Annahmen:

❑   der Absatzmarkt ist immer ein Constraint und

❑   zeitlich können interne CCR auftreten, die aber über einen längeren Zeitraum betrachtet im Mittel freie Kapazität (mindestens 10%) aufweisen.

Freie mittlere Kapazität (und nicht Lagerbestand) wird im TOC Ansatz, insbesondere im S-DBR Ansatz, als das wichtigste Instrument zur Abfederung von Schwankungen und unvorhergesehenen Störungen jeglicher Art angesehen. Im Unterschied zu DBR hat S-DBR nur einen Buffer, nämlich den Shipping Buffer. Der Shipping Buffer entspricht dabei wieder dem Schätzwert für die gesamte Produktionsdurchlaufzeit. Die dem Kunden zugesagte Lieferzeit sollte nie kürzer sein als der Shipping Buffer. Ein weiterer Unterschied ist, dass der Buffer zur Steuerung nur in zwei Zonen eingeteilt wird. Dabei entspricht die grüne Zone etwa der Zone 2 und 3 von DBR und die rote Zone von S-DBR der Zone 1 von DBR. Die Grenze zwischen roter und grüner Zone wird als Red Line bezeichnet. Im Zuge der Steuerung wird versucht, Aufträge, die drohen in die rote Zone zu rutschen, entsprechend zu beschleunigen bzw. Aufträge in der roten Zone mit höchster Priorität durch die Produktion zu leiten. Als Abarbeitungsregel wird bei jeder Station die EDD Regel angewandt. Weiters wird bei S-DBR kein Schedule, auch nicht für einen temporären CCR, erstellt.

Die Planung und Steuerung unter S-DBR erfolgt in den nachfolgenden vier Schritten

❑ Elimination von kurzfristiger Überlastung durch Bereitstellung von kurzfristigen Zusatzkapazitäten (Überstunden, Zusatzschicht, Fremdvergabe, …), falls kurzfristig mehr Kapazität eingeplant wurde bzw. nachgefragt wird als verfügbar ist. Diese Situation sollte nur in Ausnahmefällen eintreten.

❑ Aktualisiere in kurzen Zeitabständen den MPS. Weise, falls möglich, Material (Beschaffungsaufträge, Fertigungsaufträge), das für stornierte bzw. geänderte Kundenaufträge vorgesehen war, neuen Kundenaufträgen zu. Zusätzlich sollte eine Grobkapazitätsplanung vor Freigabe des MPS durchgeführt werden.

❑ Plane die Freigabe des Rohmaterials nach dem Liefertermin des MPS abzüglich dem Shipping Buffer. Falls Materialien, die keinem Kundenauftrag zugewiesen sind, vorhanden sind, verwende diese Materialien möglichst zuerst.

❑ Beobachte das System und greife korrigierend ein, falls Gefahr droht, dass ein Liefertermin nicht eingehalten werden kann oder ein kurzfristiger CCR überlastet wird.

Zusätzlich zur Zonenbeobachtung und zur Sicherstellung, dass kein Auftrag in die rote Zone kommt (d.h. es soll keinen Auftrag geben, dessen Liefertermin in der roten Zone ist und noch nicht zur Auslieferung bereitsteht), wird für S-DBR vorgeschlagen, die frei gegebene Arbeitslast pro Maschine wie auch die vor jeder Maschine wartende Arbeitslast zu beobachten. Die frei gegebene Arbeitslast einer Maschine ist die Summe aller Bearbeitungs- und Rüstzeiten aller Aufträge, die diese Maschine noch beanspruchen werden und bereits freigegeben sind. Wenn die freigegebene Arbeitslast in die Nähe des Shipping Buffers kommt, ist zuviel Arbeit freigegeben bzw. in die Fertigung eingelastet. Wenn die freigegebene Arbeitslast in die Nähe der zugesagten Lieferzeit kommt, können die Liefertermine nicht mehr eingehalten werden. Die vor der Maschine wartende Arbeitslast ist jener Teil der freigegebenen Arbeitslast, der bereits vor der Maschine zur Bearbeitung zur Verfügung steht und entspricht somit dem Umlauflagerbestand unmittelbar vor der Maschine gemessen in Arbeitszeit. Durch Analyse des Verhältnisses vor der Maschine wartende Arbeitslast durch freigegebene Arbeitslast können temporäre Engpässe ermittelt werden. Ist die wartende Arbeitslast wesentlich kleiner als die freigegebene, so liegt kein Engpass vor. Ist die wartende Arbeitslast fast so hoch wie die freigegebene, so handelt es sich um einen Engpass oder um eine Arbeitsstation, die am Anfang des Fertigungspfades angeordnet ist. Durch das Verhältnis freigegebene Arbeitslast durch verfügbare Kapazität pro Tag kann der Engpass im Sinne, welche Maschine die höchste durch bereits eingelastete Aufträge reservierte Arbeitszeit aufweist, bestimmt werden.

23.2.2.1   Entscheidungsparameter bei DBR und S-DBR

Für DBR sind drei Buffer als Entscheidungsparameter anzusehen. Für Produktionssysteme mit komplexen produktabhängigen Fertigungspfaden und stark produktgruppenabhängigen Produktionsdurchlaufzeiten kann es sinnvoll sein, produktgruppenspezifische bzw. fertigungspfadspezifische Buffer festzusetzen. Die Buffer sollten als durchschnittliche Durchlaufzeit des jeweiligen Produktionsabschnittes angesetzt werden.

❑   Constraint Buffer: Durchschnittliche Durchlaufzeit vom Rohmaterial zum CCR

❑   Shipping Buffer für CCR Produkte: Durchschnittliche Durchlaufzeit vom CCR zur Auslieferung

❑   Shipping Buffer für freie Produkte: Durchschnittliche Durchlaufzeit vom Rohmaterial bis zur Auslieferung

❑   Assembly Buffer für Teile, die nicht direkt den CCR beanspruchen aber mit Teilen zusammen montiert werden, die den CCR beanspruchen: Durchschnittliche Durchlaufzeit vom Rohmaterial bis zur Montage des Teils

Als Daumenregel können nach Schragenheim/Dettmer (2001) das 0,75-fache der aktuellen durchschnittlichen Durchlaufzeiten bei der Neueinführung des TOC Systems für die Bestimmung der Buffer verwendet werden. Nach Einführung des Systems sollen im Sinne einer kontinuierlichen Weiterentwicklung die Buffer sukzessive reduziert werden.

Wenn regelmäßig Aufträge in die rote Zone bzw. Zone 1 gelangen, dürfen die Buffer nicht weiter reduziert werden.

Für das S-DBR Verfahren sind zwei Entscheidungsparameter gegeben.

❑ Shipping Buffer: Durchschnittliche Durchlaufzeit vom Rohmaterial bis zur Auslieferung

❑ Red Line (Grenze zwischen roter und grüner Zone)

Die Red Line wird im ersten Drittel des Shipping Buffers liegen. Die Red Line sollte so gewählt werden, dass noch genügend Zeit zur Einleitung von Maßnahmen zur Verhinderung eines Lieferverzuges gegeben ist und dass nur solche Aufträge in die rote Zone kommen, die tatsächlich nur durch besondere Maßnahmen zu keinem Lieferverzug führen.

Eine sehr mächtige Methode zur optimalen Bestimmung der drei Parameter Vertriebsbuffer, Engpassbuffer und Montagebuffer bzw. des Vertriebsbuffers wird im Kapitel *Optimale Parametereinstellung* dargestellt.

23.2.2.2 Anwendungsgebiet von DBR und S-DBR

DBR und S-DBR können in fast allen Produktionssystemen vorteilhaft angewandt werden. Besonders bei Vorliegen eines Engpasses und gleichzeitigem Vorhandensein von Anlagen mit hoher freier mittlerer Kapazität können durch den Einsatz von DBR bzw. S-DBR die Liefertreue wesentlich verbessert, die Ausbringungsmenge erhöht, sowie die Lagerbestände reduziert werden.

Bei gut ausgetakteten Produktionssystemen (jeder Arbeitsauftrag auf jeder Arbeitsstation dauert etwa gleich lang) und wenig freien mittleren Kapazitäten ist DBR bzw. S-DBR kein geeignetes System.

Wegen der Einfachheit ist in vielen Anwendungen S-DBR dem klassischen DBR vorzuziehen, da für die meisten Produktionssysteme die erreichbare Performance etwa gleich ist. In Fällen, wo eindeutig und langfristig die gleiche Arbeitsstation (diese Arbeitsstation beschränkt tatsächlich den erreichbaren Throughput) dem internen CCR entspricht, ist DBR besser als S-DBR.

Diese Situation liegt insbesondere vor, wenn:

❏ am CCR eine reihenfolgeabhängige Rüstoptimierung throughput-erhöhend wirkt

❏ der CCR eine rekursiv genützte Arbeitsstation ist

❏ mehrere Teile, die den CCR beanspruchen, zusammen montiert werden.

In diesen Fällen ist die Bestimmung eines Schedules am CCR unerlässlich. Das verwendete Schedulingverfahren sollte nicht die Summe aus Rüst- und Lagerkosten minimieren, sondern den Throughput des CCR erhöhen. Throughput kann erhöht werden durch Berücksichtigung von

❏ keiner Nutzung der CCR Kapazität für Lagerfertigung

❏ Zusammenfassung maximal so vieler Aufträge zu einem Los, dass kein anderer Auftrag einen Lieferverzug erleiden wird.

❏ Einhaltung rüstoptimaler Reihenfolge bei gleichzeitiger Gewährleistung der Liefertermine aller Aufträge.

Bei wanderndem internen CCR sollte nicht DBR sondern S-DBR verwendet werden.

Bei stark unterschiedlichen Produktionsdurchlaufzeiten von Produkten oder bei stark unterschiedlicher Anzahl erforderlicher Operationen für die Produkte kann es sinnvoll sein, produktgruppenabhängige Buffer zu definieren. Da damit die Komplexität der Planung und Steuerung steigt, sollte dies nur eingesetzt werden, wenn wesentliche Unterschiede bestehen.

Ein wesentlicher Unterschied zwischen DBR bzw. S-DBR zu MRP ist, dass nicht für jede Dispositionsstufe eine Planung gemacht wird. Ein DBR geplantes und gesteuertes System hat somit mehr Raum für die Antizipation von Störungen, da der Buffer sich auf einen größeren Fertigungsbereich bezieht als die in der Regel einstufige Übergangzeit im MRP-Ansatz. Die Summe der MRP Planübergangszeiten des entsprechenden Teils des Fertigungspfades entspricht etwa dem Buffer. Nach Möglichkeit versucht DBR Kundenaufträge durch die Fertigung zu leiten. Bei Nichtengpässen werden deshalb (im Unterschied zu MRP) nicht mehrere Kundenaufträge zu einem Fertigungslos zusammengefasst.

S-DBR hat viele Ähnlichkeiten mit CONWIP. Der Shipping Buffer hat eine ähnliche Funktion wie der WIP-Grenzwert und der Vorgriffshorizont. Es werden nur Aufträge eingelastet, deren Liefertermine nicht weiter in der Zukunft liegen als der Shipping Buffer (bei CONWIP: als der Vorgriffshorizont). Zusätzlich sollte der Umlauflagerbestand (frei gegebene Arbeitslast) gemessen in Arbeitsinhalt nicht größer werden als der Shipping Buffer (bei CONWIP: als der WIP-Grenzwert).

Eine lang anhaltende Nachfrage, die höher ist als die Kapazität, bewirkt bei einem DBR gesteuerten System keine Bestandsänderung zwischen Rohmaterial und Engpass. Das Fertigteillager wird sehr gering sein. Wenn umgekehrt eine sehr geringe Nachfrage über eine längere Zeit gegeben ist, werden die Bestände gemäß Bufferzeiten und Little's Law sinken.

Ein Maschinenausfall bewirkt, dass sich vor der Maschine Bestände anhäufen und der ausgefallenen Maschine nachgeordnete Maschinen nach Verbrauch der Umlaufbestände zum Stehen kommen. Sollte eine Maschine vor dem Engpass ausgefallen sein, wird nach einer gewissen Zeit der Engpass zum Stehen kommen. Nach Stillstand des Engpasses wird nichts mehr ins gesamte System eingelastet.

24 Steuerungsmethoden

In diesem Abschnitt werden die klassische Plantafel bzw. das Gantt Diagramm, sowie zwei vom Autor entwickelte Verfahren zur Feinplanung bzw. Steuerung der Produktion vorgestellt.

24.1 Gantt Diagramm

Vor über hundert Jahren hat Gantt (1903) das so genannte Gantt Diagramm (dt. *Plantafel*) zur grafischen Einplanung der Fertigungsaufträge entwickelt.

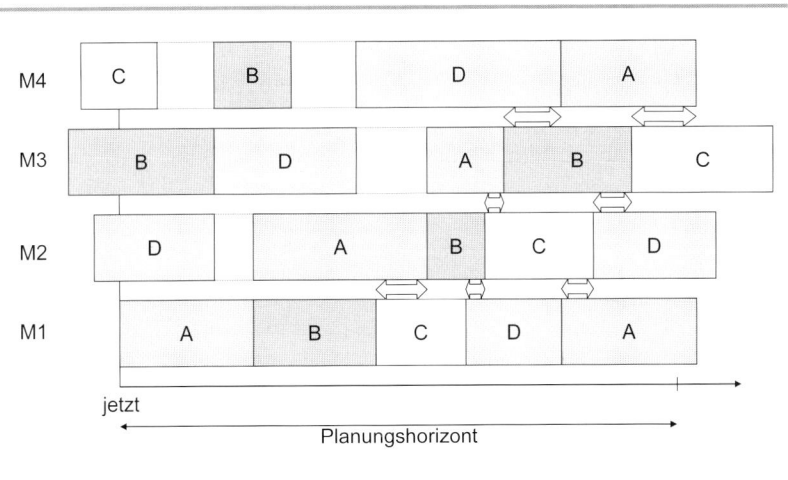

Abb. 24.1. Gantt Diagramm

Die x-Achse symbolisiert die Zeit. Entlang der y-Achse sind die verschiedenen Maschinen M1, M2, ... aufgetragen. Die Buchstaben A bis D stehen für die Fertigungsaufträge bezogen auf die Endprodukte A bis D. Die Länge des Rechtecks, das einen Fertigungsauftrag symbolisiert, gibt die erwartete Auftragsfertigungszeit (Bearbeitung plus Rüsten) an. Im Gantt-Diagramm werden folgende zwei Sachverhalte umgesetzt:

❑ Erst nach Beendigung eines bestimmten Auftrages am vorgelagerten Arbeitssystem kann am nachgelagerten Arbeitssystem mit der Bearbeitung des einen Auftrages begonnen werden. Wegen dieser

Bedingung entstehen die durch weiße Rechtecke markieren, geplanten Stillstände der Maschinen.

❑ Erst nach Freiwerden (Fertigstellung des vorhergehenden Fertigungs-auftrages an derselben Maschine) der Maschine kann der nächste Auftrag eingelastet werden. Wegen dieser Bedingung entstehen geplante Wartezeiten (geplante Lagerbestände) der Materialien zwischen den Arbeitssystemen. Die geplanten Wartezeiten sind in obiger Grafik durch die horizontalen weißen Doppelpfeile dargestellt.

Für projektorientierte Ansätze wie auch zur Visualisierung der Situation ist das Gantt-Diagramm ein geeignetes Mittel.

Besonders zu beachten ist bei Verwendung des klassischen Gantt-Diagramms, dass implizit die Annahme getroffen wird, dass keine überlappende Fertigung (Transportlosgröße kleiner als Fertigungslosgröße) möglich ist. Überlappende Fertigung kann in einem etwas modifizierten Gantt-Diagramm abgebildet werden.

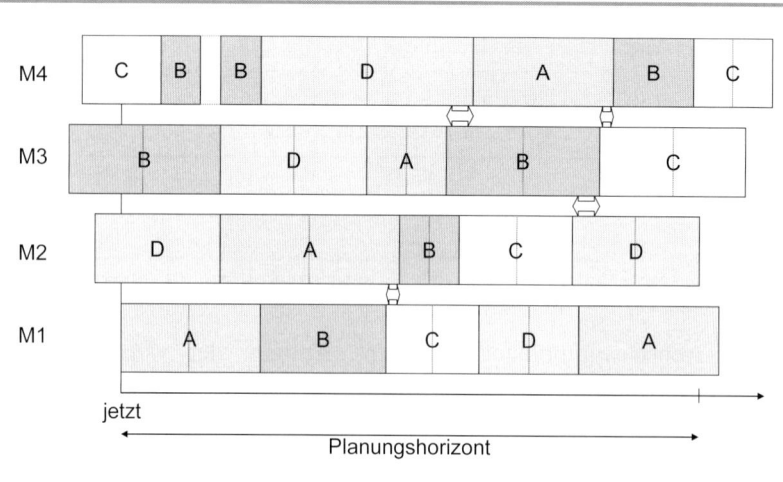

Abb. 24.2. Gantt-Diagramm mit überlappender Fertigung

Im Gantt-Diagramm mit überlappender Fertigung (engl. lot streaming) wurden dieselben Fertigungsaufträge eingeplant wie im Gantt-Diagramm ohne Überlappung. Rechtecke, die in der Mitte durch eine punktierte Linie geteilt sind, deuten auf die Tatsache hin, dass das Fertigungslos in zwei Hälften transportiert wurde. Durch diese Maßnahme könnten folgende drei Kennzahlen verbessert werden

❏ Reduktion der Maschinenstillstände (Erhöhung der Maschinenauslastung)

❏ Reduktion des Lagerbestandes, der Wartezeit bzw. der Auftragsdurchlaufzeit

❏ Erhöhung der Ausbringungsmenge (es wird der zweite Fertigungsauftrag von B bereits innerhalb des Planungshorizontes fertig gestellt)

Würde man bei Maschine M3 den ersten B-Auftrag in vier Transportlose zerlegen, so könnte auch der Stillstand der Maschine M4 zwischen den beiden Transportlosen von B vermieden werden.

Zu beachten ist, dass bei 100% deterministischer Verplanung von Maschinen kein Puffer vorhanden ist, um unvorhergesehene Störungen wie Qualitätsprobleme, Nichtverfügbarkeit von Material, Personal oder Werkzeug bzw. Maschinenstörungen zu kompensieren. Man sollte deshalb immer einen gewissen Anteil der Kapazität vorhalten.

Das bis jetzt diskutierte Gantt Diagramm heißt auch Maschinenbelegungsdiagramm. Demgegenüber gibt es das so genannte Auftragsfortschrittdiagramm, das anstelle der Maschinen die Aufträge auf der vertikalen Achse aufträgt. Im Maschinenbelegungsdiagramm markieren unbelegte Plätze (weiße Rechtecke in der Plantafel) Maschinenstillstände, wohingegen beim Auftragsfortschrittdiagramm unbelegte Plätze Wartezeiten des Materials charakterisieren. Da die weißen Rechecke auffälliger sind als die durch die Pfeile angedeuteten Zwischenzeiten (Materialwartezeit bei Maschinenbelegungsdiagramm und Maschinenstillstandszeit bei Auftragsfortschrittsdiagramm), empfiehlt es sich, für anlagenintensive Branchen das Maschinenbelegungsdiagramm und für materialintensive Branchen das Auftragsfortschrittdiagramm zu verwenden.

24.2 Kapazitätssteuerung

Diese hier vorgestellte Kapazitätssteuerung basiert auf einer einfachen und überschaubaren grafischen Darstellung der nachgefragten sowie bereitgestellten Kapazität. Dazu wird die kumulierte verfügbare Kapazität im Vergleich zur bereits nachgefragten kumulierten Kapazität aufgetragen. Die bereits nachgefragte Kapazität ist determiniert durch die bereits zugesagten Kundenbestellungen. D.h., dass die nachgefragte Kapazität berechnet wird durch Addition aller noch nicht erbrachten Arbeitsinhalte der bereits eingeplanten Kundenaufträge. Bereits fertiggestellte Kundenaufträge tragen demnach nichts zur bereits nachgefragten Kapazität bei. Aufträge, die sich bereits in Produktion befinden, werden nur mit dem noch verbleibenden Arbeitsinhalt bewertet. Noch nicht in die Produktion eingelastete Kundenaufträge werden mit dem gesamten Arbeitsinhalt bewertet.

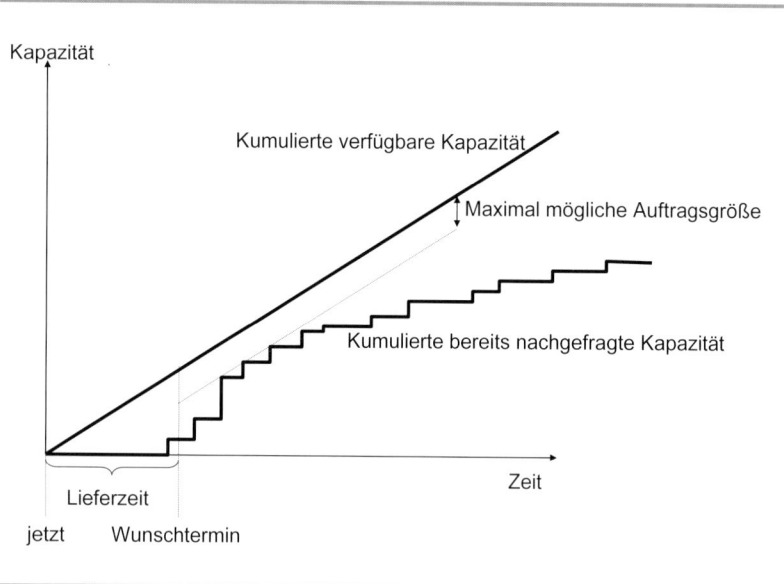

Abb. 24.3. kumulierte Kapazität

Die Sprunghöhen der kumulierten bereits nachgefragten Kapazität in obiger Abbildung entsprechen den noch nicht erbrachten Arbeitsinhalten der jeweiligen Kundenbestellungen. Der Zeitpunkt des Sprungs in der Treppenfunktion ist durch den mit dem Kunden vereinbarten Liefertermin definiert. In ferner Zukunft flacht die kumulierte bereits nachgefragte Kapazität ab, da wenig Kundenaufträge mit sehr langen Lieferzeiten vorhanden sind (Kunde bestellt später bzw. mit kurzer Lieferzeit). Die durchgezogene Gerade durch den Nullpunkt entspricht der kumulierten verfügbaren Kapazität. Die Steigung dieser Geraden entspricht der verfügbaren Kapazität pro Tag.

Der minimale vertikale Abstand der kumulierten bereits nachgefragten Kapazität zur kumulierten verfügbaren Kapazität gibt an, wie viel der bereitgetellten Kapazität noch nicht eingeplant ist. Man kann somit zum einen die bereits geplante Auslastung berechnen und zum zweiten eine Available To Promise Funktion implementieren.

Für einen neuen Kundenauftrag mit einer bestimmten Wunschlieferzeit und einem bestimmten Arbeitsinhalt kann mit Hilfe des Diagramms kumulierte Kapazität eine Überprüfung gemacht werden, ob der Wunschliefertermin zugesagt werden kann. Zu diesem Zweck trägt man auf der Zeitachse die Wunschlieferzeit ein und bestimmt den minimalen Abstand zwischen der kumulierten verfügbaren Kapazität zur kumulierten bereits nachgefragten Kapazität rechts des Wunschtermins.

$$c_{Kundenauftrag} \leq \min_{t > t_{Lieferzeit}} \left(c_{verfügbar}(t) - c_{nachgefragt}(t) \right)$$

$\Rightarrow$ neuer Kundenauftrag kann angenommen werden

$t_{Lieferzeit}$ ...Wunschlieferzeit des Kunden

$c_{Kundenauftrag}$ ...Arbeitsinhalt des neuen Kundenauftrages   (24.1)

$c_{verfügbar}(t)$ ...kumulierte verfügbare Kapazität bis zum Zeitpunkt t

$c_{nachgefragt}(t)$...kumulierte nachgefragte Kapazität bis zum Zeitpunkt t

Für die Implementierung einer Available To Promise (ATP) Funktion sollte obige Formel für alle Ressourcen bzw. Maschinen angewandt werden, die grundsätzlich Engpass sein können. Zusätzlich sollte darauf geachtet werden, dass die zugesagte Lieferzeit nicht kürzer ist als die längste eingeplante Maschinenreichweite (bezogen auf Aufträge, die bereits in der Produktion eingelastet sind) zuzüglich der Auftragsbearbeitungszeit des neuen Auftrages.

Die nächste Formel gibt an, wie die geplante Auslastung aus dem Diagramm kumulierte Kapazität abgelesen werden kann.

$\dfrac{c_{nachgefragt}(t)}{c_{verfügbar}(t)} \cdots$ bereits geplante Auslastung in der Periode $[0,t]$

$c_{verfügbar}(t) \quad \cdots$ kumulierte verfügbare Kapazität bis zum Zeitpunkt t $\qquad$ (24.2)

$c_{nachgefragt}(t) \cdots$ kumulierte nachgefragte Kapazität bis zum Zeitpunkt t

Aus dieser Formel geht auch hervor, dass, wenn die kumulierte nachgefragte Kapazität die kumulierte verfügbare Kapazität überschreitet, eine Überlast eingeplant wurde und mit Lieferverzug zu rechnen ist.

Falls die kumulierte bereits nachgefragte Kapazität die kumulierte verfügbare Kapazität überschreitet, ist es nicht möglich, alle Kundenaufträge zeitgerecht fertig zu stellen. Grundsätzlich gibt es dann drei Möglichkeiten (siehe dazu Abbildung 24.4.), die Situation zu verbessern:

❑ Kurzfristige Erhöhung der bereitgestellten Kapazität (Überstunden, Zusatzschicht, …)

❑ Verschiebung von Lieferterminen mit Einverständnis des Kunden

❑ Reduktion der nachgefragten Kapazität durch Loszusammenfassung

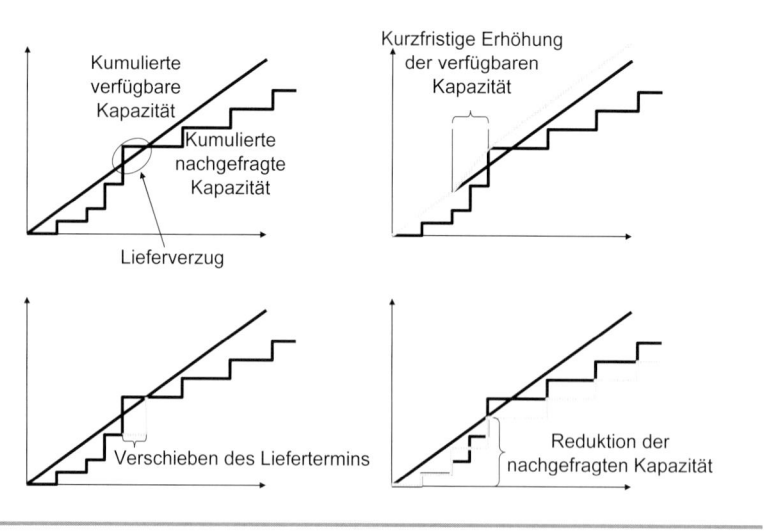

Abb. 24.4. Eingeplante Überlast

In der Praxis ist häufig ein Rückstand festzustellen. Im kumulierten Kapazitätsdiagramm ist dieser einfach ersichtlich. Darüber hinaus kann man ablesen, wie lange es dauert, bis der Rückstand abgebaut ist (ist jener Zeitpunkt, an dem die kumulierte nachgefragte Kapazität unter der verfügbaren Kapazität liegt).

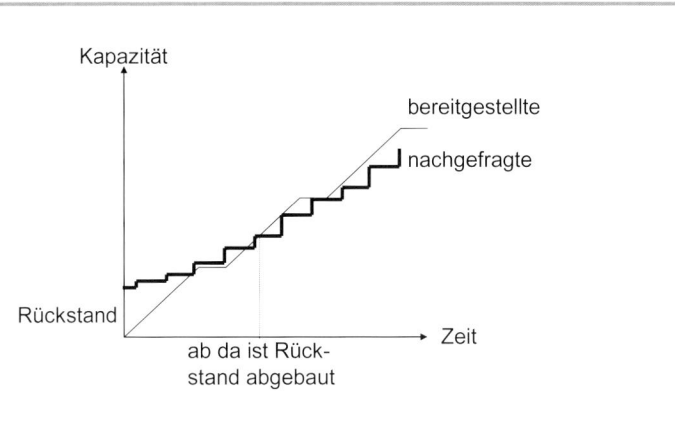

Abb. 24.5. Rückstand

24.3 Bestands- und Terminsteuerung

Die Bestands- und Terminsteuerung basiert auf der grafischen Visualisierung des zukünftigen Lagerbestandsverlaufes unter Berücksichtigung aller bereits eingeplanten Lagerzu- und Lagerabgänge.

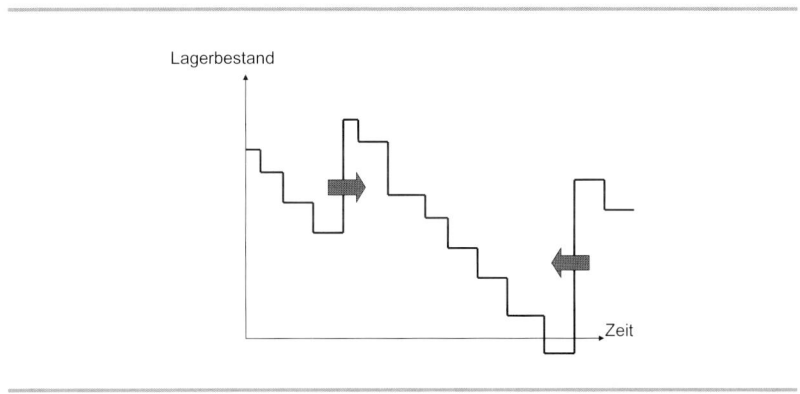

Abb. 24.6. Lagerbestands- und Terminsteuerung

In obiger Grafik ist ein typischer zukünftiger eingeplanter Lagerbestandsverlauf dargestellt. In diesem Fall wird in kleineren Losen das Material aus dem Lager entnommen und in größeren Losen dem Lager zugeführt. Der erste Lagerzugang könnte später erfolgen, da noch genügend Bestand vorhanden ist, um die nachfolgenden Bedarfe zu decken. Dahingegen ist der zweite Lagerzugang zu spät eingeplant, da nicht alle Bedarfe rechtzeitig und vollständig gedeckt werden können.

24.4 Kombinierte Kapazitäts-, Bestands- und Terminsteuerung

Die Kombination der Kapazitäts-, Bestands- und Terminsicht ist ein einfaches und gleichzeitig mächtiges Steuerungsinstrument. Beim Einführen eines solchen Steuerungssystems müssen zuerst die wichtigsten Ressourcen (Engpassanlagen, technologisch zentrale Anlagen, Endmontage, …) und Materialien (Fertigprodukt, wichtige Komponenten) festgelegt werden.

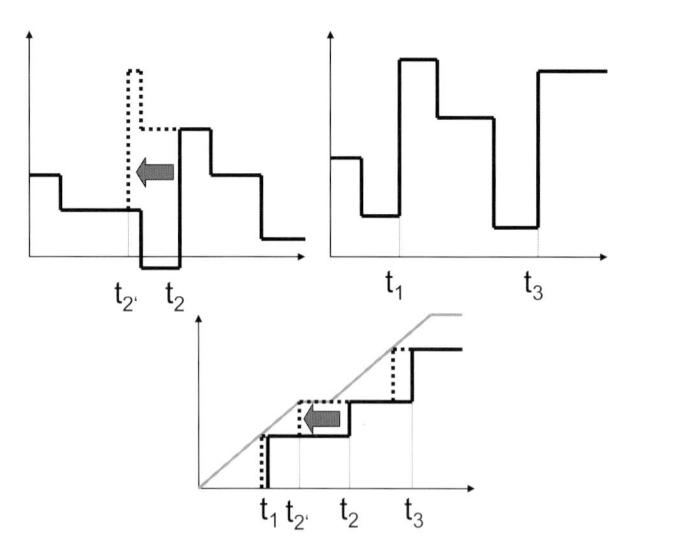

Abb. 24.7. Kombinierte Kapazitäts-, Lagerbestands- und Terminsteuerung

Für jede ausgewählte Ressource wird das kumulierte Kapazitätsdiagramm und für jedes ausgewählte Material der Bestandsverlauf grafisch dargestellt. Dabei wird keine klassische Rückwärtsterminsierung angewandt, sondern lediglich ausgehend vom geforderten Endtermin (z.B. kundengeforderter Liefertermin bei MTO) wird eine Durchlaufterminierung ausschließlich basierend auf Bearbeitungs-, Rüst- und Transportzeiten gemacht. Jedem Lagerzugang des Materials, das an einer bestimmten Ressource gefertigt wird, entspricht einer Kapazitätsnachfrage der Ressource.

Die beiden oberen Grafiken (dicke schwarze durchgezogenen Linie) in Abbildung 24.7. sind die geplanten Lagerbestandsverläufe von zwei Materialien, die jeweils an der Ressource gefertigt werden, deren kumulierte Kapazität in der unteren Grafik dargestellt ist. An den Zeitpunkten t_1, t_2 und t_3 sind die eingeplanten Fertigstellungstermine. Bis zu diesen Terminen wird spätestens die dafür erforderliche Kapazität verbraucht. Dieser Kapazitätsverbrauch ist durch die dicke schwarze durchgezogene Treppenkurve in der unteren Grafik dargestellt. Da die nachgefragte Kapazität geringer ist als die bereitgestellte (grau durchgezogene Linie), ist genügend viel Kapazität vorhanden, um die geplanten Aufträge rechtzeitig fertig zustellen. Da aber in der linken oberen Grafik der planerische Lagerbestand negativ wird, ist mit Lieferverzug zu rechnen. Ein Vorverschieben des Lagerzuganges (=Vorverlegung des Fertigstellungstermins) ist laut kumuliertem Kapazitätsdiagramm von Termin t_2 auf $t_{2'}$ möglich. Diese Vorverlegung generiert den strichlierten Lagerbestandsverlauf, der immer positiv ist, und damit ist Lieferfähigkeit immer gegeben.

Mit der hier vorgestellten kombinierten Kapazitäts-, Bestands- und Terminsteuerung können folgende Aufgaben und Entscheidungen unterstützt werden:

❑ Bedarfsorientierte Erhöhung der bereitgestellten Kapazität (z. B. Überstunden, Zusatzschicht, Lohnfertigung)

❑ Bedarfsorientierte Reduktion der bereitgestellten Kapazität

❑ Lieferterminzusagen

❑ Einfaches Erkennen, wenn Auftrag zu spät eingeplant ist

❑ Einfaches Erkennen, wenn Auftrag unnötig zu früh eingeplant ist

❑ Bedarfsorientierte Loszusammenfassung um nachgefragte Kapazität zu reduzieren

❑ Bedarfsorientierte Losteilung, um nachgefragte Kapazität zu verschieben

❑ Sicherstellung hoher Liefertreue bzw. Lieferfähigkeit bei gleichzeitiger Reduktion der Bestands- und Kapazitätskosten

- ❏ Einfaches Erkennen des Rückstandes in Arbeitszeit
- ❏ Einfaches Erkennen, wie lange es dauert, um Rückstand abzubauen

Wenn gewisse Kriterien verletzt sind, greift der Planer ein, um durch geeignete Maßnahmen die Situation zu verbessern. Dabei sind Muss-Kriterien, deren Erfüllung Voraussetzung für Durchführbarkeit und Lieferfähigkeit ist, und Soll-Kriterien, deren Erfüllung Kosten reduzierend wirken, zu unterscheiden. Die beiden Muss-Kriterien sind:

- ❏ Geplanter Lagerbestand ist immer positiv. Bei Verletzung dieses Kriteriums können folgende Maßnahmen helfen:
  - ➤ Fertigungsauftrag vorziehen (damit der Lagerzugang früher wirksam wird)
  - ➤ Losgröße eines vorher eingeplanten Fertigungsauftrages erhöhen (Loszusammenfassung)
  - ➤ Zieltermin für Kundenauftrag in die Zukunft verschieben (damit erst später der Lagerabgang wirksam wird)
- ❏ Kumulierte nachgefragte Kapazität liegt immer unter der kumulierten bereitgestellten Kapazität. Bei Verletzung dieses Kriteriums können folgende Maßnahmen helfen:
  - ➤ Erhöhung der bereitgestellten Kapazität
  - ➤ Loszusammenfassung (damit wird der gesamte Rüstaufwand reduziert)
  - ➤ Losteilung (damit wird eine noch nicht dringend nachgefragte Menge bzw. Kapazitätsnachfrage in die Zukunft verschoben)
  - ➤ Fertigungsaufträge in die Zukunft verschieben

Soll Kriterien könnten sein:

- ❏ Maximal geplanter Sicherheitsbestand (Bestand kurz vor Lagerzugang) oder maximal geplante Reichweite ist kleiner als ein vorgegebener Grenzwert. Bei Verletzung dieses Kriteriums können folgende Maßnahmen Bestandskosten reduzierend wirken:
  - ➤ Losgröße reduzieren
  - ➤ Fertigungsauftrag in die Zukunft verschieben

❑ Minimaler Abstand zwischen der kumulierten nachgefragten Kapazität und der kumulierten bereitgestellten Kapazität ist kleiner als ein vorgegebener Grenzwert. Bei Verletzung dieses Kriteriums kann folgende Maßnahme Kapazitätskosten reduzierend wirken:

  ➢ Reduktion der bereitgestellten Kapazität

V   Monitoring, Analyse und Bewertung

In diesem Abschnitt werden Methoden und Verfahren zur Analyse und Bewertung der Produktion insbesondere der Planung und Steuerung präsentiert und diskutiert. Die grafische Visualisierung der wichtigsten Kennzahlen, Instrumente zur Verfolgung der zeitlichen Entwicklung der Kennzahlen, deren Interpretation und die daraus folgende Ableitung von kurzfristigen Steuerungsmaßnahmen wie auch von langfristigen Entscheidungen ist Gegenstand dieses Abschnittes.

In Enterprise Resource Planning Systemen (ERP) bzw. Produktionsplanungs- und Steuerungssystemen (PPS), insbesondere in Modulen der Feinplanung, Manufacturing Execution Systemen (MES), Betriebsdatenerfassung (BDE), Monitoring- und Controllingsystemen sowie Leitständen sind einige der vorgestellten Methoden und Verfahren verfügbar. Werkzeuge zur Kapazitäts- sowie Bestellanalyse sind vom Autor entwickelt und bereits erfolgreich in Pilotprojekten umgesetzt worden.

25   Analyse und Bewertung

25.1 ABC Analyse

Die ABC Analyse geht auf Pareto (1897) zurück, der im Wesentlichen feststellte, dass etwa 20% der italienischen Bevölkerung 80% des Gesamtvermögens besitzen. Er empfahl deshalb den Banken, sich vor allem um diese vermögende Bevölkerungsschicht zu kümmern.

In der Produktionslogistik sind vor allem folgende Kriterien geeignet, einer Pareto-Analyse unterzogen zu werden.

❑   Anteil der/des Materialien/Teiles/Produktes am Jahresgesamtwert (Einstandspreis bzw. Herstellkosten) aller gefertigten bzw. beschafften Materialien/Teile/Produkte (dies entspricht der klassischen ABC Analyse)

❑   Anteil der/des Materialien/Teiles/Produktes am Jahresdeckungs-beitrag aller verkauften Materialien/Teile/Produkte

❑ Anteil der/des Materialien/Teiles/Produktes an der erforderlichen Jahreslagerkapazität gemessen in Anzahl Lagerstellplätze, Verpackungseinheiten, Gewicht oder Volumen

❑ Anteil der Materialien, die einer beinahe konstanten, schwankenden oder stark schwankenden Nachfrage unterliegen (dies entspricht der klassischen XYZ Analyse)

❑ Anteil des Kunden am Jahresumsatz

In der so genannten Lorenzkurve, siehe Hartnig et al. (1999), wird der Sachverhalt, dass wenige Produkte bzw. Kunden bereits einen Großteil des Wertes, der Lagerkapazität oder des Umsatzes ausmachen, verdeutlicht.

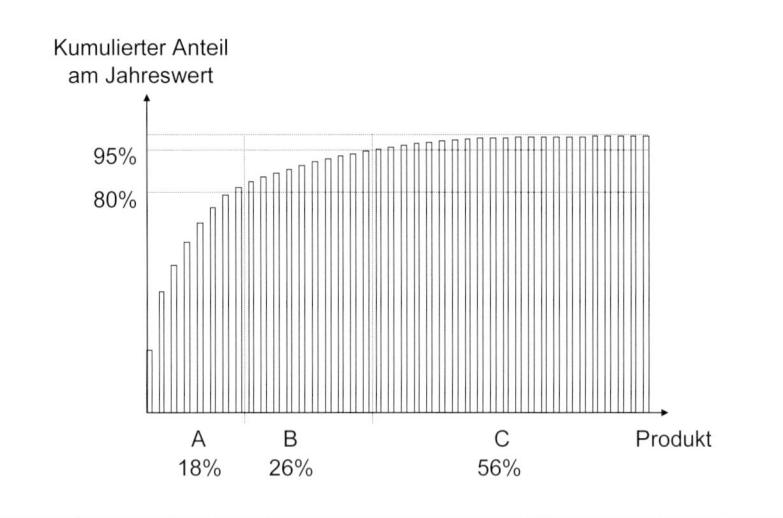

Abb. 25.1. Lorenzkurve für ein Beispiel einer ABC Analyse

In diesem Beispiel sieht man, dass bereits 18% aller Produkte wertmäßig 80% des Gesamtjahreswertes aller Produkte ausmachen – diese Produkte nennt man A-Teile. C-Teile sind die Teile, die wertmäßig kaum etwas beitragen, und die B-Teile liegen dazwischen. Die A-Teile und B-Teile gemeinsam ergeben bereits 95% des Gesamtjahreswertes aller Produkte. Die letzten 5% des Gesamtjahreswertes werden durch die C-Teile erbracht, wobei 56% aller Teile C-Teile sind.

Für die oben genannten Kriterien werden wir mögliche Maßnahmen bzw. Entscheidungen diskutieren

❑ Anteil des Produktes am Jahresgesamtwert: Wegen der Kapitalbindungskosten wird man A-Teile so planen und steuern, dass sie kurz oder gar nicht auf Lager liegen. Wenn möglich, bieten sich JIT bzw. Just In Sequence (JIS) Konzepte für A-Teile an. Für C-Teile wird man die Prozess-, Transport- und Handhabungskosten minimieren, da die Kapitalbindungskosten eine untergeordnete Rolle spielen. Zusätzlich wird man im Zweifelsfall bei C-Teilen einen höheren Lagerbestand in Kauf nehmen, um eine 100% Verfügbarkeit garantieren zu können.

❑ Anteil des Produktes am Jahresdeckungsbeitrag: Für die A-Teile (haben einen sehr hohen Anteil am Jahresdeckungsbeitrag) soll hohe Lieferfähigkeit und Liefertreue sichergestellt werden. Dies kann z.B. durch ein Lager nahe beim Kunden umgesetzt werden. Bei den C-Teilen sollte der Fokus auf der Kostenreduktion sein um den Deckungsbeitrag zu verbessern.

❑ Anteil des Produktes an der Jahreslagerkapazität: Dieses Kriterium wird angewandt, wenn die Lagerkapazität eng ist. A-Teile sind dann so zu planen, dass sie kurz oder gar nicht am Lager liegen um Lagerkapazität zu sparen. Wohingegen bei den C-Teilen andere Ziele verfolgt werden können.

❑ Schwankung des Jahresverbrauches: X-Teile (kaum eine Verbrauchsschwankung ist festzustellen) können durch verbrauchsgesteuerte Verfahren mit geringen Lagerbeständen geplant werden. Für Z-Teile (hohe Verbrauchsschwankung liegt vor) können verbrauchsgesteuerte Verfahren nur mit hohen Lagerbeständen umgesetzt werden. Da die genaue Vorhersage der Nachfrage an Z-Teilen nicht möglich ist, sollte versucht werden, Z-Teile (zumindest solche mit einem hohen Anteil am Jahresgesamtwert aller Produkte) programmgesteuert und kundenauftragsbezogen zu planen und zu steuern.

❑ Anteil des Kunden am Jahresumsatz: A-Kunden (dieser Kunde trägt einen sehr hohen Anteil zum Jahresumsatz bei) werden durch den Vertrieb, Kundendienst, Servicestellen usw. intensiver betreut als andere. In der Jahresplanung werden die A-Kunden genau und aufwendig geplant. Der geplante Umsatz der C-Kunden kann durch einfache und nicht kostenaufwendige Methoden, z.B. durch Extrapolation, erfolgen. Für A-Kunden versucht man eine programmgesteuerte und kundenauftragsbezogene Planung und Steuerung aufzusetzen. Zusätzlich könnte man auch in der Gestaltung der Abarbeitungsregel den Kunden-Typus mit einbe-ziehen.

Für konkrete Fragestellungen werden häufig zwei Kriterien über eine Matrixdarstellung kombiniert. So kann es z.B. Sinn machen (siehe Christopher 2005), die Kriterien Anteil am Jahresgesamtumsatz und Anteil am Deckungsbeitrag zu kombinieren.

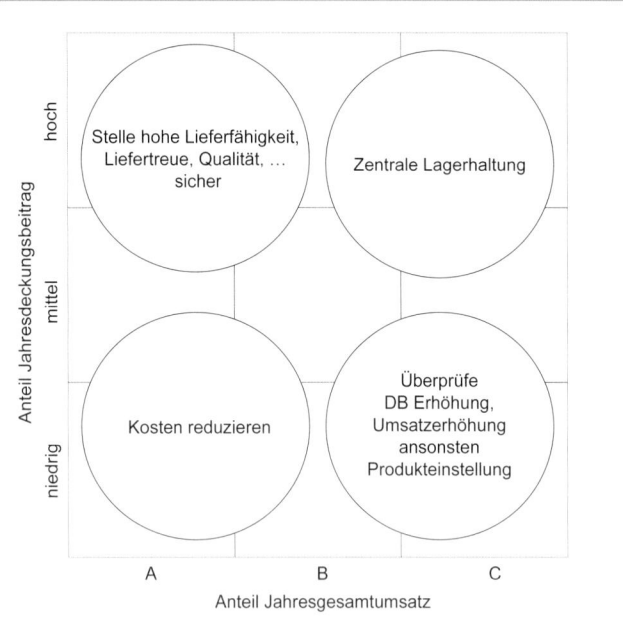

Abb. 25.2. ABC Analyse: Wert kombiniert mit Deckungsbeitrag

Für die Produkte, die sowohl einen hohen Anteil am Jahresumsatz als auch am Jahresdeckungsbeitrag haben, sollte man alles versuchen um den Marktanteil zu halten und weiter auszubauen. Bei Produkten mit geringem Beitrag zum Jahresdeckungsbeitrag sollen die Kosten reduziert werden, und falls das nicht möglich ist bzw. zusätzlich ein geringer Anteil am

Jahresgesamtwert gegeben ist, das Auslaufen des Produktes kritisch hinterfragt werden. Für Produkte mit hohem Anteil am Jahresdeckungsbeitrag aber geringem Anteil am Jahreswert empfiehlt sich eine zentrale Lagerhaltung (geringere Lagerkosten), auch wenn damit höhere Transportkosten (Expressservice zur Sicherstellung eines hohen Servicegrades) verbunden sind.

Für die Gestaltung und Planung der Produktion kann eine kombinierte ABC Analyse mit den beiden Kriterien Deckungsbeitrag pro Engpasskapazität und Anteil an der nachgefragten Kapazität am Engpass sinnvoll sein.

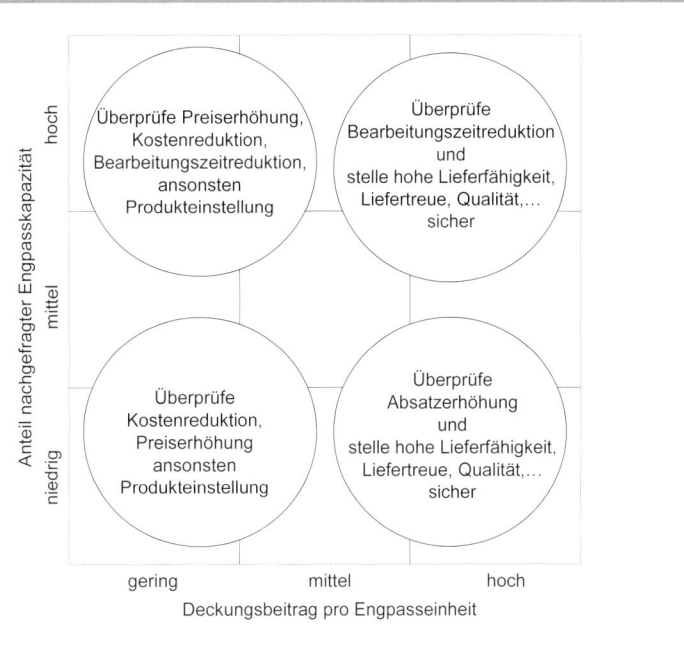

Abb. 25.3. ABC Analyse: Kapazitätsbedarf kombiniert mit Deckungsbeitrag

Grundsätzliches Ziel sollte es sein, einen hohen Deckungsbeitrag pro Engpasseinheit zu erwirtschaften. Durch Kostenreduktion, Preiserhöhung und Reduktion der Bearbeitungs- bzw. Rüstzeit sollte eine Erhöhung des Deckungsbeitrages pro Engpasseinheit angestrebt werden. Bei geringem Deckungsbeitrag pro Engpasskapazität und einem hohen Anteil an der nachgefragten Engpasskapazität können eine Preiserhöhung und die

Reduktion der Bearbeitungszeit besonders zielführend sein, weil beide Maßnahmen den Deckungsbeitrag verbessern und gleichzeitig die nachgefragte Kapazität reduzieren (die frei werdende Kapazität kann für Produkte mit höherem Deckungsbeitrag pro Engpasseinheit benützt werden). Wenn ein hoher Deckungsbeitrag pro Engpasseinheit gegeben ist, sollte versucht werden, die Erfüllung der Kundenanforderungen in Bezug auf Termine, Mengen, Qualität und Service bestmöglich zu erfüllen. Zusätzlich sollte eine Absatzerhöhung angestrebt werden, wenn der Anteil der nachgefragten Engpasskapazität gering ist, andernfalls sollte eine Reduktion der Bearbeitungs- bzw. Rüstzeit angestrebt werden.

Da für die Entscheidung, welches Planungs- und Steuerungsverfahren eingesetzt werden soll, die Kombination der klassischen ABC Analyse mit der klassischen XYZ-Analyse eine wichtige Entscheidungsgrundlage darstellt, werden wir diese Kombination in einer Matrix diskutieren.

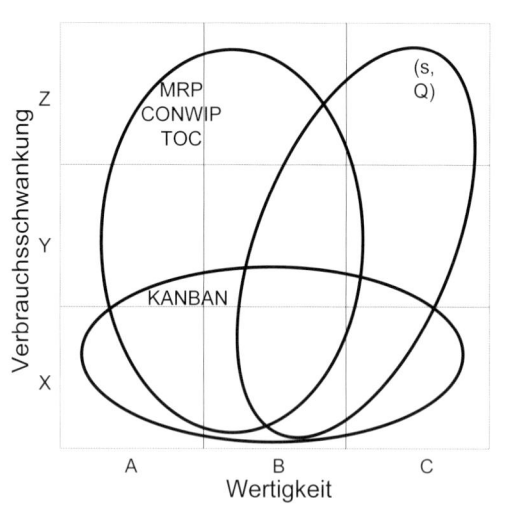

Abb. 25.4. ABC kombiniert mit XYZ-Analyse

KANBAN ist vor allem zielführend einsetzbar, wenn kaum Schwankungen der Nachfrage auftreten, da bei hohen Bedarfsschwankungen wie auch bei einer hohen Variantenanzahl ein hoher Lagerbestand bei einem KANBAN-gesteuerten System notwendig ist. MRP, CONWIP und TOC können hingegen auch für die Planung und Steuerung von Teilen mit hohen

Nachfrageschwankungen, besonders wenn sie kundenauftragsbezogen gesteuert werden, verwendet werden. Da diese Methoden aufwändiger sind als das verbrauchsorientierte Meldebestandsverfahren (s,Q), wird für Teile, deren Anteil am Jahresgesamtwert gering ist, eher (s,Q) als MRP, CONWIP oder TOC verwendet.

In bestimmten Situationen kann es sinnvoll sein, weitere Kriterien, z.B. Anteil des Werkzeuges am Jahresumsatz, einer Pareto-Analyse zu unterziehen. Mit dieser Werkzeug-Umsatz-Pareto-Analyse könnte man sehen, dass mit wenigen Werkzeugen bereits ein hoher Anteil des Jahresumsatzes erwirtschaftet wird. Diese Information kann nützlich sein, um die Anzahl der Werkzeuge zu reduzieren.

Ein weiteres möglicherweise sinnvolles Beispiel ist der Anteil der Materialien, die einen sehr hohen Einfluss auf die Sicherstellung der Funktionalität bzw. auf die Gewährleistung der Qualität eines Fertigproduktes haben. Im Bereich des Qualitätsmanagements, der Lieferantenauswahl, der Eingangsprüfung usw. wird man Teilen, die einen hohen Einfluss auf die Funktionalität bzw. Qualität ausüben, ein besonderes Augenmerk schenken.

25.2 TOC-Kapazitätsanalyse

Die Grundidee der hier vorgestellten Kapazitätsanalyse ist in Schragenheim/Dettmer (2001) skizziert. Für jede Maschine wird der Arbeitsinhalt vor der Maschine wie auch der bereits eingeplante Arbeitsinhalt für die Maschine betrachtet. Dabei ist der Arbeitsinhalt vor der Maschine y die Summe der notwendigen Rüst- und Bearbeitungszeiten aller Fertigungsaufträge, die bereits materiell zur Bearbeitung an der Maschine zur Verfügung stehen. Dies entspricht der Arbeitslast vor der Maschine nach Wiendahl (1997). Dahingegen ist der bereits eingeplante Arbeitsinhalt für die Maschine y_{Plan} die Summe aller notwendigen Rüst- und Bearbeitungszeiten aller Fertigungsaufträge, die für die Produktion bereits eingeplant sind und eine Kapazität der betrachteten Maschine noch benötigen (unabhängig davon, ob sich der Auftrag direkt vor der betrachteten Maschine oder irgendwo anders vor der Maschine befindet).

$$y \leq y_{Plan}$$

y …Arbeitsinhalt direkt vor der Maschine   (25.1)

y_{Plan} …bereits eingeplanter Arbeitsinhalt für die Maschine

Natürlich muss immer gelten, dass der Arbeitsinhalt vor der Maschine kleiner ist als der bereits eingeplante Arbeitsinhalt für die Maschine.

Das Verhältnis bereits eingeplanter Arbeitsinhalte für die Maschine zu der verfügbaren Kapazität pro Tag gibt an, wie viele Tage es mindestens dauert, bis alle bereits eingeplanten Fertigungsaufträge an dieser Maschine abgearbeitet sind. Diese Zeit nennen wir eingeplante Reichweite der Maschine $R_{M,Plan}$.

$$R_{M,Plan} = \frac{y_{Plan}}{c}$$

$R_{M,Plan}$ …geplante Reichweite der Maschine   (25.2)

y_{Plan} …bereits eingeplanter Arbeitsinhalt für die Maschine

c …verfügbare Kapazität der Maschine pro Tag

Die Maschine mit der längsten geplanten Reichweite kann als Engpass betrachtet werden, da diese Maschine laut Plan die höchste Kapazitätsnachfrage im Vergleich zum Kapazitätsangebot vorweist.

Unter der Annahme, dass ein neuer Auftrag keinen bereits eingeplanten Auftrag verdrängen darf, kann die Durchlaufzeit eines neuen Auftrages nicht kürzer sein als die eingeplante Maschinenreichweite. Damit ist die längste eingeplante Maschinereichweite zuzüglich der Auftrags-bearbeitungszeit ein unterer Grenzwert für die Lieferzeit eines neuen Kundenauftrages in einem Make to Order System (MTO).

$$R_{max,M,Plan} + p < l$$

$R_{max,M,Plan}$ …längste eingeplante Maschinenreichweite

p …Summe aller Bearbeitungs-, Rüst- und Transportzeiten (25.3)
des betrachteten Kundenauftrages

l …einhaltbare Lieferzeit eines neuen Kundenauftrages

Mit dieser Formel kann für ein MTO System mit strikter Einhaltung der FIFO-Abarbeitungsregel eine dynamische Lieferzusage (ATP) einfach umgesetzt werden.

Der Arbeitsinhalt direkt vor der Maschine kann ebenfalls in eine Reichweite umgerechnet werden.

$$R_M = \frac{y}{c}$$

R_M ...direkte Reichweite der Maschine   (25.4)

y ...Arbeitsinhalt direkt vor der Maschine

c ...verfügbare Kapazität der Maschine pro Tag

Die direkte Reichweite der Maschine gibt an, wie lange es dauert, bis die bereits vor der Maschine liegenden Fertigungsaufträge abgearbeitet sind.

Tendenziell wird bei einem Engpass die direkte Reichweite fast so lange sein wie die eingeplante Reichweite, wohingegen die Tatsache, dass die direkte Reichweite wesentlich kleiner ist als die eingeplante, eher auf keinen Engpass schließen lässt.

25.3 Kundenorientierte Kapazitätsanalyse

In diesem Abschnitt wird eine kundenorientierte Kapazitätsanalyse nach Jodlbauer (2008c) vorgestellt. Ausgangspunkt sind die Absatzdaten aller Fertigprodukte. Durch Berücksichtigung der Stücklisten, Arbeitspläne, Bearbeitungszeiten, Rüstzeiten und Losgrößenpolitik wird für jede Maschine die durch den Absatz nachgefragte Kapazität berechnet. In dieser Berechnung wird keine Übergangzeit berücksichtigt – es wird also angenommen, dass zum Zeitpunkt des mit den Kunden vereinbarten Lieferdatums die Kapazität an der Maschine benötigt wird.

Nachstehende Formel zeigt die Berechnung der nachgefragten Kapazität für eine bestimmte Maschine.

$$c\left(z_{1,t}, z_{2,t}, \cdots z_{n,t}\right) = \sum_{i=1}^{n} z_{i,t} a_i \left(p_i + \frac{s_i}{q_i} \right)$$

$c\left(z_{1,t}, z_{2,t}, \cdots z_{n,t}\right)$ ...Nachgefragte Kapazität auf Grund   (25.5)

des Absatzes in Zeitperiode t

$z_{i,t}$ ...Absatz des Fertigproduktes i zur Zeitperiode t

a_i …Anzahl Zwischenprodukte, die an der betrachteten
Maschine gefertigt werden und für ein Fertigprodukt i
benötigt werden

p_i …mittlere Bearbeitungszeit des Zwischenproduktes

s_i …mittlere Rüstzeit für das Zwischenprodukt

q_i …mittlere Losgröße

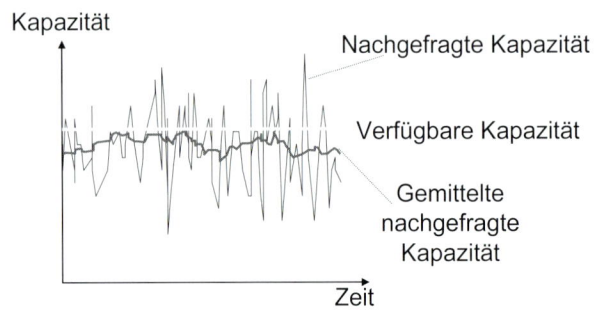

Abb. 25.5. Nachgefragte Kapazität, gemittelte Kapazität und verfügbare
Kapazität

Die horizontale helle Gerade in der Grafik stellt die verfügbare Kapazität
der Maschine dar. In der Regel ist das die rechtlich-technisch mögliche
Betriebszeit (unter Berücksichtung des Arbeitszeitmodells und
Schichtmodells, Pausenregelung, …) abzüglich Stillstandszeiten bezüglich
Wartung, Instandhaltung, Werkzeugbruch und Nichtverfügbarkeit von
Werkzeugen, Hilfsstoffen usw.. Die nachgefragte Kapazität wird nun
zeitlich gemittelt. Die Länge der zeitlichen Mittelung wird so gewählt, dass
die resultierende gemittelte nachgefragte Kapazität gerade unterhalb der
verfügbaren Kapazität zu jedem Zeitpunkt liegt. Diese Zeitdauer, mit deren
Hilfe die zeitliche Mittelung durchgeführt wurde, nennen wir kapazitätsorientierten Vorgriffshorizont.

Im Falle einer normal verteilten Kapazitätsnachfrage kann der
kapazitätsorientierte Vorgriffshorizont durch nachstehende Formel berechnet werden:

$$n_{Kapazität} = \left(\frac{F_{N(0,1)}^{-1}(s)\sigma_{Kapazität}}{K - \mu_{Kapazität}} \right)^2$$

$$h_{Kapazität} = n_{Kapazität}\Delta$$

$h_{Kapazität}$ …kapazitätsorientierter Vorgriffshorizont

$n_{Kapazität}$ …Anzahl von Subperioden die $h_{Kapazität}$ ergeben

Δ …Länge der Subperiode (z.B. ein Tag) (25.6)

$F_{N(0,1)}^{-1}(s)$…Quantil der Normalverteilung zur Liefertreue s

$\sigma_{Kapazität}$ …Streuung der nachgefragten Kapazität (bezogen auf Δ)

K …verfügbare Kapazität

$\mu_{Kapazität}$ …mittlere nachgefragte Kapazität

Diese Methode kann einmal zur Analyse der Vergangenheit angewandt oder auch für eine zukunftsgerichtete Analyse verwendet werden. Im zweiten Fall werden die Planabsatzwerte der Jahresplanung verwendet und zusätzlich die vergangene kurzfristige Streuung der Absatzzahlen auf die Planwerte übertragen.

Zur Sicherstellung, dass die Kapazitätsspitzen abgedeckt werden können, muss in nachfrageschwachen Perioden vorproduziert werden. Der kapazitätsorientierte Vorgriffshorizont gibt dabei an, wie weit in der Zukunft liegende Kundenaufträge bekannt sind und für die Planung bzw. Steuerung der Maschine berücksichtigt werden müssen, damit ohne Lieferverzug die Kapazitätsspitzen abgedeckt werden können.

Unterschiedliche Maschinen werden unterschiedliche kapazitätsorientierte Vorgriffshorizonte vorweisen. Jene Maschine, die den höchsten kapazitätsorientierten Vorgriffshorizont aufweist, kann als Engpass in Bezug wie weit in der Zukunft liegende Kundenaufträge bekannt sein müssen, aufgefasst werden.

Der kapazitätsorientierte Vorgriffshorizont kann durch folgende Maßnahmen reduziert werden:

- Erhöhung der verfügbaren Kapazität
- Reduktion der Absatzschwankungen
- Reduktion der Bearbeitungs- und/oder Rüstzeit
- Erhöhung der Losgröße

Die Erhöhung der verfügbaren Kapazität ist mit Investitionen oder zusätzlichen Kosten (Überstunden, zusätzliche Schicht, ...) verbunden. Die Reduktion der Absatzschwankungen wird schwer oder überhaupt nicht umsetzbar sein. Die Reduktion der Bearbeitungszeit und Rüstzeit ist in der Regel mit Initialisierungskosten verbunden, bringt aber nachhaltig eine Erhöhung der Ausbringungsmengen zu geringeren anteiligen Kapazitätskosten. Die Erhöhung der Losgröße kann die nachgefragte Kapazität reduzieren, erhöht aber den Lagerbestand. Zusätzlich werden vielleicht Produkte auf Lager produziert, weil die dazugehörigen Kundenaufträge noch nicht bekannt sind. Als sinnvoller oberer Grenzwert der Losgröße ergibt sich somit der Verbrauch des Produktes in der Zeitperiode, die dem kapazitätsorientierten Vorgriffshorizont entspricht.

Beispiel 25.1 (Kapazitätsauslegung)

Bestimmen Sie die Anzahl an erforderlichen gleichartigen Maschinen unter folgenden Rahmenbedingungen:

❑ Zwei Produkte A und B werden auf den Maschinen gefertigt

❑ Reine Auftragsfertigung

❑ Liefertreue von mindestens 95%

❑ Geforderte Lieferzeit von 2 Wochen (10 Arbeitstagen) kann angenommen werden

❑ Zweischichtbetrieb (pro Woche 10 Schichten zu jeweils 7 produktiven Maschinenstunden pro Maschine)

❑ Produkt A: 4 Stück/Stunde können gefertigt werden, mittlerer Absatz 450 Stück/Woche, Streuung Absatz 300 Stück/Woche

❑ Produkt B: 6 Stück/Stunde können gefertigt werden, mittlerer Absatz 600 Stück/Woche, Streuung Absatz 50 Stück/Woche

Die Aufgabe kann mit Hilfe der Formel (25.6) gelöst werden. Diese ist so umzuformen, dass die verfügbare Kapazität berechnet werden kann.

$$n_{Kapazität} = \left(\frac{F_{N(0,1)}^{-1}(s)\sigma_{Kapazität}}{K - \mu_{Kapazität}} \right)^2$$

$$\Rightarrow$$

$$K = \frac{F_{N(0,1)}^{-1}(s)\sigma_{Kapazität}}{\sqrt{n_{Kapazität}}} + \mu_{Kapazität}$$

(25.7)

$$K = \frac{F_{N(0,1)}^{-1}(0,95)151,38}{\sqrt{2}} + 212,5 = 388,05 \text{ h/Woche}$$

$$\mu_{Kapazität} = \frac{450}{4} + \frac{600}{6} = 212,5 \text{ h/Woche}$$

$$\sigma_{Kapazität} = \sqrt{\frac{300^2}{4} + \frac{50^2}{6}} = 151,38 \text{ h/Woche}$$

$$\text{Anzahl der Maschinen} = \frac{388,05}{70} = 5,54 = 6 \text{ Maschinen}$$

Für die Berechnung der mittleren Kapazitätsnachfrage pro Woche und deren Streuung wurden die statistischen Beziehungen aus dem Abschnitt *Verteilungsfunktionen* des Kapitels *Grundlagen Statistik* verwendet. □

25.4 Kundenbestellanalyse

Die nachfolgende Kundenbestellanalyse basiert auf Jodlbauer (2008c). Grundidee der Kundenbestellanalyse ist die Untersuchung, wie viel Zeit vor dem vom Kunden geforderten Liefertermin der Kundenauftrag fixiert wird. Dieser Sachverhalt lässt sich für jedes Fertigprodukt (siehe Abbildung 25.6.) visualisieren.

Die x-Achse der Bestellcharakteristik in Abbildung 25.6. ist die Lieferzeit, also die Zeitdifferenz zwischen dem mit dem Kunden vereinbarten Liefertermin abzüglich dem Bestelldatum. Die y-Achse gibt an, wie viel Mengeneinheiten des betrachteten Fertigproduktes prozentuell durch Kundenbestellungen bereits fixiert sind. Die Bestellcharakteristik gibt an, wie viele Bestellungen wie lange vor Liefertermin mit dem Kunden vereinbart sind. Die Bestellcharakteristik ist damit, falls keine Stornierungen von Bestellungen stattfinden, eine monoton fallende Funktion, die den Wert 100% bei sehr kurzen Lieferzeiten und 0% bei sehr langen Lieferzeiten annimmt.

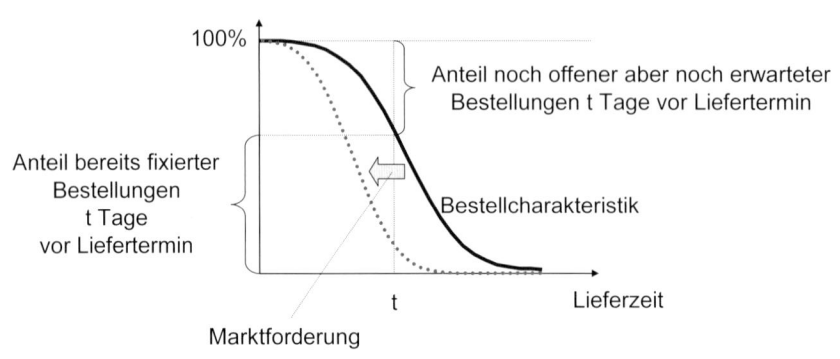

Abb. 25.6. Bestellcharakteristik eines Fertigproduktes

Der Markt wird in der Regel versuchen, die Bestellcharakteristik nach links zu drücken, indem er kürzere Lieferzeiten fordert. Rechnerisch erhält man die Bestellcharakteristik durch

$$OC(t) = 1 - F_{Lieferzeit}(t)$$

$OC(t)$ …Bestellcharakteristik zur Lieferzeit t

$F_{Lieferzeit}(t)$…statistische Verteilungsfunktion der

(25.8)

Lieferzeit des betrachteten Fertigproduktes

Die statistische Verteilungsfunktion erhält man durch Auswertung der vergangenen Kundenbestellungen des betrachteten Fertigproduktes, wobei jeder Kundenauftrag mit dem Bestellumfang zu gewichten ist, siehe Jodlbauer (2008c). Schätzwerte für Erwartungswert und Streuung der Lieferzeit erhält man nach Jodlbauer (2008c) durch

$$\mu_{Lieferzeit} = \sum_{i=1}^{m} \frac{n_i}{N} t_i$$

$$\sigma^2_{Lieferzeit} = \sum_{i=1}^{m} \frac{n_i}{N} \left(t_i - \mu_{Lieferzeit} \right)^2$$

(25.9)

$\mu_{Lieferzeit}$ …Schätzwert für Erwartungswert der Lieferzeit

$\sigma^2_{Lieferzeit}$ …Schätzwert für Varianz der Lieferzeit

t_i …Lieferzeit des i-ten Kundenauftrages

n_i …Lieferumfang des i-ten Kundenauftrages

N …Gesamtliefermenge $\left(N = \sum_{i=1}^{m} n_i \right)$

m …Anzahl der Kundenaufträge

In der nächsten Grafik wird der erforderliche Sicherheitsbestand auf Grund zu später Bestellung thematisiert.

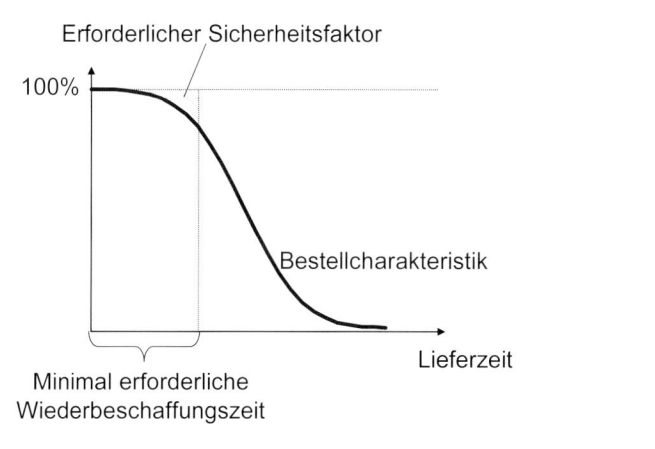

Abb. 25.7. Erforderlicher Sicherheitsbestand auf Grund zu später Bestellung

Bestellungen mit Lieferzeiten, die kürzer sind als die minimal erforderliche Wiederbeschaffungszeit, können nur über einen Sicherheitsbestand abgefangen werden. Dabei ergibt sich der Sicherheitsbestand aus dem Produkt maximal erwarteter Verbrauch während der Wiederbeschaffungszeit mit der Wahrscheinlichkeit, dass noch eine Bestellung mit einer Lieferzeit kürzer als der Wiederbeschaffungszeit eintrifft.

$$Y_{Sicherheit} = \underbrace{Z\left(1 + 3\frac{\sigma_Z}{\sqrt{n_{Wiederbeschaffung}}}\right)}_{\substack{\text{maximaler durchschnittlicher Verbrauch/Subperiode} \\ \text{während der Wiederbeschaffungszeit}}} \underbrace{\int_0^{t_{Wiederbeschaffung}} F_{Lieferzeit}(t)dt}_{\substack{\text{Anteil der offenen aber noch} \\ \text{zu erwartenden Bestellungen mit} \\ \text{Lieferzeit näher als } t_{Wiederbeschaffung}}}$$

$Y_{Sicherheit}$ …erforderlicher Sicherheitslagerbestand

$t_{Wiederbeschaffung}$ …Wiederbeschaffungszeit

$n_{Wiederbeschaffung}$ …Anzahl der Subzeitperioden während der
Wiederbeschaffungszeit

Z …Mittlere Nachfrage bzw. Verbrauch pro Zeiteinheit

σ_Z …Streuung der Nachfrage bzw. des Verbrauchs

$F_{Lieferzeit}(t)$ …statistische Verteilungsfunktion der Lieferzeit

(25.10)

Der dreifache Streuungsbereich in obiger Formel stellt unter der Annahme einer normal verteilten Nachfrage eine Liefertreue von 99,87 % sicher. Die minimal erforderliche Wiederbeschaffungszeit für Eigenprodukte kann durch Summation aller notwendigen Losbearbeitungs-, Rüst- und Transportzeiten bestimmt werden (Liegezeiten sind nicht zu berücksichtigen).

Wenn für alle Fertigprodukte die Bestellcharakteristik vorliegt, kann mit Hilfe der Stücklistenstruktur, der Fertigungspläne, der Bearbeitungs- und Rüstzeiten sowie der Losgrößenpolitik die so genannte Maschinen-Operationscharakteristik erstellt werden. Die Maschinen-Operationscharakteristik gibt an, wie viel Zeit vor Liefertermin, wie viel Kapazität der betrachteten Maschine durch Kundenbestellungen bereits fixiert ist.

Die minimal erforderliche Durchlaufzeit in Abbildung 25.8. ist die Summe aller notwendigen Losbearbeitungs-, Rüst- und Transportzeiten bis zur Fertigstellung des Fertigproduktes. Liegezeiten werden in der minimal erforderlichen Durchlaufzeit nicht berücksichtigt. Der Planungs-Vorgriffshorizont ergibt sich nun durch Addition der minimal erforderlichen Durchlaufzeit, des kapazitätsorientierten Vorgriffshorizontes und der Zusatzzeit auf Grund der offenen Bestellungen während des kapazitätsorientierten Vorgriffshorizontes. Die Zusatzzeit ergibt sich aus der Forderung, dass die noch offene aber zu erwartende Kapazitätsnachfrage während $[t_{min}, t_{min}+h_{Kapazität}]$ durch bereits bekannte Kapazitätsnachfrage mit Lieferzeit größer als $t_{min}+h_{Kapazität}$ kompensiert wird.

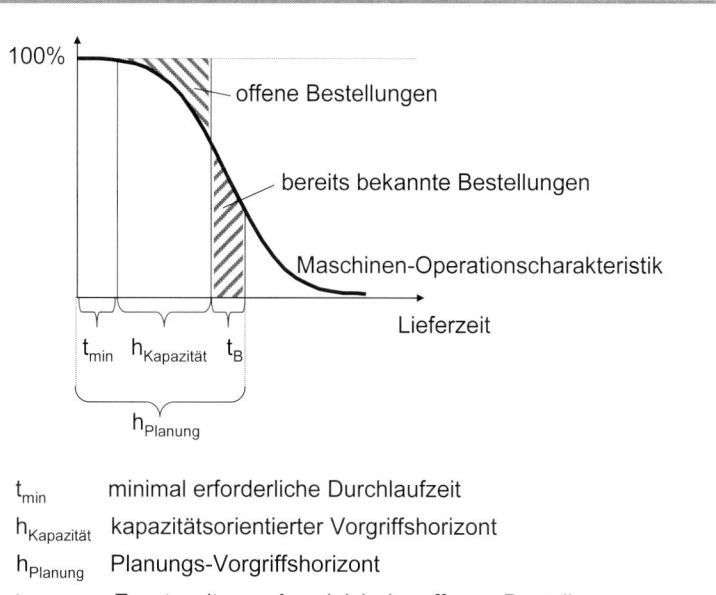

Abb. 25.8. Maschinen-Operationscharakteristik

Der Planungs-Vorgriffshorizont stellt jene Zeitperiode dar, die in der Planung und Steuerung der Maschine berücksichtigt werden muss, um unter Bedachtnahme der Absatzschwankungen und der verfügbaren Maschinenkapazität eine 100% Liefertreue in einem kundenauftragsbezogenen Fertigungssystem zu ermöglichen. In der Planung und Steuerung sollte man deshalb mit einem Zeithorizont mit mindestens der Länge Planungs-Vorgriffshorizont arbeiten.

Für die einzelnen Maschinen werden sich unterschiedliche Planungs-Vorgriffshorizonte ergeben. Die Maschine mit dem längsten Planungs-Vorgriffshorizont stellt in Bezug, wie weit in die Zukunft der Planungshorizont gewählt werden muss, damit zu erwartende Absatzhochs abgefedert werden können, den Engpass dar.

Wir werden nun die Berechnung der Maschinen-Operationscharakteristik und des Planungs-Vorgriffshorizontes im Detail angeben.

$$OC_M(t) = 1 - F_{M,Lieferzeit}(t)$$

$OC_M(t)$ $\quad$ …Maschinen-Operationscharakteristik zur Lieferzeit t

$F_{M,Lieferzeit}(t)$…statistische Verteilungsfunktion der $\qquad$ (25.11)

Lieferzeit der betrachteten Maschine

Die Berechnung der statistischen Verteilungsfunktion basiert auf der Bestellcharakteristik der Fertigprodukte mit entsprechender Berücksichtigung von Stücklistenstruktur, Arbeitsplänen, Bearbeitungs- und Rüstzeiten sowie der applizierten Losgrößenpolitik. Der Erwartungswert und die Varianz der Lieferzeit der betrachteten Maschine sind nach Jodlbauer (2008c) näherungsweise bestimmt durch:

$$\mu_{M,Lieferzeit} = \sum_{i=1}^{n} w_i \mu_{i,Lieferzeit}$$

$$\sigma^2_{M,Lieferzeit} = \sum_{i=1}^{m} w_i \left(\mu_{i,Lieferzeit} - \mu_{M,Lieferzeit} \right)^2$$

$$w_i = \frac{N_i a_i \left(p_i + \dfrac{s_i}{q_i} \right)}{\displaystyle\sum_{j=1}^{n} N_j a_j \left(p_j + \dfrac{s_j}{q_j} \right)}$$

$\mu_{M,Lieferzeit}$ …Schätzung für Erwartungswert der Maschinen-

$\qquad$ Lieferzeit $\qquad$ (25.12)

$\sigma^2_{M,Lieferzeit}$ …Schätzung für Varianz der Maschinen-Lieferzeit

$\mu_{i,Lieferzeit}$ …Schätzung für Erwartungswert der Lieferzeit des

$\qquad$ i-ten Produktes

n $\qquad$ …Anzahl der Fertigprodukte

w_i $\qquad$ …Gewicht für i-tes Produkt

N_i $\qquad$ …Gesamtliefermenge des i-ten Fertigproduktes

a_i $\qquad$ …Anzahl Zwischenprodukte, die an der betrachteten

$\qquad$ Maschine gefertigt werden und für ein

$\qquad$ Fertigprodukt i benötigt werden

p_i ... Mittlere Bearbeitungszeit des Zwischenproduktes

s_i ... Mittlere Rüstzeit für das Zwischenprodukt

q_i ... Mittlere Losgröße

Zu beachten ist, dass die Maschinen-Lieferzeit der Zeitdifferenz zwischen Reservierung der Maschinenkapazität durch Kundenaufträge und des vereinbarten Auslieferungstermins entspricht.

Die nächste Formel gibt die Bestimmungsgleichung für die Zusatzzeit bzw. für den Planungs-Vorgriffshorizont zum Ausgleich der offenen Bestellungen an.

$$\int_0^{t_{min}+h_{Kapazität}} F_{M.Lieferzeit}(t)dt = \int_{t_{min}+h_{Kapazität}}^{h_{Planung}} F_{M.Lieferzeit}(t)dt$$

$$\Leftrightarrow$$

$$h_{Planung} : \int_0^{h_{Planung}} 1 - F_{M.Lieferzeit}(t)dt = t_{min} + h_{Kapazität} \tag{25.13}$$

$h_{Planung}$ ... Planungs-Vorgriffshorizont

t_{min} ... minimal erforderliche Durchlaufzeit

$h_{Kapazität}$ ... kapazitätsorientierter Vorgriffshorizont

$F_{M.Lieferzeit}$ ... statistische Verteilungsfunktion der

Maschinen-Lieferzeit

Der Planungs-Vorgriffshorizont kann durch Lösen der impliziten Gleichung (25.13) bestimmt werden. Dabei beschreibt (25.13) den Sachverhalt, dass die von Kundenaufträgen bereits gebuchte Kapazität der Kapazitätsnachfrage für die Zeitperiode der Länge $t_{min} + h_{Kapazität}$ entspricht.

Mit Hilfe der Kundenbestellanalyse kann auch die Make to Order Fähigkeit eines Produktionssystems überprüft werden.

Wenn die noch nicht fixierten Kapazitäten (siehe Abbildung 25.9.) im Zeitfenster $[t_{min}, t_{min}+h_{Kapazität}]$ größer sind als die gesamte bereits gebuchte Kapazität mit Lieferzeit höher als $t_{min}+h_{Kapazität}$, dann ist keine MTO-Fähigkeit gegeben, weil die noch nicht bekannten Aufträge nicht ausreichend durch bereits bekannte Aufträge kompensiert werden können. Mathematisch lässt sich die MTO-Fähigkeitsprüfung formulieren als:

$$\int_{0}^{h_{Planung}} 1 - F_{M,Lieferzeit}(t)dt = t_{min} + h_{Kapazität} \text{ lösbar}$$

$$\Leftrightarrow$$

$$t_{min} + h_{Kapazität} \leq \mu_{Lieferzeit} \Leftrightarrow \text{MTO-fähig}$$

$$t_{min} + h_{Kapazität} > \mu_{Lieferzeit} \Leftrightarrow \text{nicht MTO-fähig}$$

(25.14)

t_{min} …minimal erforderliche Durchlaufzeit

$h_{Kapazität}$ …kapazitätsorientierter Vorgriffshorizont

$F_{M,Lieferzeit}$ …statistische Verteilungsfunktion der
                        Maschinen-Lieferzeit

$\mu_{Lieferzeit}$ …mittlere Maschinen-Lieferzeit

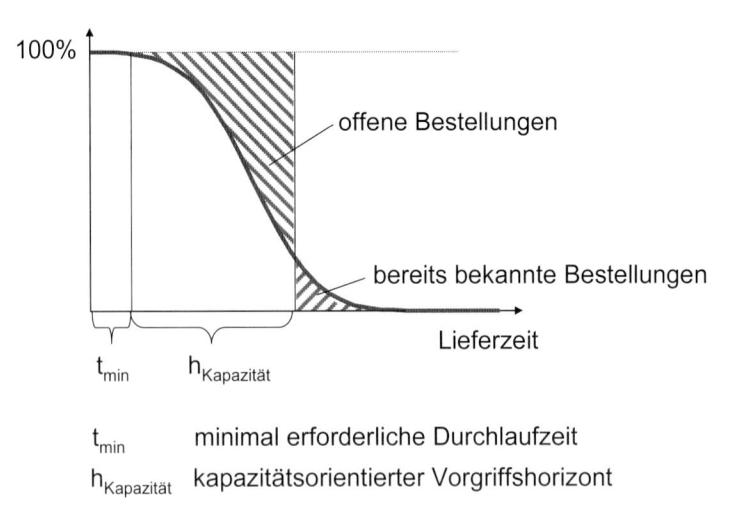

Abb. 25.9. MTO-Fähigkeitsprüfung

Sollte keine MTO-Fähigkeit gegeben sein, stehen grundsätzlich drei Maßnahmen zur Erreichung der MTO-Fähigkeit zur Verfügung:

❑ Reduktion der minimal erforderlichen Durchlaufzeit

❑ Reduktion des kapazitätsorientierten Vorgriffshorizonts

❑ Verschiebung der Maschinen-Operationscharakteristik nach rechts (Verlängerung der Lieferzeiten)

Die Reduktion der Losgröße wirkt sich wegen der daraus resultierenden Reduktion der minimal erforderlichen Durchlaufzeit positiv auf die MTO-Fähigkeit aus. Aber wegen der Notwendigkeit des häufigeren Rüstens bei kleineren Losgrößen steigt die nachgefragte Kapazität – dies erhöht den kapazitätsorientierten Vorgriffshorizont, was sich wiederum negativ auf die MTO-Fähigkeit auswirkt.

Wenn keine MTO-Fähigkeit erreichbar ist, kann über obigen Ansatz die mindestens erforderliche Vorproduktion auf Lager (dies entspricht dem Entkoppelungsbestand am Kundenentkoppelungspunkt – siehe Abschnitt *produktionsrelevante Kennzahlen*) zur Sicherstellung der Lieferfähigkeit bei Auftragshoch (unter Annahme, dass alle vorhandenen Kundenbestellungen in der Planung berücksichtigt werden) bestimmt werden.

$$Y_{Vorprodukion} = \left(t_{min} + h_{Kapazität} - \mu_{Lieferzeit} \right) \underbrace{Z \left(1 + 3 \frac{\sigma_Z}{\sqrt{n_{min} + n_{Kapazität}}} \right)}_{\text{maximaler Verbrauch/Subperiode}}$$

$Y_{Vorproduktion}$ …erforderliche Vorproduktion auf Lager

t_{min} …minimal erforderliche Durchlaufzeit

$h_{Kapazität}$ …kapazitätsorientierter Vorgriffshorizont

n_{min} …Anzahl Subperioden während t_{min} (25.15)

$n_{Kapazität}$ …Anzahl Subperioden während $h_{Kapazität}$

Z …mittlere Nachfrage bzw. Verbrauch pro Zeiteinheit

σ_Z …Streuung der Nachfrage bzw. des Verbrauchs

$F_{M,Lieferzeit}$ …statistische Verteilungsfunktion der Maschinen-Lieferzeit

$\mu_{Lieferzeit}$ …mittlere Maschinen-Lieferzeit

In dieser Formel sieht man auch den Unterschied zwischen vorgehaltener freier Kapazität und Vorproduktion auf Lager zur Abdeckung von

Spitzenlasten. Erhöhung der Kapazität und damit Vorhalten von freier Kapazität zur Abdeckung von Spitzenlasten kann für jedes Produkt und für jede Produktvariante verwendet werden. Wohingegen bei Vorproduktion auf Lager für jedes Produkt, ja sogar für jede Produktvariante, der Spitzenverbrauch anzusetzen ist, damit eine hohe Lieferfähigkeit erreicht werden kann. Dies führt bei vielen Produkten und Varianten zu hohen Lagerbeständen, deren Kapitalbindungskosten höher werden können als die Abschreibung einer Kapazitätserweiterung.

25.5 Analyse des Bestell- und Stornierungsverhaltens

Für den Fall, dass Stornierungen oder kurzfristige Änderungen von Kundenbestellungen eine wesentliche Rolle spielen, könnte mit nachfolgender Matrix und Grafik die Situation veranschaulicht werden. Wir nehmen dazu einen Wochenrhythmus zur Analyse an. Dieser Rhythmus kann natürlich den Marktgegebenheiten angepasst werden.

Aktuelle Woche

	1	2	3	4	5	6	7	8	9	10
1	**620**	55	5	0	0	0	0	0	0	0
2	700	**520**	45	20	3	0	0	0	0	0
3	420	700	**550**	46	6	0	0	0	0	0
4	320	490	480	**370**	62	6	0	0	0	0
5	240	490	380	600	**590**	39	5	0	0	0
6	290	290	320	450	630	**470**	32	20	8	0
7	230	120	50	320	520	790	**620**	45	4	0
8	100	250	220	320	320	350	680	**560**	45	6
9	150	370	250	220	320	280	420	700	**550**	62
10	100	140	160	150	200	240	260	450	560	**450**

(Zeilenbeschriftung links: Vereinbarte Lieferwoche)

Abb. 25.10. Bestell- und Stornierungsmatrix

Die Spalte „aktuelle Woche k" bezieht sich auf die Sicht, die sich in der Woche k dargestellt hat. Dahingegen beziehen sich alle Einträge in der Zeile „vereinbarte Lieferwoche j" auf die Bestellungen, deren Lieferdatum in die Woche j fällt. Die Diagonale dieser Matrix beschreibt somit die vereinbarte Auslieferungsmenge für eine bestimmte Woche aus Sicht dieser bestimmten

Woche. Die darunter liegende Diagonale hingegen beschreibt, welche Auslieferungsmengen eine Woche vor vereinbarter Lieferwoche fixiert waren. Die Diagonale über der grau markierten Diagonale beschreibt die Auslieferungsmengen, die für die Vorwoche geplant gewesen wären, aber noch nicht ausgeliefert worden sind (diese Aufträge sind mindestens eine Woche im Lieferverzug). Zum besseren Verständnis betrachten wir die Zeile der Lieferwoche 5. Vier Wochen vor Auslieferungstermin (= Woche 5) sind 240 Stück (= 1 Spalte) durch Kundenbestellungen reserviert. Eine Woche später sind bereits 490 Stück gebucht. Wegen Stornierungen von Kundenbestellungen sind zwei Wochen vor Auslieferung nur noch 380 Stück von Kunden nachgefragt. Eine Woche vorher stiegen die nachgefragten Mengen auf 600 Stück an, wobei tatsächlich in der Woche 5 590 Stück nachgefragt werden. Eine Woche nach Auslieferungswoche sind 39 Stück noch nicht ausgeliefert. Zwei Wochen später ist noch für 5 Stück ein Lieferverzug gegeben.

Grafisch kann dieser Sachverhalt auch als Charakteristik visualisiert werden. Dazu bildet man das arithmetische Mittel aller Diagonalen.

$$OC_{BS}(x) = \frac{1}{n}\sum_{i=1}^{n} z_{i,i-x}$$

$OC_{BS}(x)$…Bestell- und Stornierungscharakteristik an der

Stelle x = Lieferwoche - aktuelle Woche

x …Lieferwoche - aktuelle Woche

n …Anzahl der verwertbaren geplanten Absatzzahlen

bzw. Verzugsmengen (25.16)

$z_{i,i-x}$ …$\begin{cases} x > 0: \text{geplante Absatzmenge für Lieferwoche } i \\ \qquad \text{zur Woche } i - x \\ x = 0: \text{geplante Absatzmenge für Lieferwoche } i \\ \qquad \text{in Woche } i \\ x < 0: \text{Verzugsmenge für Soll-Lieferwoche } i \\ \qquad \text{zur Woche } i - x \end{cases}$

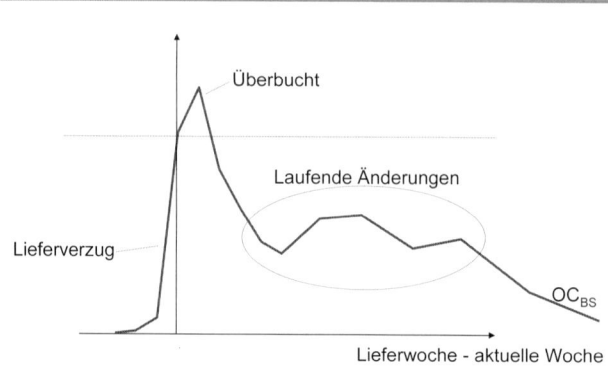

Abb. 25.11. Bestell- und Stornierungscharakteristik

Die x-Achse ist als Differenz zwischen vereinbarter Lieferwoche und der aktuellen Woche zu interpretieren. Eine negative Differenz Lieferwoche abzüglich aktuelle Woche kann als Verzugszeit interpretiert werden.

Die Bestell- und Stornierungscharakteristik kann folgende Sachverhalte (kann über die Bestellcharakteristik nicht geleistet werden) aufzeigen:

❑ Überbuchung durch die Kunden und kurzfristige Stornierung von Aufträgen (Bestell- und Stornierungscharakteristik haben nicht den maximalen Wert auf der y-Achse)

❑ Laufende Änderungen der Bestellungen im mengenmäßigen Umfang (Bestell- und Stornierungscharakteristik fällt nicht monoton rechts der y-Achse ab)

❑ Lieferverzug (links der y-Achse ist die Bestell- und Stornierungscharakteristik nicht null)

Wichtig erscheint, hinzuweisen, dass die Bestellcharakteristik und die Bestell- und Stornierungscharakteristik völlig unterschiedliche x-Achsen aufweisen. Bei der Bestellcharakteristik wird die Lieferzeit = vereinbarter Liefertermin - Bestelldatum auf der x-Achse aufgetragen. Bei Änderungen oder Stornierung eines Auftrages wird die letztgültige Version bei der Bestellcharakteristik verwendet. Wohingegen bei der Bestell- und Stornierungscharakteristik als x-Achse die Differenz Lieferwoche (vereinbarter Liefertermin) – aktuelle Woche (aktuelle Zeit, bei welcher der Bestellbestand ausgewertet wird) genommen wird. Es gibt ERP oder PPS Systeme, in denen Kundenbestellungen bei Änderungen einfach überschrieben werden. Beim Einsatz solcher Systeme kann eine Bestell- und Stornierungsanalyse nur durchgeführt werden, wenn man über längere Zeit jede Woche den Gesamtbestand an Bestellungen aus dem System exportiert und in einem eigenen Schema auswertet.

25.6 Analyse der Rückmeldedaten

In Unternehmen sind die erfassten Bewegungsdaten nicht immer zeitaktuell und mit der Realität übereinstimmend. In diesem Abschnitt wird eine einfache Methode dargestellt mit deren Hilfe die Rückmeldedaten plausibilisiert werden können.

Grundidee der Analyse ist, dass die rückgemeldeten Arbeitszeiten auf die Subperioden umgelegt werden und verglichen wird, ob die rückgemeldeten Zeiten pro Subperiode den Subperiodenkapazitäten entsprechen. Die Subperioden entsprechen dem Rückmelderhythmus oder wenn dieser kontinuierlich ist, einer Schicht. Auftragszeiten, die länger dauern als die Länge der Subperiode, werden auf die vorhergehenden Subperioden aufgeteilt. Die Berechnung der zurückgemeldeten Arbeitszeit pro Subperiode erfolgt im Detail mit nachstehender Formel:

$$y_i = \frac{1}{c_i} \sum_{k=0}^{m-1} \sum_{j=1}^{n_{i+k}} min\left(max\left(x_{i+k,j} - \sum_{l=1}^{k} c_{i+l}, 0 \right), c_i \right)$$

y_i …rückgemeldete dividiert durch verfügbare Arbeitszeit
      in der Subperiode i

c_i …verfügbare Arbeitszeit in der Subperiode i

$x_{i,j}$ …rückgemeldete Arbeitszeit zum j-ten fertig gestellten   (25.17)
      Auftrag in der Subperiode i

m …Anzahl von Subperioden des längsten rückgemeldeten
      Arbeitsauftrages

n_i …Anzahl der rückgemeldeten Aufträge in der Subperiode i

Im Idealfall sollten die y_i Werte konstant 1 sein. Eine geringfügige Abweichung vom Wert 1 ist akzeptabel und wegen Schichten überlappender Fertigungslose erklärbar. Fällt der Wert y_i unter 0.5, so heißt das, dass weniger als 50% der verfügbaren Kapazität zurückgemeldet worden ist. Ist der Wert y_i höher als 2, ist festzustellen, dass mehr als das Doppelte an

Arbeitszeit zurückgemeldet worden ist als an Kapazität zur Verfügung stand.

Die Hauptgründe für große Abweichungen der Werte y_i von 1 sind:

❑ Rückgemeldete Auftragszeiten entsprechen nicht den Ist-Auftragszeiten

❑ Nicht nach Fertigstellung des Auftrages wird rückgemeldet

❑ Aufträge werden unterbrochen, und diese Unterbrechung wird in der Berechnung der rückgemeldeten Auftragszeit nicht berücksichtigt

❑ Aufträge werden parallel bearbeitet, und dieser Sachverhalt wird in der Berechnung der rückgemeldeten Auftragszeit nicht berücksichtigt

Bevor nicht sichergestellt ist, dass die rückgemeldeten Daten einigermaßen verlässlich sind, ist eine Auswertung dieser nicht sinnvoll. Auf jeden Fall ist zu beachten, dass bei großen Abweichungen der Werte y_i von 1 die Auswertungen bezüglich Ist-Zeiten, Kapazitäten und Vorgabezeiten auf falschen Rückmeldedaten basieren. Entscheidungen, die auf Grund dieser Auswertungen getroffen worden sind bzw. werden, sollten kritisch hinterfragt werden.

26   Monitoring

26.1 Zeitlicher Verlauf einer Kennzahl

Eine sehr einfache Methode ist die Darstellung einer Kennzahl über die Zeit. Mit dieser Methode kann grafisch erkannt werden, wie sich im Laufe der Zeit eine Kennzahl entwickelt, ob sie sich vom Sollwert entfernt oder sich einem Grenzwert annähert bzw. diesen überschritten hat. Wenn Sollwerte oder Grenzwerte vorhanden sind, sollten diese Werte als konstante Linien mit eingezeichnet werden.

Beispiele für den zeitlichen Verlauf einer Kennzahl sind:

❑ Zeitlicher Verlauf des Lagerbestandes

❑ Zeitlicher Verlauf der mittleren gewichteten Durchlaufzeit

❑ Zeitlicher Verlauf der mittleren gewichteten Auftragsbearbeitungszeit

❑ Zeitlicher Verlauf der Liefertreue oder durchschnittlichen Verspätung

❑ Zeitlicher Verlauf der Ausschussrate, Nacharbeitsrate oder Reklamationsrate

❑ Zeitlicher Verlauf der angefallenen Kosten für Zusatzkapazität (Überstunden, Zusatzschicht, …) pro Woche

Zur Illustration dieser Methode betrachten wir drei Beispiele.

Im ersten Beispiel ist der Verlauf des Lagerbestandes eines Produktes dargestellt.

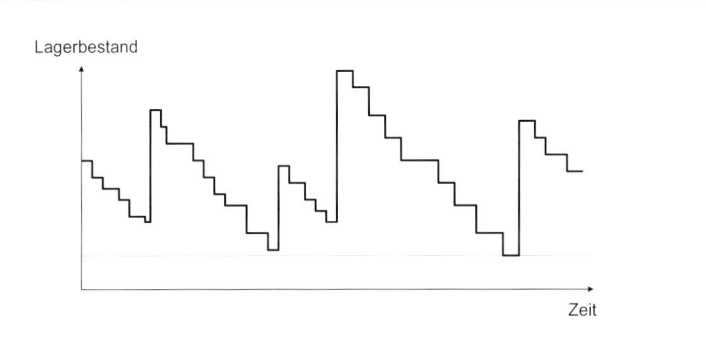

Abb. 26.1. Zeitlicher Lagerbestandsverlauf eines Produktes

Man erkennt, dass die Lagerzugänge in wesentlich größeren Losen erfolgten wie die Lagerabgänge. Durch kleinere Zugangslose (damit natürlich auch häufigere Lagerzugänge) könnte der mittlere Lagerbestand reduziert werden. Zusätzlich fällt auf, dass nie der Lagerbestand null erreicht wurde. Zum einen bedeutet dies offensichtlich eine 100% Verfügbarkeit dieses Produktes. Zum anderen könnte der Lagerbestand (falls der Beobachtungszeitraum lang genug war und die Systemschwankungen nicht größer werden) um annähernd den geringsten Bestand der Vergangenheit reduziert werden (bei gleichzeitiger Sicherstellung einer 100% Verfügbarkeit des Materials).

Das nächste Beispiel bezieht sich auf einen Kundenauftragsfertiger mit konstant zugesagter Lieferzeit. Wir betrachten für dieses Unternehmen die zeitliche Entwicklung der Auftragsdurchlaufzeit.

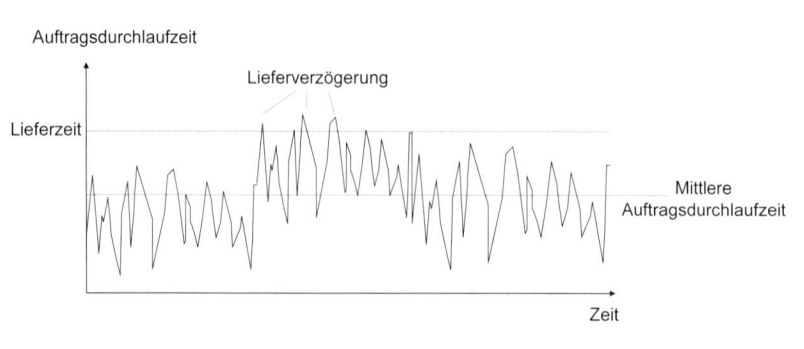

Abb. 26.2. Zeitlicher Verlauf der Auftragsdurchlaufzeiten

Im zeitlichen Verlauf der Auftragsdurchlaufzeiten erkennt man, dass es etwa in der Mitte der betrachteten Periode Lieferverzögerungen gegeben hat. Im ersten Drittel ist die Auftragsdurchlaufzeit kürzer als die konstant vorgegebene Lieferzeit. Wegen der Streuung der Auftragsdurchlaufzeit muss die Lieferzeit wesentlich höher sein als die mittlere Auftragsdurchlaufzeit.

Im letzten Beispiel betrachten wir den zeitlichen Verlauf der Liefertreue. Zu diesem Zweck berechnen wir wöchentlich die Liefertreue und tragen diese im zeitlichen Verlauf auf.

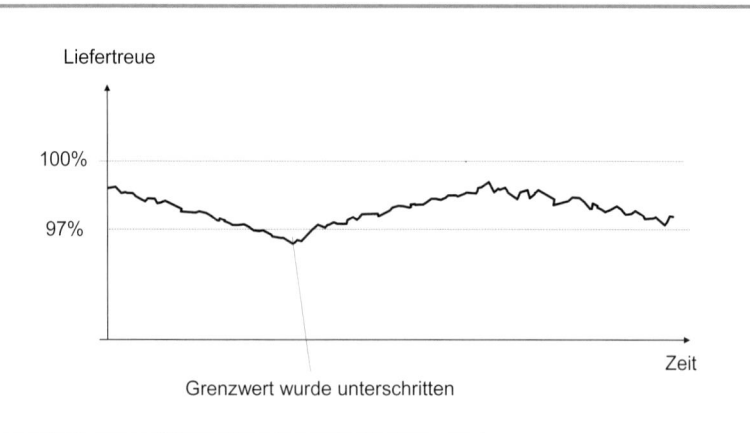

Abb. 26.3. Zeitlicher Verlauf der Liefertreue

Als Zielvorgabe wurde in diesem Unternehmen definiert, dass die Liefertreue höher als 97% sein soll. Am Ende des ersten Drittels in der betrachteten Zeitperiode ist dieser Grenzwert unterschritten worden. Aktuell ist die Liefertreue in der Nähe des Grenzwertes. Es sollten deshalb Gegenmaßnahmen zur Verbesserung der Liefertreue gesetzt werden.

26.2 Schwankungen von Kennzahlen

Da nicht nur der Wert bzw. der Mittelwert einer Kennzahl interessant ist, sondern wegen der logistischen Grundgesetze die Streuung von Kennzahlen wie Durchlaufzeit oder Auftragsbearbeitungszeit einen wesentlichen Einfluss auf Zielgrößen wie Liefertreue oder mittleren Bestand hat, ist es wichtig, die logistische Prozessfähigkeit wie auch den Variationskoeffizient von schwankenden Kennzahlen, die nur gering streuen sollen, zu beobachten.

Die Prozessfähigkeit, siehe Storm (1995), ist gegeben, wenn der Quotient Toleranz eines Qualitätskriteriums durch die sechsfache Streuung des Qualitätskriteriums größer als 1 ist. Bei zentrischer Lage und Annahme einer Normalverteilung bedeutet dies, dass in 99,73% der Fälle das Qualitätskriterium innerhalb der geforderten Toleranz liegt.

Wir übertragen dies auf die logistische Prozessfähigkeit. Dazu betrachten wir eine logistisch relevante Kennzahl, die natürlichen Schwankungen unterliegt, aber deren Streuung wegen des negativen Einflusses auf Zielgrößen wie Liefertreue, mittlerer Bestand, mittlere Durchlaufzeit oder Auslastung nicht zu groß sein soll. Besonders die Kennzahlen Lieferzeit, Durchlaufzeit oder Auftragsbearbeitungszeit eignen sich für die Bestimmung der logistischen Prozesssicherheit.

$$c_p = \frac{T}{6\sigma}$$

T ... Toleranz (maximal erlaubte Schwankungsbreite)   (26.1)

σ ... Streuung

$c_p > 1 \Leftrightarrow$ logistische Prozessfähigkeit ist gegeben

Für die Auftragsbearbeitungszeit könnte man z.B. folgendermaßen vorgehen:

Die mittlere Auftragsbearbeitungszeit an einer Maschine ist bekannt. Man legt nun die Toleranz fest, indem verlangt wird, dass kein Auftrag kürzer sein soll als die Hälfte der mittleren Auftragszeit und keiner länger dauern soll als das Doppelte der mittleren Auftragsbearbeitungszeit. Für die Toleranz ergibt sich dann:

$$T = 2\overline{P} - 0,5\overline{P} = 1,5\overline{P}$$

$T \ldots$ Toleranz (maximal erlaubte Schwankungsbreite)   (26.2)

$\overline{P} \ldots$ mittlere Auftragsbearbeitungszeit

Man kann nun wöchentlich den c_p-Wert berechnen. Je größer dieser Wert ist, desto besser ist die logistische Prozessfähigkeit. Fällt der c_p-Wert unter eins, bedeutet dies, dass außerhalb der Toleranz eine Auftragsfertigungszeit aufgetreten ist. Aus der Theorie wissen wir, siehe Jodlbauer (2004), dass dies das logistische Potential insbesondere die mittlere Durchlaufzeit und die Auslastung negativ beeinflusst. Durch Reduktion der Losgrößen bzw. der Bearbeitungszeiten oder Rüstzeiten sollen in diesem Fall die längsten Auftragszeiten reduziert werden, um die logistische Prozesssicherheit wieder zu erhöhen.

Regelkarten (engl. statistical process control, SPC) sind ein weiteres Werkzeug, das zur Verfolgung einer Kennzahl und Beobachtung der Schwankung geeignet ist. Die Regelkarte oder auch Kontrollkarte hat ihren Ursprung in der Qualitätskontrolle und sollte nur für Prozesse verwendet werden, deren Prozessfähigkeit gegeben ist. Bei der Beobachtung einer quantitativen Kennzahl mittelt man zuerst die Kennzahl über einen kurzen Zeitraum und trägt diesen Mittelwert über die Zeit auf. Zusätzlich werden Warngrenzen und Eingriffsgrenzen definiert. Dabei bedeutet die Überschreitung der Warngrenze überhöhte Kontrolltätigkeit (z.B. häufigeres Beobachten und Vorbereitung von Abstellmaßnahmen) und ein Überschreitung der Eingriffsgrenze ein Einschreiten in den Prozess (z.B. Werkzeugaustausch). Häufig werden die Warngrenzen bei 5% und die Eignriffsgrenze bei 1% positioniert, d.h., dass unter Annahme einer Normalverteilung in 5% bzw. 1% der Fälle die gemittelte Kennzahl die Warngrenze bzw. Eingriffsgrenze überschreitet. Die Berechnung der Grenzen erfolgt dabei durch:

$$G_W = \mu_0 \pm F_{N(0,1)}^{-1}(0,95)\frac{\sigma}{\sqrt{n}}$$

$$G_W = \mu_0 \pm F_{N(0,1)}^{-1}(0,99)\frac{\sigma}{\sqrt{n}}$$

G_W ... Warngrenzen zu 5%

G_E ... Eingriffsgrenzen zu 1%   (26.3)

μ_0 ... Sollwert für die Kennzahl

σ ... Streuung der Kennzahl

$F_{N(0,1)}^{-1}$ ... Toleranz (maximal erlaubte Schwankungsbreite)

n ... Anzahl der Perioden, die zur Mittelung verwendet werden

In nachfolgender Abbildung ist eine typische Regelkarte gezeigt.

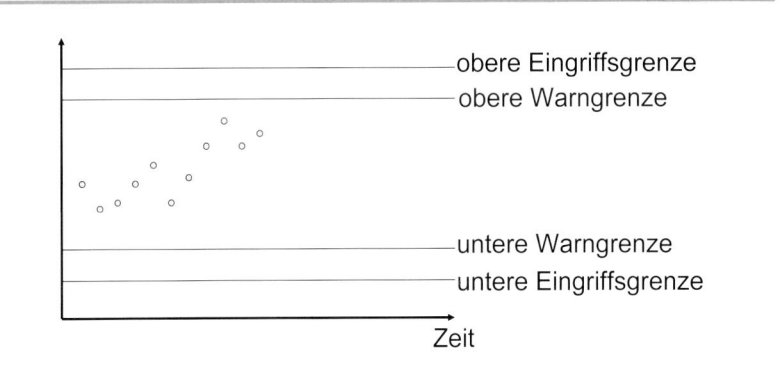

Abb. 26.4. Regelkarte

In diesem Beispiel sieht man, dass wenn der Trend anhält, demnächst die obere Warngrenze und dann anschließend die obere Eingriffsgrenze durchschritten werden. Die Kontrollkarte kann für Prozesse mit Verschleiß gut verwendet werden, da neben dem Einhalten der Grenzwerte auch ein Trendverhalten gut extrapoliert und damit im Vorhinein der Zeitpunkt des Eingreifens näherungsweise bestimmt werden kann.

Der Variationskoeffizient kann ähnlich wie der c_p Wert herangezogen werden, um die Schwankung einer Kennzahl zu messen.

$$v = \frac{\sigma}{\mu}$$

v...Variationskoeffizient   (26.4)

σ...Streuung

μ...Mittelwert

Die Systemschwankung ist umso kleiner, je kleiner der Variationskoeffizient ist. Variationskoeffizient größer eins bedeutet, dass ein System mit hoher Variabilität vorliegt. Entsprechend den logistischen Grundgesetzen ist das logistische Potential (höhere Liefertreue und höhere Auslastung bei geringerem Bestand sind erreichbar) eines Systems umso höher je kleiner der Variationskoeffizient ist.

Ein hoher Variationskoeffizient der Durchlaufzeit wie auch des Lagerbestandes kann reduziert werden über kleinere Fertigungs- und Transportlose, geringere Anzahl an Vertauschungen der Fertigungsaufträge (Annäherung an die Abarbeitungsregel FISFO), Vermeidung von Eil- bzw. Chefaufträgen, Glättung des Absatz- sowie des Produktionsprogramms und Schaffung freier bzw. hochflexibler Kapazitäten.

Ein hoher Variationskoeffizient der Auftragsbearbeitungszeit kann über Verkleinerung der Losgrößen bzw. Verkürzung der Prozesszeiten, die für die langen Auftragsbearbeitungszeiten verantwortlich sind, reduziert werden.

26.3 Durchlaufdiagramm

Das Durchlaufdiagramm ist eine effiziente Methode, um die Kennzahlen Lagerbestand, Durchlaufzeit, Reichweite und Auslastung sowie deren Zusammenwirken zu analysieren. In Nyhuis/Wiendahl (1999) ist eine ausführliche Darstellung des Durchlaufdiagramms gegeben.

Ein Durchlaufdiagramm bezieht sich immer auf ein Lager, wobei es ein Zwischenlager vor einer Maschine, das Fertigteillager, das Beschaffungslager oder irgend ein anderes Lager sein kann. Wenn das Zwischenlager vor einem Arbeitssystem betrachtet wird, wird in der Regel auf der y-Achse der Arbeitsinhalt (Bearbeitungszeit und Rüstzeit der einzelnen Fertigungsaufträge) aufgetragen und als Lagerbestand der Bestand vor dem Arbeitssystem zuzüglich dem Bestand im Arbeitssystem (gerade in

Bearbeitung) betrachtet. Für die produktbezogene Betrachtung eines Lagers wird auf der y-Achse die Menge (Stück, Tonnen, …) aufgetragen. Die x-Achse stellt immer die Zeit dar. Ein Sprung im kumulierten Zugang stellt einen augenblicklichen Lagerzugang dar, wobei die Losgröße des Lagerzuganges der Sprunghöhe entspricht. Analoges gilt für den kumulierten Abgang. In der Prozessindustrie würden die Treppenfunktionen jeweils durch monoton anwachsende Kurven ersetzt werden.

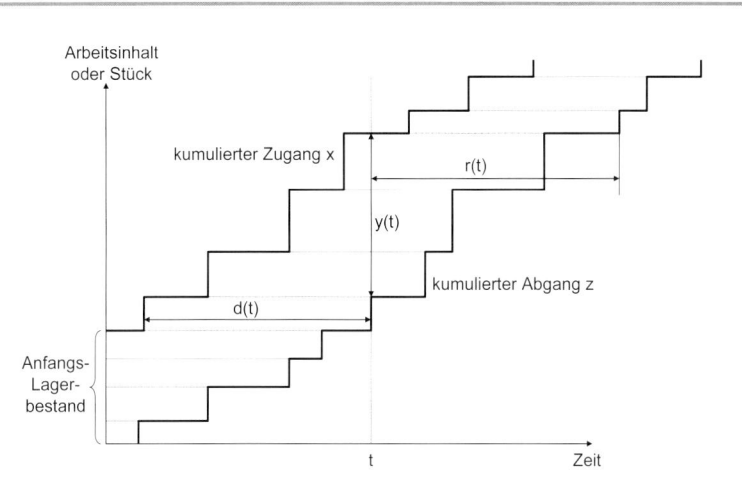

Abb. 26.5. Durchlaufdiagramm

Zu einem Zeitpunkt t können sofort drei Werte abgelesen werden

❑ Lagerbestand *y(t)* zum Zeitpunkt *t* durch Messen des vertikalen Abstandes der kumulierten Zugangskurve und der kumulierten Abgangskurve

❑ Reichweite *r(t)* zum Zeitpunkt *t* durch Messen des horizontalen Abstandes vom Zeitpunkt *t* zu jenem zukünftigen Zeitpunkt, an dem der kumulierte Abgang den Wert des kumulierten Zugangs am Zeitpunkt t erreicht hat

❑ Durchlaufzeit eines Auftrages, der zum Zeitpunkt *t* abgeht durch Messen des horizontalen Abstandes jenes Zeitpunktes, an dem der kumulierte Zugang den Wert *z(t)* aufweist bis zum Zeitpunkt *t* (dabei ist angenommen, dass die Abarbeitung der Aufträge nach FIFO erfolgt).

Nachstehende Formel fasst diese drei Sachverhalte zusammen:

$$y(t) = x(t) - z(t)$$

$$r(t): x(t) = z\big(t + r(t)\big)$$

$$d(t): x\big(t - d(t)\big) = z(t)$$

$y(t)$…Lagerbestand zum Zeitpunkt t

$x(t)$…kumulierter Zugang bis zum Zeitpunkt t   (26.5)

$z(t)$…kumulierter Abgang bis zum Zeitpunkt t

$r(t)$…Reichweite zum Zeitpunkt t

$d(t)$…Durchlaufzeit des Auftrages, der zum

        Zeitpunkt t das Lager verlässt

Sowohl die Reichweite als auch die Durchlaufzeit können nur implizit über obige Gleichungen formelmäßig angegeben werden. Wie wir im Abschnitt *logistische Kennzahlen* gesehen haben, gilt in einem stabilen System für die durchschnittlichen Werte näherungsweise der zentrale Zusammenhang

$$R = D = \frac{Y}{Z} = \frac{Y}{X}$$

R…Mittlere Reichweite

D…Mittlere gewichtete Durchlaufzeit   (26.6)

Y…Mittlerer Lagerbestand

Z…Mittlerer Abgang

X…Mittlerer Zugang

Dieser Zusammenhang ist in der Grafik wegen des Satzes ähnlicher Dreiecke leicht nachzuvollziehen. Wenn der mittlere Zugang vom mittleren Abgang stark abweicht, spricht man von einem nicht stabilen System, und obige Formel ist nicht mehr gültig.

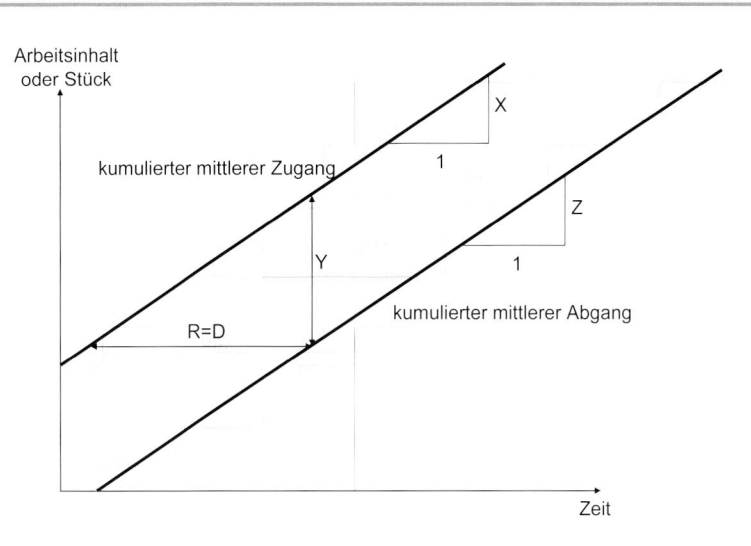

Abb. 26.6. Durchlaufdiagramm für mittleren Zu- und Abgang

Je näher die kumulierte Zugangskurve und die kumulierte Abgangskurve zusammen liegen, desto geringer sind die Durchlaufzeit, die Reichweite wie auch der Lagerbestand. Bei geringerem mittleren Abgang bzw. Zugang und gleichem Normalabstand der kumulierten mittleren Zu- bzw. Abgangs-kurven reduziert sich der mittlere Lagerbestand und erhöhen sich mittlere Reichweite wie auch mittlere gewichtete Durchlaufzeit.

Im linken Durchlaufdiagramm der Abbildung 26.7. ist eine Situation dargestellt, in der der kumulierte Zugang höher ist als der kumulierte Abgang. Die Durchlaufzeit, die Reichweite und auch der Lagerbestand wachsen somit kontinuierlich an. Für die Steuerung eines Lagers ist es wichtig, dass sich über eine längere Periode der kumulierte Zugang und der kumulierte Abgang das Gleichgewicht halten.

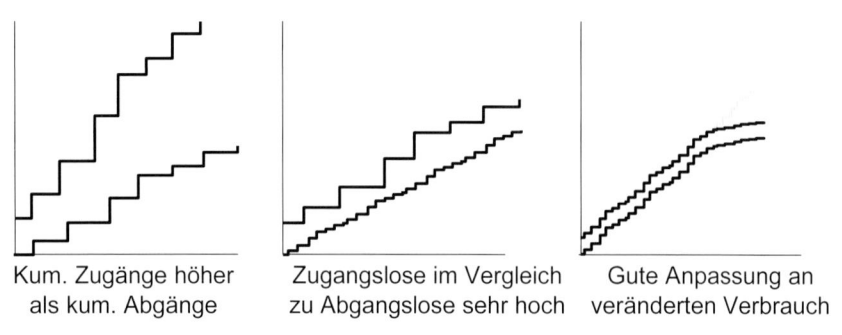

Abb. 26.7. Diskussion des Durchlaufdiagramms

Im mittleren Durchlaufdiagramm verlaufen zwar die mittlere Ab- und Zugangskurve parallel, aber die Zugangslose sind wesentlich höher als die Abgangslosgrößen. Durch diese Nichtabgestimmtheit sind die mittlere Reichweite, mittlere gewichtete Durchlaufzeit wie auch der mittlere Lagerbestand erhöht. Durch Reduktion der Zugangslose können beide mittleren Werte reduziert werden. Analoges gilt für den Fall, dass die Abgangslose wesentlich höher sind als die Zugangslose.

Im rechten Durchlaufdiagramm flachen sowohl die kumulierte Zu- als auch Abgangskurve ab. Der Planung und Steuerung gelingt es also ohne zeitliche Verzögerung, auf eine reduzierte Nachfrage richtig zu reagieren. In Grau ist die Situation dargestellt, in der der Zugang von der Vergangenheit fortgeschrieben wird, ohne auf den reduzierten Abgang Rücksicht zu nehmen. Eine gute Planung und Steuerung sollte unmittelbar Änderungen der Nachfrage antizipieren.

Für das Durchlaufdiagramm eines Arbeitssystems inklusive vorgelagertem Lager gibt es ein paar Besonderheiten, die wir jetzt diskutieren werden.

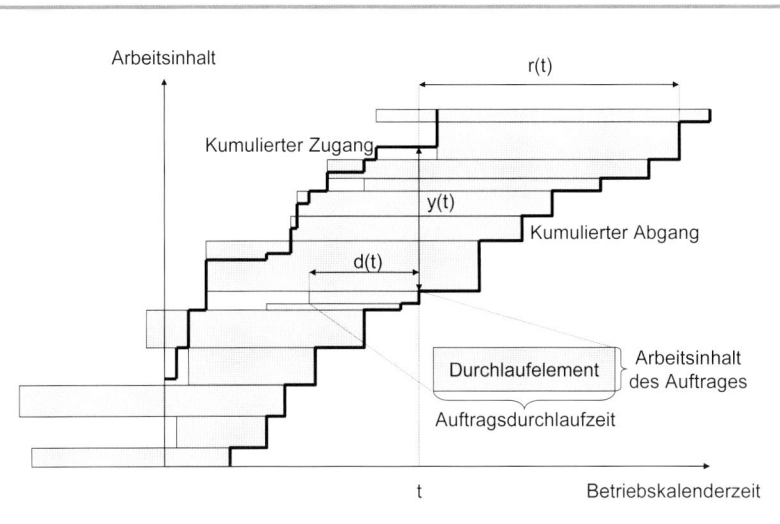

Abb. 26.8. Diskussion des Durchlaufdiagramms eines Arbeitssystems

Dieses Durchlaufdiagramm beschreibt ein Arbeitssystem, das die Abarbeitung nicht nach dem FIFO Prinzip organisiert hat. Das bedeutet, dass die Aufträge nicht in der Reihenfolge der Ankunft der Arbeitsaufträge abgearbeitet werden. Wesentlicher Bestandteil des Durchlaufdiagramms ist das so genannte Durchlaufelement. Die Länge eines Durchlaufelements entspricht der Auftragsdurchlaufzeit am betrachteten Arbeitssystem (Liegezeit am Lager vor dem Arbeitssystem zuzüglich der Auftragsfertigungszeit = Losfertigungszeit, wobei für die Losfertigungszeit gilt: Losfertigungszeit = Rüstzeit + Bearbeitungszeit x Losgröße). Die Höhe des Durchlaufelements entspricht der Losfertigungszeit. Man ordnet die Durchlaufelemente so an, dass sie genau an die kumulierte Abgangskurve grenzen. Da nicht die FIFO eingehalten wird, entspricht die kumulierte Zugangskurve nicht den Anfängen der Durchlaufelemente. Der Lagerbestand *y(t)* wie auch die Reichweite *r(t)* können wieder als vertikaler bzw. horizontaler Abstand der beiden kumulierten Zu- bzw. Abgangskurven bestimmt werden. Die Durchlaufzeit eines Auftrages hingegen ergibt sich durch die Länge des entsprechenden Durchlaufelementes. In dieser Form sieht man die Streuung der einzelnen Durchlaufzeiten. Eine hohe Streuung der Durchlaufzeiten erschwert die Planung sowie die Zusage von Lieferterminen und sie wird die Liefertreue negativ beeinflussen.

Die nächsten zwei Grafiken thematisieren die mittleren Zu- und Abgangswerte sowie die bereitgestellte Kapazität für ein Arbeitssystem mit allgemeiner Abarbeitungsregel.

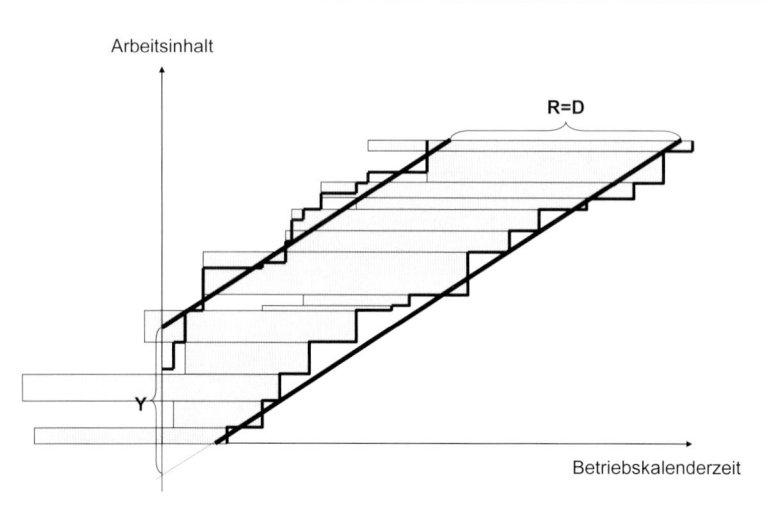

Abb. 26.9. Diskussion des Durchlaufdiagramms eines Arbeitssystems bezüglich der mittleren Werte

Die mittlere gewichtete Durchlaufzeit wie auch die mittlere Reichweite und der Lagerbestand können in völlig analoger Weise zu einem FIFO gesteuerten System abgelesen und interpretiert werden.

Interessant ist noch der Vergleich der Abgangskurve mit der bereitgestellten Kapazität eines Arbeitssystems bzw. mit dem geplanten Abgang, da die Differenz zum einen eine Aussage über die Auslastung und zum anderen über die Einhaltung der Termine beinhaltet.

Die punktierte durchgezogene Linie der Abbildung 26.10. stellt die kumulierte bereitgestellte Kapazität dar. Die Steigung dieser Kurve kann maximal die mögliche Betriebszeit des Arbeitssystems pro Arbeitstag sein. In der Regel wird man wegen Wartung und ungeplanter Stillstände die Steigung der bereitgestellten Kapazität etwas verkleinern. Sowohl die kumulierte mittlere Planausbringung als auch die kumulierten mittleren IST-Abgänge müssen eine geringere Steigung vorweisen als die kumulierte bereitgestellte Kapazität. Die punktierte Treppenfunktion illustriert den geplanten kumulierten Abgang. Wenn dieser links oberhalb des kumulierten

IST-Abganges liegt, sind Aufträge (mindestens einer) im Verzug, da in Summe weniger Aufträge das Arbeitssystem verlassen haben als eingeplant. Falls die kumulierte Planabgangskurve rechts unterhalb der kumulierten IST-Abgangskurve liegt, heißt das nur, dass mehr Aufträge gemessen in Arbeitsinhalt das Arbeitssystem verlassen haben als eingeplant. In diesem Falle könnten, weil nicht so dringende Aufträge vorgezogen worden sind, trotzdem Aufträge einen Terminverzug vorweisen.

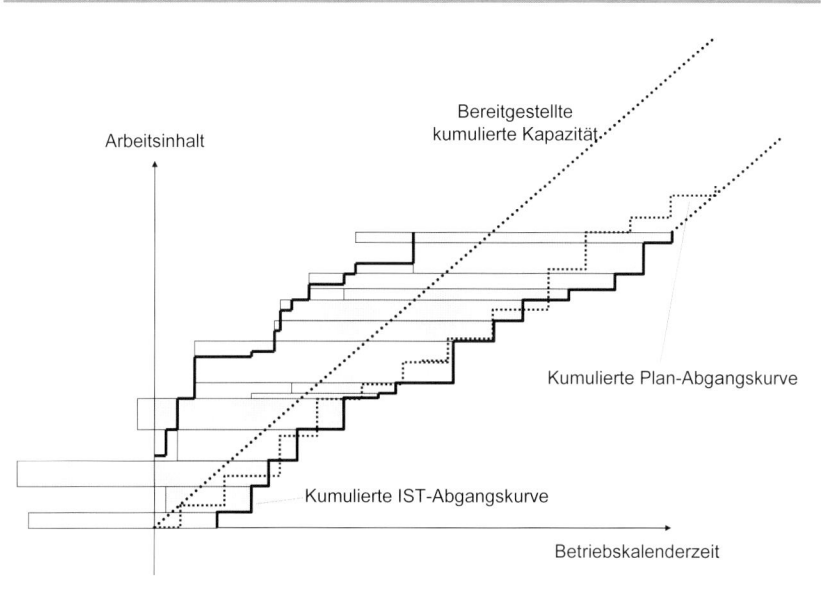

Abb. 26.10. Diskussion des Durchlaufdiagramms eines Arbeitssystems bezüglich Termineinhaltung und Auslastung

Die Differenz zwischen der Steigung der bereitgestellten Kapazitätskurve und der Steigung der mittleren kumulierten Abgangskurve kann als mittlere Kapazitätsreserve interpretiert werden. Konsequenterweise gibt damit die Steigung der mittleren kumulierten Abgangskurve die Leistung (mittlerer Output) des Arbeitssystems an.

Durchlaufdiagramme können auch zur Analyse von Auftragsbeständen (z.B. fixierte Kundenaufträge, die noch nicht für die Produktion eingeplant bzw. freigegeben sind) bzw. Lieferrückständen verwendet werden.

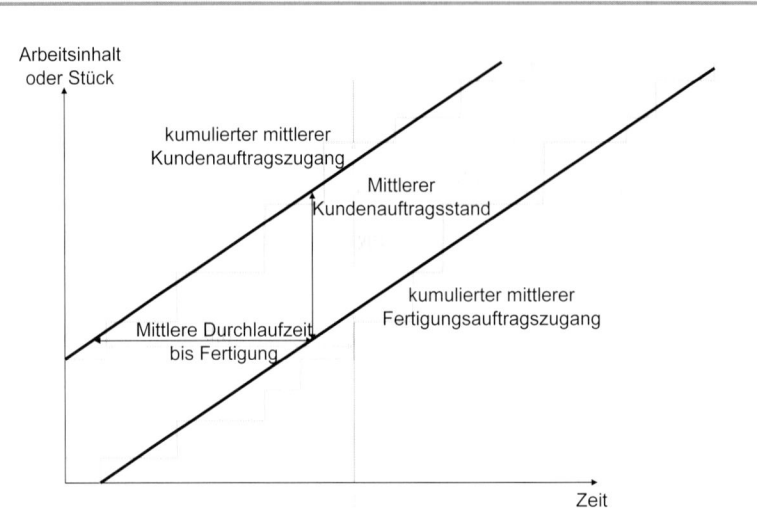

Abb. 26.11. Anwendung des Durchlaufdiagramms auf Kundenauftragslisten

Werden Kundenauftragsbestände analysiert, so ist die mittlere Durchlaufzeit als durchschnittliche Dauer der Umwandlung einer Kundenbestellung in einen Fertigungsauftrag zu interpretieren. Diese Zeit kann länger als die Produktionsdurchlaufzeit sein und stellt somit einen möglichen wichtigen Punkt zur Reduzierung der Kunden-auftragsdurchlaufzeit dar. Der vertikale Abstand der Zu- und Abgangskurve ist in diesem Fall als mittlerer Kundenauftragsbestand (Kundenaufträge, die bereits fixiert sind, aber noch nicht an die Produktion weitergegeben worden sind) zu interpretieren.

Wenn Lieferrückstände (siehe Abbildung 26.12.) durch ein Durch-laufdiagramm analysiert werden, ist der Zugang durch einen Auftrag gegeben, der nicht termingerecht fertig gestellt bzw. zum Kunden geliefert wurde. Das Zugangsdatum ist durch den vereinbarten (aber nicht eingehaltenen Termin) gegeben. Der Abgang erfolgt, wenn der Auftrag (aber eben verspätet) fertig gestellt bzw. ausgeliefert wird. Die mittlere gewichtete Durchlaufzeit in dieser Anwendung ist dann als mittlere Verspätung zu interpretieren. Der vertikale Abstand der Zu- und Abgangskurve ist dann als mittlerer Rückstand zu interpretieren. In Jodlbauer (2008b) wird gezeigt, dass für Lieferrückstände dieselben Modellgleichungen gelten wie für Lagerbestände.

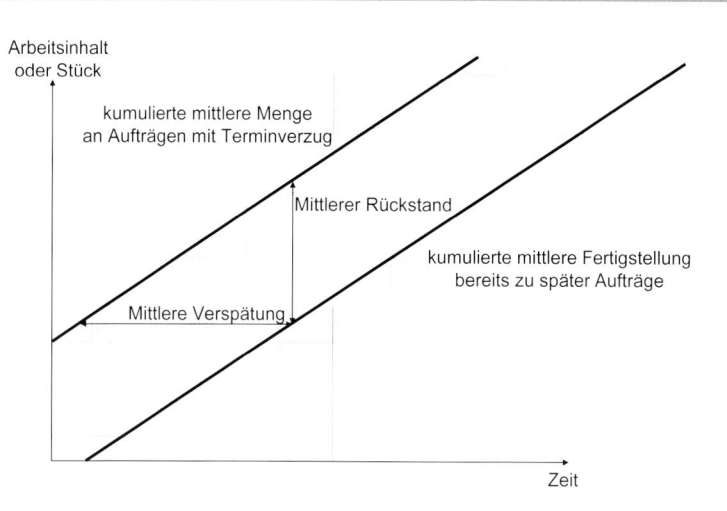

Abb. 26.12. Anwendung des Durchlaufdiagramms auf Lieferrückstände

Wenn im Durchlaufdiagramm die kumulierten Bedarfe und die angelieferten bzw. gefertigten kumulierten Mengen dargestellt werden, spricht man auch von Fortschrittszahlen.

Zusammenfassend sollte ein Lager bzw. ein Arbeitssystem so organisiert, geplant und gesteuert werden, dass für das Durchlaufdiagramm folgende drei Punkte erfüllt werden:

❏ Kumulierte Zu- und Abgangskurve sollte möglichst parallel sein,

❏ Abstand zwischen kumulierter Zu- und Abgangskurve sollte möglichst gering sein, und

❏ die Streuung der Länge der Durchlaufelemente sollte so gering wie möglich sein.

VI Auswahl, Auslegung und Optimierung

Wegen der ständigen Änderung von Umwelt und Marktanforderungen kann weder die Auswahl noch die Auslegung eines Planungs- und Steuerungssystems einmal für alle Zeiten erfolgen. Vielmehr ist in regelmäßigen Abständen die Überprüfung des eingesetzten Planungs- und Steuerungsverfahrens im Hinblick auf den Beitrag des Systems auf die Wertschaffung durchzuführen, und gegebenenfalls sind entsprechende Umstellungen und Verbesserungen herbeizuführen. Wir stellen dazu ein iteratives Verfahren vor.

Die iterativen Stufen der Auswahl, Auslegung und Optimierung der Planungs- und Steuerungsmethoden sollten in regelmäßigen Zeitabständen wiederkehrend durchgearbeitet werden. Insbesondere die Einstellung der Parameter sollte in mindestens jährlichen Abständen überprüft und gegebenenfalls adaptiert werden. Im Einzelnen sind die Stufen gegeben durch:

- ❑ Optimierung des Produktionssystems
    - ➢ Verbesserung der Umweltfaktoren (kontinuierliche Aktivität)
    - ➢ Überprüfung ob eine Verschiebung des Kundenentkoppelungspunktes Richtung Lieferant (nach jeder großen Änderung, ansonsten ca. 3-jährig) möglich ist
- ❑ Überprüfung und Adaptierung der logistischen Zielsetzungen (nach jeder großen Änderung, ansonsten ca. 3-jährig)
- ❑ Auswahl und Implementierung der Planungs- und Steuerungsverfahren (nach jeder großen Änderung, ansonsten ca. 5-jährig)
- ❑ Überprüfung und Anpassung der Planungs- und Steuerungsparameter (nach jeder Änderung der Umweltfaktoren, ansonsten ca. 1-jährig)

Im Zuge der Einführung von ERP-Systemen werden die letzten beiden Stufen Customizen oder Customizing genannt. In den nachfolgenden Abschnitten werden die einzelnen Stufen diskutiert.

27 Optimierung des Produktionssystems

Die Optimierung des Produktionssystems und die laufende Anpassung der Planungs- und Steuerungsparameter sind ein kontinuierlicher Prozess, der nie endet. Wegen der fehlenden Antizipationsfähigkeit der Verfahren sind nach jeder Verbesserung des Systems (z.B. Reduktion der Ausschussrate, Erhöhung der Maschinenverfügbarkeit, Reduktion der Rüstzeit, Reduktion der Absatzschwankungen, …) die Planungs- und Steuerungsparameter (z.B. Planübergangszeit, Losgrößenpolitik oder Sicherheitsbestand bei MRP, Containergröße oder Anzahl KANBAN-Karten bei KANBAN oder Auswahl der Abarbeitungsregel bei der Feinplanung usw.) neu einzustellen. Nach einer längeren Zeit oder nach einer wesentlichen Änderung von Umweltfaktoren sollte sogar die Auswahl der Verfahren zusätzlich zur Parametereinstellung überprüft und gegebenenfalls geändert werden.

Die wichtigsten Umweltfaktoren, die die Planung und Steuerung beeinflussen, sind:

- ❑ Markt
  - ➢ Nachgefragte Mengen
  - ➢ Geforderte Lieferzeit
  - ➢ Geforderte Flexibilität
  - ➢ Absatzschwankungen
- ❑ Produktstruktur
- ❑ Fertigungsstruktur
- ❑ Organisationsprinzip
- ❑ Betriebsinterne Kennzahlen
  - ➢ Bearbeitungszeit und deren Schwankung
  - ➢ Rüstzeit und deren Schwankung sowie Reihenfolgeabhängigkeit
  - ➢ Maschinenverfügbarkeit
  - ➢ Ausschuss- und Nacharbeitsrate

Im Zuge der kontinuierlichen Optimierung des Produktionssystems sollte man diese Umweltfaktoren so entwickeln, dass sie einen möglichst hohen positiven Einfluss auf die Wertschaffung des Unternehmens haben. Dies bedeutet im Einzelnen:

- ❏ Markt
    - ➤ Hohe und wenig schwankende Absatzmengen
    - ➤ Nicht ständig ändernde Kundenbestellungen und Lieferzeiten
    - ➤ Engpasskapazität wird zu hohen Preisen verkauft
- ❏ Produktstruktur
    - ➤ Geringe Anzahl von Stücklistenebenen
    - ➤ Späte Variantenbildung
    - ➤ Wenig Materialnummern
- ❏ Fertigungsstruktur
    - ➤ Möglichst sequentielle Fertigungspfade
    - ➤ Geringe Anzahl von Fertigungsstufen
- ❏ Organisationsprinzip
    - ➤ Möglichst nahe einer Fließfertigung
- ❏ Betriebsinterne Kennzahlen
    - ➤ Kurze und nicht schwankende Bearbeitungszeiten
    - ➤ Kurze und nicht schwankende Rüstzeiten
    - ➤ Kurze und nicht schwankende Transportzeiten
    - ➤ Hohe Maschinenverfügbarkeit
    - ➤ Kein Ausschuss und keine Nacharbeit

Durch Methoden der Komplexitätsreduktion, JIT/TQM/TPM Werkzeuge, Verfahren zur Reduktion der Variabilität oder auch durch die Rückkoppelung von Produktionsanforderungen an den Vertrieb (z.B. Vertriebssteuerung durch DB/Engpasskapazität) können die Umweltfaktoren verbessert werden.

Nach Verbesserung der Umweltfaktoren sollte überprüft werden, ob bzw. in welchen Bereichen eine kundenauftragsbezogene Fertigung oder Montage möglich ist. Ziel ist es, die Kundenentkoppelungspunkte so weit wie möglich Richtung Lieferant zu schieben. Die im Abschnitt *Kundenbestellanalyse* präsentierte Methode zur Überprüfung der MTO-Fähigkeit ist ein wirkungsvolles Werkzeug, um zu bestimmen, wie weit der Kundenentkoppelungspunkt Richtung Lieferant verschoben werden kann.

Auf Grund des Kundenbestellverhaltens und der Kapazitätssituation werden bestimmte Fertigungsstufen bzw. Maschinen MTO-fähig sein und andere vielleicht nicht. Auf Grund der Fertigungs- und Produktstruktur sowie der Information, welche Maschine grundsätzlich MTO-fähig ist, werden die Kundenentkoppelungspunkte möglichst nahe den Lieferanten angesetzt. In bestimmten Situationen können auch produktgruppenabhängig andere Kundenentkoppelungspunkte gewählt werden. Sollte für jede Fertigungsstufe die MTO-Fähigkeit gegeben sein, kann zu 100% kundenauftragsbezogen gefertigt werden. In diesem Fall sollte versucht werden, die Beschaffung kundenauftragsbezogen vorzunehmen.

Beispiel 27.1 (Bestimmung des Kundenentkoppelungspunktes)

Folgendes Layout einer Fertigung ist gegeben.

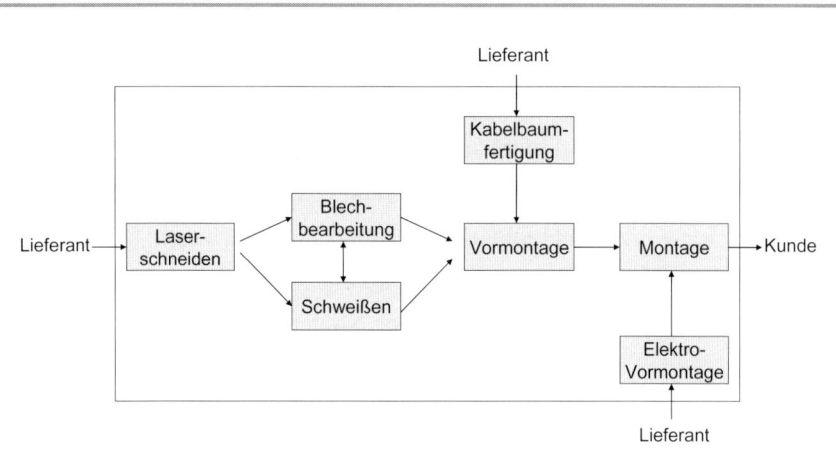

Abb. 27.1. Fertigungslayout

Die MTO-Analyse hat ergeben, dass die Maschinengruppen Laserschneiden, Schweißen, Kabelbaumfertigung, Vormontage und Montage MTO-fähig sind. Die beiden Bereiche Blechbearbeitung und Elektrovormontage sind nicht MTO-fähig. Bestimmen Sie den Kundenentkoppelungspunkt.

Da die Elektrovormontage nicht MTO-fähig ist, befindet sich ein Kundenentkoppelungspunkt zwischen Elektro-Vormontage und der Montage. Dies bedeutet, dass die Elektrovormontage auf Absatz-

Schätzwerten beruht und damit ein entsprechendes Lager zwischen Elektrovormontage und der Montage eingerichtet werden muss.

Die Montage, Vormontage und Kabelbaumfertigung können kundenauftragsbezogen organisiert werden.

Wegen der Werkstättenstruktur im Bereich Blechbearbeitung, Schweißerei und Laser-Schneiden sowie der nicht gegebenen MTO-Fähigkeit der Blechbearbeitung können diese drei Bereiche nicht kundenauftragsbezogen fertigen. Es liegt also ein weiterer Kundenentkoppelungspunkt unmittelbar vor der Vormontage.

Der dritte Kundenentkoppelungspunkt in diesem Beispiel liegt zwischen Lieferant und Kabelbaumfertigung. Hier könnte man untersuchen, ob die Beschaffung der für die Kabelbaumfertigung notwendigen Materialien kundenauftragsbezogen abgewickelt werden kann.

Würde man durch Kapazitätserweiterung der Blechbearbeitung die MTO-Fähigkeit dieser sicherstellen, könnte der gesamte Werkstättenbereich Laserschneiden, Blechverarbeitung und Schweißerei kundenauftragsbezogen fertigen.   □

28   Logistische Positionierung

Bevor nun die Auswahl der Planungs- und Steuerungsinstrumente erfolgt, soll abgeleitet von der Unternehmensstrategie und dem Bestreben, möglichst viel Unternehmenswert zu schaffen, die logistische Positionierung, insbesondere die Vorgabe von logistischen Zielen unter Berücksichtigung der Zielkonflikte, vorgenommen werden. Auf Grund der Analyse der EVA-Treiber wird man für gewisse Kennzahlen (für qualifiers) Grenzwerte festlegen und für andere (für order winners) eine kontinuierliche Optimierung anstreben. Um dies zu verdeutlichen, folgen dazu zwei Beispiele.

In einem Unternehmen, in dem die Anlagenintensität sehr hoch ist (jährliche Abschreibung im Vergleich zum Umlauflagerbestand wie auch im Vergleich zu Personalkosten sehr hoch), wird man den logistischen Zielkonflikten durch den Ansatz gerecht, indem man erstens ständig die Auslastung verbessert und zweitens für den Umlauflagerbestand bzw. die Produktionsdurchlaufzeit Grenzwerte angibt, die nicht überschritten werden dürfen.

Für ein anderes Unternehmen, das in einem Markt, der immer kürzere Lieferzeiten und höchste Flexibilität fordert, agiert, kann die ständige Reduktion der Lagerbestände und Durchlaufzeiten das adäquate logistische Ziel sein bei gleichzeitiger Sicherstellung, dass die Liefertreue und die Auslastung nicht unter einen gewissen Grenzwert fallen dürfen.

Die Festlegung von „richtigen" Zielen ist nicht einfach. Neben der Orientierung am EVA-Treiberbaum stehen insbesondere die vier konzeptionell unterschiedlichen Herangehensweisen zur Verfügung.

❑   Ziele aus der Historie ableiten

❑   Ziele aus der Strategie ableiten

❑   Ziele aus externen Beobachtungen (z. B. Vergleich Mitbewerber) ableiten

❑   Ziele aus Grenzen ableiten

Historisch abgeleitete Ziele unterstützen über die Zeit die kontinuierliche Verbesserung einer isoliert definierten Kennzahl oder die Sicherstellung, dass ein Grenzwert eingehalten wird. Ob die Verbesserung dieser isoliert betrachteten Kennzahl tatsächlich strategiekonform ist oder ob dadurch eine finanzielle Spitzenkennzahl wie EBIT, ROI oder EVA verbessert wird, ist nicht zwingend sichergestellt. So führt z. B. eine alljährliche Umsatzsteigerung von 10% nicht automatisch zu einer Steigerung (und schon gar nicht um 10% oder mehr) des ROI oder des EBIT. In einem stark saisonalen Geschäft sollte nicht die Entwicklung der Kennzahl von Monat zu Monat gemessen werden, sondern es sollte jeweils der Vergleichsmonat des Vorjahres zur Beurteilung der Entwicklung der Kennzahl herangezogen werden.

Zur **Ableitung von Zielen aus der Strategie** sei auf Methoden wie Balanced Score Card, siehe z.B. Kaplan/Norton (1996), in Kombination mit dem in diesem Buch präsentierten EVA-Treiberbaum verwiesen. Anstelle des EVA-Treiberbaums kann natürlich auch der Return on Investment Kennzahl (ROI) benützt werden.

Die **Ableitung der Ziele von externen Beobachtungen** ist sinnvoll, um eine realistische Einschätzung des Marktes, der Mitbewerber sowie der eigenen Wettbewerbsposition zu erhalten. Benchmarking, siehe z. B. Leibfried/McNair (1992), kann hier den Prozess sowie die Weiterentwicklung unterstützen.

Das Verwenden von theoretischen **Grenzwerten** für den anzustrebenden Zielwert einer Kennzahl kann kontraproduktiv sein, weil in der Regel der theoretische Grenzwert nur mit praktisch unendlichem Aufwand erreichbar ist. So zeigen Simulationsstudien, dass weder 100% Liefertreue noch 100% Anlagensauslastung einen positiven und schon gar nicht optimalen EVA Wert sicherstellen. Wobei der tatsächlich zum maximal möglichen EVA Wert führende Wert für Liefertreue bzw. Auslastung sehr nahe 100% liegen kann.

Nach Slack et al (2006) sind zur Priorisierung von Zielen und den daraus abgeleiteten Maßnahmen die Prioritätsmatrix sowie die Prioritätspyramide zwei unterstützende Werkzeuge.

Die Prioritätsmatrix bewertet jede Kennzahl an Hand der beiden Kriterien Wichtigkeit (z.B. gemessen am Einfluss auf den EVA Wert) und derzeitige Performance (z.B. gemessen am Grad der derzeitigen Zielerreichung).

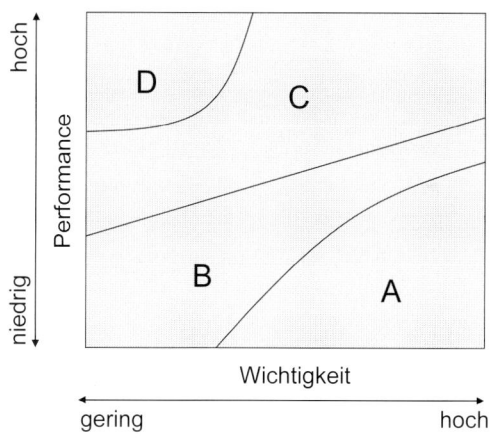

Abb. 28.1. Prioritätsmatrix

Kennzahlen, die eine hohe Wichtigkeit sowie eine niedrige aktuelle Performance aufweisen, sollen mit höchster Priorität (Bereich A) behandelt werden, d.h. es sollen so schnell wie möglich Maßnahmen zur Verbesserung dieser Kennzahlen eingeleitet werden. Im Bereich B (nicht ganz so wichtig wie A und etwas bessere Performance) sollen mittelfristig geeignete Verbesserungen implementiert werden. Bei freien Kapazitäten kann ohne hohe Priorität versucht werden, Kennzahlen im Bereich C (bereits mittlere bis gute Performance) noch zu verbessern. Kennzahlen, die eine hohe Performance vorweisen und nicht wichtig sind (Bereich D), sollten nicht in Bezug auf Verbesserung beachtet werden.

Die Idee der Prioritätspyramide ist, zuerst eine hohe Produktqualität (niedrige Ausschuss-, Nacharbeits- und Reklamationsrate) sicherzustellen, anschließend stabile sowie zuverlässige Prozesse (z.B. hohe Liefertreue, hohe Lieferfähigkeit, hohe Termintreue) zu betreiben. Nach Erreichung einer hohen Qualität und Zuverlässigkeit soll die Reduktion der notwendigen Zeiten (z. B. Durchlaufzeit, Rüstzeit, Lieferzeit), die Erhöhung der Flexibilität (z.B. schnelle Änderung der Ausbringung in Bezug auf Produktmix oder Ausbringungsmenge) sowie Reduktion der Kosten (z.B. Beschaffungskosten, Kapitalbindungskosten, Personalkosten) bei gleichzeitiger Sicherstellung des Qualitätsniveaus und der Zuverlässigkeit angestrebt werden

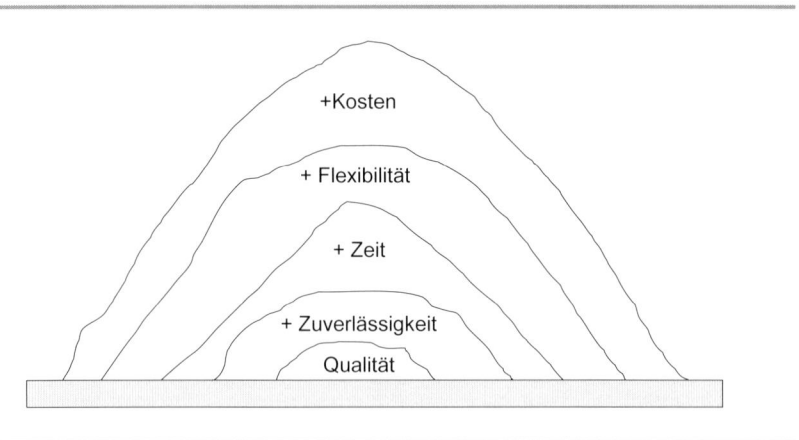

Abb. 28.2. Prioritätspyramide

29 Auswahl der Verfahren

Die einzelnen Verfahren zur Planung und Steuerung der Produktion sind in unterschiedlichsten Kombinationen sinnvoll einsetzbar. So können z.B. im klassischen MRP II Ansatz die Module MRP und die Kapazitätsplanung einmal durch die Module FAS und KANBAN bzw. auch durch CONWIP ersetzt werden. Zusätzlich kann es sinnvoll sein, abhängig von der Produktgruppe oder vom Produktions-bereich, andere Verfahren zur Planung und Steuerung einzusetzen.

29.1 Auswahl der langfristigen Planungsverfahren

Die langfristige Produktions-Planung erfüllt drei Hauptzwecke

- ❑   Input für die Ergebnis- und Finanzplanung
- ❑   Input für die langfristige Ressourcenbereitstellung
- ❑   Input für die Masterplanung

Die beiden ersten Punkte, Ergebnis- und Finanzplanung sowie langfristige Ressourcenbereitstellung sind für jedes Unternehmen relevant. Das Ziel dabei ist, den Marktanforderungen entsprechend die notwendigen Produktionskapazitäten zur Verfügung zu stellen, die dazu erforderlichen Finanzmittel aufzutreiben und vor allem den Wert des Unternehmens zu erhöhen (Kapitalrentabilität muss höher sein als die Kapitalkosten).

Bei einem 100% MTO System werden keine Schätzwerte zur Erstellung des MPS benötigt. Nur bei Lagerfertigern oder Mischformen liefert die Langfristplanung auch einen Input zur Masterplanung.

Wesentliches Auswahlkriterium des Verfahrens sollte die zu erwartende Wirkung auf die Wertschaffung des Unternehmens (Erhöhung EVA) sein.

Die Absatzplanung sollte deshalb pro Produktgruppe eine untere und obere Absatzgrenze vorgeben, damit im Sinne der Maximierung des EVA-Wertes später eine Entscheidung getroffen werden kann, welche Produkte zu favorisieren sind, um mit ihnen einen höheren Unternehmenswert zu schaffen. Die untere Absatzgrenze sollte unter Berücksichtigung bereits eingegangener vertraglicher Verpflichtungen und marketingpolitischer Überlegungen bestimmt werden. Die obere Absatzgrenze ist über die maximal mögliche Verkaufsmenge bestimmt.

In der Programmplanung sollte auf jeden Fall als Zielsetzung die Maximierung des EVA oder der durch die Programmplanung beeinflussbaren EVA-Anteile (Deckungsbeitrag, Investitionen für Mehr-kapazität) verwendet werden. Als Restriktionen sind die Kapazitäten inklusive Zusatzkapazitäten und die Absatzgrenzen zu berücksichtigen. Falls der Markt nicht nur durch die absetzbare Stückanzahl, sondern auch betragsmäßig begrenzt ist, sollte ähnlich wie die Kapazitäts- eine Umsatzbeschränkung zur Abbildung des maximal möglichen Marktvolumens in Geld berücksichtigt werden. Bei Rohstoffknappheit sollte der Rohstoffbedarf ebenfalls als Restriktion modelliert werden. Eine anschließende Engpassanalyse hilft, eine Priorisierung der Produkte vorzunehmen. Dabei sollen jene Produkte, deren Wertbeitrag pro Engpasskapazität am höchsten ist, im Vertrieb und Marketing entsprechend forciert werden. Die in der Praxis am häufigsten vorkommenden Engpassarten sind:

❏   Maschine (EVA-Beitrag pro Fertigprodukt/erforderliche Maschinen-kapazität für ein Fertigprodukt)

❏   Rohstoff (EVA-Beitrag pro Fertigprodukt/Rohstoffverbrauch für ein Fertigprodukt)

❏   Absatz (EVA-Beitrag pro Fertigprodukt)

❏   Marktvolumen (EVA-Beitrag pro Fertigprodukt/Verkaufspreis)

In der Regel tritt nur eine Engpassart zu einer bestimmten Zeit auf.

Wenn keine saisonalen Schwankungen und keine Trends auftreten, können die kumulierten Jahreswerte in der Programmplanung gerechnet werden.

Bei auftretenden saisonalen Schwankungen und Trends empfiehlt es sich, die Jahresproduktionsprogrammplanung in Subperioden aufzulösen und Methoden des Kapazitätsabgleichs anzuwenden.

29.2 Auswahl der mittelfristigen Planungsverfahren

Für ein reines MTO System können einfach die Kundenbestellungen als Masterplan verwendet werden. In allen anderen Systemen ist unter Berücksichtigung des langfristigen Produktionsprogramms und der bekannten Kundenbestellungen der Masterplan für die Fertigprodukte aufzustellen. Zur Sicherstellung, dass die vorhandenen Kapazitäten für die Herstellung der Fertigprodukte laut Masterplan ausreichen, sollte im Falle einer nachgelagerten KANBAN, MRP oder DBR Planung ein Grobkapazitätscheck angewandt werden. Eine nachgelagerte kunden-auftragsbezogene CONWIP Steuerung benötigt keinen Grobkapazitäts-check, da dieser im Verfahren direkt inkludiert ist. Eine ATP-Funktion lässt sich effizient für MTO Systeme über die im Abschnitt *Monitoring* dargestellten Verfahren oder auch klassisch im Zuge der Masterplanung realisieren.

Nach der Masterplanung bieten sich zahlreiche Varianten für die Planung und Steuerung an. Die nachstehenden Varianten werden wir im Detail diskutieren.

- ❏ MRP mit oder ohne Kapazitätsplanung
- ❏ Erstellung FAS kombiniert mit KANBAN
- ❏ DBR
- ❏ CONWIP
- ❏ (s,Q)

Die Einbettung von MRP in die gesamte Planung und Steuerung wurde bereits im Abschnitt *MRP II* aufgezeigt.

In den nachfolgenden drei Abbildungen zeigen wir beispielhaft, wie KANBAN, CONWIP oder TOC in einem MRP II Ansatz integriert werden können.

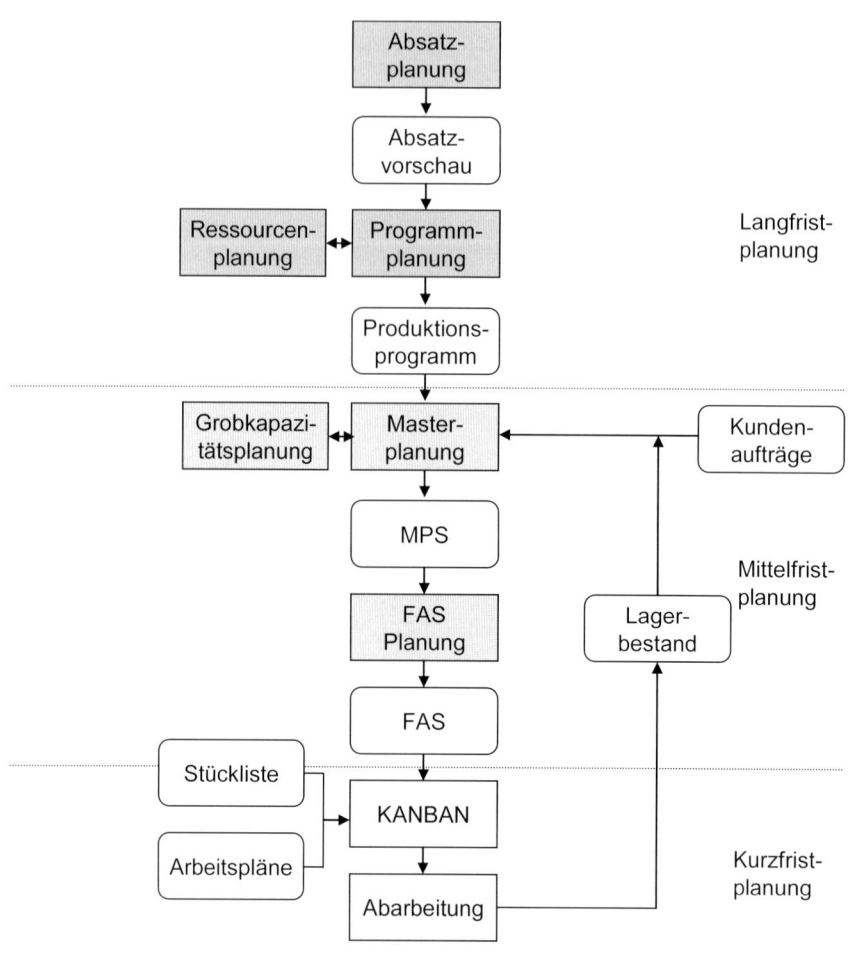

Abb. 29.1. Integration KANBAN und FAS in MRP II

Die KANBAN Steuerung benötigt eine Umwandlung des MPS in einen FAS. Die Auftragsfreigabe, Verfügbarkeitsprüfung wie auch die Kapazitätsplanung entfallen bei KANBAN.

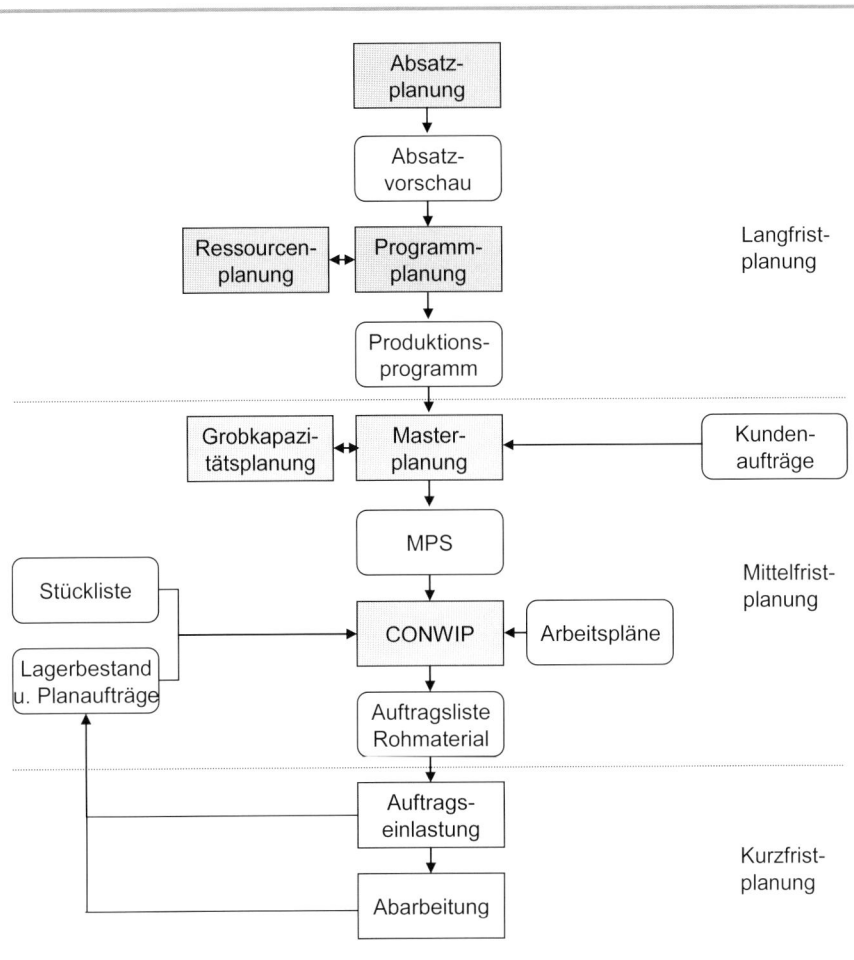

Abb. 29.2. Integration CONWIP in MRP II

Das CONWIP Verfahren beinhaltet die Kapazitätsplanung und erstellt ausschließlich für die ersten Arbeitsschritte (Rohmaterial) eine Auftragsliste. Alle anderen Fertigungsstufen werden durch die applizierte Abarbeitungsregel gesteuert.

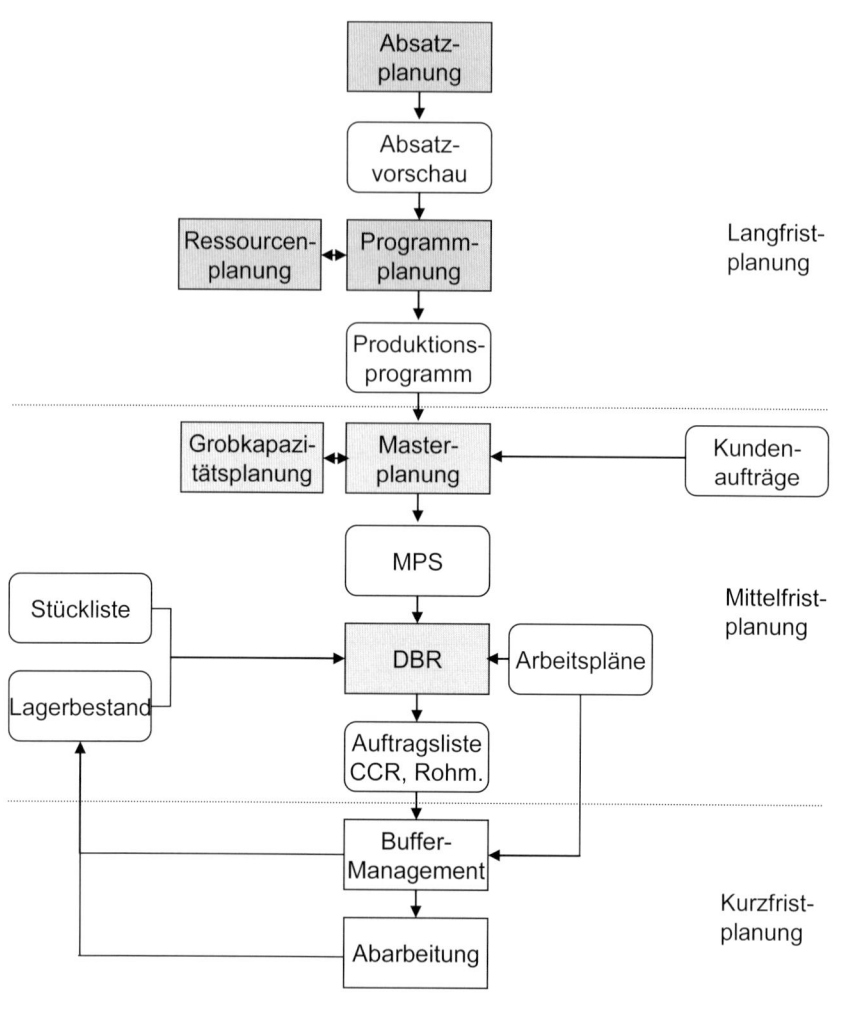

Abb. 29.3. Integration TOC bzw. DBR in MRP II

Durch DBR wird ebenfalls die Kapazitätsplanung erledigt. Neben dem CCR wird auch der erste Arbeitsschritt geplant. Alle anderen Fertigungsschritte werden durch die applizierte Abarbeitungsregel bzw. das Buffer-Management gesteuert.

Die Auswahl des geeigneten Verfahrens wird durch viele Kriterien beeinflusst. In den nächsten Tabellen werden die wichtigsten Kriterien (Umweltbedingungen und Ziele) zusammenfassend dargestellt.

Tabelle 29.1. Kriterien zur Auswahl des Produktionsplanungs- und Steuerungsverfahrens (++ sehr gut geeignet, + geeignet, - wenig geeignet, -- nicht anwendbar)

	MRP	KANBAN	DBR	CONWIP	(s,Q)
Nahe MTO	++	+	++	++	+
Nahe MTS	++	++	++	++	++
Eher sequentielle Fertigungspfade	++	++	++	++	++
Sehr komplexe Fertigungspfade	++	-	++	++ [1]	++
Eher sequentielle Stücklisten	++	++	++	++	++
Sehr komplexe Stücklisten	++	+	++	+	++
Viele Varianten	++	-	++	++	-
Eher Fließfertigung	++	++	++	++	++
Eher Werkstattfertigung	++	-	++	+	+
Eher Einzelfertigung	++	-	++	++	-
Eher Massenfertigung	++	++	+	++	++
Gut ausgetaktet	+	++	--	++	++
Eindeutiger Engpass	+	-	++	+	+
Stark schwankende Prozesszeiten	+	-	+	+	+
Hohe Rüstzeiten	+	-	+	+	+
Hohe Nachfrageschwankungen	+	-	+	+	+

(Fortsetzung Tabelle 29.1.)

	MRP	**KANBAN**	**DBR**	**CONWIP**	**(s,Q)**
Hohe Ausschuss- bzw. Nacharbeitsrate	+	-	+	-	+
Häufige Maschinen- störungen	+	-	+	+	+
A-Teil	++	++	++	++	-
C-Teil	-	+	-	-	++

[1] bei geeigneten Abarbeitungs- und Einlastregeln

Tabelle 29.2. Beitrag zur Erreichung von Zielsetzungen durch die Produktionsplanungs- und Steuerungsverfahren (++ sehr hoher Beitrag möglich, + Beitrag möglich, - kein Beitrag möglich)

	MRP	**KANBAN**	**DBR**	**CONWIP**	**(s,Q)**
Erhöhung Liefertreue	+ [1]	+	++	++	++
Erhöhung Ausbringungs- menge	+ [2]	+	++	++	-
Reduktion Bestand bzw. Durchlaufzeit	+ [3]	+	++	++	+
Erhöhung der Transparenz	-	++	+	+	-
Unterstützung KVP	-	++	+	+	-
Hohe Robustheit	+	-	+	+	-
Hohe Stabilität	+	-	+	+	-
Hohe Antizipations- fähigkeit	+	-	+	+	-

(Fortsetzung Tabelle 29.2.)

	MRP	KANBAN	DBR	CONWIP	(s,Q)
Geringer Aufwand für Datenwartung	--	-	+	+	-

[1] Kapazitätsplanung, ATP und EDD-ähnliche Abarbeitung erforderlich
[2] Rüstzeitminimierende Losgrößenregel bei Engpass notwendig
[3] Kapazitätsplanung, ATP und FIFO-ähnliche Abarbeitung erforderlich

Obige zwei Tabellen können wie folgt verwendet werden:

❑ Fixierung, welche Kriterien bzw. Zielvorgaben für den zu planenden Produktionsbereich bzw. die zu planenden Produkte relevant sind

❑ Streichung aller Verfahren, die ein „-" oder „--" bezüglich der relevanten Kriterien bzw. Zielvorgaben aufweisen

❑ Auswahl des Verfahrens mit den meisten „++"

Für die zutreffenden Kriterien bzw. Zielvorgaben sollten nur „++" und „+" für das ausgewählte Verfahren zutreffen. Grundsätzlich wird man unterschiedliche Produktionsbereiche bzw. unterschiedliche Materialien durch andere Verfahren planen bzw. steuern. Falls kein Verfahren mit keinem „-" bzw. „--" übrig bleibt, ist der zu planende Bereich in Teilbereiche zu unterteilen, wobei die Teilbereiche durch unterschiedliche Verfahren zu planen und steuern sind.

Beispiel 29.1 (Auswahl des bestgeeigneten Planungs- und Steuerungssystems)

In diesem Beispiel zeigen wir die Verwendung obiger Tabelle zur Auswahl des bestgeeigneten Planungs- und Steuerungssystems auf.

Folgende Daten bzw. Ergebnisse vor durchgeführten Analysen sind vorhanden:

❑ MTO-Fähigkeitsprüfung hat ergeben, dass die MTO-Fähigkeit gegeben ist

❑ Es liegt eine sehr komplexe Fertigungs- und Stücklistenstruktur vor

❑ Eine hohe Anzahl von Varianten ist gegeben

❑ Serienfertigung

❏ Teilefertigung ist eine Werkstattfertigung, Montage eine Fließfertigung

❏ Wandernde Engpässe treten auf

❏ Hohe Rüstaufwendungen in der Teilefertigung

❏ Hohe Nachfrageschwankungen

Mit dem neuen Verfahren sollte die Liefertreue bei gleichzeitiger Reduktion
der Bestände und Durchlaufzeiten verbessert werden.

Im ersten Schritt der Auswahl verwenden wir nur jene Zeilen der Tabellen,
die für dieses Beispiel relevant bzw. zutreffend sind:

Tabelle 29.3. Relevante Kriterien zur Auswahl des Produktionsplanungs- und
Steuerungsverfahrens (++ sehr gut geeignet, + geeignet, - wenig geeignet, --
nicht anwendbar)

	MRP	KANBAN	DBR	CONWIP	(s,Q)
Nahe MTO	++	+	++	++	+
Sehr komplexe Fertigungspfade	++	-	++	++	++
Sehr komplexe Stücklisten	++	+	++	+	++
Viele Varianten	++	-	++	++	-
Fließfertigung	++	++	++	++	++
Werkstattfertigung	++	-	++	+	+
Serienfertigung	++	++	++	++	++
Wandernde Engpässe	+	++	--	++	++
Hohe Rüstzeiten	+	-	+	+	+

(Fortsetzung Tabelle 29.3.)

	MRP	**KANBAN**	**DBR**	**CONWIP**	**(s,Q)**
Hohe Nachfrage-schwankungen	+	-	+	+	+
Erhöhung Liefertreue	+	+	++	++	++
Reduktion Bestand bzw. Durchlaufzeit	+	+	++	++	+

Im zweiten Schritt werden alle Verfahren ausgeschieden, die in einem oder mehreren Kriterien nicht geeignet erscheinen. Auf Grund der Tabelle werden in diesem Beispiel KANBAN, DBR und (s,Q) ausgeschieden.

Im dritten und letzten Schritt wird das Verfahren mit den meisten „++" ausgewählt. Da CONWIP acht mal und MRP sieben mal ein „++" hat, wird in diesem Beispiel empfohlen, CONWIP zu installieren.   □

29.3 Auswahl der kurzfristigen Steuerungsverfahren

In den Werkzeugen zur kurzfristigen Planung sollten die vorher definierten wichtigen Kennzahlen (möglichst wenig Kennzahlen sollen ausgewählt werden) visualisiert und den betroffenen Mitarbeitern zeitaktuell zur Verfügung gestellt werden. Die Abarbeitungsregel sollte so ausgewählt werden, dass sie einen möglichst hohen Beitrag zu den gewählten Zielsetzungen leistet.

30 Parametereinstellung

Die Bestimmung der Entscheidungsparameter hängt wesentlich von der Tatsache ab, ob es sich um ein MTO-System handelt oder nicht. Wir werden deshalb in zwei Abschnitten die Parametereinstellung diskutieren.

Da die Berechnung der Entscheidungsparameter der Planungs- und Steuerungssysteme auf komplexen mathematischen und statistischen Modellen basiert, sind in diesem Kapitel umfangreiche und detaillierte mathematische Darstellungen unerlässlich.

30.1 Parametereinstellung für MTO Systeme

Zuerst führt man für jede Arbeitsstation die kundenorientierte Kapazitätsanalyse und die Kundenbestellanalyse durch.

Bevor wir die Planungs-Parameter bestimmen können, stellen wir ein paar grundsätzliche Überlegungen an. Für Details siehe Jodlbauer (2008c). Durch den Ausdruck

$$h_{Vorgriffshorizont} = \max_{i \in \{1,2,\dots,n\}} \left(h_{Vorgriffshorizont,i} \right)$$

$h_{Vorgriffshorizont}$ …mindestens erforderlicher Vorgriffshorizont

$h_{Vorgriffshorizont,i}$ …mindestens erforderlicher Vorgriffshorizont   (30.1)

für die i-te Maschine = $h_{Planung}$ laut (25.13)

n …Anzahl der Maschinen

erhalten wir jenen Planungs-Vorgriffshorizont, der mindestens notwendig ist, damit zukünftige Bedarfsspitzen durch den Engpass mit hoher Liefertreue abgedeckt werden können. Verwendet man diesen Planungs-Vorgriffshorizont, ergibt sich durch Gewichtung der Durchlaufzeiten mit deren Auftretenswahrscheinlichkeit als durchschnittliche Durchlaufzeit

$$l_{Durchschnitt} = \int_{0}^{\infty} min \left(max \left(t_{min}, t \right), h_{Vorgriffshorizont} \right) f_{Engpass}(t) dt =$$

$$= t_{min} + h_{Kapazität} + \int_{0}^{t_{min}} F_{Engpass}(t) dt \qquad (30.2)$$

$l_{Durchschnitt}$ …durchschnittliche Durchlaufzeit

$h_{Vorgriffshorizont}$ …Planungs-Vorgriffshorizont

$F_{Engpass}$ ...Verteilungsfunktion der Maschinen-Lieferzeit des Engpasses, wobei der Engpass jene Maschine ist, bei der das Maximum des Planungs-Vorgriffshorizontes angenommen wird

t_{min} ...minimal erforderliche Restdurchlaufzeit am Engpass

$h_{Kapazität}$ ...kapazitätsorientierter Vorgriffshorizont am Engpass

Die durchschnittliche Auftragsdurchlaufzeit ist durch die Bearbeitungszeit am Engpass zuzüglich des kapazitätsorientierten Vorgriffshorizonts am Engpass und zuzüglich der Liegezeit resultierend aus dem Sicherheitsbestand für zu späte Bestellungen gegeben.

Weiters ist wegen des 2. logistischen Grundgesetzes der durchschnittliche Bestand durch

$$y_{Durchschnitt} = l_{Durchschnitt} z_{Durchschnitt}$$

$y_{Durchschnitt}$ ...durchschnittlicher Bestand in Arbeitsinhalt

$l_{Durchschnitt}$ ...durchschnittliche Durchlaufzeit

$z_{Durchschnitt}$ ...durchschnittliche Nachfrage in Arbeitsinhalt/Zeit

(30.3)

gegeben. Mit den drei Werten Planungs-Vorgriffshorizont, mindestens notwendige durchschnittliche Durchlaufzeit und mindestens notwendiger durchschnittlicher Lagerbestand können wir die Planungs- und Steuerungssysteme optimal auslegen.

30.1.1 Parametereinstellung für CONWIP

Mit diesen Vorbereitungen können wir die optimalen Parameter bestimmen. Wir beginnen mit dem CONWIP-Verfahren.

$$WIP-Grenzwert = y_{Durchschnitt}$$

$$Vorgiffshorizont = h_{Vorgriffshorizont}$$

$$Kapazitätstrigger = \left(t_{min,Engpass} + h_{Kapazität,Engpass} \right) z_{max}$$

$y_{Durchschnitt}$ ...durchschnittlicher Lagerbestand in Arbeitsinhalt

$\sigma_{Nachfrage}$ ...Streuung der Nachfrage in Arbeitsinhalt pro

Zeiteinheit   (30.4)

$h_{Vorgriffshorizont}$ ...Planungs-Vorgriffshorizont

n ...Anzahl der Subperioden während einer Zeitperiode

mit Dauer $t_{min,Engpass} + h_{Kapazität,Engpass}$

z_{max} ...maximal mögliche Ausbringung in Arbeitsinhalt pro

Zeiteinheit

Der Vorgriffshorizont für CONWIP ist durch den minimal erforderlichen Planungs-Vorgriffshorizont gegeben. Der WIP-Grenzwert ist der durchschnittlich zu erwartende Bestand bei Verwendung des Planungs-Vorgriffshorizonts multipliziert mit einem Sicherheitsfaktor, der die Streuung der Nachfrage berücksichtigt. Der Kapazitätstrigger ergibt sich durch die maximal mögliche Ausbringungsmenge während des nicht um die Zusatzzeit korrigierten Vorgriffshorizonts.

30.1.2 Parametereinstellung für MRP

Für MRP erhält man folgende Aussagen über die optimalen Parameter:

$$Summe \ aller \ Planübergangszeiten > l_{Durchschnitt}$$

$$Durchschn. \ max. \ Losgröße \ für \ k\text{-tes Material} = h_{Vorgriffshorizont} z_{Durchschnitt,k} \quad (30.5)$$

$l_{Durchschnitt}$ ...durchschnittliche Produktionsdurchlaufzeit

$h_{Vorgriffshorizont}$ ...Planungs-Vorgriffshorizont

$z_{Durchschnitt,k}$ ...durchschnittliche Nachfrage in Stück pro Zeiteinheit

für k-tes Produkt

Die durchschnittliche Durchlaufzeit stellt eine untere Grenze für die Summe aller Planüberganszeiten dar. Bei einem gut eingestellten MRP

System wird die Summe der Planübergangszeiten in der Nähe von der durchschnittlichen Produktionsdurchlaufzeit liegen. Die oben berechnete durchschnittliche maximale Losgröße entspricht dem mittleren Bedarf während der mittleren Durchlaufzeit. Tendenziell sollten die Übergangszeiten am Anfang des Fertigungspfades knapp eingestellt werden und an der letzen Fertigungsstufe ausreichend groß um alle Unwägbarkeiten abfedern zu können. Diese durchschnittliche maximale Losgröße stellt die maximal sinnvolle Losgröße dar. Wenn ein geringer Rüstaufwand gegeben ist, sollte diese durchschnittliche Losgröße reduziert werden. Ob eine Reduktion der Losgröße kostenmäßig sinnvoll ist, kann mit dem EPL-Modell festgestellt werden. Die durchschnittliche Losgröße dient als Basis zur Einstellung eines dynamischen Losgrößenverfahrens. Zu beachten ist, dass sich die Ist-Durchlaufzeit in einem MRP-System aus den Planübergangszeiten und der applizierten Losgrößenpolitik ergibt.

30.1.3 Parametereinstellung für KANBAN

Die KANBAN-Parameter werden bestimmt durch

$$n_{k,i} = \frac{l_{Plan,i} z_{Durchschnitt,k}}{C_k}$$

$$l_{Plan,i} = l_{Durchschnitt} \frac{h_{Vorgriffshorizont,i}}{\sum_{j=1}^{n} h_{Vorgriffshorizont,j}}$$

$n_{k,i}$ …Anzahl der Container für Material k an Maschine i

$l_{Plan,i}$ …entspricht der MRP-Planübergangszeit

C_k …Containergröße in Stück für k-tes Material = minimal zu erwartende Bestellgröße für Material k

$l_{Durchschnitt}$ …durchschnittliche Durchlaufzeit

$z_{Durchschnitt,k}$ …durchschnittliche Nachfrage des k-ten Materials in Stück pro Zeiteinheit

(30.6)

Da in einer KANBAN-Umgebung der Rüstaufwand vernachlässigt werden kann (sollte vernachlässigt werden können), ist die Losgröße, die ja der Containergröße entspricht, durch die kleinste zu erwartende Auftragsgröße definiert. Falls doch ein Rüstaufwand besteht, kann die

Containergröße entsprechend angepasst werden. Die Anzahl der Container ergibt sich aus dem 2. logistischen Grundgesetz. Hier wird auch ein wesentlicher Unterschied zwischen KANBAN und CONWIP sichtbar. Bei CONWIP wird der Gesamtbestand aller Materialien in Arbeitsinhalt verwendet, wohingegen bei KANBAN jeweils pro Material der Bestand des Materials in Stück zu Grunde gelegt wird.

30.1.4 Parametereinstellung für DBR

Als nächstes diskutieren wir DBR.

$$\text{CCR-Buffer} = \frac{h_{Vorgriffshorizont}}{\sum\limits_{j=1}^{n} h_{Vorgriffshorizont,j}} \sum\limits_{i \in A} h_{Vorgriffshorizont,i}$$

$$\text{Vertriebs-Buffer} = \frac{h_{Vorgriffshorizont}}{\sum\limits_{j=1}^{n} h_{Vorgriffshorizont,j}} \sum\limits_{i \in B} h_{Vorgriffshorizont,i}$$

$$\text{Montage-Buffer} = \frac{h_{Vorgriffshorizont}}{\sum\limits_{j=1}^{n} h_{Vorgriffshorizont,j}} \sum\limits_{i \in C} h_{Vorgriffshorizont,i}$$

$$\text{Vertriebs-Buffer}_{S-DBR} = h_{Vorgriffshorizont} \tag{30.7}$$

$h_{Vorgriffshorizont}$ …mindestens erforderlicher Vorgriffshorizont

$h_{Vorgriffshorizont,i}$ …Vorgriffshorizont für i-te Maschine

n …Anzahl der Maschinen

A …Maschinen, die zwischen Produktionsstart und CCR liegen

B …Maschine, die zwischen CCR und Auslieferung liegen

C …Maschinen, die zwischen Produktionsstart und Montage liegen aber nicht am CCR-Pfad

Die zeitliche Länge der Buffer ergibt sich jeweils durch die Summe der maschinenbezogenen gewichteten Vorgriffszeiten der jeweiligen Maschinen, die entlang des Buffer-Fertigungspfades liegen. Man sieht, dass S-DBR eine gewisse Ähnlichkeit mit CONWIP hat: In einer nachfrageschwachen Periode (nicht der WIP-Grenzwert ist ausschlaggebend für die Einlastung eines neuen Auftrages bei der CONWIP-Steuerung, sondern der Vorgriffshorizont) verhält sich ein CONWIP-gesteuertes System sehr ähnlich wie ein S-DBR gesteuertes. Wobei eine nachfrageschwache Periode gleichzusetzen ist mit der Situation, dass keine Maschine einen Engpass darstellt (sondern der Absatz ist der Constraint).

30.1.5 Bestimmung von Sicherheitsbeständen

Zur Abfederung von Qualitätsproblemen und zu spät eintreffenden Bestellungen können Sicherheitsbestände auf jeder Stufe für alle oben angeführten Verfahren eingeplant werden. Diese können durch

$$Y_{Sicherheit} = Z \left(1 + 3 \frac{\sigma_Z}{\sqrt{n_{Wiederbe}}} \right) \left(\int_0^{t_{Wiederbe}} F_{Lieferzeit}(t)dt + t_{Wiederbe}(r+q) \right) \quad (30.8)$$

$Y_{Sicherheit}$	…erforderlicher Sicherheitslagerbestand
$t_{Wiederbe}$	…Wiederbeschaffungszeit
$n_{Wiederb}$	…Anzahl der Subperioden während der Wiederbeschaffungszeit
Z	…Mittlere Nachfrage bzw. Verbrauch pro Zeiteinheit
σ_Z	…Streuung der Nachfrage bzw. des Verbrauchs
$F_{Lieferzeit}(t)$	…statistische Verteilungsfunktion der geforderten Lieferzeit
r	…Ausschussrate plus Nacharbeitsrate des Produktes
q	…prozentueller Kapazitätsverlust auf Grund von Maschineneausfällen, Nicht-Verfügbarkeit Werkzeug, ...

berechnet werden.

Der erforderliche Sicherheitsbestand an Fertigteilen kann in der Masterplanung für jedes Verfahren berücksichtigt werden. In allen anderen Fertigungsstufen hängt die Umsetzung vom applizierten Verfahren ab. Bei MRP kann der Sicherheitsbestand für jedes Material einfach im MRP-Lauf berücksichtigt werden. Für ein KANBAN gesteuertes System kann man zur Umsetzung des Sicherheitsbestandes die Behälteranzahl auf jeder Stufe entsprechend erhöhen. Für CONWIP und TOC ist festzuhalten, dass es nicht der jeweiligen Verfahrens-Philosophie entspricht, auf jeder Stufe Sicherheitsbestände vorzuhalten. Bei diesen Verfahren wird grundsätzlich nur Sicherheitsbestand an Fertigteilen vorgehalten oder bei hohen Ausschussraten eine kalkulatorische Erhöhung der Auftragsmengen vorgenommen.

30.2 Parametereinstellung für nicht MTO-Systeme

Die Parametereinstellung für nicht MTO-Systeme kann analog zu den MTO-Systemen erfolgen, wobei anstatt der echten Kundenbestellungen für die Auslegung des Systems die geplanten und verwendeten Masterpläne herangezogen werden. Im ersten Schritt analysiert man die Masterpläne mit den Verfahren, die in den Abschnitten *kundenorientierte Kapazitätsanalyse* und *Bestellanalyse* dargestellt sind. Wichtig dabei ist, dass die nach-gefragten Mengen und Zieltermine dabei nicht von den Kundenbe-stellungen sondern vom Masterplan entnommen werden.

Die vier Verfahren CONWIP, MRP, KANBAN und DBR können dann völlig analog zu oben ausgelegt werden. Da bereits eine Glättung im MPS stattgefunden hat, wird in einem Nicht-MTO-System der resultierende Vorgriffshorizont kürzer sein. Wobei aber trotzdem der gesamte Lager-bestand resultierend aus Umlauflagerbestand und Fertigteillagerbestand in einem MTS wesentlich höher sein wird als der Umlauflagerbestand eines MTO-Systems (Fertigteillagerbestand sollte in einem MTO-System sehr gering sein). Eine analoge Aussage gilt für die Durchlaufzeit resultierend aus Produktionsdurchlaufzeit und Liegezeit im Fertigteillager.

Der Bestand, der bei einem Nicht-MTO-System an Fertigprodukten vorzuhalten ist, damit eine hohe Lieferfähigkeit für kurzfristige Be-stellungen erreicht werden kann, ist durch nachstehende Formel (abgeleitet aus der MTO-Fähigkeitsprüfung) für jedes Produkt bestimmbar.

$$Y_{Vorproduktion} = Z\left(1 + 3\frac{\sigma_Z}{\sqrt{n_{min} + n_{Kapazität}}}\right)\left(t_{min} + h_{Kapazität} - \mu_{Lieferzeit}\right)$$

$Y_{Vorproduktion}$ …erforderliche Vorproduktion auf Lager

t_{min} …minimal erforderliche Restdurchlaufzeit

$h_{Kapazität}$ …kapazitätsorientierter Vorgriffshorizont

n_{min} …Anzahl Subperioden während t_{min}

$n_{Kapazität}$ …Anzahl Subperioden während $h_{Kapazität}$

Z …mittlere Nachfrage bzw. Verbrauch pro Zeiteinheit

σ_Z …Streuung der Nachfrage bzw. des Verbrauchs

$\mu_{Lieferzeit}$ …mittlere Maschinen-Lieferzeit

(30.9)

VII Fallstudien

Die Fallstudien basieren auf erfolgreich durchgeführte Beratungsprojekte des Autors. Im Zuge der Aufbereitung der Fallbeispiele wurden die Unternehmen anonymisiert und die Aufgabenstellung soweit abstrahiert, dass die wichtigsten Punke noch diskutierbar sind.

31 Kunststoffspritz GmbH

31.1 Beschreibung Unternehmen

Das Unternehmen erzeugt kleine Spritzgussteile aus Kunststoffgranulaten und montiert diese. Etwa 4000 Varianten an Fertigprodukten sind gegeben. Der Vertrieb ist entweder über eigene Vertriebstöchter oder Partnerfirmen organisiert. Der Markt fordert für Katalogprodukte eine Lieferzeit kürzer als drei Tage. Kundenindividuelle Zusätze bei den Fertigprodukten sind möglich und führen zu einer längeren, mit dem Kunden einzeln zu vereinbarenden Lieferzeiten.

Die Fertigung besteht aus bis zu drei Stufen. Die Fertigungsstufen sind Kunststoffspritzgussteilherstellung (ein oder zwei Stufen) und Montage. Die Montage erfolgt kundenauftragsorientiert. Die Fertigung der Komponenten basiert auf Absatzvorhersagen und auf Lager. In der Komponentenherstellung sind lange Rüstzeiten (Spritzgussmaschinen) gegeben. Die Stücklistenstruktur ist divergent. Die Fertigung ist historisch gewachsen und in einem Mischgebiet angesiedelt. Das zur Verfügung stehende Platzangebot insbesondere für Lagerung ist äußerst eingeschränkt. Kapazitätserweiterungen am bestehenden Standort sind kaum möglich. Einzelne Produkte bzw. Prozessschritte müssen deshalb zu hohen Mehrkosten fremd vergeben werden.

Die Montage und Fertigung ist in 18 Teams organisiert. Etwa 50 Spritzgussmaschinen im Vierschichtbetrieb stehen zur Verfügung. Die Montage erfolgt im Einschichtbetrieb.

Vor kurzem ist eine neue ERP Gesamtlösung im Unternehmen eingeführt worden. Durch diese Maßnahme sind die Lagerbestände im

Unternehmen gestiegen, und gleichzeitig hat sich die Liefertreue verschlechtert.

31.2 Aufgabenstellung und Zielsetzung

Analyse der Montage und Komponentenfertigung in Bezug auf Einführung KANBAN oder CONWIP mit der Zielsetzung, die Lagerbestände an Komponenten um 40% zu reduzieren und eine Liefertreue von mindestens 98% sicherzustellen. Bei positivem Analyseergebnis sollte ein Umsetzungskonzept erarbeitet und die Umsetzung begleitet werden.

31.3 Lösungsansatz

Zunächst wurde vereinbart, dass nur eine Produktgruppe, die vor allem hohe Lagerbestände vorweist, betrachtet wird. Im Zuge der Auftragserteilung wurden folgende Projektschritte fixiert:

- ❑ Überprüfung aller Stücklisten und Arbeitspläne und gegebenenfalls Aktualisierung dieser
- ❑ Kundenbestellanalyse inkl. Kapazitätsanalyse
- ❑ Lagerbestandsanalyse mit Hilfe des Durchlaufdiagramms
- ❑ Workshop KANBAN und CONWIP
- ❑ Ausarbeitung eines Umsetzungsplanes KANBAN Steuerung und einer CONWIP Steuerung inkl. Bestimmung aller Steuerungsgrößen, Abschätzung der IST-Bestände und erforderlichen Maßnahmen
- ❑ Präsentation, Entscheidung und Konkretisierung
- ❑ Einschulung der erforderlichen MA in die favorisierte Steuerung
- ❑ Einführung der favorisierten Steuerung
- ❑ Testbetrieb

Die Stücklisten und Arbeitspläne waren gut gewartet, und nur geringfügige Änderungen waren erforderlich. Für die Kundenbestellanalyse inkl. Kapazitätsanalyse wurden die Schwankungswerte aus der Vergangenheit berechnet und die Planungswerte des nächsten Geschäftsjahres als Mittelwerte herangezogen. Die Schwankung der kundennachgefragten Kapazität ist exemplarisch in der nächsten Grafik dargestellt.

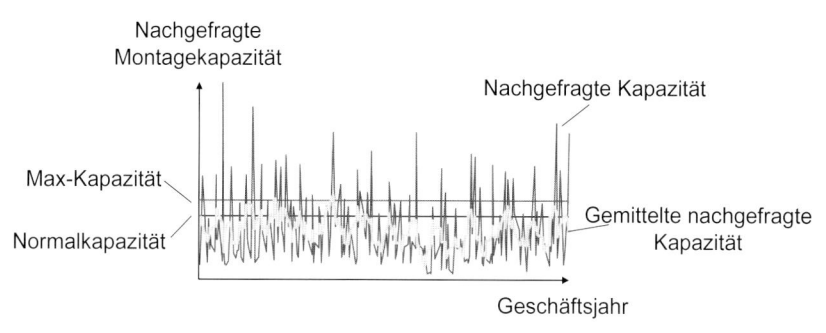

Abb. 31.1. Nachgefragte Montagekapazität

Die Max-Kapazität ist die um 20% erhöhte Normalkapaziät (Überstunden). Die gemittelte nachgefragte Kapazität wurde mit fünf Tagen gemittelt. In der ersten Jahreshälfte wird die Normalkapazität öfter, die 20% erhöhte Kapazität nur zweimal geringfügig überschritten. Für die Komponentenherstellung ergibt sich ein ähnliches Bild, wobei eine Mittelung von 10 Tagen erforderlich ist.

Nach Fertigstellung der Montage werden drei Arbeitstage für die Distribution zum Kunden angesetzt. Damit ist die Mindestrest-DLZ für die Montage 3 Tage. Da fast alle Bestellungen innerhalb von acht Tagen bekannt sind, ist für die Montage keine relevante Zusatzzeit zu berücksichtigen. In Summe ergibt sich ein Planungsvorgriffshorizont von 8 Tagen in der Montage, d.h., wenn alle Aufträge mit Liefertermin früher als 8 Tage in die Montage eingesteuert werden, können die Nachfragespitzen mit einer Liefertreue von annähernd 100% mit einer reinen Kundenauftragsmontage abgedeckt werden.

Die Bestellcharakteristik der Kunden auf die Kapazität zurückgerechnet, ergibt folgendes Bild:

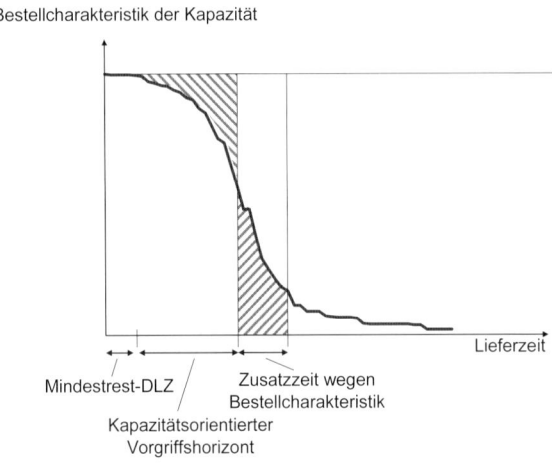

Bestellcharakteristik der Kapazität

Lieferzeit

Mindestrest-DLZ

Zusatzzeit wegen
Bestellcharakteristik

Kapazitätsorientierter
Vorgriffshorizont

Abb. 31.2. Bestellcharakteristik für die Komponentenherstellung

Da keine Synchronisation der Montage und Komponentenfertigung
vorgesehen und sicherzustellen ist, dass alle Teile für die Montage
vorhanden sind, entspricht der Planungshorizont der Montage der
kalkulatorischen Mindestrest-DLZ der Komponentenherstellung. Bei einer
Synchronisation der Komponentenherstellung mit der Montage könnte die
Mindestrest-DLZ der Komponentenherstellung drastisch reduziert werden –
dies setzt aber eine erhebliche Reduktion der Rüstzeiten voraus. Da viele
Bestellungen innerhalb der 18 Tage (Mindesrest-DLZ und
kapazitätsorientierter Vorgriffshorizont) noch offen sind, sind 3 Tage
Zusatzzeit zu berücksichtigen. In Summe ergibt sich damit ein
Planungsvorgriffshorizont von 21 Tagen bei der Komponentenherstellung.
In der nachstehenden Tabelle sind die Ergebnisse der Bestell- und
Kapazitätsanalyse zusammengefasst.

Tabelle 31.1. Ergebnisse der Bestell- und Kapazitätsanalyse

	Montage	Komponentenherstellung
Mindestrest-DLZ	3 Tage	8 Tage
Kapazitätsorientierter Vorgriffshorizont	5 Tage	10 Tage
Zusatzzeit	Nicht relevant	3 Tage
Planungsvorgriffshorizont	8 Tage	21 Tage

Zwei typische Durchlaufdiagramme sind in der nächsten Abbildung gegeben.

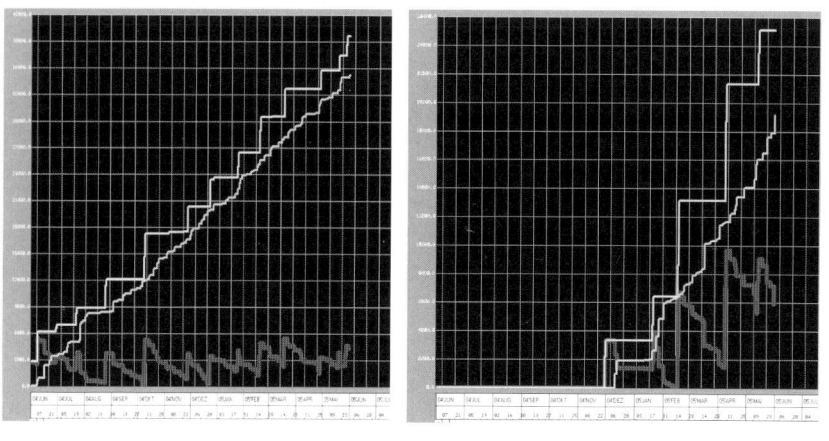

Abb. 31.3. Lagerbestandsanalyse – Durchlaufdiagramm für Komponentenlager

In der x-Achse ist ein Geschäftsjahr dargestellt. Die linke obere Kurve stellt die Lagerzugangskurve dar, die direkt darunter liegende die Lagerabgangskurve. In beiden Fällen ist zu erkennen, dass die Zugangslosgrößen (Produktionslosgrößen der Komponenten) wesentlich größer sind als die Abgangslosgrößen (Montagelosgrößen). Die dritte Kurve stellt den Lagerbestand der Komponenten dar. Es ist ca. 1,5 bis 2 Monate Lagerreichweite gegeben, wobei im Wesentlichen die Reichweite über die Zugangslosgröße determiniert wird. Im rechten Bild (eine neu eingeführte Komponente) ist zusätzlich festzustellen, dass die Lagerbestände über die Zeit anwachsen.

Wegen der hohen Bedarfsschwankungen und der großen Anzahl von Varianten wurde eine KANBAN Steuerung nicht weiter verfolgt. Wegen der stark unterschiedlichen Rüstaufwendungen in der Montage (Rüstzeit in der Montage ist vernachlässigbar, in der Komponentenfertigung etwa 2 Stunden pro Rüstung) ist eine durchgehende Losgrößenpolitik schwer realisierbar. Deshalb hat man auch eine reine CONWIP Steuerung verworfen. Basierend auf der CONWIP Idee (neuer Auftrag wird freigegeben, wenn ein Auftrag beendet worden ist) wurde eine asynchrone kundenauftragsorientierte Montage und Komponentenfertigung konzipiert und eingeführt. Die Eckpfeiler der neuen Steuerung sind:

- ❑ Nur Kundenaufträge, deren Liefertermine innerhalb des Planungsvorgriffshorizonts sind, stehen zur Einlastung zur Verfügung.

- ❑ Die Kundenaufträge werden alle nach EDD sortiert.

- ❑ In der Montage (weil kein Rüstaufwand) wird streng nach EDD montiert.

- ❑ In der Komponentenherstellung können Kundenaufträge im Sinne der Rüstoptimierung (Zusammenfassen von Kundenaufträgen, Farbreihenfolgen berücksichtigen) nach Ermessen des Werkers zu Fertigungsaufträgen zusammengefasst werden, solange sichergestellt ist, dass es keinen noch nicht abgearbeiteten Kundenauftrag gibt, dessen Liefertermin innerhalb der Mindestrest-DLZ liegt.

Aus den Formeln im Abschnitt *Monitoring* wurde durch diese Vorgehensweise eine Reduktion der Lagerbestände an Komponenten von 50% berechnet.

31.4 Erreichte Verbesserungen

Nach Einführung der neuen Steuerungen wurde die Liefertreue auf fast 99% (bei leicht reduzierten Lagerbeständen an Fertigteilen) gehoben und die

Umlauflagerbestände (Komponenten) um 50% gesenkt. Auf Grund der Lagerbestandssenkung werden Betriebsflächen frei, und es können ausgelagerte Prozessschritte wieder ins Haus zurückgeholt werden.

32   HighTechProzessschritt AG

32.1 Beschreibung Unternehmen

Das Unternehmen härtet kundenbereitgestellte Metalle. In der Regel liefert der Kunde das Material an und möchte innerhalb weniger Tage das gehärtete Material zurückhaben. Der Härtungsprozess erfolgt in den Schritten

- ❑   Auftragsannahme inkl. Zuordnung des Arbeitsprogrammes (Ofen-programme) zum Kundenauftrag
- ❑   Härteofen
- ❑   Anlassofen (bis zu drei Mal wird der Anlassofen durchlaufen)
- ❑   Labormessung (zweites oder drittes Anlassen wird über Labormessung determiniert)

In Summe stehen 5 Härteöfen und 13 Anlassöfen zur Verfügung. Ein Ofenprogramm dauert von 3 bis 22 Stunden. Die Planung und Steuerung der Produktion erfolgt über Plantafeln und einer adaptierten Branchen-Software.

Die Nachfrage unterliegt starken Schwankungen, die Auslastung der Öfen ist gering und die Liefertreue ist unzureichend.

Zur Einhaltung von Lieferterminen müssen regelmäßig Zusatzschichten eingeschoben werden.

32.2 Aufgabenstellung und Zielsetzung

Einführung einer einfachen Produktionsplanung- und steuerung, mit der die Liefertreue wesentlich erhöht (mindestens 90%) wird.

32.3 Lösungsansatz

Im Zuge der Projektdefinition wurde folgender Arbeitsplan fixiert:

❑   Analyse der IST-Situation
❑   Erarbeitung einer Abarbeitungsregel mit mindestens folgenden
    Kriterien: Liefertermin an Kunden, verbleibender Arbeitsinhalt und
    Kundenpriorität
❑   Festlegung der Steuerungsparameter
❑   Implementierung im hauseigenen EDV-System
❑   Schulung der Mitarbeiter
❑   Echtbetrieb des neuen Systems

Nachfolgendes Bild zeigt das Bestellverhalten der Kunden

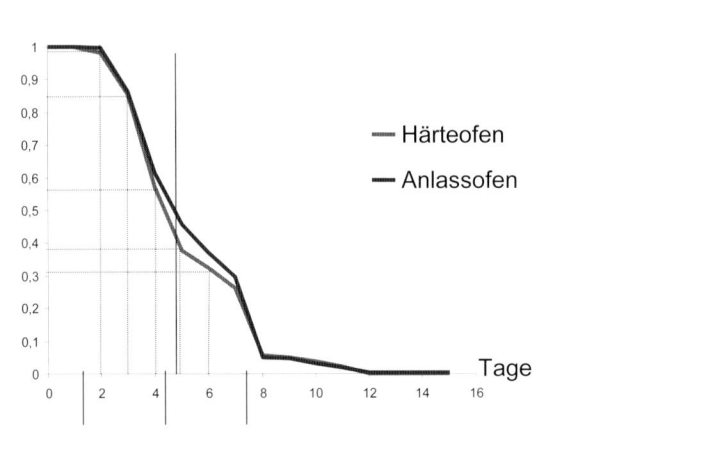

Abb. 32.1. Bestellverhalten

Eine geforderte Lieferzeit unter zwei Tagen kommt praktisch nicht vor,
im Mittel wird eine Lieferzeit von knapp 5 Tagen vom Markt erwartet.

Es gibt über 1000 Ofenprogramme, wobei bereits mit 5
Ofenprogrammen über 60% des Umsatzes erwirtschaftet wird.
Durchschnittlich werden pro Monat lediglich etwa 100 verschiedene
Ofenprogramme genützt. Für viele Ofenprogramme ist die monatliche
Gesamtnachfrage unter 20 kg Material, wobei die Öfen eine Belegung von
600 bis 1600 kg zulassen würden. Die produktive Auslastung der Öfen
(TEEP Wert) liegt bei 16%.

Die wichtigsten Kapazitätsverluste sind:

❏ Viele Ofenprogramme mit sehr geringer 3-Tagesnachfrage (67% Verlust)

❏ Leerlaufen des Ofens in einer unbemannten Schicht (12% Verlust)

❏ Rüsten (5% Verlust)

Zur Verbesserung der Situation wurden, bevor die Abarbeitungsregel entwickelt wurde, folgende Maßnahmen vorgeschlagen und deren Umsetzung eingeleitet:

❏ Reduktion der Anzahl der Ofenprogramme durch

    ➢ Ausscheiden nicht nachgefragter Ofenprogramme

    ➢ Anlegen neuer Ofenprogramme erschweren

    ➢ Ersetzen geringwertiger Ofenprogramme durch höherwertige Programme

    ➢ Geringnachgefragte Ofenprogramme in der Preisgestaltung berücksichtigen

❏ Rüstzeitminimierung von 30 auf 10 Minuten

Die erarbeitete Abarbeitungsregel verfolgt die Ziele:

❏ Liefertreue zu erhöhen,

❏ Bevorzugung der A Kunden im Konfliktfall und

❏ Erhöhung der Wirtschaftlichkeit durch hohe Ofenbelegung und seltenes Leerlaufen des Ofens

Bevor wir die Abarbeitungsregel im Detail aufzeigen, soll die Anwendung dieser dargestellt werden.

Kurz vor Leerlaufen des Ofens geht der Werker zum Computer und sieht sich alle entsprechend der Abarbeitungsregel gereihten Kundenaufträge, die grundsätzlich für diesen Ofen zur Verfügung stehen, an. Nach Auswahl des dringendsten Kundenauftrages werden alle Kundenaufträge, die mit diesem in den Ofen gelegt werden können, angezeigt. Der Werker kann nun den Ofen nach dieser Liste befüllen.

Die Abarbeitungsregel bestimmt multiplikativ die Priorität, wobei die einzelnen Faktoren folgende Aspekte berücksichtigen:

❑ Liefertermin über Schlupf pro verbleibende Operation

❑ Flexibilität des Auftrages (an wie vielen Anlagen kann der Auftrag abgearbeitet werden)

❑ Ofenbefüllungsgrad

❑ Kundenpriorität

❑ Leerlaufen des Ofens

$$P_{k,j} = \begin{cases} \dfrac{\left(T_{L,k} - t - p_{k,j}\right)}{N_k - j + 1} \dfrac{n_{k,j}\eta_{k,j}}{w_k}\left(T_{F,k,j} - T_{E,k,j} + 1\right) \text{ für } T_{L,k} - t - p_{k,j} > 0 \\[2em] \dfrac{\left(T_{L,k} - t - p_{k,j}\right)}{N_k - j + 1} \dfrac{1}{\dfrac{n_{k,j}\eta_{k,j}}{w_k}\left(T_{F,k,j} - T_{E,k,j} + 1\right)} \qquad \text{ für sonst} \end{cases}$$

$P_{k,j}$ …Prioritätszahl von $A_{k,j}$ (je kleiner desto höhere Priorität)

$A_{k,j}$ … k-ter Kundenauftrag in der j-Fertigungsstufe

t …aktuelle Zeit

$T_{L,k}$ …Liefertermin für k-ten Kundenauftrag

$p_{k,j}$ …verbleibende Bearbeitungszeit von $A_{k,j}$ inkl. Fertigungsstufe j

N_k …Anzahl der max. mögl. Fertigungsstufen für den k-ten Auftrag

w_k …Kundengewicht (A Kunde: 2, B Kunde: 1)

$n_{k,j}$ …Anzahl der möglichen Öfen für $A_{k,j}$

$\eta_{k,j}$ …Ofenbelegungsfaktor für $A_{k,j}$

$T_{E,k,j}$ …Fertigstellungszeit von $A_{k,j}$

$T_{F,k,j}$ …Frühest mögliche Entnahmezeit von $A_{k,j}$ ($T_{F,k,j} \geq T_{E,k,j}$)

(32.1)

Die Fallunterscheidung ist notwendig, weil bei Lieferverzug die Prioritätszahl negativ wird und dann die multiplikative Gewichtung durch den reziproken Wert erfolgen sollte. Der erste Faktor entspricht der Schlupfzeit pro verbleibender Operation (LSK/RO). Durch den Faktor „Anzahl der möglichen Öfen" wird die Anlagengleichauslastung entsprechend der Regel LFJ berücksichtigt. Die Kundendifferenzierung wird über das Kundengewicht umgesetzt. Durch den letzten Faktor wird das Leerlaufen des Ofens bestraft. Die Berechnung des Ofenbelegungsfaktors wird in der nächsten Formel aufgezeigt

$$
\eta_{k,j} = \begin{cases} 1 & \text{k-ter Kundenauftrag darf nicht kombiniert werden} \\ & \text{oder } \sum_{i \in I_{k,j}} g_i \geq 0{,}9 G_{Ofen} \\ \dfrac{10}{G_{Ofen}} \left(G_{Ofen} - \sum_{i \in I_{k,j}} g_i \right) & \text{sonst} \end{cases} \tag{32.2}
$$

g_i …Gewicht des i-ten Auftrages

$I_{k,j}$ …alle Aufträge, die mit $A_{k,j}$ kombiniert werden können (inkl. $A_{k,j}$)

G_{Ofen} …maximal mögliche Ofenbelegung

Der Ofenbelegungsfaktor ist eins, wenn der Kundenauftrag nicht mit anderen kombiniert werden darf oder der Ofen über 90% belegt werden kann. Je geringer der Ofen belegt werden kann, desto höher wird der Ofenbelegungsfaktor.

32.4 Erreichte Verbesserungen

Der TEEP Wert wurde wesentlich erhöht. Die erforderlichen Zusatzschichten konnten reduziert werden, und die Liefertreue stieg über 95%.

33 OEMLieferant GmbH

33.1 Beschreibung Unternehmen

Das Unternehmen ist ein Automobillieferant und in einen Konzern eingebettet. Die Produkte müssen höchsten Qualitätsansprüchen genügen. In der Regel sind mit den Kunden Jahresrahmenverträge mit wöchentlichen Abrufen und dreimonatigen Forecasts vereinbart. Der Kunde bzw. der Disponent wartet wöchentlich die Kundenabrufe, Kundenbestellungen und die Forecasts. Für jeden Kunden gibt es kundenindividuelle Produkte. Laut Markteinschätzung ist mit hohen Wachstumsraten zu rechnen.

Die Produktion erfolgt im ersten Schritt in einer stark automatisierten verketteten Anlage und im zweiten Schritt in der mechanischen Fertigung. Die Stückliste ist stark divergent. Die Rüstzeiten sind relevant.

Die Monatsplanung erfolgt auf Grund der im System eingetragenen Kundenabrufe für die nächsten vier Wochen. Auf Basis der kumulierten Monatsmengen plant die Produktion die Fertigung der nächsten vier Wochen. Dabei werden im Wesentlichen Monatslose aufgelegt.

Die Lagerbestände sind sehr hoch – bei einigen Produkten beträgt die Lagerreichweite über einen Monat. Die Liefertreue ist bei einigen Kunden sehr unzufriedenstellend (unter 50%).

33.2 Aufgabenstellung und Zielsetzung

Analyse, Auswahl und Einführung einer neuen Produktionsplanung- und steuerung mit dem Ziel, die Lagerbestände um 50% zu reduzieren und die Liefertreue über 97% zu erhöhen.

33.3 Lösungsansatz

Im Zuge der Projektdefinition wurde folgender Projektplan festgelegt:

❑ Analyse der Kundenaufträge der letzten 12 Monate in Bezug auf: Bestellzeitpunkt des Kunden, vereinbartem Liefertermin, Bestellmenge, Bestellverhalten, Schwankungen pro Produkt und Bestellabänderungen

❑ Analyse der Anlagen in Bezug auf: kundennachgefragte Kapazität, bereitgestellte Kapazität, Losgrößenpolitik, flexible Fertigungspfade, Maschinenausfall und Durchlaufzeiten

❑ Lagerbestandsanalyse

❑ Auswahl und Auslegung einer neuen Produktionsplanung und -steuerung inkl. Berechnung der Einstellparameter und Abschätzung der erreichbaren Bestands- bzw. Durchlaufzeitreduktion bei gleichzeitiger Gewährleistung der geforderten Liefertreue. Für die Auslegung des Systems werden die Planwerte der Absatzplanung herangezogen und zusätzlich eine Absatzschwankung wie in der Vergangenheit unterstellt

❑ Einschulung der involvierten Mitarbeiter

❏   Parameterisierung im ERP System

❏   Echtbetrieb

Die kundenorientierte Kapazitätsanalyse ergab typischerweise folgendes Bild:

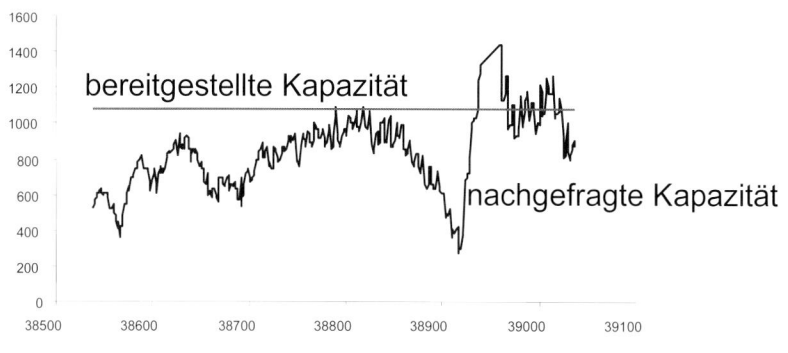

Abb. 33.1. nachgefragte Kapazität

Die ersten neun betrachteten Monate waren vergangenheitsorientiert und basierten auf IST-Absatzdaten. Die letzten drei Monate waren zukunftsgerichtet und basierten auf Plan-Absatzdaten. Grundsätzlich fiel auf, dass bei jeder Ressource in der Vergangenheit wesentlich weniger nachgefragt als in der Zukunft eingeplant wurde. Aus diesem Grund wurde, bevor die laut Projektplan vorgesehenen Aktivitäten vorgenommen worden waren, eine zusätzliche Kundenbestell- und Stornierungsanalyse durchgeführt.

Da die Disponenten bzw. die Kunden die Bestellungen im ERP System bei Änderungen überschreiben, konnte diese Auswertung nicht aus dem ERP System gemacht werden. Deshalb wurde 6 Wochen lang die Situation beobachtet und folgende Bestell-Stornierungsmatrix erstellt:

Verhalten von 2 A-Kunden

Aktuelle Woche

		1	2	3	4	5	6
Lieferwoche	1	**20000**	0	0	0	0	0
	2	38000	**22000**	0	0	0	0
	3	39000	40000	**24000**	0	0	0
	4	40000	39000	42000	**18000**	0	0
	5	40000	38000	38000	42000	**18000**	0
	6	42000	40000	38000	39000	40000	**21000**

Verhalten aller anderen Kunden

Aktuelle Woche

		1	2	3	4	5	6
Lieferwoche	1	**5000**	400	0	0	0	0
	2	5500	**6000**	700	0	0	0
	3	4500	4000	**3000**	0	0	0
	4	7000	7500	7500	**7000**	1000	0
	5	3000	3500	3500	3500	**4000**	0
	6	5000	5000	5000	5000	5000	**5000**

Abb. 33.2. Bestell-Stornierungsmatrix

Zwei A-Kunden buchten bis eine Woche vor Abruf etwa die doppelte Absatzmenge in das System ein. Kurz vor Abruf halbierten sie die nachgefragten Mengen. Die Lieferfähigkeit und Liefertreue für diese zwei A-Kunden war deshalb praktisch 100% bei gleichzeitig sehr hohen Beständen. Für alle anderen Kunden führte dies häufig zu Lieferproblemen wegen falsch eingesetzter Kapazitäten.

Auf Grund dieser Feststellungen wurde dem Auftraggeber empfohlen, das Projekt Einführung einer neuen Produktionsplanung und -steuerung zu verschieben und dafür in Abstimmung mit Vertrieb und Kunden ein neues Projekt mit dem Ziel zu starten, das Bestell- und Stornierungsverhalten der Kunden zu stabilisieren.

33.4 Erreichte Verbesserungen

Die wahre Ursache für die hohen Bestände und die schlechte Liefertreue wurde gefunden. Auf Basis dieser Erkenntnis konnte ein Projekt unter der Trägerschaft des Vertriebes zur Verbesserung des Bestell- und Stornierungsverhaltens der Kunden durchgesetzt werden.

34 Maschinenbau GmbH

34.1 Beschreibung Unternehmen

Das Unternehmen hat eigene Vertriebstöchter. Das Produkt ist ein typisches Investitionsgut mit vielen Varianten und der Absatz unterliegt starken Schwankungen (saisonal, kurzfristig und konjunkturabhängig).

Die Fertigung ist kundenauftragsbezogen im Fließsystem organisiert und erfolgt in Kleinserien (1 bis 10 Stück). Die wesentlichen Fertigungsschritte sind:

- Zuschneiden
- Kanten und Biegen
- Schweißen
- mechanische Bearbeitung
- Vormontage
- Lackierung und
- Montage

Die Stückliste pro Fertigprodukt ist konvergent, wobei unterschiedliche Fertigprodukte kaum auf gleiche Eigenfertigungsteile zugreifen.

Vor ein paar Monaten ist konzernweit ein ERP System eingeführt worden. Im Zuge dieser Einführung wurde die Produktionsplanung und -steuerung angepasst. Für jedes Fertigprodukt und allen dafür notwendigen Komponenten wurde eine fixe Produktionslosgröße durch den durchschnittlichen Wochenbedarf festgelegt. Wöchentlich wurde jedes Produkt einmal aufgelegt. Zur Abfederung der Marktschwankungen wurden hohe Sicherheitsbestände im Fertigteillager eingeführt.

Nach Beseitigung der Probleme im Zuge der ERP Einführung waren die Kennwerte Lagerbestand, Rüstkosten und Liefertreue noch immer schlechter als vor Einführung des ERP Systems.

34.2 Aufgabenstellung und Zielsetzung

Parameterisierung des ERP Systems Modul Produktionsplanung und -steuerung ohne wesentlich den Planungs- und Arbeitsablauf zu ändern und gleichzeitig die Liefertreue auf 99% zu erhöhen, die Lagerbestände um 30% zu reduzieren und keine Erhöhung der Rüstkosten sicherzustellen.

34.3 Lösungsansatz

Da im Zuge der ERP Einführung alle Stammdaten aktualisiert wurden und die Bewegungsdaten gut aufbereitet vorlagen, konnte eine Analyse schnell und effizient vorgenommen werden. Die wichtigsten Ergebnisse der Analyse waren:

❑ Die Schwankung der Wochenbedarfsmenge pro Fertigprodukt ist ein Vielfaches des durchschnittlichen Wochenbedarfes.

❑ Auf Grund der vorliegenden Kapazitäten und des Kunden-bestellverhaltens ist ein Planungshorizont von einer Woche möglich.

Um den Ablauf möglichst wenig zu ändern und den hohen Schwankungen gerecht zu werden, wurde an Stelle der fixen Losgröße das dynamische Losgrößenverfahren nach Groff vorgeschlagen. Die Lagerbestandskostensätze waren bereits im ERP System eingepflegt. Die losfixen Kosten wurden im ERP System so eingestellt, dass im Mittel die vom Groff Verfahren bestimmte Losgröße dem mittleren Wochenbedarf entspricht. Der gesamte Planungs- und Arbeitsablauf wurde völlig gleich belassen – die einzige Änderung war, dass anstatt der fixen Losgröße pro Produkt eine dynamische Losgröße vom ERP-System auf Grund des realen Wochenbedarfes vorgeschlagen wird.

34.4 Erreichte Verbesserungen

Die Lagerbestandskosten konnten an die 40% reduziert werden. Die Rüstkosten wurden um 7% reduziert. Die Liefertreue stieg auf 99% an.

VIII Anhang

35 Grundlagen

35.1 Grundlagen Rechnungswesen

Diese kurze Darstellung der wichtigsten in diesem Buch verwendeten Grundlagen aus dem Rechnungswesen basiert auf Egger et al. (2001).

35.1.1 Einzahlungen, Auszahlungen und Liquidität

Einzahlungen und Auszahlungen beziehen sich auf Vorgänge, die den Bestand an liquiden Mitteln eines Unternehmens ändern. Die auf eine Periode bezogene kumulierte Differenz zwischen Einzahlungen und Auszahlungen wird als Cashflow bezeichnet. Mit Hilfe der Kapitalflussrechnung wird ausgehend vom Jahresüberschuss bzw. Jahresfehlbetrag der Cashflow in mehreren Ebenen ermittelt. Ein positiver hoher Cashflow bedeutet eine gute Liquidität des Unternehmens. Im Zuge der Finanzplanung wird der zukünftige Cashflow geplant. In der Investitionsrechnung wird auch mit Einzahlungen und Auszahlungen gerechnet.

35.1.2 Ertrag, Aufwand und Gewinn

Ertrag und Aufwand bezeichnen die Wertänderung des Eigenkapitals einer Periode. Die Differenz aller Erträge abzüglich aller Aufwendungen einer Periode wird Gewinn bzw. Verlust (falls negativ) der Periode genannt. Durch die Gewinn- und Verlustrechnung (GuV) wird der Gewinn ermittelt. Im Zuge der Erfolgsplanung wird der zukünftige Gewinn bzw. die Rentabilität geplant. Im Detail unterscheidet man folgende vier wichtige Gewinngrößen.

- ❑ Operativer Betriebserfolg (EBIT) als Ergebnis des Gesamtkostenverfahrens bzw. Umsatzkostenverfahrens
- ❑ Ergebnis der gewöhnlichen Geschäftstätigkeit (EGT) wie um die Finanzergebnisse korrigierter EBIT

❑ Jahresüberschuss bzw. Jahresfehlbetrag (JÜF) als EGT ± außerordentliches Ergebnis - Ertragssteuern

❑ Bilanzgewinn bzw. Bilanzverlust nach Korrektur JÜF um Auflösungen/Zuweisungen von Rücklagen und Gewinn-vortrag/Verlustvortrag

Da für die Berechnung der Wertschaffung in einem Unternehmen als Gewinngröße Net Operating Profit After Taxes (NOPAT) verwendet wird, definieren wir auch diese Gewinngröße, siehe Stern/Stewart (1995). Der NOPAT ist dabei als EBIT, abzüglich den Ertragssteuern, bestimmt.

Wichtige auf Gewinngrößen und Kapitalbindung basierende Kennzahlen sind:

❑ Rentabilität

❑ Return On Investment (ROI)

❑ Economic Value Added (EVA)

❑ Return on Capital Employed (ROCE)

Die Berechnung erfolgt durch

$$Gesamtkapital\_Rentabilität = \frac{EBIT}{Gesamtkapital} \qquad (35.1)$$

$$ROI = \frac{EBIT}{investiertes\_Kapital}$$

bzw.

$$ROI = Umsatzrentabilität \ x \ Kapital\_Umschlag$$

$$Umsatzrentabilität = \frac{EBIT}{Umsatz} \qquad (35.2)$$

$$Kapital\_Umschlag = \frac{Umsatz}{investiertes\_Kapital}$$

$$EVA = NOPAT - WACC \times betriebsnotw.\_Vermögen$$

bzw.

$$EVA = (IR - WACC) \times betriebsnotw.\_Vermögen \tag{35.3}$$

$$IR = \frac{NOPAT}{betriebsnotw.\_Vermögen}$$

$$WACC \cdots weighted\_average\_cost\_of\_capital$$

Wobei *IR* der Investitionsrendite entspricht. Die Gesamtkapital-rentabilität entspricht dem Verhältnis von EBIT zum gesamten Kapital.

$$ROCE = \frac{NOPAT}{Capital\_employed} \tag{35.4}$$

Wobei unter Capital_employed im Wesentlichen das gesamte Kapital abzüglich dem kurzfristigen Fremdkapital und den liquiden Mitteln ver-standen wird.

Der ROI ist der Quotient EBIT zu investiertem Kapital bzw. Umsatz-rentabilität zu Kapitalumschlag.

Der EVA ist dabei durch den operativen Periodenbetriebserfolg abzüglich Ertragssteuern und abzüglich der Kapitalkosten eingesetzt für die Erwirtschaftung des Periodenergebnisses gegeben. Der EVA kann damit auch als die Differenz Kapitalrendite minus Kapitalkosten mal dem investierten Kapital gesehen werden. Für eine genaue Definition von NOPAT, WACC, EVA usw. siehe Copeland et al. (2000).

Der ROCE ist ähnlich wie der ROI wobei der ROCE langfristiger orientiert ist.

35.1.3 Erlös, Kosten, Deckungsbeitrag und Betriebsergebnis

Kosten sind der durch die Leistungserstellung bedingte, kalkulatorisch bewertete Verbrauch von Gütern und Dienstleistungen. Die Kosten unterscheiden sich von den Aufwendungen in sachlicher, zeitlicher und bewertungsbezogener Hinsicht. Kosten, die keinen Aufwand darstellen, sind die so genannten Zusatzkosten, wie z.B. kalkulatorische Abschreibung oder kalkulatorische Zinsen. Aufwand, der keine Kosten darstellt, heißt neutraler Aufwand. Spenden oder Aufwendungen im Zusammenhang mit nicht geschäftsbezogenem Wertpapierhandel sind Beispiele für neutralen

Aufwand. Kosten, die zugleich Aufwendungen sind und umgekehrt, heißen Zweckaufwand bzw. Grundkosten.

Wenn Kosten nach dem Kriterium der Zurechenbarkeit unterschieden werden, spricht man von Einzelkosten bzw. gleichbedeutend direkten Kosten (direkt dem Kostenträger sprich dem Produkt oder der betrieblichen Leistung zurechenbar) und von Gemeinkosten bzw. indirekten Kosten. Typische Einzelkosten sind Materialkosten. Dahingegen ist z.B. die Abschreibung (kalkulatorische Aufteilung der Investitionssumme auf die Nutzungsdauer) einer Maschine, die für die Fertigung mehrerer Produkte verwendet wird, nicht einem Produkt direkt zurechenbar und deshalb als Gemeinkosten anzusehen.

Differenziert man die Kosten nach der Beschäftigungsabhängigkeit, so unterscheidet man variable Kosten (hängen vom Beschäftigungsgrad sprich von der Ausbringungsmenge ab) und fixe Kosten. Fixe Kosten fallen unabhängig von der Beschäftigung an, z.B. sind die Kosten für die Raum-bereitstellung von der Beschäftigung unabhängig und deshalb als fixe Kosten zu betrachten. Typische variable Kosten sind Energiekosten einer energieintensive Anlage, die direkt für die Produktion anfallen.

Einzelkosten sind immer auch variable Kosten, wohingegen variable Kosten Einzel- oder Gemeinkosten sein können. Fixe Kosten sind immer Gemeinkosten. Gemeinkosten können entweder variable oder auch fixe Kosten sein. Lohnkosten sind Gemeinkosten und für einen langen Betrachtungshorizont variable Kosten.

Ein weiterer Kostenbegriff sind die so genannten Grenzkosten. Das sind jene zusätzlichen Kosten, die anfallen, wenn die Ausbringungsmenge um eins erhöht wird. Finanztheoretisch sind sie die Ableitung der Gesamtkosten nach der Ausbringungsmenge. In einem linearen Kostenmodell sind die Grenzkosten gleich den variablen Kosten.

Den Kosten stehen die Erlöse (Verkaufserlöse, Umsatzerlöse) gegen-über.

In der Vollkostenrechnung werden die Gemeinkosten über die interne Leistungsverrechnung und Zuschlagssätze auf die Kostenträger und die Einzelkosten direkt auf die Kostenträger verrechnet. Das Betriebsergebnis ergibt sich dann als Erlös abzüglich der Kosten.

Die Herstellkosten eines Produktes sind die Materialkosten (Material-einzel- und Materialgemeinkosten) zuzüglich den Fertigungskosten (Fertigungseinzel- und Fertigungsgemeinkosten).

Die Selbstkosten beinhalten zusätzlich zu den Herstellkosten die Verwaltungs- und Vertriebskosten.

Beschaffte Materialien sind mit dem Einstandspreis kostenmäßig zu bewerten. Der Einstandspreis berechnet sich durch Einkaufspreis pro Stück zuzüglich anteiligen Transportkosten, Versicherungskosten, Zölle, Umsatzsteuer und eventuellen Mindermengenzuschläge, sowie abzüglich Vorsteuer, Rabatte und Skonti.

Zur besseren Abbildung der Abhängigkeit vom Beschäftigungsgrad werden in der Teilkostenrechnung oder auch Deckungsbeitragsrechnung die variablen und fixen Kosten in der Rechnung verwendet. Dabei ist der Deckungsbeitrag durch den Erlös (= Absatz mal Verkaufspreis) abzüglich der variablen Kosten definiert. Der Deckungsbeitrag minus fixe Kosten ergibt im Falle der Teilkostenrechnung das Betriebsergebnis.

Der Deckungsbeitrag pro Stück ist der Verkaufspreis minus variable Kosten pro Stück.

Die Umsatzerlöse bzw. das Betriebsergebnis der Kosten- und Leistungsrechnung korrelieren mit den Erträgen bzw. dem Betriebserfolg der GuV Rechnung.

35.1.4 Vermögen und Kapital

In einer Bilanz sind die Vermögenswerte (Bilanzaktiva) und die Kapitalwerte (Bilanzpassiva) eines Unternehmens zu einem Stichtag gegenübergestellt.

Das Vermögen unterteilt sich nach HGB in

- ❑ Anlagevermögen
  - ➢ Immaterielle Vermögensgegenstände
  - ➢ Sachanlagen
  - ➢ Finanzanlagen
- ❑ Umlaufvermögen
  - ➢ Vorräte
  - ➢ Forderungen

> ➢ Wertpapiere
> ➢ Kassenbestand, Bankguthaben, …
❑ Rechnungsabgrenzung

Die Kapitalseite ist wie folgt nach HGB strukturiert:
❑ Eigenkapital
> ➢ Nennkapital
> ➢ Kapitalrücklagen
> ➢ Gewinnrücklagen
> ➢ Gewinnvortrag/Verlustvortrag
> ➢ Bilanzgewinn (Ergebnis der GuV)
❑ Fremdkapital
> ➢ Rückstellungen
> ➢ Verbindlichkeiten
❑ Rechnungsabgrenzung

Die Aktiva (Vermögen) stellen die Mittelverwendung dar, wohingegen die Passiva (Kapital) die Mittelherkunft darstellen. Die Summe der Vermögenswerte muss immer der Summe der Kapitalwerte entsprechen.

35.2 Grundlagen Mathematik

Die Darstellung der im Buch verwendeten Grundlagen der Mathematik ist aus Althaler et al. (2004) entnommen.

35.2.1 Algebra und Geometrie

Für ähnliche Dreiecke gilt folgende Beziehung (Satz über ähnliche Dreiecke, Strahlensatz):

$$\frac{a_1}{b_1} = \frac{a_2}{b_2} \qquad\qquad (35.5)$$

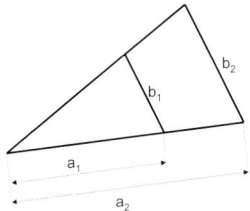

Abb. 35.1. Strahlensatz

Die Lösung einer quadratischen Gleichung der Form

$$ax^2 + bx + c = 0 \tag{35.6}$$

kann durch

$$x_{1/2} = \frac{-b \pm \sqrt{b^2 - 4ac}}{2a} \tag{35.7}$$

bestimmt werden.

35.2.2 Besondere Funktionen

35.2.2.1 Vorzeichenfunktion

Die Vorzeichenfunktion ordnet jeder Zahl sein Vorzeichen zu. Sie ist definiert durch:

$$sgn : \mathbb{R} \rightarrow \mathbb{R}$$

$$x \mapsto sgn(x) = \begin{cases} 1 & \text{für } x > 0 \\ 0 & \text{für } x = 0 \\ -1 & \text{für } x < 0 \end{cases} \tag{35.8}$$

35.2.2.2 Kosinusfunktion mit Amplitude und Phasenverschiebung

Für die Modellierung regelmäßiger Schwankungen eignen sich Sinus- bzw. Kosinusfunktion

$$f : \mathbb{R} \to \mathbb{R}$$
$$t \mapsto A\cos\big(r(t+\varphi)\big) \tag{35.9}$$

Die nächste Abbildung zeigt eine typische periodische Funktion.

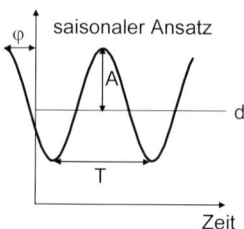

Abb. 35.2. Kosinusfunktion

Die Amplitude A gibt den maximalen Ausschlag (halbe Schwankungsbreite) an. Soll eine Periode die Länge T aufweisen, dann ist die Frequenz r gegeben durch

$$r = \frac{2\pi}{T} \tag{35.10}$$

Die Phasenverschiebung φ hat die gleiche Dimension wie t und gibt die Verschiebung des Nulldurchganges nach links an, falls φ positiv ist.

Anstelle der Kosinusfunktion kann auch die Sinusfunktion verwendet werden. Man beachte, dass zwischen diesen Winkelfunktionen folgende Beziehung gilt:

$$\sin(t) = \cos\left(\frac{\pi}{2} - t\right) \tag{35.11}$$

35.2.2.3 Preis-Absatz-Funktion

Eine Preis-Absatz-Funktion stellt den Zusammenhang zwischen nachgefragter bzw. absetzbarer Menge und dem Preis eines bestimmten Produktes bzw. einer bestimmten Produktgruppe dar. Damit wird die Frage beantwortet, zu welchem Preis welche Menge verkauft werden kann. Formal wird eine Preis-Absatz Funktion durch

$$Q : \mathbb{R} \to \mathbb{R}$$
$$p \mapsto Q(p) \tag{35.12}$$

beschrieben. Dabei gibt p den Produktpreis und $Q(p)$ die Absatzmenge an. Üblicherweise unterstellt man, dass die nachgefragte Menge $Q(p)$ mit steigendem Preis p abnimmt, also es wird angenommen, dass die Preis-Absatz-Funktion monoton fallend ist.

Man benötigt die Preis-Absatz-Funktion häufig in einer etwas anderen Form. Lässt sich $q = Q(p)$ nach p auflösen, so gilt $p = P(q)$. Diese Umformung ist auf jeden Fall möglich, wenn die Preis-Absatz-Funktion streng monoton fallend ist. Im ersten Fall ist der Preis eine unabhängige Variable und damit Aktionsparameter, mit dessen Änderung man den Absatz beeinflussen kann. Im zweiten Fall ist der Preis durch die Absatzmenge beeinflussbar.

35.2.2.4 Erfahrungskurve

Die Erfahrungskurve ist eine Funktion in Abhängigkeit des kumulierten Produktionsausstoßes. Sie gibt erreichbare bzw. empirisch festgestellte Reduktionen der Gesamtstückkosten bzw. des Kapazitäts- oder Materialaufwandes durch Lerneffekte, Rationalisierungsmaßnahmen und technologische Verbesserungen an. Formelmäßig kann die Erfahrungskurve durch

$$f(x) = ax^{-b} \tag{35.13}$$

dargestellt werden. In dieser Formel sind $f(x)$ die Stückkosten in Abhängigkeit der kumulierten Ausbringungsmenge x, a die Stückkosten bei Produktionsanlauf und b der Degressionswert.

Je größer der Degressionswert ist, desto schneller werden die Gesamtstückkosten bzw. Material- oder Kapazitätskosten gesenkt. Bei Verdoppelung der kumulierten Ausbringungsmenge verringern sich wegen

$$x_1 = 2x_0$$
$$f(x_0) = ax_0^{-b}$$
$$f(x_1) = ax_1^{-b} = a(2x_0)^{-b} = 2^{-b} f(x_0)$$

(35.14)

die Kosten immer um den konstanten Faktor 2^{-b}. Die Prozentzahl $100(1 - 2^{-b})$ heißt Lernrate und gibt die prozentuelle Senkung der Gesamtstückkosten bei Verdoppelung der kumulierten Ausbringungsmenge an.

Vorsicht ist geboten bei der Modellierung betriebswirtschaftlicher Zusammenhänge mittels der Erfahrungskurve und Ableitung entsprechender Aussagen sowie Entscheidungen in realen betrieblichen Anwendungen, weil es keine eindeutige Festlegung der anfänglichen Ausbringungsmenge gibt. Damit ist jede Aussage möglich. Die Gültigkeit der beschriebenen Reduktion muss jedenfalls kritisch geprüft und geeignete Anfangsproduktionsmengen gegebenenfalls empirisch ermittelt werden.

35.2.3 Vektoren und Matrizen

Fasst man n Einzelgrößen in Klammern zu einer Spalte zusammen, so spricht man von einem Spalten-Vektor der Dimension n. Werden die Einzelgrößen in einer Zeile zusammengefasst, spricht man von einem Zeilenvektor. Vektoren werden komponentenweise addiert.

$$\begin{pmatrix} x_1 \\ \vdots \\ x_n \end{pmatrix} + \begin{pmatrix} y_1 \\ \vdots \\ y_n \end{pmatrix} = \begin{pmatrix} x_1 + y_1 \\ \vdots \\ x_n + y_n \end{pmatrix}$$

(35.15)

Die Multiplikation mit einem Skalar erfolgt ebenfalls komponentenweise.

$$\lambda \begin{pmatrix} x_1 \\ \vdots \\ x_n \end{pmatrix} = \begin{pmatrix} \lambda x_1 \\ \vdots \\ \lambda x_n \end{pmatrix}$$

(35.16)

Das innere Produkt zweier Vektoren ist definiert als

$$\left\langle \begin{pmatrix} x_1 \\ \vdots \\ x_n \end{pmatrix}, \begin{pmatrix} y_1 \\ \vdots \\ y_n \end{pmatrix} \right\rangle = \sum_{i=1}^{n} x_i y_i \tag{35.17}$$

Ein rechteckiges Zahlenschema der Form

$$A = \begin{pmatrix} a_{11} & a_{12} & \cdots & a_{1m} \\ a_{21} & a_{22} & \cdots & a_{2m} \\ \vdots & \vdots & & \vdots \\ a_{n1} & a_{n2} & \cdots & a_{nm} \end{pmatrix} = \left(a_{ij} \right)_{\substack{i=1\ldots n \\ j=1\ldots m}} \in \mathbb{R}_n^m \tag{35.18}$$

heißt Matrix (Mehrzahl: Matrizen) mit n Zeilen und m Spalten, kurz eine $n \times m$ Matrix. Die Koeffizienten a_{ij} ($i = 1,...,n$, $j = 1,...,m$) sind reelle Zahlen. Das Element a_{ij} steht in der i-ten Zeile und j-ten Spalte.

Vektoren sind einspaltige bzw. einzeilige Matrizen. Die Addition zweier Matrizen bzw. die Multiplikation einer Matrix mit einem Skalar ist wieder komponentenweise definiert.

Die aus einer $n \times m$ Matrix A durch Vertauschen der Zeilen und Spalten entstandene $n \times m$ Matrix heißt die zu A transponierte Matrix A^T.

$$A = \begin{pmatrix} a_{11} & a_{12} & \cdots & a_{1m} \\ a_{21} & a_{22} & \cdots & a_{2m} \\ \vdots & \vdots & & \vdots \\ a_{n1} & a_{n2} & \cdots & a_{nm} \end{pmatrix} \Leftrightarrow A^T = \begin{pmatrix} a_{11} & a_{21} & \cdots & a_{n1} \\ a_{12} & a_{22} & \cdots & a_{n2} \\ \vdots & \vdots & & \vdots \\ a_{1m} & a_{2m} & \cdots & a_{nm} \end{pmatrix} \tag{35.19}$$

Zwei Matrizen können multipliziert werden, wenn die Spaltenanzahl der ersten Matrix mit der Zeilenanzahl der zweiten Matrix übereinstimmt.

$$C = A \cdot B = \begin{pmatrix} a_{11} & \cdots & a_{1m} \\ \vdots & & \vdots \\ a_{n1} & \cdots & a_{nm} \end{pmatrix} \begin{pmatrix} b_{11} & \cdots & b_{1p} \\ \vdots & & \vdots \\ b_{m1} & \cdots & b_{mp} \end{pmatrix} \tag{35.20}$$

$$C = \begin{pmatrix} \sum_{j=1}^{m} a_{1j}b_{j1} & \cdots & \sum_{j=1}^{m} a_{1j}b_{jp} \\ \vdots & & \vdots \\ \sum_{j=1}^{m} a_{nj}b_{j1} & \cdots & \sum_{j=1}^{m} a_{nj}b_{jp} \end{pmatrix}.$$

Beispiele von Vektoren in der Produktionsplanung und Steuerung sind: Produktionsprogramm, Verkaufsprogramm, Verkaufspreis usw..

Beispiele von Matrizen in der Produktionsplanung und -steuerung sind: Übergangsmatrizen zur Beschreibung der Stücklisten, Entfernungsmatrizen zur Beschreibung der Distanzen zwischen unterschiedlichen Orten, Kapazitätsmatrix zur Beschreibung wie viel Kapazität für die Fertigung eines bestimmten Teiles erforderlich ist.

Für die Lösung von linearem Gleichungssystem,

$$Ax = b$$

mit

$$A = \begin{pmatrix} a_{11} & a_{12} & \cdots & a_{1n} \\ a_{21} & a_{22} & \cdots & a_{2n} \\ \vdots & \vdots & & \vdots \\ a_{m1} & a_{m2} & \cdots & a_{mn} \end{pmatrix}, x = \begin{pmatrix} x_1 \\ x_2 \\ \vdots \\ x_n \end{pmatrix}, b = \begin{pmatrix} b_1 \\ b_2 \\ \vdots \\ b_m \end{pmatrix} \qquad (35.21)$$

linearem Optimierungsproblem

$$Ax \leq b$$
$$c^T x \rightarrow MAX \qquad (35.22)$$

bzw. eines least squares Ansätzes zur Approximation

$$(Ax - b)^T (Ax - b) \rightarrow Min$$
$$x = (A^T A)^{-1} A^T b \qquad (35.23)$$

sei auf Althaler et al. (2004) verwiesen.

35.2.4 Differenzieren und Integrieren

Die Ableitung f' einer Funktion f an einer bestimmten Stelle gibt die Steigung der Tangente an dieser Stelle an.

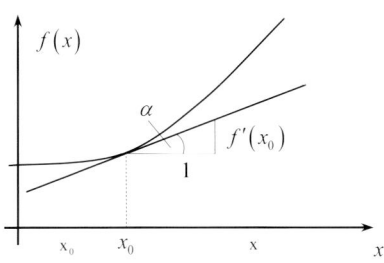

Abb. 35.3. Ableitung einer Funktion

In nachstehender Tabelle sind die Ableitungen der wichtigsten Grundfunktionen gegeben.

Tabelle 35.1. Ableitungen der Grundfunktionen

Funktion	Ableitung
$f(x) = C,\ x \in \mathbb{R},\ C$ konstant	$f'(x) = 0$
$f(x) = x^k, x \in \mathbb{R}, k \in \mathbb{N} \setminus \{0\}$	$f'(x) = kx^{k-1}$
$f(x) = x^k, x \in \mathbb{R} \setminus \{0\}, k \in \mathbb{Z} \setminus \{0\}$	$f'(x) = kx^{k-1}$
$f(x) = x^a, x \in\ ]0, +\infty[, a \in \mathbb{R} \setminus \{0\}$	$f'(x) = ax^{a-1}$
$f(x) = e^x, x \in \mathbb{R}$	$f'(x) = e^x$
$f(x) = a^x, x \in \mathbb{R}, a > 0$ und $a \neq 1$	$f'(x) = a^x\, \ln a$
$f(x) = \ln x, x \in\ ]0, +\infty[$	$f'(x) = \dfrac{1}{x}$
$f(x) = \log_a x, x \in\ ]0, +\infty[,\ a > 0$ und $a \neq 1$	$f'(x) = \dfrac{1}{x \ln a}$
$f(x) = \sin x,\ x \in \mathbb{R}$	$f'(x) = \cos x$
$f(x) = \cos x,\ x \in \mathbb{R}$	$f'(x) = -\sin x$

Die wichtigsten Regeln zum Differenzieren (bzw. Ableiten) sind:
Produktregel abgeleitet.

$$\left(fg\right)'\left(x\right) = f'\left(x\right)g\left(x\right) + f\left(x\right)g'\left(x\right) \tag{35.24}$$

Quotientenregel.

$$\left(\frac{f}{g}\right)'\left(x\right) = \frac{f'\left(x\right)g\left(x\right) - f\left(x\right)g'\left(x\right)}{\left(g\left(x\right)\right)^2} \tag{35.25}$$

und Kettenregel

$$\left(f \circ g\right)'\left(x\right) = \left(f\left(g\left(x\right)\right)\right)' = f'\left(g\left(x\right)\right)g'\left(x\right) \tag{35.26}$$

Für das Vorliegen eines lokalen Optimums (lokales Minimum oder lokales Maximum) an einer bestimmten Stelle ist die erste Ableitung an dieser Stelle gleich null eine notwendige Bedingung. Ist darüber hinaus die zweite Ableitung an dieser Stelle echt größer Null, so liegt eine Minimumstelle (bzw. die zweite Ableitung an dieser Stelle echt kleiner Null, so liegt eine Maximumstelle) vor.

Eine Funktion F heißt Stammfunktion der Funktion f, falls für alle x

$$F'\left(x\right) = f\left(x\right) \tag{35.27}$$

gilt. Falls $F\left(x\right)$ eine Stammfunktion zu f ist, dann ist auch $F\left(x\right) + c$ (mit einer beliebigen Konstanten c) eine Stammfunktion zu f.

Das bestimmte Integral über dem Intervall $\left[a,b\right]$ ist durch

$$\int_a^b f\left(x\right)dx = F\left(x\right)\Big|_a^b = F\left(b\right) - F\left(a\right), \tag{35.28}$$

definiert, wobei F eine Stammfunktion von f ist. a und b werden als Integrationsgrenzen bezeichnet. Anschaulich kann das bestimmte Integral als die eingeschlossene Fläche zwischen den Funktionswerten $f\left(x\right)$ und der x-Achse interpretiert werden. Vorsicht ist bei Flächen unterhalb der x-Achse geboten. Das bestimmte Integral liefert hier negative Werte.

Die Stammfunktionen (ohne Angabe einer beliebigen Konstanten) der wichtigsten Grundfunktionen sind:

Tabelle 35.2. Stammfunktionen der Grundfunktionen

Funktion	Ableitung
$f(x) = C,\ x \in \mathbb{R},\ C$ konstant	$F(x) = Cx$
$f(x) = x^k, x \in \mathbb{R}, k \in \mathbb{N}$	$F(x) = \dfrac{x^{k+1}}{k+1}$
$f(x) = x^k, x \in \mathbb{R} \setminus \{0\}, k \in \mathbb{Z} \setminus \{-1\}$	$F(x) = \dfrac{x^{k+1}}{k+1}$
$f(x) = x^a, x \in]0, +\infty[, a \in \mathbb{R} \setminus \{-1\}$	$f'(x) = \dfrac{x^{a+1}}{a+1}$
$f(x) = e^x, x \in \mathbb{R}$	$F(x) = e^x$
$f(x) = a^x, x \in \mathbb{R}, a > 0$ und $a \neq 1$	$F(x) = \dfrac{a^x}{\ln a}$
$f(x) = \dfrac{1}{x}, x \in]0, +\infty[$	$F(x) = \ln(x)$
$f(x) = \sin x,\ x \in \mathbb{R}$	$F(x) = -\cos x$
$f(x) = \cos x,\ x \in \mathbb{R}$	$F(x) = \sin x$

Die wichtigsten Rechenregeln zum Integrieren sind:

Partielle Integration

$$\int g'f = gf - \int gf' \tag{35.29}$$

und Substitution

$$\int_a^b f\big(g(x)\big) g'(x) dx \underset{\substack{y=g(x)\\ \frac{dy}{dx}=g'(x) \Rightarrow dx = \frac{y}{g'(x)}}}{=} \int_{g(a)}^{g(b)} f(y) dy \tag{35.30}$$

Ableitungen von Integralausdrücken mit Grenzen, die von der Variablen abhängen, können wie folgt bestimmt werden:

$$p(t) = \int_{g(t)}^{h(t)} f(x)dx$$

$$p'(t) = f\big(h(t)\big)h'(t) - f\big(g(t)\big)g'(t)$$

(35.31)

bzw. wenn die Intervallgrenzen wie auch der Integralkern von der Variablen abhängt (Leipnitz Regel)

$$p(t) = \int_{g(t)}^{h(t)} f(x,t)dx$$

$$p'(t) = \int_{g(t)}^{h(t)} \frac{\partial}{\partial t} f(x,t)dx + f\big(h(t),t\big)h'(t) - f\big(g(t),t\big)g'(t)$$

(35.32)

35.3 Grundlagen Statistik

Dieser Abschnitt beinhaltet die wichtigsten in diesem Buch verwendeten Methoden und Begriffe aus dem Bereich der Statistik. Für weiterführende Diskussionen sei auf Bleymüller et al. (2004) verwiesen.

35.3.1 Häufigkeit

Gegeben sind die Messwerte x_1, x_2, ..., x_n eines diskreten Merkmals X mit k verschiedenen Merkmalsausprägungen a_1, a_2, ..., a_k. Die absolute Häufigkeit $h(a_j)$ gibt an, wie oft der Merkmalswert a_j aufgetreten ist. Die relative Häufigkeit

$$f(a_j) = \frac{h(a_j)}{n}, j = 1,...,k$$

(35.33)

gibt den prozentuellen Anteil der Ausprägung a_j an der Stichprobe x_1, x_2, ..., x_n an.

Das Histogramm ist geeignet zur grafischen Darstellung von Häufigkeitsverteilungen. Dazu werden die Merkmalswerte in so genannte

Klassen unterteilt. Bei jeder Klasse trägt man nun eine Säule auf, deren Höhe mit der Häufigkeit der Merkmalswerte der Klasse übereinstimmt.

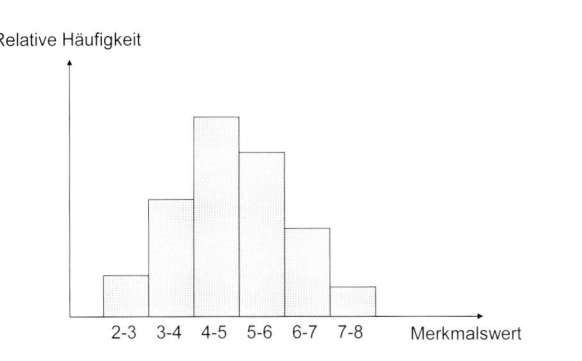

Abb. 35.4. Histogramm

Das arithmetische Mittel entspricht dem Durchschnitt aller beobachteten Messwerte

$$\overline{x} = \frac{1}{n} \sum_{i=1}^{n} x_i \tag{35.34}$$

Das p-Quantil (x_p) ist jener Wert, der die Gesamtheit so in zwei Teile zerlegt, dass ein Anteil p kleiner oder gleich diesem Wert ist. Das 25%-Quantil z.B. zerlegt die Gesamtheit derart, dass 25% kleiner gleich und 75% größer als dieses Quantil sind.

Die empirische Varianz beschreibt die mittlere quadratische Abweichung der Merkmalswerte vom arithmetischen Mittel.

$$\sigma_x^2 = \frac{1}{n-1} \sum_{i=1}^{n} \left(x_i - \overline{x} \right)^2 \tag{35.35}$$

Die empirische Standardabweichung ist die Quadratwurzel aus der Varianz.

$$\sigma_x = \sqrt{\frac{1}{n-1} \sum_{i=1}^{n} \left(x_i - \overline{x} \right)^2} \tag{35.36}$$

Der Variationskoeffizient ist ein Maß für die Streuung, das auch die Lage der Häufigkeitsverteilung berücksichtigt. Er misst nicht die absolute, sondern die relative Streuung, indem die Standardabweichung durch das arithmetische Mittel dividiert wird.

$$v_X = \frac{\sigma_X}{\bar{x}}$$

(35.37)

Der Variationskoeffizient ist also eine dimensionslose Größe, die auch zum Vergleich der Streuung von Häufigkeitsverteilungen mit unterschiedlichen Dimensionen geeignet ist.

35.3.2 Regressionsanalyse

Die Regressionsanalyse versucht, den Zusammenhang zwischen zwei Merkmalen X und Y durch eine mathematische Funktion $\hat{Y} = f(X)$ anzunähern. Ziel der Approximation ist es, die Parameter der Ansatzfunktion so zu bestimmen, dass der Approximationsfehler möglichst gering ist. Sind die Werte x_1, x_2, ..., x_n und y_1, y_2, ..., y_n der beiden Merkmale vorhanden, so wählt man als Zielfunktional die mittlere quadratische Abweichung von den Approximationswerten (least-squares-Ansatz):

$$\sigma^2 = \frac{1}{n} \sum_{i=1}^{n} (y_i - \hat{y}_i)^2 \rightarrow \text{Min.}$$
$$\text{mit } \hat{y}_i = f(x_i)$$

(35.38)

Wenn die Parameter linear in die Funktion f eingehen, kann das quadratische Optimierungsproblem durch eine lineare Gleichung (Normalgleichung) gelöst werden. Im nichtlinearen Fall sind in der Regel iterative Lösungsverfahren notwendig. Der interessierte Leser kann z.B. in Althaler, Jodlbauer, Reitner (2004) nachlesen.

35.3.3 Verteilungsfunktion

Die Verteilungsfunktion (oder auch Wahrscheinlichkeitsverteilungs-funktion) $F_Z(z)$ ordnet jedem Wert der Zufallsvariablen Z die Wahrscheinlichkeit des Ereignisses „Wert der Zufallsgröße ist kleiner x" zu.

Die Verteilungsdichte $f_z(z)$ ist die erste Ableitung der Verteilungsfunktion (für kontinuierliche Zufallsvariablen) bzw. gibt die Verteilungsdichte $f_z(z)$ die Wahrscheinlichkeit eines diskreten Ereignisses z an.

Die Umkehrfunktion $F^{-1}_{z}(\alpha)$ zur Verteilungsfunktion heißt Quantilfunktion. Diese ordnet einer Wahrscheinlichkeit den Merkmalswert so zu, dass gilt:

$$z = F^{-1}(\alpha)$$
$$p(Z < z) = F(z) = \alpha \qquad (35.39)$$
$$p(Z < z) \cdots \text{ Wahrscheinlichkeit, dass } Z < z \text{ gilt}$$

Der wichtigste Kennwert von Verteilungen ist der Erwartungswert. Der Erwartungswert $E(z)$ ist als Merkmalswert zu interpretieren und stellt das nach der Wahrscheinlichkeit des Eintretens gewichtete Mittel dar, wobei es für den stetigen und den diskreten Fall unterschiedliche mathematische Werkzeuge zu dessen Berechnung gibt:

$$E(Z) = \int_{-\infty}^{\infty} z f_z(z) dz$$
$$E(Z) = \sum_{i=-\infty}^{\infty} z_i f_Z(z_i) \qquad (35.40)$$

Eine gute Näherung des Erwartungswertes ist der Mittelwert (arithmetisches Mittel der Merkmalswerte) einer Stichprobe.

Für den Erwartungswert gelten nachfolgende Rechenregel:

$$E(g(x)) = \int_{-\infty}^{\infty} g(x) f_x(x) dx$$
$$E(aX) = aE(X)$$
$$E(X + Y) = E(X) + E(Y)$$
$$E\left(\frac{X}{Y}\right) = \frac{E(X)}{E(Y)}\left(1 + \frac{Var(Y)}{E^2(Y)}\right) \qquad (35.41)$$

$g()$ …beliebige Funktion
a …deterministische Zahl
X, Y …Zufallsvariablen

Die Varianz σ_Z^2 ist ein Maß für die mittlere quadratische Abweichung der Merkmalswerte vom Erwartungswert. Die Varianz ist gegeben durch

$$\sigma_Z^2 = Var(Z) = E(Z^2) - E^2(Z) \tag{35.42}$$

Die empirische Varianz ist eine gute Näherung für die Varianz. Die Wurzel aus der Varianz wird Standardabweichung bzw. Streuung genannt. Für die Varianz gilt:

$$Var(aX) = a^2 Var(X)$$
$$Var(X+Y) = Var(X) + Var(Y) \quad \text{(falls } X \text{ und } Y \text{ stat. unabhängig)}$$
$$Var\left(\frac{X}{Y}\right) = \frac{E^2(X)}{E^2(Y)}\left(\frac{Var(X)}{E^2(X)} + \frac{Var(Y)}{E^2(Y)}\right) \tag{35.43}$$

a …deterministische Zahl

X, Y …Zufallsvariablen

Die Normalverteilung wird durch ihre typische Verteilungsdichte beschrieben, die von den Parametern Mittelwert und Varianz abhängt, und ist gegeben durch

$$f_{N(\mu,\sigma^2)}(x) = \frac{1}{\sqrt{2\pi\sigma^2}} e^{-\frac{(x-\mu)^2}{2\sigma^2}} \tag{35.44}$$
$$E = \mu$$
$$Var = \sigma^2$$

Die Normalverteilung $N(\mu,\sigma^2)$ kann zur Beschreibung von Zufallsvariablen herangezogen werden, die durch viele weitgehend unabhängige etwa gleich große, zufällige Faktoren bzw. Ursachen additiv beeinflusst werden (zentraler Grenzverteilungssatz).

In einem gewissen Vielfachen der Streuung liegt bei einer normalverteilten Zufallsgröße immer der gleiche Anteil an Merkmalswerten. Für einige σ–Bereiche wird in der nächsten Tabelle der Prozentsatz angegeben.

Tabelle 35.3. σ –Bereiche für die Normalverteilung

σ –Bereiche	Prozentsatz
$\pm\sigma$	68,3%
$\pm2\sigma$	95,4 %
$\pm3\sigma$	99,73 %
$\pm1,96\sigma$	95%
$\pm2,58\sigma$	99%

Eine Zufallsvariable, welche Messgrößen beschreibt, die sich aus vielen unabhängigen Einflussgrößen multiplikativ zusammensetzen, ist logarithmisch normalverteilt mit den Parametern μ und σ^2 (Schreibweise: $LN(\mu,\sigma^2)$). Ist Z eine normalverteilte Zufallsgröße mit Parametern μ und σ^2, dann ist $Y = e^Z$ logarithmisch normalverteilt. Y besitzt folgende Verteilungsdichte, Erwartungswert und Varianz:

$$f_{LN(\mu,\sigma^2)}(x) = \begin{cases} 0 & \text{für } x \leq 0 \\ \dfrac{1}{x\sqrt{2\pi\sigma^2}}\, e^{-\frac{(ln(x)-\mu)^2}{2\sigma^2}} & \text{für } x > 0 \end{cases}$$

$$E = e^{\mu}\sqrt{e^{\sigma^2}}$$

$$Var = e^{2\mu}e^{\sigma^2}\left(e^{\sigma^2}-1\right)$$

(35.45)

Der Zusammenhang zwischen dem Erwartungswert μ und der Varianz σ^2 der korrespondierenden Normalverteilung Z mit dem Erwartungswert und der Varianz der log-normalverteilten Zufallsvariable Y ist durch

$$\mu = ln\left(\frac{E(Y)^2}{\sqrt{Var(Y)+E(Y)^2}}\right)$$

$$\sigma^2 = ln\left(\frac{Var(Y)}{E(Y)^2}+1\right)$$

(35.46)

gegeben.

Eine stetige Zufallsgröße heißt exponentialverteilt mit Parameter λ, wenn ihre Dichte und ihre Verteilungsfunktion durch

$$f_{E(\lambda)}(x) = \begin{cases} 0 & \text{für } x \leq 0 \\ \lambda e^{-\lambda x} & \text{für } x > 0 \end{cases}$$

$$F_{E(\lambda)}(x) = \begin{cases} 0 & \text{für } x \leq 0 \\ 1 - e^{-\lambda x} & \text{für } x > 0 \end{cases}$$

$$E = \frac{1}{\lambda}$$

$$Var = \frac{1}{\lambda^2}$$

(35.47)

gegeben sind.

Für eine Folge von zufälligen Ereignissen (Poissonströmen), die sich gegenseitig nicht beeinflussen, kann im Allgemeinen die Eintreffzeit (wie lange muss man warten, bis es passiert) des ersten oder nächsten Ereignisses als exponentialverteilte Größe angesehen werden. λ ist dabei die mittlere Anzahl von eingetroffenen Ereignissen pro Zeiteinheit.

Die Poissonverteilung wird durch ihre Verteilungsdichte

$$f_{P(\lambda)}(k) = \frac{\lambda^k}{k!} e^{-\lambda}$$

$$E = \lambda$$

$$Var = \lambda$$

(35.48)

eindeutig bestimmt.

Typische Anwendungsgebiete für die Poissonverteilung $P(\lambda)$ sind die Beobachtung der Anzahl der Telefonanrufe je Zeiteinheit in einer Telefonzentrale, die Anzahl vorbeifahrender Autos pro Zeiteinheit an einer bestimmten Stelle, die Anzahl fehlerhafter Stellen an einer Oberfläche pro m^2 oder die Anzahl Fehler je Einheit. λ ist dabei die mittlere Anzahl der in einer bestimmten Einheit günstigen Ereignisse (z.B. mittlere Anzahl der Telefonanrufe pro Stunde, mittlere Anzahl der passierenden Autos pro Minute, mittlere Anzahl der Oberflächenfehler pro m^2 oder mittlere Anzahl Fehler je Einheit).

Literaturverzeichnis

Aaker D., 2001, Strategic market management, Wiley, New York

Adam D., 2001, Produktions-Management, 9. Aufl. Gabler, Wiesbaden

Altendorfer K., Jodlbauer H., 2006, The concept of "customer driven production planning" for evaluation of job shop system performance, FH Science Day 2006 Hagenberg, Shaker, Aachen

Altendorfer K., Jodlbauer H., 2007, CONWIP – Hohe Liefertreue bei gleichzeitig niedrigen Beständen, PPS Management 2007-1, 62 – 65

Altendorfer K., Jodlbauer H., 2008: Good Customer Service or High Utilization: Which utilization and service level lead to the maximum EVA?; Working Paper

Althaler J., Jodlbauer H., Reitner S., 2004, Wirtschaftsmathematik, Fallstudie zur Beherrschung unternehmerischer Komplexität, Ennsthaler, Steyr

Althaler J., Jodlbauer H., 2002, A new optimal demand forecast model, Operations Research Proceedings 2002, 71 – 76, Springer, Berlin

Andler K., 1929, Rationalisierung der Fabrikation und optimale Losgröße, Oldenbourg, München

Bartezzaghi E., Verganti R., 1995, Managing demand uncertainty through order overplanning, International Journal of Production Economics, 40, 107 – 120

Bass F.M., 1969, A new product growth for model consumer durables, Management Science 15(5), 215 – 227

Bechte W., 1984, Steuerung der Durchlaufzeit durch belastungsorientierte Auftragsfreigabe bei Werkstattfertigung, Dissertation Universität Hannover, Fortschrittbericht VDI, Reihe 2, Nr. 70, VDI-Verlag, Düsseldorf

Berekoven L., Eckert W., Ellenrieder P., 2004, Marktforschung, Methodische Grundlagen und praktische Anwendung, 10. Aufl. Gabler, Wiesbaden

Bleymüller J., Gehlert J.G., Gülicher H., 2004, Statistik für Wirtschaftswissenschaftler, 14. Aufl. Vahlen, München.

Bradley J.R., Glynn P.W., 2002, Managing capacity and inventory jointly in manufacturing systems, Management Science 48/2, 273 – 288

Christopher M., 2005, Logistics and Supply Chain Management: Strategies for reducing cost and improving service, 3 nd ed., Financial Times/Pitman Publishers, London

Cooper L.G. 1993, Market-share models, in: Elishberg J., Lilien G., Marketing, handbooks in Operations Research and Management Science, Vol. 3 Amsterdam

Copeland T., Koller T., Murring J., 2000, Valuation – measuring and managing the value of companies, 3 nd ed., Wiley, New York

Corbett T, 1998, Throughput Accounting, Great Barrington

Corsten H, Stuhlmann S., 1998, Yield management – an approach for capacity planning in service enterprises, Lehrstuhl für Produktionswirtschaft, University Kaiserslautern, Schriften zum Produktionsmanagement

Co H.C., Sharafali M., 1997, Overplanning factor in Toyota's formula for computing the number of KANBAN, IIE Transactions 29(5), 409 – 415

Cua K.O., McKone K.E., Schroeder R.G, 2001, Relationships between implementation of TQM, JIT, and TPM and manufacturing performance, Journal of Operations Management 19(6), 675 – 694

Dangelmaier W., 2001, Fertigungsplanung, Planung von Aufbau und Ablauf der Fertigung, 2. Aufl., Springer, Berlin

Delurgio S. A., 1998, Forecasting principles and applications, McGraw-Hill, Boston

Deming W.E., 2000, Out of the crisis, MIT Press

Dettmer H.W., 1998, Breaking the constraints to world-class performance, ASQ Quality Press, Milwaukee

Domschke W., Scholl A., Voß S., 1997, Produktionsplanung, Ablauf-organisatorische Aspekte, Springer, Berlin

Egger A., Lechner K., Schauer R., 2001, Einführung in die Allgemeine Betriebswirtschaftslehre, Wien

Edwards J.N., 1983, MRP and KANBAN – american style, APICS 26th Conference Proceedings, 586 – 603

Eversheim W., Schenke F-B., Warnke L., 1998, Komplexität im Unternehmen verringern und beherrschen – Optimale Gestaltung von Produkten und Produktionssystemen. Komplexitätsmanagement (Hrsg. Adam): Schriften zur Unternehmensführung, Band 61, Wiesbaden, 29 – 45

Feigenbaum A.V., 1956, Total quality control, Harvard Business Review, 93 – 101

Forester J, 1961, Industrial dynamics, MIT Press, Cambridge, MA Wiley, New York

Flynn B.B, Sakakibara S., Schroeder R.G., 1995, Relationship between JIT and TQM: Practices and performance, Academy of Management Journal 38(5), 1325 – 1360

Gantt, H.L., 1903, A graphical daily balance in manufacture, ASME Transactions 24, 1322–1336

Glaser H., Geiger W., Rhode V., 1992, PPS Produktionsplanung und –steuerung, Grundlagen – Konzepte – Anwendungen, 2. Aufl. Gabler, Wiesbaden

Gmainer R., Jodlbauer H., 2006a, Potentialidentifikation durch Anwendung eines PPS-Planspiels, PPS Management, 2006-3, 41 – 43

Gmainer R., Jodlbauer H., 2006b, Erfolgsfaktor Liefertreue – Hohe Liefertreue sichert Wettbewerbsvorteile, PPS Management, 2006-4, 41 – 44

Goldratt E.M., 1988, Computerized shop floor scheduling, International Journal of Production Research, 26, 443 – 455

Goldratt E.M, 1990, Theory of constraints, Great Barrington, North River Press

Goldratt E.M., 1997, Critical Chain, Great Barrington, The North River Press

Goldratt, E.M., 2003, Production the TOC way, 2 nd ed. Great Barrington

Gudehus T., 2006, Dynamische Disposition, Strategien zur optimalen Auftrags- und Bestandsdisposition, 2. Aufl. Springer, Berlin

Günther H.-O., Tempelmeier H., 2005, Produktion und Logistik, 6. Aufl. Springer, Berlin

Günther H.-O., Tempelmeier H., 1995, Produktionsmanagement, 2. Aufl. Springer, Berlin

Gupta D., Magnusson T., 2005, The capacitated lot-sizing and scheduling problem with sequence-dependent setup costs and setup times, Computer Operational Research 32, 227 – 247

Hahn D., Kaufmann L., 2002, Handbuch industrielles Beschaffungsmanagement, 2. Aufl. Gabler, Wiesbaden

Hansen W-R, Gillert F., 2006, RFID für die Optimierung von Geschäftsprozessen. Prozess-Strukturen, IT-Architekturen, RFID-Infrastruktur, 1. Aufl. Hanser, München

Hanssmann F., 1962, Operations research in production and inventory control, Wiley, New York

Harris F.W., 1990, How many parts to make at once (original 1913), reprint in Operations Research 38(6), 947 – 950

Hartmann, E.H., 2001, TPM – Effiziente Instandhaltung und Maschinen-Management, Landsberg, Lech

Hartnig J., Elpelt B., Klösener K-H., 1999, Statistik, Lehr- und Handbuch der angewandten Statistik, 12. Aufl., Oldenburg

Helfrich Ch., 1999, Ist das beste PPS kein PPS?, PPS Management, 4, 39 – 41

Helfrich Ch., 2001, Praktisches Prozess-Management, Vom PPS-System zum Supply Chain Management, Hanser, München

Helfrich Ch., 2002, Business Reengineering, Organisation als Erfolgsfaktor, Hanser, München

Henrichsmeier S., Entwicklung eines Modells zur Absatzprognose in frühen Phasen der Produktentstehung, Verlag Dr. Kovac, Hamburg

Hopp W.J., Spearman M.L., 1996, Factory Physics, Foundations of Manufacturing Management, Irwin, New York

Huber A., Jodlbauer H., 2006, Service level performance of MRP, KANBAN, CONWIP and DBR due to parameter stability and environmental robustness, International Journal of Production Research 46(8), 2179 – 2195

Kaplan R.S., Norton D.P., 1996, The Balance Score Card, Harvard Business Scholl Press, Boston, MA

Keller B., Plack A., 2001, Economic Value Added (EVA) als Unternehmenssteuerungs- und Bewertungsmethode, Controlling&Management, 45/6, 347 – 351

Kurbel K., 1998, Produktionsplanung und –steuerung, Methodische Grundlagen von PPS-Systemen, 3. Aufl. Oldenburg, München

Jacobs F.R., Weston F.C., 2007, Enterprise Resource Planning (ERP) – A brief history, Journal of Operations Management 25, 357 – 363

Jodlbauer H., 2004, Discussion of the standard processing time, International Journal of Production Research 42(7), 1471 – 1479

Jodlbauer H., 2005a, Range, work in progress and utilization, International Journal of Production Research 43(22), 4771 – 4786

Jodlbauer H., 2005b, Definition and properties of the input-weighted average lead-time, European Journal of Operational Research 164(2), 352 – 357

Jodlbauer H., 2006a, An approach for integrated scheduling and lot-sizing, European Journal of Operational Research 172(2), 386 – 400

Jodlbauer H., 2006b, Does low or high utilization lead to success? Working Paper

Jodlbauer H., 2007, Wertschaffende Auslegung der Produktion, PPS Management, 3, 58 – 61

Jodlbauer H., 2008a, Trade-off between capacity invested and inventory needed, Working Paper

Jodlbauer H., 2008b, A time continuous analytic production model for service level, WIP, lead-time and utilization, International Journal of Production Research 46(7), 1723 – 1744

Jodlbauer H., 2008c, Customer driven production planning, International Journal of Production Economics 111(2), 793 – 801

Jodlbauer H., 2008d, Effects of lot-sizes on cost and service level, Working Paper

Jodlbauer H., Altendorfer K., 2008, Discussion of Wiendahl's model, Working Paper

Jodlbauer H., Palmetshofer K., Reitner J., 2004, Flexible Losgrößen zur gleichzeitigen Reduktion von Rüst- und Lagerkosten, PPS Management, 4, 44 – 48

Jodlbauer H., Palmetshofer K., Reitner S., 2005, Implizite Determinierung von Plan-Belegungszeiten, Wirtschaftsinformatik, Heft 2, 101 – 108

Jodlbauer H., Reitner S., Weidenhiller A., 2006, Reformulation and solution approaches for an integrated scheduling model, Computational Science and Its Applications - ICCSA 2006, Proceedings of the ICCSA Conference in Glasgow, UK, May 8-11 2006, Springer 2006, 88 – 97

Jodlbauer H., Schaumberger W., 2004, Maximizing operating income by determining the optimal product-mix at single constrained companies in shortrun focus, Annals of DAAAM for 2004, 409 – 410

Jodlbauer H., Schaumberger W., 2005, Erfolgsfaktor Flexibilität – Was zeichnet liefertreue Unternehmen aus?, PPS Management, 3, 34 – 37

Jodlbauer H., Stockinger S., Weger Ch., 2006, Auslastung: Erfolgskennzahl für Produktionsleiter?, Industrie Management, 2006-4, 57 – 60

Jodlbauer H., Stöcher W., 2006, Little's law in a continuous setting, International Journal of Production Economics 103(1), 10 – 16

Leibfried K.H.J, McNair C.J., 1992, Benchmarking: A tool for continuous improvement, Harper Collins

Linstone H.A., Turoof M., 1975, The Delphi Method: Techniques and Applications, Wesley

Little J.D.C., 1961, A proof of the theorem L=λW. Operations Research 9, 383 – 387

Lödding H., Yu K.W., Wiendahl H.P., 2003, Decentralized WIP-orientied manufacturing control (DEWIP), Production Planning & Control 14(1), 42 – 54

Luczak H., Eversheim W., 2001, Produktionsplanung und –steuerung, Grundlagen, Gestaltung und Konzepte, 2. Aufl. Nachdruck, Springer, Berlin

Maylor H., 2003, Project Management, 3rd Edition, Financial Times Prentice Hall

Meffert H., 1992, Marketingforschung und Käuferverhalten, 2. Aufl. Gabler, Wiesbaden

Mertens P., 1993, Integrierte Informationsverarbeitung 1, Administrations- und Dispositionssysteme in der Industrie, 9. Aufl. Gabler, Wiesbaden

Nakajima S., 1988, Introduction to TPM, Productivity Press, Cambridge

Nyhuis P., Wiendahl H. P., 1999, Logistische Kennlinien, Grundlagen, Werkzeuge und Anwendungen, Springer, Berlin-Heidelberg

Ohno T., 1988, Toyota production systems: Beyond large scale production (Original 1978), Productivity Press, Cambridge

Orlicky J., 1975, Material requirements planning, the new way of life in production and inventory management, McGraw Hill, New York

Panwalkar S.S., Iskander W., 1977, A survey of scheduling rules, Operations Research, Vol. 25/1, 45 – 61

Pareto V., 1897, The new theories of economics, Journal of Political Economy 5(4), 485 – 502

Pfaff D., Bärtl O., 1999, Wertorientierte Unternehmenssteuerung – Ein kritischer Vergleich ausgewählter Konzepte, Rechnungswesen und Kapitalmarkt, ZfbF-Sonderheft, Nr. 41/1999, 85 – 115

Piller F., 2001, Mass Customization – Ein wettbewerbsstrategisches Konzept im Informationszeitalter, 2. Aufl. Gabler, Wiesbaden

Pine B.J., 1993, Mass Customization: The new frontier in business competition, Harvard Business Scholl Press, Boston, MA

Pochet Y., Wolsey L.A., 2000, Production planning by mixed integer programming, Springer, Berlin

Rees L.P., Philipoom P.R., Taylor B.W., Huang P.Y., 1987, Dynamically adjusting the number of KANBANS in a just-in-time production system using estimated values of lead time, IIE Transaction 19(2), 199 – 207

Rother M., Shook J., 2004, Sehen lernen. Mit Wertstromdesign die Wertschöpfung erhöhen und Verschwendung beseitigen, Deutsche Ausgabe, Lean Management Institut, Stuttgart

Schonberger R.J., 1982, Japanese manufacturing techniques: Nine hidden lessons in simplicity, Free Press, New York

Schonberger R., 1986, World class manufacturing: The lessons of simplicity applied, Free Press, New York

Schonberger R., 2008, The evolving global state of lean and lean methodologies, Industrie Management 3, 13-16

Schragenheim E., Dettmer W., 2001, Manufacturing at warp speed, optimizing supply chain financial performance, Florida

Segerstedt A., 2006, Master production scheduling and a comparison of material requirements planning and cover-time planning, International Journal of Production Research 44, 3585 – 3606

Segerstedt A., 1991, Cover-time planning – an alternative to MRP, Profil 10, Linköping

Shingo S., 1985, A revolution in manufacturing; the SMED system, Productivity Press, Cambridge-Massachusetts

Shingo S., 1990, A study of the Toyota production system, Productivity Press, Portland, Oregon

Silver E.A., Pyke D.F., Peterson R., 1998, Inventory management and production planning and scheduling, Wiley, New York

Slack N., Chambers S., Johnston R., Betts A., 2006, Operations and process management, principles and practice for strategic impact, Prentice Hall

Spearman M.L., Woodruff, D.L., Hopp, W.J., 1990, CONWIP: a pull alternative to KANBAN. International Journal of Production Research, 28(5), 879 – 894

Stamatis D.H., 1995, Failure mode and effects analysis: FMEA from theory to execution, ASQC Quality Press, Milwaukee

Stadtler H., 2007, Zur Bedeutung der Wahl der richtigen Losgröße, Zeitschrift für Betriebswirtschaft 4(77), 407 – 416

Stevenson W.J., 2005, Operations management, 8 th ed. McGraw-Hill College

Stern J.M., Stewart G.B., Chew D.H., 1995, The EVA financial management system, Journal of Applied Corporate Finance 8(2), 32 – 46

Storm R., 1995, Wahrscheinlichkeitsrechnung, mathematische Statistik und statistische Qualitätskontrolle, Fachbuchverlag Leipzig-Köln

Suerie, C., Stadtler H., 2003. The capacitated lot-sizing problem with linked lot sizes, Management Science 49, 1039 – 1054

Taft, E.W., 1918, Formulas for exact and approximate evaluation – handling cost of jigs and interest charges of product manufactured included, The Iron Age 101(5), 1410 – 1412

Töpfer A., 2003, Six Sigma, Konzeption und Erfolgsbeispiele für praktizierte Null-Fehler-Qualität, Springer, Berlin Heidelberg

Verganti R., 1997, Order overplanning with uncertain lumpy demand: a simplified theory, International Journal of Production Research, 35, 3229 – 3249

Vollmann T.E., Berry W.L., Whybark D.C., 1997, Manufacturing planning and control systems, Irwin/McGraw-Hill, New York

Wagner H.W., Whitin T.H., 1958, Dynamic version of the economic lot size model, Management Science, 5(1), 89 – 96

Wassermann O., 2001, Das intelligente Unternehmen, 4. Aufl. Springer, Berlin

Weber J., Schäffer U., 1999, Operative Werttreiberhierarchien als Alternative zur Balanced Scorecard?, Kostenrechnungspraxis 43/5, 284 – 287

Weger Ch., Schöffer M., 2006, Verschwendung erkennen – Gesamtanlageneffizienz steigern, Druckgusspraxis, 7, 275 – 278

Werners B., 2006, Grundlagen des Operations Research, Springer, Berlin

Wiendahl H.H., Von Cieminski G., Wiendahl H.P., 2005, Stumbling blocks of PPC: Towards the holistic configuration of PPC systems, Journal or Production & Control 16(7), 634 – 651

Wiendahl H.P., 1987, Belastungsorientierte Fertigungssteuerung – Grundlagen, Verfahrensaufbau, Realisierung, Hanser, München

Wiendahl H.P., 1997, Fertigungsregelung, Logistische Beherrschung von Fertigungsabläufen auf Basis des Trichtermodells, Hanser, München

Wiendahl H.P., Klepsch, 2006, Komplementäre Produkt- und Fabrikmodularisierung als Ansatz zur Komplexitätsbewältigung, Zeitschrift für wirtschaftlichen Fabrikbetrieb 101(6), 367 – 373

Wildemann H., 1994a, Die modulare Fabrik: Kundennahe Produktion durch Fertigungssegmentierung, 4. Aufl. TCW, München

Wildemann H., 1994b, Fertigungsstrategien, Reorganisationskonzepte für eine schlanke Produktion und Zulieferung, 2. Aufl. TCW, München

Wildemann H., 1997, Produktivitätsmanagement, TCW, München

Winter P., 1960, Forecasting sales by exponentially weighted moving averages, Management Science 6(3), 324 – 342

Zäpfel G., Braune R., 2005, Moderne Heuristiken der Produktionsplanung, Verlag Vahlen, München

Zäpfel G., Piekarz B., 1996, Supply Chain Controlling, Interaktive und dynamische Regelung der Material- und Warenflüsse, Überreuter, Wien

Stichwortverzeichnis

A

Aachener PPS-Modell.....................115

Abarbeitungsregel...........107, 191, 229

ABC Analyse 263

ableiten...360

Ableitung 360

Absatzmanagement........................154

Absatzplanung 115

Absatzprognose.............................115

Absatzprogramm............................147

Absatzschwankungen.....................273

Absatzvorhersage...........................115

Absatzvorschau..............................115

Abschreibung.................................352

Abschreibungskosten 39

Abtaktung 10

additive Kombination 199

Advanced Planning Systems.............84

Aggregation 104, 108

Aggregation der Ressourcen 136

Aggregation von Maschinen 6

Aggregation von Produkten 9

Aggregationsniveau 19

Aggregierte Produktionsplanung 113

ähnliche Dreiecke 354

alternative Kombination 199

alternativer Fertigungspfad 4

Amplitude 356

Andlerformel....................................69

Anlagenauslastung...........................62

anonyme Produktion 1

Anpassung des Masterplans 156

Ansatz für auslaufendes Produkt.... 118

Ant Colony Optimization................. 84

Antizipationsbestand 31

Antizipationsfähigkeit 111

Anzahl der Fehlteile 87

Anzahl der KANBAN-Karten........ 220

Anzahl der Materialien..................... 7

Anzahl der Stücklistenebenen 7

Approximation 117

APS 84

Arbeitsinhalt........................... 270, 296

Arbeitsplan..................... 3, 156, 271

Arbeitsvorrat 227

arithmetisches Mittel...................... 365

Assembly Buffer 238, 246

A-Teil.. 264

ATP.........................44, 154, 255, 315

Auftragsbearbeitungszeit 292

Auftragsbestände........................... 301

Auftragsdurchlaufzeit............ 253, 290

Auftragsfertiger................................ 1

Auftragsfertigungszeit................... 299

Auftragsfortschrittdiagramm.......... 253

Auftragsfreigabe 189

Auftragszeit.................................... 3

Aufwand.. 349

Ausbringungsmenge....34, 63, 106, 253

Ausfall... 218

Auslastung 22, 35, 48, 106, 294

Auslastungsschranke....................... 49

Auslastung-Umlauflagerbestand-
Performance................................ 15

Ausschuss.................................. 23, 62

Ausschussrate................................. 36

außengerichtete Kennzahlen 21

Auswirkung der Rüstzeitreduktion auf
Ausbringungsmenge 101

Auswirkung von dynamischen
Losgrößenverfahren auf die
nachgefragte Kapazität 166

Auszahlungen................................. 349

Autonomation................................. 201

Available To Promise....... 44, 154, 255

B

backorder.. 29

Balanced Score Card..................... 310

Barcode 200

Batchbetrieb 108

Baugruppe 19

Baukastensystem............................. 18

Baustellenfertigung 11

BDE.. 200, 263

Bearbeitungszeit................ 28, 33, 271

Bearbeitungszeit pro Auftrag 3

Bearbeitungszeit/Stück....................... 3

bedarfsgesteuert............................. 108

belastungsorientierte Auftragsfreigabe
.... 190

Benchmarking 310

Berechnung des FAS..................... 210

bereitgestellte Kapazität 300

Beschaffungslagerbestand............... 27

Beschäftigungsglättung 146

Bestandskosten.............................. 164

Bestell- und Stornierungscharakteristik
.... 284

Bestellanforderung 190

bestellauslösende Menge................. 85

Bestellcharakteristik 275

Bestellkosten 69

Bestellmenge 69

Bestellzeitpunkt............................... 85

bestimmtes Integral 362

Bestimmung des Kundenent-
koppelungspunktes 308

Betriebsdatenerfassung.................. 200

Betriebsergebnis 353

Betriebsrat 38

Betriebsvereinbarung....................... 38

Betriebszeit.................................... 272

Bilanz 353

BOA 190

Bruttobedarf an Fertigteilen 150

B-Teil 264

bullwhip effect................ 19, 175, 180

C

capacity constrained resource......... 232

Cashflow 349

CCR...................................... 232, 237

CCR Buffer 238

Class Manufacturing........................ 19

consignment stock 90

Constraint 232

Constraint Buffer........................... 246

Containergröße 219

CONWIP 225, 268, 315

Cover Time Planning...................... 194

CR 194

Critical Chain 235

Critical Ratio 194, 230

C-Teil 264
CTR 194
Customizen 109, 305
cycle time 31

D

Datenaggregation 124
DBR 236, 315
Deckungsbeitrag 136, 233
Deckungsbeitrag pro Engpasskapazität 137
Deinvestition 62, 142
delivery capacity 44
delivery lead time 40
delivery reliability 41
Delphi Methode 125
deterministisch 108
dezentral 107
differenzieren 360
Dilemma der Rationalisierung 13, 17
direkte Kosten 352
direkte Reichweite der Maschine 271
Disaggregation 104, 109, 152
dispatching rule 191
Dispositionsstückliste 18, 159
Dispostufe 159
divergente Stückliste 8
divergenter Fertigungspfad 4
dominante Kombination 199
Drum-Buffer Rope 236
Durchlaufdiagramm 294
Durchlaufelement 299
Durchlaufzeit 31, 62, 278, 282, 294
Durchlaufzeitschranke 49
Durchlaufzeitterminierung 168

durchschnittliche Durchlaufzeit 325
Durchschnittliche Kosten pro Periode 164

E

Earliest Due Date 192
EBIT 349
ECD 193
echelon Lagerbestand 81
Economic Lotsizing and Scheduling Problem 83
Economic Order Quantity 69
Economic Production Lot 75
Economic Value Added 351
EDD 192, 226
Eigenfertigungszeit 87, 90
Einbindung der Mitarbeiter 202
Einflussgrößen 109
eingeplanter Planauftrag 170, 190
Ein-Karten-KANBAN 215
Einlastregel 229
Einlastung 226
Einstandspreis 70, 353
Einstellgrößen 109
einstufiges Fertigungssystem 4
Einzahlungen 349
Einzelfertigung 12
Einzelkosten 352
e-KANBAN 215
ELSP 83
Engineer to Order 2
Engpass 219, 232, 271, 279
Engpassarten 314
Enterprise Resource Planning 115
Entität 103
Entkoppelungsbestand 31

EOQ 69

EPL 75

Erfahrungskurve 357

erhöhter Lagerbestand 37

Erhöhung der Ausbringungsmenge .. 99

Erlöse 352

ERP 115, 263

Ertrag 349

Erwartungswert 367

ETO 2

EVA 60, 136, 148, 350

EVA-Treiber 62, 309, 310

Exponentialverteilung 370

exponentielle Glättung 116

externe Rüstzeit 205

Extrapolation 117, 130

F

FAS 150, 209, 215, 225, 312

feast and famine 19, 175

Fehler Möglichkeits- und Einfluss Analyse 208

Fehlkreis der Fertigungssteuerung . 179

Fehlmenge 95

Fehlmengenkostensatz 96

Feinplanung 113, 263

Fertigteillagerbestand 27, 55, 231

Fertigungsauftrag 170, 190

Fertigungspfad 3

Fertigungsprinzip 11

Fertigungssegmentierung 17

Fertigungsstufe 4

Fertigungstiefe 4

FFS 11

FGI 27

FIFO 10, 196, 299

fill rate 44

Final Assembly Schedule 150, 209, 215

finanzielle Bewertung 28

Finished Goods Inventory 27

First In First Out 196

First In System First Out 197

FISFO 197, 226

Five Focusing Steps 234

fixe Kosten 352

Fixe Losgröße 162

Flexibilität 45, 61, 63, 106

Flexibilität bezüglich neuer Produkte bzw. Kundenanforderungen 46

Flexibilität bezüglich Produktmix 46

flexible Fertigungspfade 5, 199, 230

Flexibles Fertigungssystem 11, 17

Fließfertigung 9, 230

Flussgrad 33

FMEA 208

FOP 162, 167

FOQ 162

Forecast 115

Fortschrittszahlen 303

freies Produkt 238

Fremdbezug 147

Fremdvergabe 39

Frequenz 356

frozen zone 170, 181

Früheste Ankunftsregel 196

G

Gantt Diagramm 251

Gemeinkosten 352

Genetische Algorithmen 84

genutzte Zeit 22

geplante Betriebszeit.........................26

geplante Reichweite der Maschine .270

Geringe Anlagenauslastung 202

Gesamtkapital Rentabilität..............350

Geschwindigkeitsgrad.......................27

Gewinn...349

Gleichgewichtsbeziehung 72

Gleichteile..18

gleitende wirtschaftliche Losgröße .162

gleitender Durchschnitt...................116

Gozintograph 7

Grenzkosten 352

Grenzlagerkostenerhöhung 164

Grenzrüstkostenreduktion 164

Grobkapazitätscheck 153, 156, 314

Groff 71, 163

Gruppenfertigung........................11, 17

Gutausbringung.................................25

GuV 349

H

Hauptrüstzeit...................................205

Herstellkosten 70, 353

Histogramm 364

I

indirekte Kosten..............................352

innengerichtete Kennzahlen..............21

Integral...362

interne Rüstzeit 205

inventory...27

Inventory/Investment......................233

ISO-DB-Kurve................................145

Ist-Zeit 3

J

Jahresproduktionsprogramm .. 137, 139

Jahresproduktionsprogramm mit Mehr-
und Minderkapazitäten 141

Jahresproduktionsprogramm mit Preis-
Absatzfunktion 143

JIS 265

JIT 201, 265

Just In Sequence............................ 265

K

kalkulatorischer Zinssatz................. 70

Kampagnenfertigung....................... 12

KANBAN ...85, 90, 107, 212, 268, 315

Kapazitätsabgleich 146, 148

Kapazitätsmatrix 147, 156, 183

kapazitätsorientierter Vorgriffshorizont
.... 273, 283

Kapazitätsplanung......................... 182

Kapazitätsspitzen 273

Kapazitätstrigger 226, 229

Kapital.. 353

Kapitalbindung.............................. 45

Kapitalbindungskosten.................. 233

Kausalmethode 122

Kennzahl 106

Kettenregel.................................... 362

Kollektivvertrag 38

Komplexität...................... 14, 16, 181

Komplexitätsreduktion.................. 307

Komponente 19

Konsignationslager......................... 90

konstanter Ansatz.......................... 119

kontinuierliche Verbesserung. 202, 221

kontinuierlicher Betrieb 108

konvergente Stückliste 8

konvergenter Fertigungspfad.............. 4

Kosinus 355

Kosten 351

Kosten für Zusatzkapazität.............. 62

KOZ 196

kumulierter Abgang 295

kumulierter Zugang 295

Kundenanfrage 154

Kundenauftrag................................ 156

kundenauftragsbezogene Konstruktion
.... 2

Kundenauftragsdurchlaufzeit 31

Kundenbestellanalyse............. 275, 324

Kundenbestellung.......................... 151

Kundenentkoppelungspunkt......... 2, 16

kundenorientierte Kapazitätsanalyse
.... 271, 324

Kundenorientierte Produktion 231

Kundenproduktion............................. 1

Kürzeste Operationszeit 196

kurzfristige Streuung des Absatzes 127

Kurzfristplanung 113

L

Lagerabgänge 289

Lagerauftrag 156

Lagerbestand 27, 106, 147, 253, 294

Lagerbestandskosten 70

Lagerbilanz.................................... 148

Lagerbilanzgleichung..................... 29

Lagerfertigung................................. 1

Lagerkostensatz...................... 70, 147

Lagerschwund 29

Lagerzugänge 289

Langfristplanung 113

lateness.................................... 43, 192

lead time 31

Leasingpersonal....................... 39, 147

Least Flexible Job......................... 198

Least Set-Up Time......................... 198

Least Slack 193

Least Slack Per Remaining Operation
.... 195

least squares Ansatz...................... 119

Leipnitz Regel 364

Leitstände 263

Leitteile 158

Leitteileplanung............................. 150

Lernrate 358

LFJ 198

LFJ-LSK/RO 230

LFJ-LSK/RO 199

LFL... 162

Lieferfähigkeit............... 29, 44, 63, 88

Lieferrückstände 301

Liefertermin.................................. 275

Liefertermin Regel 226

Liefertermin-Regel 192

Liefertreue 41, 55, 63, 93, 97, 106, 291

Liefertreue-Fertigteillagerbestand-
Performance 15

Lieferverzug 85, 256, 286

Lieferverzugskosten 86

Lieferzeit40, 63, 106, 151, 231, 270,
275

Lieferzusage 270

Liegezeit................................... 33, 55

lineare Optimierung...................... 135

linearer Ansatz.............................. 119

Liquidität 349

Little's Law 47, 57, 206, 220

Logarithmische Normalverteilung.. 369

Logical thinking Process.................235

logistische Grundgesetze 47, 56

logistische Kennlinie.........................49

Lohnkosten 62

Lorenzkurve....................................264

Losbearbeitungszeit 278

Losbestand 30

Losfertigungszeit 299

Losgröße 69, 97

Losgrößenbildung.................156, 162

Losgrößenpolitik....................158, 271

Losreichweite...................................92

lost sales....................................29, 95

Losteilung 186

Loszusammenfassung.............241, 256

lot streaming 252

LSK..193

LSK/RO 195, 230

LSUT 198

LUC 162

M

Make or Buy 39

Make to Assembly 2

Make to Order.....................1, 153, 281

Make to Stock 1, 154

Manufacturing Execution Systeme .115

Manufacturing Resource Planning..113

Marktforschung...............................125

Marktrestriktionen 136

Maschinenbelegungsdiagramm.......253

Maschinen-Operationscharakteristik
....278

Maschinenstillstände......................253

Mass Customization........................20

Massenfertigung......................... 12, 13

Master Production Schedule .. 150, 158

Masterplan 156, 186, 330

Masterplanung.............................. 150

Materialstamm 7

Matrix.. 359

Maximalbestand............................. 219

maximale Verspätung 43

MEDD.. 192

Mehr- und Minderkapazität........... 141

mehrstufiges Fertigungssystem.......... 4

mehrstufiges Lagermodell............... 79

Meldebestand 85

Mengeneinheit.................................. 27

mengenmäßige Flexibilität.............. 46

MES 115, 263

Minimale Stückkosten................... 163

Minimale Stückkostenverfahren 73

Mittelfristplanung 113

mittlere Ausbringung 35, 48

mittlere gewichtete Durchlaufzeit ... 32,
48

mittlere gewichtete Vorgabezeit....... 52

mittlere Lieferzeit........................... 40

mittlere Verspätung...................... 192

mittlerer Bestand............................ 48

Mixed Integer Programming............ 84

Modularisierung.............................. 19

Modulbauweise 18

MPS 150, 158, 209, 225, 237

MRP.....................107, 158, 268, 315

MRP II 113

MRP-Lauf 153, 156

MTA 2

MTO 1, 153, 270, 281

MTO-Fähigkeit 281, 307

MTS 1, 154

mulitechelon inventory..................... 79

multiplikative Kombination 199

N

Nacharbeit 23, 62

Nacharbeitsrate................................ 36

Nachfrage 278

nachgefragte Kapazität... 167, 183, 271

Nettobedarfsrechnung 161, 170

Nettobetriebszeit 26

Nettoproduktivzeit............................ 26

Newsboy 95

nichtlineares Optimierungsproblem 144

Nichtverfügbarkeit 22

NOPAT 350

Normalkapazität 39, 147

Normalverteilung 368

Nutzbare Betriebszeit 26

O

obere Absatzgrenze 125, 127

Obsoletbestand 23, 44

Obsoletkostensatz............................ 96

Obsoletmenge................................... 95

OEE.. 25, 136

Operating Expense 233

OPT 236

optimale Auslastung....................... 24

Optimised Production Technology. 236

order-winner.................................... 63

Order-winner................................. 309

Organisationsprinzip 11

output 34

Outsourcing 3, 4

Overall Equipment Efficiency.. 25, 136

P

Parameter....................................... 109

Parametereinstellung 323

Pareto Analyse............................... 263

pegging.. 178

Performance 15

Periode.. 356

Periodenausgleich.................... 72, 163

Periodenergebnis 233

periodische Funktion 355

Personalfixkosten 39

Phasenverschiebung 356

Planaufträge................................... 182

Planbelegungszeit............................ 26

Plandurchlaufzeit........................... 183

Planübergangszeit........................... 158

Planungshorizont........................... 108

Planungs-Vorgriffshorizont........... 278

Planwerte.. 273

Poissonverteilung 370

Positionierung................................. 66

PPB 162

PPS 263

Preis-Absatzfunktion 143, 356

Prioritätskennzahl.......................... 211

Prioritätsmatrix............................. 311

Prioritätspyramide 311

Prioritätsregel 191

priority rule.................................... 191

Produktgruppe 19, 148

Produktionsdurchlaufzeit 31, 55, 231, 238

Produktions-KANBAN..................212

Produktionsprogramm 152

Produktionsrate...............................75

produktionsrelevante Kennzahlen.....21

Produktionszeit 76

Produktlebenszyklus 130

Produktmix 206

Produkt-Prozessmatrix.....................13

Produktregel....................................362

Produktschlüssel 152

programmgesteuert 108, 158, 159

programmgesteuerte Planung............10

Programmplanung.............19, 113, 134

Projektgeschäft 13

Projektmanagement 12, 13

Prozessfähigkeit.............................291

Prozessindustrie 10, 13

Prozessverbesserung.......................207

pull..107

push..107

Q

QFD 208

Q-Mängel..63

quadratische Gleichung...................355

Qualifier....................................63, 309

Qualität zuerst................................204

qualitative Extrapolation.................126

Qualitätsgrad....................................27

Qualitätsregelkarte 204

Qualitätsumstufung...........................37

Quality Function Deployment........208

Quantil 88, 365

Quantilfunktion..............................367

Quotientenregel..............................362

R

Rabatt 73

Recycling 37

Red Line................................ 244, 247

Reduktion der Losgröße................... 99

Regelkarte 292

Regressionsanalyse 366

Reichweite 28, 47, 294

Reklamation 63

Reklamationsrate............................ 45

rekursiver Fertigungspfad 5

relative Häufigkeit.......................... 364

Rentabilität.................................... 350

reorder point................................... 85

Ressourcengruppe 148

Ressourcenplanung 134

Restplanbearbeitungszeit 194

Return on Investment 350

Revenue Management................... 150

rework rate 36

Rezeptur 159

RFID 200

Robustheit 110

ROCE... 350

Rohmaterialeinlastung 237

ROI 350

rollierende Planung 108

Rückmeldung 200

Rückstand....................................... 29

Rückverfolgung............................. 177

Rückwärtsplanung......................... 240

Rückwärtsterminierung................. 168

Rüstkosten...................................... 69

Rüstmatrix.................................... 183

Rüstzeit 3, 271

Rüstzeitreduktion 99

S

Sachnummern-Reduktion 18

saisonaler Ansatz 119

Sättigungskurve 123

Schedule 84

Scheduling 84

Schlechtteil 37

Schlupfzeitregel 230

Schlupfzeit-Regel 193

Schüttgut 19

scrap rate 36

S-DBR 244

Segmentierung 17

Selbstkosten 353

sequencing rule 191

sequentielle Stückliste 8

sequentieller Fertigungspfad 4

Serienfertigung 12, 13

service level 41

Seven Zeros 203, 221

Shipping Buffer 238, 246

Shortest Processing Time 196

Shortest Remaining Processing Time
.... 197

Sicherheitsbestand 30, 92, 148, 151,
158, 162, 277, 329

Sicherheitsfaktor 220

Sieben Arten von Verschwendung . 202

Silver-Meal Verfahren 73, 163

Simplified Drum-Buffer Rope 244

Simulated Annealing 84

Simulationsstudie 47

Single Minute Exchange of Dies 19,
204

Sinus 356

Six Sigma 204

SMED 19, 204

SMV 162

Soll-Zeit 3

SPC 204, 292

SPT 196

SRPT 197

stabiles System 296

Stabilität 111

Stammfunktion 362

Standardabweichung 365

Standardisierung 18, 203

Statistical Process Control 204, 292

statistische Verteilung 41

Staubestand 30

Stealing Effect 9, 216

Steuerung 113

Stillstandszeit 76, 272

stochastische Nachfrage 84

stochastisches Lagermodell 85

Stornierung 284

Strafkosten 37, 85

Strahlensatz 354

Streuung 33, 40, 291

Struktur der Stückliste 7

Stückkosten 164

Stückliste 7, 158, 271

Stücklistenast 19

Stücklistenbaum 7

Stücklistenmatrix 7

Stücklistentabelle 7

Stückperiodenausgleich 163

Systemschwankungen 50

T

Tabu Search 84

tardiness....................................43, 192

TEEP..25

Terminierung 19, 156

Theory of Constraints 44, 232

Throughput 44, 233

Throughput Accounting...................45

TOC 232, 268

TOC-Kapazitätsanalyse 269

Toleranz..291

Total Effective Equipment Productivity
....25

Total Productive Maintenance ..19, 205

Total Quality Management 19

Toyota Production System................20

TPM..19, 205

TPS 20, 201

TQM 19, 204

Transportbestand..............................31

Transport-KANBAN 212

Transportlosgröße 101

Transportzeit....................................33

Trichtermodell 47

two-shifting....................................208

U

Überbuchung...................................286

Übergangsmatrix................................7

überlappende Fertigung ..101, 241, 252

Überlappung 181, 252

Überlast...256

Überstunden..............................38, 147

U-Form 205

Umlauflagerbestand............27, 55, 231

Umsatzerlöse.................................. 352

umsatzreduzierend 37

Umweltfaktoren 306

untere Absatzgrenze.............. 125, 127

utilization 22

V

variable Kosten 143, 352

Variantenbildung............................. 17

Variantenbildungspunkt............. 16, 18

Varianz..................33, 40, 50, 365, 368

Variationskoeffizient........33, 293, 366

Vektor 358

Vendor Managed Inventory 90

verbrauchsgesteuert 19, 85, 108, 159,
212

verbrauchsgesteuerte Planung.......... 10

Verbrauchsrate 69

Verfügbare Kapazität 272

verfügbare Zeit............................... 22

Verfügbarkeitsprüfung 190

Verkaufserlöse 352

Verkaufspreis 143

Verlauf des Lagerbestandes 289

Vermögen....................................... 353

Verspätung 42

Verteilungsdichte 367

Verteilungsfunktion 50, 366

Vertrauensbereich 127, 128

Vertriebssteuerung 137

Verzugsmenge................................ 286

VMI... 90

Vorgabezeit 48, 183

Vorgriffshorizont 226, 229, 324

Vorproduktion................................ 330

Vorrüstzeit... 205
Vorwärtsplanung 239

W

Wagner-Whitin Modell 83
Wagner-Whitin Property 83
Warteschlangentheorie..................... 47
Wartezeitregel 197, 226
WCM....................................... 19, 205
Werkstattfertigung............. 10, 13, 230
Wert schöpfender Anteil 33
Wertstromanalyse........................... 207
Wertstromdesign 207
Wiederbeschaffungszeit 85, 90, 277
WIP 27
WIP-Grenzwert 225, 229
Work In Process 27
World Class Manufacturing 205

X

XYZ Analyse 264

Y

Yieldmanagement........................... 150

Z

Zeitauflösung................................. 108
Zeitausgleich 38
Zeitgrad 27
zeitkontinuierliches Modell 47
zentral... 107
Zielkonflikt.................................... 15
Zieltermin 192
Zusatzkapazität 38, 186, 229
Zusatzschicht................................. 39
Zwei-Behälter-System..................... 90
Zwei-Karten-KANBAN 213
Zwischenschicht 223
Zykluszeit............................. 69, 76, 92

Zum Autor

Herbert Jodlbauer, geb. 1965, studierte Technische Mathematik und Maschinenbau. Nach dem Studium war er Projektleiter bei der HILTI AG in Liechtenstein, anschließend baute er im Zuge der Geschäftsführung der FAZAT Steyr GmbH die Fachhochschul-Studiengänge in Steyr mit den Schwerpunkten Produktion, Logistik und Management auf. Zur Zeit leitet er die beiden Studiengänge Produktion und Management sowie Operations Management. Darüber hinaus betreibt Jodlbauer seit 1995 das Beratungsunternehmen TechTransfer mit den Schwerpunkten Produktions-optimierung, Planung und Steuerung. Durch seine breite Erfahrung als Projektleiter, Geschäftsführer, Aufsichtsrat, Professor und Berater kennt er die Anforderungen an die Planung und Steuerung auf allen Ebenen. In zahlreichen Vorträgen wie auch Publikationen sind von ihm entwickelte Methoden und Verfahren einem breiten Publikum zugänglich gemacht worden.